Christoph Kloth

# Systemgestaltung im Broadcast Engineering

# VIEWEG+TEUBNER RESEARCH

## Schriften zur Medienproduktion

Herausgeber:

Prof. Dr. Heidi Krömker,
Fachgebiet Medienproduktion, TU Ilmenau
Prof. Dr. Paul Klimsa,
Fachgebiet für Kommunikationswissenschaft, TU Ilmenau

Diese Schriftenreihe betrachtet die „Medienproduktion“ als wissenschaftlichen Gegenstand. Unter Medienproduktion wird dabei das facettenreiche Zusammenspiel von Technik, Content und Organisation verstanden, das in den verschiedenen Medienbranchen völlig unterschiedliche Ausprägungen findet.

Im Fokus der Reihe steht das Finden von wissenschaftlich fundierten Antworten auf praxisrelevante Fragestellungen der Medienproduktion. Umfangreiches Erfahrungswissen soll hier systematisch aufbereitet und in generalisierbare, so weit wie möglich theoriegeleitete Erkenntnisse überführt werden. Da im Bereich Medien der Rezipient eine besondere Rolle spielt, räumt die Schriftenreihe der Mensch-Maschine-Kommunikation einen hohen Stellenwert ein.

Christoph Kloth

# Systemgestaltung im Broadcast Engineering

## Prozessorientierte Konzeption integrierter Fernsehproduktionssysteme

Mit einem Geleitwort von
Prof. Dr. Heidi Krömker und Prof. Dr. Paul Klimsa

VIEWEG+TEUBNER RESEARCH

Bibliografische Information der Deutschen Nationalbibliothek
Die Deutsche Nationalbibliothek verzeichnet diese Publikation in der Deutschen Nationalbibliografie; detaillierte bibliografische Daten sind im Internet über <http://dnb.d-nb.de> abrufbar.

Dissertation Technische Universität Ilmenau, 2009

1. Auflage 2010



Lektorat: Ute Wrasmann | Anita Wilke

Vieweg+Teubner Verlag ist eine Marke von Springer Fachmedien.
Springer Fachmedien ist Teil der Fachverlagsgruppe Springer Science+Business Media.
www.viewegteubner.de

Umschlaggestaltung: KünkelLopka Medienentwicklung, Heidelberg

Gedruckt auf säurefreiem und chlorfrei gebleichtem Papier.

ISBN 978-3-8348-1329-9

# Geleitwort

Ausgehend von den technologischen Entwicklungen in den Branchen Rundfunk, Telekommunikation und Informationstechnologie, spielt seit einigen Jahren die Konvergenz eine bedeutende Rolle in der Fernsehproduktion. Die damit verbundene zunehmende organisatorische Vernetzung, die steigende technische Integration und eine höhere Automatisierung sollen innerhalb der Fernsehproduktion dazu beitragen, die Komplexität für die Anwender zu reduzieren und ihnen gleichzeitig mehr Handlungsmöglichkeiten einzuräumen. Dadurch verlagert sich die Komplexität aus der Anwendung in die Gestaltung und den Betrieb der Fernsehproduktionssysteme.

Das vorliegende Buch entstand im Rahmen der Forschungsarbeiten zum Systems Engineering am Lehrstuhl für Medienproduktion am Institut für Medientechnik der TU Ilmenau. Es zeigt eine neue Sichtweise auf das Gesamtsystem der Fernsehproduktion auf, um die steigende Komplexität bei der Systemgestaltung beherrschbar zu machen. Zu diesem Zweck entwickelt diese Arbeit in Anlehnung an ein Modell aus der industriellen Automatisierung und das Konzept der Service-orientierten Architekturen ein neues Referenzmodell und einen prozessorientierten Modellierungsansatz für die Fernsehproduktion. Referenzmodell und Modellierungsansatz tragen dazu bei, Produktionsprozesse zu optimieren und stabile Systemarchitekturen zu entwerfen. Darüber hinaus erleichtert der Modellierungsansatz den Prozess der Systemgestaltung durch eine systematische Vorgehensweise, die praxisnah anhand von Fallstudien bei ProSiebenSat.1 Produktion, ZDF und Plazamedia erläutert wird.

Wir danken den zahlreichen Experten bei Sendeanstalten, Produktionsfirmen, Systemhäusern und Systementwicklern für ihre Offenheit sowie die vielen konstruktiven Anregungen zum Thema, ohne die dieses Buch nicht möglich gewesen wäre.

Mit dem vorliegenden Band erhalten Interessierte aus Theorie und Praxis einen wertvollen Einblick in die Konzeption integrierter, automatisierter Fernsehproduktionssysteme.

*Heidi Krömker / Paul Klimsa*

# Danksagung

Die vorliegende Dissertation ist das Ergebnis meiner einjährigen Arbeit als wissenschaftlicher Mitarbeiter an der TU Ilmenau im Fachgebiet für Medienproduktion und der anschließenden dreijährigen Projektarbeit bei der ProSiebenSat.1 Produktion in Berlin. An dieser Stelle möchte ich mich bei allen Personen bedanken, die zum Gelingen dieser Arbeit beigetragen haben.

Mein besonderer Dank gilt Prof. Dr. Heidi Krömker für die Ermutigung zu dieser Arbeit sowie die konstruktive Betreuung während der letzten Jahre. Darüber hinaus möchte ich mich bei Prof. Dr. Paul Klimsa und Prof. Dr. Thomas Becker für die fruchtbaren Diskussionen und die Übernahme der Gutachten bedanken.

Des Weiteren danke ich den zahlreichen Kollegen der ProSiebenSat.1 Produktion und vieler anderer Unternehmen, die sich bereitwillig der fachlichen Diskussion gestellt haben und mit ihren Anregungen wichtige Impulse für meine Arbeit gegeben haben. Ganz besonders möchte ich mich in diesem Zusammenhang bei Ramona Zoch, Stefanie Bonsack, Rainer Melchert und Marita Schöps bedanken. Außerdem geht mein Dank an die Diplomanden, die den prozessorientierten Modellierungsansatz bei unterschiedlichen Unternehmen in der Praxis überprüft und kritisch hinterfragt haben, sowie an die zahlreichen Teilnehmer der Experteninterviews, Workshops und der Umfrage.

Zu guter Letzt bedanke ich mich auch bei meiner Familie und den vielen Freunden, die mich die ganze Zeit über vor allem moralisch bei meinem Vorhaben unterstützt haben.

*Christoph Kloth*

# Inhaltsverzeichnis

# Abbildungsverzeichnis

# Tabellenverzeichnis

# Abkürzungsverzeichnis

ABC ............... American Broadcasting Company
AGF ................ Arbeitsgemeinschaft Fernsehforschung
ALM ............... Arbeitsgemeinschaft der Landesmedienanstalten
AMS ............... Asset-Management-System
ARD ............... Arbeitsgemeinschaft der öffentlich-rechtlichen Rundfunkanstalten der Bundesrepublik Deutschland
ATM ............... Asynchronous Transfer Mode
ATT ................ Analogue Terrestial Television
BBC ................ British Broadcasting Corporation
BMF ............... Broadcast Metadata Exchange Format
BPM ............... Business Process Management
BR .................. Bayerischer Rundfunk
BXF ................ Broadcast Exchange Format
CBS ................ CBS Broadcasting Inc.
CMS ............... Content-Management-System
CNN ............... Cable News Network
CvD ................ Chef vom Dienst
DAM ............... Digital Asset Management
DIN ................ Deutsches Institut für Normung
DPA ................ Digitales Produktionssystem Aktuelles (ZDF)
DRM ............... Digital Rights Management
DSF ................ Deutsches Sportfernsehen
DTT ................ Digital Terrestial Television
DVD ............... Digital Video Disc
EBU ................ Europeen Broadcasting Union
EFP ................ Electronic Field Production
EMS ............... Essence-Management-System
EMSA .............. Essence Management & Storage Aktuelles
ENG ............... Electronic News Gathering
EPK ................ Ereignisgesteuerte Prozessketten
ERP ................ Enterprise Ressource Planning
FKT ................ Fachzeitschrift für Fernsehen, Film und elektr. Medien
FOX ................ Fox Broadcasting Company

| | |
|---|---|
| FSF | Freiwillige Selbstkontrolle Fernsehen e.V. |
| FTP | File Transfer Protocol |
| GFK | Gesellschaft für Konsumforschung e.V. |
| GUI | Graphical User Interface |
| HiRes | High Resolution |
| HSM | Hierarchisches Speichermanagement |
| IABM | International Association of Broadcasting Manufacturers |
| ID | Identifier |
| IEC | International Electrotechnical Commission |
| IEEE | Institut of Electrical and Electronics Engineers |
| IPTV | Internet Protocol Television |
| IRT | Institut für Rundfunktechnik |
| ISO | International Organization for Standardization |
| IT | Informationstechnologie |
| LowRes | Low Resolution |
| MA | Media Archive |
| MAMS | Media-Asset-Management-System |
| MAZ | Magnetbandaufzeichnung |
| MDR | Mitteldeutscher Rundfunk |
| Mgmt. | Management |
| MMK | Mensch-Maschine-Kommunikation |
| MMS | Metadaten-Management-System |
| MXF | Material Exchange Format |
| NLE | Non Linear Editing |
| NTSC | National Television Systems Committee (Fernsehnorm) |
| OB | Outside Broadcasting |
| OSI | Open Systems Interconnection |
| PAL | Phase Alternation Line (Fernsehnorm) |
| PMA | Produktionsmittelanforderung |
| QC | Quality Control |
| RStV | Rundfunkstaatsvertrag |
| RTL | Radio Télé Lëtzebuerg |
| SDI | Serial Digital Interface |
| SE | Systems Engineering |
| SECAM | Séquentiel coleur à mémoire (Fernsehnorm) |
| SMPTE | Society of Motion Picture and Television Engineers |
| SOA | Service Oriented Architecture |
| SSE | Software Systems Engineering |
| Strg. | Steuerung |
| SwE | Software Engineering |

SysML ............. System Modeling Language
TV .................. Television
UCG ................ User Generated Content
UML ................ Unified Modeling Language
VPRT .............. Verband Privater Rundfunk und Telemedien e.V.
WNE ................ World News Express (Reuters)
ZDF ................. Zweites Deutsches Fernsehen
ZKS ................. Zentrale Kreuzschiene

# 1 Einführung

*„So, today, it is a greater task than ever for any one engineer to be an expert in all facets of the broadcast industry as the great scope of technologies and systems seemingly expand faster than ever."*[1]

## 1.1 Problemstellung

Die steigende Komplexität für Ingenieure im Broadcast-Bereich resultiert aus der Konvergenz des Rundfunks und anderen Branchen wie der Informationstechnologie sowie der Telekommunikation. Diese Entwicklung führt einerseits zu einer Vielzahl neuer Technologien und andererseits zu zahlreichen neuen Anforderungen an dieselben. Die Auswahl geeigneter Technologien und das Zusammenführen der vielen Einzelkomponenten zu einem funktionstüchtigen Ganzen wie beispielsweise einem Nachrichtensender wird zu einer immer größeren Herausforderung. Diese Tendenz wächst zusätzlich durch die Forderung, die Fernsehproduktion durch eine unternehmensübergreifende Vernetzung der Einzelsysteme und eine umfassende Automatisierung zu optimieren und effizienter zu gestalten.

Bei der Konzeption von Fernsehproduktionssystemen dominierte bislang eine eher technikgesteuerte Vorgehensweise, d. h. technische Systeme wurden primär danach ausgewählt, inwieweit sie die jeweiligen Nutzeranforderungen und die geforderten technischen Parameter erfüllen.[2] Solange jedes System nur für sich als „Insel" funktionieren soll und die Kommunikation mit anderen Systemen über einfache, standardisierte Schnittstellen stattfindet, ist diese Vorgehensweise meist ausreichend. Soll jedoch ein stark vernetzter Produktionsprozess durch ein integriertes Fernsehproduktionssystem optimal unterstützt werden, das sich aus einer großen Anzahl von Einzelsystemen zusammensetzt und viele Teilprozesse automatisiert bearbeitet, so stoßen bisherige Verfahren schnell an ihre Grenzen. Gefordert wird hier eine prozessorientierte Systemgestaltung.[3]

1 Für einen Ingenieur ist es heutzutage eine größere Herausforderung als jeher, in allen Bereichen der Broadcast-Industrie ein Experte zu sein, da sich der Aufgabenbereich von Technologien und Systemen scheinbar schneller ausdehnt als je zuvor. Quelle: [Toz04, S. xiii].

2 Vgl. [Gra00, S. 787].

3 Vgl. [SS02, S. 259].

## 1.2 Zielsetzung

Forschungslektüre und zahlreiche Gespräche mit Experten aus dem Broadcast-Bereich haben gezeigt, dass die bisherigen Bemühungen, die Komplexität durch die Standardisierung von Schnittstellen und Austauschformaten sowie die Einführung von sogenannter Middleware zu reduzieren, allein nicht ausreichend sind. Zum einen lassen existierende IT-basierte Standards häufig einen Interpretationsspielraum, der von den Herstellern unterschiedlich genutzt wird. Zum anderen ist der Prozess vom Erkennen der Notwendigkeit über die Standardisierung bis hin zur Implementierung durch die Hersteller sehr langwierig. Eine Alternative besteht darin, sich der Problemstellung methodisch von der Systemgestaltung her zu nähern.

Die vorliegende Arbeit untersucht, wie sich diese neue Komplexität bei der Gestaltung stabiler integrierter und automatisierter Fernsehproduktionssysteme beherrschbar machen lässt. Ziel ist dabei die Entwicklung einer branchenspezifischen prozessorientierten Methodik, welche praxistauglich die Systemgestaltung unter den gegebenen Rahmenbedingungen vereinfacht.

Durch seine Tätigkeit im Projektmanagement der ProSiebenSat.1 Produktion hatte der Autor dieser Arbeit die Möglichkeit, den nötigen Praxisbezug sicherzustellen. Neben den theoretischen Untersuchungen konnte er in mehreren Projekten aus dem Umfeld der Nachrichtenproduktion die Aufgaben, Methoden und Anforderungen bei der Gestaltung integrierter Produktionssysteme unmittelbar beobachten und analysieren. Der Verfasser hatte so die Gelegenheit, die entwickelte Methodik in der Realität auszuprobieren, von Kollegen bewerten zu lassen und auf die praktische Anwendung hin zu optimieren.

## 1.3 Struktur der Arbeit

Die vorliegende Arbeit gliedert sich im Kern in die sieben in **Abbildung 1.1** grau dargestellten Kapitel, die sich wissenschaftlich mit der Beantwortung der Forschungsfrage auseinandersetzen. Diese Abbildung wird zur Orientierung des Lesers in der Arbeit am Anfang jedes Kapitels wieder aufgegriffen. Leitfragen führen jeweils durch die einzelnen Kapitel.

Aufbau und Struktur der Arbeit orientieren sich an ihrem Anspruch, nicht nur wissenschaftliche Abhandlung, sondern auch ein Werkzeug für Praxis und Lehre zu sein, das Interessierte beim Erlernen und bei der Anwendung der im Rah-

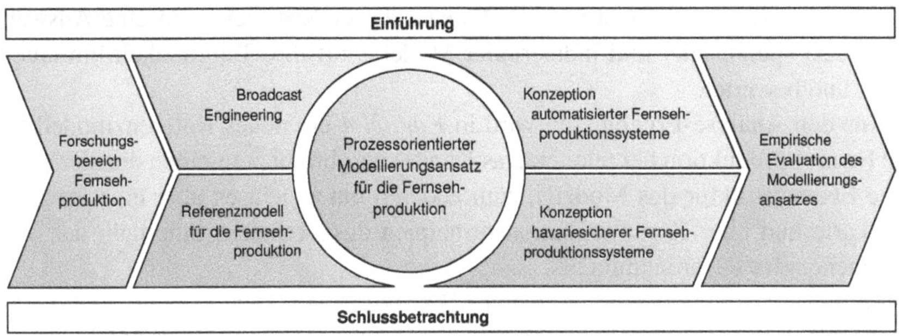


**Abbildung 1.1:** Inhaltliche Struktur der Arbeit

men dieser Arbeit entwickelten Methodik unterstützt. Der ergebnisorientierte Leser kann zu diesem Zweck auch direkt im Kern der Arbeit mit dem *Prozessorientierten Modellierungsansatz für die Fernsehproduktion* in Kapitel 5 einsteigen und wird über Querverweise durch die übrigen Abschnitte geführt. Das Glossar in Anhang 9 unterstützt dieses Vorgehen.

---

*... in der Nachrichtenproduktion*

---

In Ergänzung zu den theoretischen Betrachtungen wird die Arbeit an geeigneten Stellen um kurze Beispiele aus der Nachrichtenproduktion angereichert, um das Thema praxisnah zu verdeutlichen. Die Beispiele werden wie hier gezeigt im Text kenntlich gemacht.

---

Zunächst soll jedoch ein kurzer Abriss über den Inhalt der folgenden Kapitel erfolgen. *Kapitel 2* gibt einen Überblick über den aktuellen Entwicklungsstand in der Fernsehproduktion und entwickelt die methodischen Grundlagen für die Analyse des Forschungsbereiches. Da sich bislang nur relativ wenige Autoren mit der ganzheitlichen Strukturierung der Fernsehproduktion im Kontext der Systemgestaltung auseinandersetzen, fallen diese einführenden Betrachtungen etwas umfangreicher aus. Darauf aufbauend werden die zentralen Herausforderungen bei der Gestaltung integrierter Fernsehproduktionssysteme herausgearbeitet, der Forschungsbereich eingegrenzt und die Zielformulierung für diese Arbeit konkretisiert.

In *Kapitel 3* wird erörtert, was die Systemgestaltung im Rundfunk, das sogenannte Broadcast Engineering, charakterisiert und welche Rolle die Modellbildung dabei spielt. Ausgehend von den zuvor erarbeiteten Herausforderungen werden Kriterien definiert, welche der prozessorientierte Modellierungsansatz für die Fernsehproduktion erfüllen soll. Anhand dieser Kriterien wird eine Auswahl Broadcast-spezifischer und industrieller Modelle auf ihre Tauglichkeit hin untersucht und bewertet.

Aus den Analyse-Ergebnissen wird in *Kapitel 4* ein neues Referenzmodell für die Fernsehproduktion hergeleitet. Das Kapitel beschreibt zum einen die hierarchische Ebenenstruktur des Modells, zum anderen untersucht es über eine Prozesslandkarte und über Kommunikationsprinzipien das Verhalten innerhalb der Modellebenen des Referenzmodells.

*Kapitel 5* beleuchtet eingangs, welche Bedeutung Modellzweck und -zielgruppe für verschiedene Eigenschaften von Modellen besitzen. Das zuvor entwickelte Referenzmodell sowie vier Architektursichten zur Beschreibung von Anwendungssystemen dienen als Kernelemente für den branchenspezifischen prozessorientierten Modellierungsansatz, der in diesem Kapitel praxisnah in Form eines Leitfadens aufbereitet wird. Abschließend erfolgt eine Bewertung des Ansatzes anhand der in Kapitel 3 definierten Analysekriterien.

Der Modellierungsansatz wird daraufhin in *Kapitel 6* auf die Automatisierung in der Fernsehproduktion angewendet. Nach einer Zusammenfassung der Grundlagen werden die Besonderheiten der Automatisierung im kreativen Umfeld der Fernsehproduktion analysiert. Dies geschieht mit Blick auf die zunehmende organisatorische Vernetzung und technische Integration in der Fernsehproduktion. Der Modellierungsansatz wird dabei herangezogen, um die verschiedenen Automatisierungsaufgaben zu klassifizieren und die aktuelle Entwicklung in der Branche aufzuzeigen.

In *Kapitel 7* wird herausgearbeitet, wie auch die durch Integration und Automatisierung zunehmend komplexer werdenden Systemlandschaften havariesicher gestaltet werden können. Es wird diskutiert, welche Konzepte zur Gestaltung havariesicherer Systeme existieren und welche neuen Strategien sich durch die Anwendung des Modellierungsansatzes für komplexe, integrierte Fernsehproduktionssysteme ergeben.

Abschließend wird in *Kapitel 8* dargelegt, welche empirischen Methoden bei der Evaluation des Modellierungsansatzes angewendet wurden. Anhand von Fallstudien bei ProSiebenSat.1 Produktion, ZDF und Plazamedia wird gezeigt, wie sich der Modellierungsansatz in der Praxis anwenden lässt und wie Experten den praktischen Nutzen des Ansatzes beurteilen.

# 2 Forschungsbereich Fernsehproduktion

*Leitfragen*

- Was ist im Kontext dieser Arbeit unter Fernsehen und Fernsehproduktion zu verstehen?
- Mit welchen Zielen und unter welchen Rahmenbedingungen arbeiten Fernsehunternehmen?
- Welche Dimensionen sind bei der Gestaltung von Fernsehproduktionssystemen relevant?
- Was bedeutet Konvergenz im Kontext der Fernsehproduktion, welche Auswirkungen hat sie?
- Wie verändern sich mit der Konvergenz die Anforderungen an Fernsehproduktionssysteme?
- Welche Herausforderungen der Systemgestaltung sollen mit dieser Arbeit bewältigt werden?

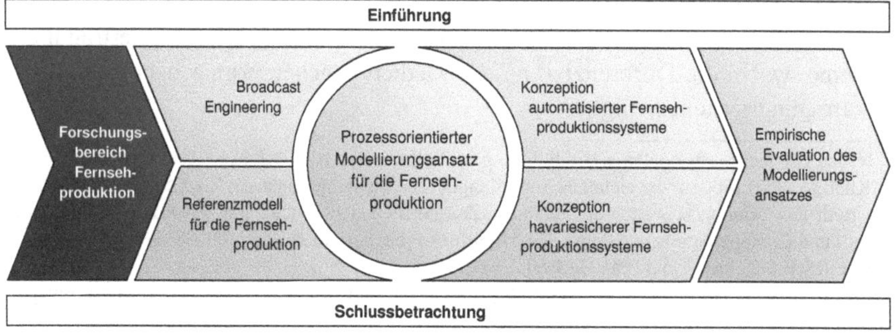

Diese Arbeit untersucht die Gestaltung technischer Systeme für die Fernsehproduktion und entwickelt eine Methodik, um diese zu verbessern und zu vereinfachen. Hierfür soll in diesem Kapitel zunächst eine Abgrenzung des in dieser Arbeit verwendeten Begriffs „Fernsehproduktion" vorgenommen werden. Es wird herausgearbeitet, welche Besonderheiten die Fernsehbranche kennzeichnen und unter welchen Rahmenbedingungen Fernsehproduktionsunternehmen national wie international arbeiten. Auf diese Weise sollen der Kontext für die Systemgestaltung in der Fernsehproduktion charakterisiert und die Relevanz des deutschen Marktes für eine international gültige Untersuchung aufgezeigt werden.

Sobald das äußere Umfeld der Fernsehproduktion abgesteckt wurde, wird der Blick auf deren innere Struktur gelenkt. Basierend auf dem Grundkonzept der Mensch-Maschine-Kommunikation werden die drei Dimensionen Content, Organisation und Technik aufgespannt. Anhand dieser drei Dimensionen werden die aktuellen Entwicklungen in der Branche näher beleuchtet. Es wird analysiert, welche neuen Anforderungen sich daraus für die Planer technischer Fernsehproduktionssysteme ergeben und wie sich die Systemgestaltung dadurch verändert. Auf dieser Grundlage wird das Forschungsfeld dieser Arbeit abgegrenzt und ein konkretes Forschungsziel formuliert.

## 2.1 Fernsehproduktion

Fernsehen ist neben anderen Teilbranchen wie Film, Radio, Musik, Internet, Print und Mobilfunk eine Teildisziplin der Medienproduktion,[1] wobei für Hörfunk und Fernsehen als Oberbegriff „Rundfunk"[2] oder das englische Gegenstück „Broadcast" verwendet werden. Ziel aller Medienbranchen ist nach KRÖMKER und Klimsa die Herstellung von Vermittlungssystemen, wobei der von den Autoren verwendete Systembegriff über das technische Systemverständnis dieser Arbeit hinausgeht.[3] Das Produkt „Vermittlungssystem" setzt sich danach aus den zu vermittelnden Informationen und dem technischen Übertragungssystem zusammen. Die Branchen unterscheiden sich im Wesentlichen durch spezifische Inhalte, charakteristische Produktionsprozesse sowie technische Produktions- und Übertragungssysteme, wobei die Differenzierung der Medienbranchen primär nach Inhalt und Übertragungssystem erfolgt.[4]

1 Neben der hier verwendeten Klassifizierung in Teilbranchen nach KRÖMKER und KLIMSA (Vgl. [KK05b, S. 18]) gibt es abweichende Einteilungen der Medienproduktion. GLÄSER beispielsweise unterteilt den Printmarkt weiter in Zeitungs-, Zeitschriften- und Buchmarkt, ergänzt den Markt für Video- und Computerspiele und nennt den Mobilfunk nicht gesondert (Vgl. [Glä08, S. 87]).

2 Vgl. RStV § 2, Abs. 1 und [Pag03, S. 9].

3 Der in dieser Arbeit verwendete Systembegriff konzentriert sich im Folgenden auf die technische Dimension und wird in Punkt 2.3.4 hergeleitet.

4 Vgl. [KK05b, S. 18] und [Glä08, S. 79].

Die Differenzierung der Medienbranchen nach technischem Übertragungssystem und spezifischem Content wird durch die Konvergenz[5] der Medien mit anderen Branchen zunehmend aufgeweicht. Trotz dieser Entwicklungen bleibt die Charakteristik von *Fernsehen* als diejenigen „Form von Rundfunk, die Wort, Ton und Bild zugleich einem dispersen Publikum darbietet",[6] erhalten. Nach ZIMMERMANN ist bei der Verwendung des Begriffs *Fernsehproduktion* zwischen einer inhaltlichen und einer technisch-organisatorischen Definition zu unterscheiden. Er differenziert zwischen der inhaltlichen Abgrenzung gegenüber anderen Produktionen wie Kino oder Spielfilm auf der einen Seite und dem Management aller technischen Ressourcen sowie des zur Herstellung sendefertiger Beiträge benötigten Personals auf der anderen Seite. Technische Ressourcen umfassen sämtliche Produktionsmittel wie Werkstätten, Übertragungswagen, Fernsehstudios, Redaktionssysteme, Schnittsysteme und Media-Asset-Management-Systeme sowie die benötigten Sachmittel. Personell umfasst diese Definition alle Mitarbeiter, die zur Vorbereitung, Bedienung und Wartung der technischen Ressourcen erforderlich sind.[7]

Diese technisch-organisatorische Definition entspricht dem Grundverständnis von Fernsehproduktion in dieser Arbeit. Dabei finden neben dem bisherigen Kerngeschäft, der Produktion für das Medium Fernsehen, auch die an Bedeutung gewinnende Diversifikation und die cross-mediale Produktion eine angemessene Berücksichtigung. Bevor nun näher auf die direkt für die Systemgestaltung relevanten Themen eingegangen wird, soll zunächst ein Blick auf den Unternehmenskontext geworfen werden, da sich die Anforderungen an Produktion und Produktionssysteme direkt wie indirekt auf die strategischen und wirtschaftlichen Ziele der Fernsehunternehmen zurückführen lassen.

### 2.1.1 Fernsehunternehmen auf dem deutschen Markt

Nach PAGEL sind „Fernsehunternehmen als Untergruppe von Medienunternehmen sämtliche Unternehmen, die im Fernsehsektor tätig sind"[8]. In Deutschland hat sich ein duales System aus öffentlich-rechtlichen Rundfunkanstalten und privaten Rundfunksendern herausgebildet.[9] Die Zahl der privaten Programme in Deutschland hat sich bis Ende 2008 auf mittlerweile 387 erhöht, 130 Fernsehsender und

5 Vgl. Punkt 2.3.
6 Quelle: [Sch98, S. 174].
7 Vgl. [Zim05, S. 58] und [Pag03, S. 9].
8 Quelle: [Pag03, S. 10].
9 Ein Großteil der privaten Rundfunksender ist in Deutschland im Verband Privater Rundfunk und Telemedien e.V. (VPRT) organisiert.

Teleshopping-Angebote sind davon bundesweit zu empfangen.[10] Dem stehen insgesamt 23 öffentlich-rechtliche Rundfunkanstalten gegenüber.[11] Tatsächlich empfangbar sind in deutschen Haushalten im Schnitt nur 63 Sender, von denen effektiv nur 6 Sender auf das „Relevant Set" entfallen,[12] d. h. 80 % der Nutzung ausmachen (Vgl. **Abbildung 2.1**).[13]

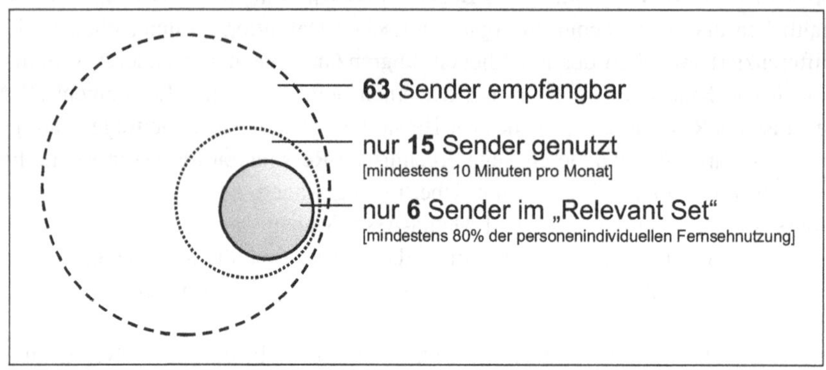


**Abbildung 2.1:** „Relevant Set" der Fernsehsender (nach [Hof08, S. 11])

Studien der Arbeitsgemeinschaft Fernsehforschung (AGF)[14] und der Gesellschaft für Konsumforschung e.V. (GFK) zufolge ist die tägliche Nutzung des Mediums Fernsehens seit Beginn der Erhebung nahezu stetig angestiegen, war allerdings im Jahr 2007 mit durchschnittlich 208 Minuten pro Tag bei allen Zuschauern ab drei Jahren erstmals leicht rückläufig.[15] Unter diesen Bedingungen führt die große Anzahl der Rundfunkanstalten und Sender auf dem deutschen Markt zu einer harten Konkurrenz um den nur leicht wachsenden Werbemarkt.[16] Damit ist

10 Vgl. http://www.alm.de/programmveranstalter/ (Zuletzt abgerufen: 04. 12. 2008).

11 Vgl. Fernsehsender-Datenbank der Arbeitsgemeinschaft der Landesmedienanstalten (ALM): http://www.alm.de/programmveranstalter/ (zuletzt abgerufen: 04. 12. 2008) und [KGF08, S. 59].

12 Stichtag der Messung war der 01. 01. 2008. Vgl. [Hof08, S. 11*f*].

13 Vgl. [Hof08, S. 11*f*] und [BE06, S. 374].

14 Die AGF ist „ein Zusammenschluss von ARD, ProSiebenSat.1 Media AG, RTL und ZDF zur gemeinsamen Durchführung und Weiterentwicklung der kontinuierlichen quantitativen Fernsehzuschauerforschung in Deutschland." Quelle: http://www.agf.de/agf/, Zuletzt abgerufen: 11. 08. 2008.

15 Im ersten Jahr der Erhebung, 1988, lag die Nutzung noch bei durchschnittlich 144 Minuten pro Tag und Person. Sie stieg bis 2006 stetig auf 212 Minuten an. 2008 lag die durchschnittliche Sehdauer bei 207 Minuten pro Tag und Person. Vgl. http://www.agf.de/daten/zuschauermarkt/sehdauer/, Zuletzt abgerufen: 14. 01. 2009.

16 Vgl. [Riz08, S. 3] und http://www.agf.de/daten/werbemarkt/werbespendings/, Zuletzt abgerufen: 11. 08. 2008.

„die Konkurrenz in Deutschland weitaus größer [...] als in den meisten europäischen Ländern“[17]. **Abbildung 2.2** zeigt, wie sich die Nutzung im Jahr 2007 in Deutschland auf die Sender verteilte.

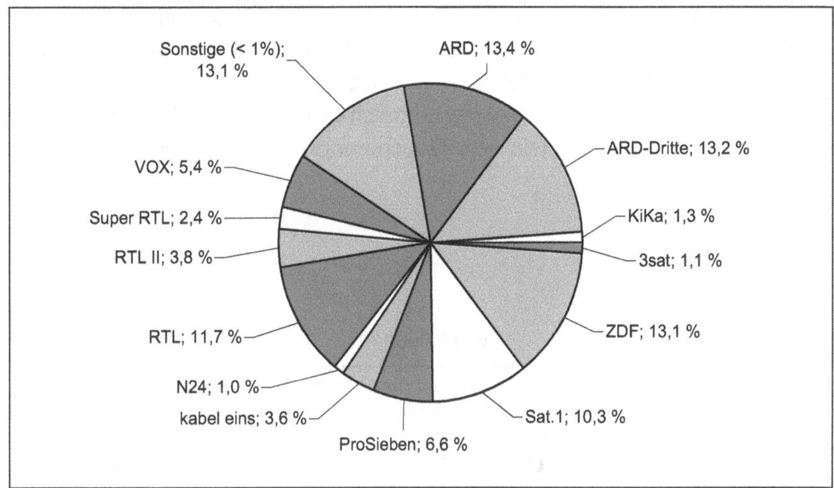


**Abbildung 2.2:** Marktanteile der AGF- und Lizenzsender im Tagesdurchschnitt 2008 (Zuschauer ab 3 Jahren, Mo–So, 03:00–03:00 Uhr; Auszug Tagesdurchschnitt größer 1 %; Quelle: AGF / GFK Fernsehforschung)

Im Kampf um Marktanteile verfolgen Fernsehunternehmen in Abhängigkeit von der Unternehmensform unterschiedliche Strategien, die in der Konsequenz zu unterschiedlichen Anforderungen an die organisatorische und technische Gestaltung der Produktion haben. Die hier am Beispiel von Fernsehunternehmen angestellten Betrachtungen lassen sich auch auf Fernsehproduktionsunternehmen[18] übertragen, die im Auftrag eines Fernsehunternehmens Content produzieren ohne einen eigenen Sender zu betreiben, und somit einen kleineren Teil derselben Wertschöpfungskette abdecken.[19] Daher wird im Folgenden keine gesonderte Untersuchung der reinen Produktionsunternehmen vorgenommen.

17 Quelle: [KS05, S. 22].

18 Vgl. die Klassifizierung der elektronischen Medien durch WEBER und RAGER in [WR06, S. 130*ff*].

19 Vgl. die Wertschöpfungskette im Fernsehen nach WIRTZ und PELZ in [WP06, S. 273*ff*].

### 2.1.2 Unternehmensziele

Fernsehunternehmen orientieren sich wie andere Unternehmen auch in ihrem Handeln an unterschiedlichen Zielen. Ziele sind Spezifikationen eines angestrebten Zustandes,[20] welche die langfristige Ausrichtung eines Unternehmens definieren und dessen Wertvorstellungen konkretisieren.[21] Anhand formulierter Unternehmensziele lässt sich das Unternehmen steuern. Über den Grad der Zielerreichung lässt sich ermitteln, wie effizient oder erfolgreich es arbeitet. Auf diese Weise übernehmen die Unternehmensziele eine Orientierungsfunktion für Mitarbeiter und Führungskräfte.[22]

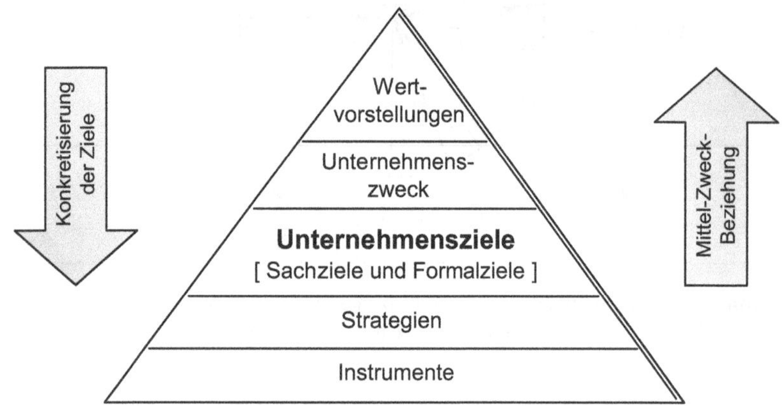


**Abbildung 2.3:** Zielhierarchie in einem Unternehmen (nach [Glä08, S. 637])

Die Unternehmensziele ordnen sich in das in **Abbildung 2.3** dargestellte hierarchische System ein, das ausgehend von Wertvorstellungen über einen Unternehmenszweck und Unternehmensziele bis hin zu konkreten Strategien („Wie soll das Ziel erreicht werden?“) und Instrumenten („Womit soll das Ziel erreicht werden?“) das Vorgehen zur Zielerreichung definiert. Die Formulierung der Unternehmensziele liegt im Aufgabenbereich des Top-Managements eines Unternehmens.[23] Dabei wird zwischen Formal- und Sachzielen oder auch ökonomischen und nicht ökonomischen Zielen unterschieden.[24]

20 Vgl. [Cha94, S. 475].
21 Vgl. [Glä08, S. 637].
22 Vgl. [WP06, S. 263], [Glä08, S. 633] und [HL05, S. 21].
23 Vgl. [WP06, S. 263].
24 Vgl. [Glä08, S. 639], [WP06, S. 264*ff*], [Glä06, S. 582] und [SS06, S. 865].

- *Sachziele (nicht ökonomische Ziele)*:
  Die Sachziele definieren den eigentlichen Zweck bzw. die zu erfüllenden Aufgaben eines Unternehmens. In Fernsehunternehmen sind dies oft publizistische Ziele, die das Produkt und die Produktleistung betreffen. Dazu gehört beispielsweise der im Rundfunkstaatsvertrag verankerte Auftrag zur Information, Bildung und Unterhaltung, aus dem sich untergeordnete Ziele wie Aktualität, Relevanz, Richtigkeit und Vermittlung der Inhalte ableiten lassen.
- *Formalziele (ökonomische Ziele)*:
  Die Formalziele umfassen ökonomische Ziele wie Gewinnmaximierung und Wettbewerbsfähigkeit sowie Liquidität, Rentabiliät und Wirtschaftlichkeit. Daraus resultieren untergeordnete Ziele wie eine effiziente Ressourcennutzung, Prozessoptimierung und Automatisierung.

Globales Sachziel von Fernsehunternehmen ist die zielgruppengerechte Produktion und Distribution von Inhalten für Information, Unterhaltung und Bildung (Vgl. **Tabelle 2.1**).

| Senderfamilien | Sachziele in der Selbstdarstellung |
|---|---|
| ARD | „Die 1950 gegründete ARD ist ein Zusammenschluss von neun selbständigen, staatsunabhängigen Landesrundfunkanstalten [...]. Deren Aufgabe ist es, Hörfunk- und Fernsehsendungen für die Allgemeinheit zu veranstalten und zu verbreiten. Sie sollen, so lautet ihr gesetzlicher Auftrag, mit ihren Sendungen der Information, der Bildung und der Unterhaltung aller Bürger dienen."[25] |
| ProSiebenSat.1 | „Wir bieten modernen Menschen erstklassige Unterhaltung und aktuelle Informationen, wann immer sie es wünschen, wo immer sie sind. [...] Werbefinanziertes Free-TV ist das Kerngeschäft der Gruppe."[26] |
| RTL Group | „RTL Group is a house of excellent content and powerful brands, which is able to deliver its content to all media platforms worldwide and to repeat its broadcasting success story in every country while fulfilling its obligation to society."[27] |
| ZDF | „Das ZDF bietet ein Vollprogramm aus Information, Bildung, Kultur und Unterhaltung. Es präsentiert den Zuschauern einen Überblick über das Weltgeschehen und vermittelt ein umfassendes Bild der deutschen Wirklichkeit. Im Vergleich aller Vollprogramme hat das ZDF den höchsten Anteil an Berichten über Gesellschaft, Politik, Wirtschaft und über das kulturelle Geschehen."[28] |

**Tabelle 2.1:** Sachziele der vier größten deutschen Sender und Senderfamilien

Kerngeschäft dieser Unternehmen ist der Rundfunk, jedoch spielt die Distribution der Inhalte über andere Plattformen wie das Internet, Mobiltelefone oder Infoscreens in öffentlichen Verkehrsmitteln eine immer größere Rolle. Am deutlichsten wird dies in der Zielformulierung der RTL Group, die explizit die Belieferung „aller Medienplattformen weltweit" als Ziel benennt. Auf diese Entwicklung wird im Zusammenhang mit der Konvergenz konkreter eingegangen.[29]

Die Unterschiede zwischen öffentlich-rechtlichen und privaten Fernsehunternehmen werden besonders in Bezug auf die Gewichtung der Formalziele deutlich. Dominieren die Sachziele gegenüber den Formalzielen, wie beispielsweise bei den öffentlich-rechtlichen Fernsehanstalten, so spricht man von gemeinnützigen Fernsehunternehmen. Stehen die Formalziele im Vordergrund, wie bei privaten Fernsehsendern, so spricht man von kommerziellen Fernsehunternehmen.[30]

#### 2.1.2.1 Ziele gemeinnütziger Fernsehunternehmen

„Gemeinnützige Unternehmen spielen in Deutschland in der Gestalt der öffentlich-rechtlichen Rundfunkanstalten eine prominente Rolle."[31] Für sie stehen die Sachziele als Selbstzweck im Vordergrund. Die Formalziele haben für die Sachziele Instrumentalcharakter. Im internationalen Vergleich nimmt Deutschland damit eine Sonderstellung ein, nur die BBC hat als öffentlich-rechtliche Sendeanstalt in Großbritannien eine ähnlich wichtige Stellung in der Medienlandschaft eines Landes.[32]

- *Sachziele*:
  Die öffentlich-rechtlichen Sendeanstalten haben die Verpflichtung, den „Grundversorgungsauftrag" zu erfüllen, also eine umfassende publizistische Versorgung von Mehr- und Minderheiten mit Information, Bildung, Kultur und Unterhaltung sicherzustellen.[33] Sie sollen als „Medium und Faktor der öffentlichen Meinungsbildung [eine] integrierende Funktion für das Staatsganze"[34] übernehmen.

25 Quelle: http://www.ard.de, Stand: 22. 07. 2008.
26 Quelle: http://www.prosiebensat1.de, Stand: 22. 07. 2008.
27 Quelle: http://www.rtlgroup.com, Stand: 22. 07. 2008.
28 Quelle: http://www.unternehmen.zdf.de, Stand: 22. 07. 2008.
29 Vgl. Punkt 2.3.
30 Vgl. [Glä08, S. 640] und [Brö06, S. 622].
31 Quelle: [Glä08, S. 658].
32 Vgl. [Glä08, S. 640 und S.658].
33 Vgl. [Sju04, S. 30], [Glä08, S. 664], [Pla04, S. 311] und [SS06, S. 865].
34 Quelle: [Glä08, S. 663].

- *Formalziele*:
  Die Finanzierung der öffentlich-rechtlichen Sendeanstalten erfolgt zum größten Teil über Rundfunkgebühren. „Das ZDF finanziert sich zu 85 % aus diesen Gebühren, die ARD sogar zu 95 %."[35] Formalziel ist entsprechend nicht eine Gewinnmaximierung, sondern eine Nutzenmaximierung für die Öffentlichkeit. Die Rundfunkanstalten sind dazu angehalten, die Prinzipien der Wirtschaftlichkeit und der Sparsamkeit anzuwenden, d. h. knappe Ressourcen sollen ökonomisch vernüftig genutzt und die Ausgaben auf das erforderliche Maß beschränkt werden.[36]

Die gemeinnützigen Fernsehunternehmen verfügen damit über eine verhältnismäßig konstante und gesicherte Finanzierung.[37] Die Formulierung der Sachziele führt zu „der Problematik, dass ihr Zielsystem in hohem Maße interpretationsbedürftig ist"[38]. Dies führt unter anderem immer wieder zu Kritik an der Art der Verwendung von Gebühreneinnahmen, wie dies beispielsweise bei der Einrichtung umfangreicher Mediatheken[39] in den Jahren 2007 und 2008 der Fall war. Nach Meinung des VPRT und der Politik gehen diese Angebote über den Grundversorgungsauftrag hinaus, sodass sie ab 2009 über den neuen Rundfunkstaatsvertrag reglementiert werden sollen.[40]

#### 2.1.2.2 Ziele kommerzieller Fernsehunternehmen

Kommerziellen Unternehmen ist zu eigen, dass die Formalziele gegenüber den Sachzielen Vorrang besitzen. Anhand der zugrunde liegenden Erlösformen wird dabei zwischen entgeltfinanzierten Unternehmen (z. B. Pay-TV), werbefinanzierten Unternehmen (z. B. privates Free-TV) und Mischformen beider Typen unterschieden.[41]

- *Sachziele*:
  In kommerziellen Unternehmen werden die Sachziele anhand des zu bedienenden Marktes, der Zielgruppe und einiger Bestimmungen, die durch

35 Quelle: [WR06, S. 132].
36 Vgl. [Glä08, S. 667], [SS06, S. 865] und [Bec06, S. 229].
37 Da die Gebühren politisch kontrolliert nur begrenzt steigen können, stehen auch ARD und ZDF unter einem gewissen Rationalisierungsdruck. Dies äußert sich jedoch anders als bei den privaten Anbietern. Vgl. [Sju04, S. 30].
38 Quelle: [Glä08, S. 661].
39 Als Mediatheken bezeichnen u. a. die öffentlich-rechtlichen Sendeanstalten ihre Online-Medienarchive, über die sie audiovisuelle Beiträge der Allgemeinheit im Internet zur Verfügung stellen.
40 Vgl. [VPR08], [Spi07] und [Fle08].
41 Vgl. [Glä08, S. 644] und [WP06, S. 265].

Sendelizenzen, Landesmediengesetze und Rundfunkstaatsvertrag[42] geregelt sind, sowie über Kriterien wie das Programm, die Programmqualität, die journalistische Qualität oder die zeitliche Platzierung der Inhalte definiert.[43] Überwiegt die Finanzierung über die Mediennutzung der Rezipienten, so entscheiden im Wesentlichen Angebot und Nachfrage über die konkrete Ausgestaltung der Sachziele. Überwiegt die Werbefinanzierung, so gilt es, sich zum einen ein hinreichend großes Rezipientenvolumen als Grundlage für den Werbeverkauf zu erschließen und zum anderen attraktive Inhalte für die Zielgruppe der Werbetreibenden anzubieten.[44] Erfolgt eine Mischfinanzierung oder sollen mehrere Märkte und Zielgruppen bedient werden, so birgt die Definition der Sachziele für kommerzielle Unternehmen ein hohes Potenzial für Zielkonflikte.[45]

- *Formalziele*:
  Kommerzielle Fernsehunternehmen finanzieren sich aus unterschiedlichen Quellen. Im Jahr 2006 stammten die Einnahmen beispielsweise zu ca. 70 % aus Werbung und Sponsoring, zu 17 % aus Gebühren für Pay-TV, zu 3 % aus sogenannten Call-Media-Angeboten und zu 11 % aus sonstigen Erlösen.[46] Kommerzielle Fernsehunternehmen verfolgen die Formalziele der Gewinnmaximierung, Liquidität, Rentabilität und Wirtschaftlichkeit. Voraussetzung dafür sind strategische Ziele wie eine effiziente, wettbewerbsfähige Arbeitsweise und die Festigung oder Steigerung des Marktanteils.[47]

Die Gewichtung von Sach- und Formalzielen wirkt sich einerseits auf die Programmgestaltung und die Ausrichtung auf dem Werbemarkt aus[48] und führt auf der andererseits zu verstärkten Aktivitäten in Richtung Diversifikation, optimierter Ressourcennutzung, Prozessoptimierung und Automatisierung. Neben den Unternehmenszielen spielen noch eine Reihe weiterer Rahmenbedingungen für die Fernsehproduktion eine Rolle, die im Folgenden zusammengefasst werden.

42 Beispielsweise ist im Rundfunkstaatsvertrag geregelt, dass zur Erhaltung der Meinungsfreiheit auch bei den privaten Sendern die „bedeutsamen politischen, weltanschaulichen und gesellschaftlichen Kräfte und Gruppen [...] in den Vollprogrammen angemessen zu Wort kommen" müssen. Quelle: Rundfunkstaatsvertrag § 25, Abs. 1.

43 Vgl. [Glä08, S. 647].

44 Vgl. [Glä08, S. 648], [Pag03, S. 9] und [Bec06, S. 229].

45 Vgl. [Glä08, S. 644] und [WP06, S. 265].

46 Vgl. [Seu07, S. 9].

47 Vgl. [WP06, S. 265] und [Glä08, S. 650].

48 Vgl. [Sju04, S. 31].

### 2.1.3 Rahmenbedingungen

„Fernsehen ist in der öffentlichen Wahrnehmung von einem Medium der gesellschaftlichen Integration, von einem Erziehungs- und Kulturfaktor zu einem Wirtschaftsgut geworden.“[49] Mittlerweile zeichnet es sich „durch seine thematische wie technische Omnipräsenz aus“[50]. Bei der Untersuchung der Fernsehproduktion sind eine Reihe von Rahmenbedingungen von Bedeutung. GLÄSER differenziert dabei zwischen einer wirtschaftlichen, einer technologischen, einer gesellschaftlich-kulturellen, einer politischen und einer rechtlichen Sichtweise:[51]

- *Wirtschaftliche Rahmenbedingungen*:
  Die wirtschaftlichen Rahmenbedingungen beschreiben die Einbettung der Fernsehproduktion in die Volkswirtschaft. Medien und insbesondere Fernsehen spielen in der heutigen *Informationsgesellschaft* in Deutschland wirtschaftlich eine entscheidende Rolle.[52] Zum einen gibt es bei keinem anderen Medium eine vergleichbare Finanzierungsform wie die Rundfunkgebühren für die öffentlich-rechtlichen Sendeanstalten,[53] zum anderen entfällt mit ca. 40 % ein Großteil der Ausgaben aus dem Werbemarkt auf das Fernsehen.[54] Der deutsche Rezipientenmarkt ist durch eine *Marktsättigung* gekennzeichnet.[55] Die Nutzungsdauer stagniert[56] und die verfügbare Werbezeit ist gesetzlich limitiert.[57] Da Fernsehen als immaterielles Gut keiner Rivalität[58] unterliegt und der Preis als Kriterium ausscheidet, muss der Kampf um Marktanteile allein auf der inhaltlichen Ebene ausgetragen werden. Entscheidend in diesem Wettstreit ist neben der inhaltlichen Qualität auch die Marke, also das Image eines Senders,[59] das in der Regel über die Vorauswahl[60] der Sender entscheidet.[61]

---

49 Quelle: [KS05, S. 11].
50 Quelle: [KS05, S. 11].
51 Vgl. [Glä08, S. 281*ff*].
52 Vgl. [Glä08, S. 283].
53 Im Jahr 2007 betrug das in Deutschland für die öffentlich-rechtlichen Anstalten (Fernsehen und Radio) aufgewendete Gebührenaufkommen insgesamt 7,3 Milliarden Euro. Vgl. [GEZ08, S. 7].
54 Im Jahr 2007 betrugen die Bruttowerbeerlöse des deutschen Fernsehens insgesamt 8,7 Milliarden Euro. Vgl. [Riz08, S. 4 und 19].
55 Vgl. [Glä08, S. 299].
56 Vgl. Punkt 2.1.1.
57 Vgl. [KS05, S. 331].
58 Fernsehen kann von mehreren Zuschauern zur gleichen Zeit konsumiert werden, ohne dass dabei der Nutzen für einen der Zuschauer gemindert wird. Vgl. [Bec06, S. 225].
59 D. h. die Erwartungshaltung der Nutzer, wie gut ein Sender ihre Bedürfnisse befriedigen kann.
60 Das sogenannte Relevant Set. Vgl. **Abbildung 2.1**.
61 Vgl. [KS05, S. 85], [SGF06, S. 792] und [SD06, S. 781].

- *Technologische Rahmenbedingungen*:
  In technologischer Hinsicht ist die Branche im Wesentlichen von drei Entwicklungen gekennzeichnet. Durch die *Digitalisierung* wird es möglich, größere Datenmengen ohne Qualitätsverlust flexibler zu verarbeiten und zu verbreiten. Dies ermöglicht die *Vernetzung medialer Angebote* und lässt für den Nutzer die zugrunde liegenden Technologien in den Hintergrund treten. Darüber hinaus ist auf der Produktionsseite eine Entwicklung hin zu *IT-basierten Technologien* zu beobachten.[62] Diese Entwicklungen werden als technische Konvergenz zusammengefasst und sind in der Gestaltung von Produktionssystemen von besonderer Bedeutung. Sie werden im Zusammenhang mit der Konvergenz der Branchen[63] in Punkt 2.3.4 ausführlicher thematisiert.

- *Gesellschaftlich-kulturelle Rahmenbedingungen*:
  „Die Charakterisierung der Gesellschaft als Informations-, Wissens-, Medien- oder Kommunikationsgesellschaft geht davon aus, dass als vorherrschendes
  Schlüsselmerkmal heutiger entwickelter Gesellschaften [...] die mediale Durchdringung aller Lebensbereiche gelten kann.“[64] Die Medien spielen eine „so dominante Rolle wie nie zuvor“[65]. Die Entwicklung des Mediums Fernsehen und der Fernsehproduktion ist eng an die gesellschaftlich-kulturellen Veränderungen gekoppelt. Die wesentlichen Kriterien sind der *demografische Wandel*, d. h. Veränderungen in der sozialen Schichtung und der Altersstruktur der Gesellschaft, und *psychografische Kriterien* wie der Wertewandel und die Veränderung von Lebensstilen. Diese Kriterien sind beispielsweise für die Programmgestaltung relevant.[66]

- *Politische und rechtliche Rahmenbedingungen*:
  Die politischen Rahmenbedingungen umfassen alle politischen administrativen Maßnahmen, die direkt oder indirekt auf Produktion, Distribution oder Konsum Auswirkung haben. Zur Steuerung steht der Politik ein Instrumentarium auf vier Politikfeldern zur Verfügung. Die höchste Bedeutung fällt der *Selbstregulierung* zu, die zum Beispiel für das Privatfernsehen durch den Verein für Freiwillige Selbstkontrolle Fernsehen e.V. (FSF)[67] organi-

62 Vgl. [Glä08, S. 309*f*].

63 Vgl. Punkt 2.3.

64 Quelle: [Glä08, S. 333].

65 Quelle: [Zie06, S. 153].

66 Vgl. [Glä08, S. 333*ff*] und [Ung06, S. 741].

67 Der FSF besteht aus 19 privaten Sendern, u. a. den deutschen Sendern von ProSiebenSat.1 und der RTL Group. Vgl. [FSF08, S. 13] und http://www.fsf.de/, Zuletzt abgerufen: 15. 08. 2008.

siert wird. Ein weiteres Instrument stellt die *Ordnungspolitik* dar, d. h. die Politik steuert die Autonomie von Wirtschaftsobjekten, sichert die Funktionalität der Marktwirtschaft und schützt den Wettbewerb durch Wettbewerbsbeschränkungen. Über Verbote und Gebote sowie Subventionen und Steuern greift die Politik in die Entscheidungshoheit von Unternehmen ein. Dies wird als *Prozess- und Strukturpolitik* bezeichnet. Das vierte Instrument istdas *staatliche Angebot*, welches sich in Deutschland in Form der öffentlich-rechtlichen Rundfunkanstalten wiederfindet.[68]
Im Medienrecht geht es darum, die Medien- und Meinungsfreiheit zu sichern. Die Regulierungsdichte ist im Rundfunkbereich höher als bei anderen Medien, dabei sind mehrere Rechtsgebiete wie das *medienrelevante Grundlagenrecht* und das *internationale Medienrecht* zu berücksichtigen.[69]

Je nach Aufgabenstellung spielen diese Rahmenbedingungen direkt oder indirekt auch bei der Gestaltung von Fernsehproduktionssystemen eine Rolle, sei es beispielsweise durch marktwirtschaftliche Anforderungen an den zu produzierenden Content, durch arbeitsrechtliche Bestimmungen für den Produktionsprozess oder durch eine technologische Beschränkung des Machbaren. Welche der Rahmenbedingungen in welchem Umfang relevant sind, ist jeweils projektspezifisch zu prüfen.

### 2.1.4 Internationaler Vergleich

Betrachtet man die Fernsehproduktion in Deutschland im internationalen Vergleich, so gibt es einige Rahmenbedingungen, die gobal gelten, und andere, die für den deutschen Markt spezifisch sind. Prinzipiell ist der Fernsehmarkt jedoch sehr stark von der Globalisierung geprägt. Die Konzentration von Medienunternehmen, die Konvergenz der Branchen und die Internationalisierung der Märkte sind in vielen Ländern gleichermaßen zu beobachten.[70] Unterschiede entstehen eher im Kleinen, bedingt durch landesspezifische wirtschaftliche, technologische, gesellschaftlich-kulturelle, politische und rechtliche Besonderheiten, die im Folgenden kurz skizziert werden sollen.

- *Wirtschaftliche Rahmenbedingungen*:
  Die wirtschaftlichen Rahmenbedingungen unterscheiden sich international zum Teil erheblich. Dies ist zum einen bedingt durch die unterschiedlichen Finanzierungsformen der Sender und zum anderen durch die Größe des

68 Vgl. [Glä08, S. 346*ff*] und [Sar06].
69 Vgl. [Glä08, S. 374*f*] und [KS05, S. 26*ff*].
70 Vgl. [FF08, S. 19] und [Wir06, S. 42].

Werbemarktes. Die Unterschiede werden besonders im direkten Vergleich zu den USA deutlich. Dort dominiert eine regionale Struktur privater Networks (ABC, CBS, NBC und FOX), die zeitlich begrenzt mit lokalen Sendern zusammenarbeiten. Die Networks selbst sind keine Sender im eigentlichen Sinne, sondern Content-Produzenten, deren Content mittels Programmübernahme lokaler Sender ausgestrahlt wird. Bei der Finanzierung spielen neben dem Werbemarkt, der vor dem deutschen der zweitgrößte weltweit ist, die Kabelnetzbetreiber eine entscheidende Rolle. Sie geben einen Teil ihrer Einnahmen an die Sender weiter, sodass für diese eine solide Finanzierungsbasis geschaffen wird. Darüber hinaus findet in den USA das Pay-TV eine wesentlich höhere Akzeptanz als hierzulande. „Public TV", dass vorwiegend aus Spenden finanziert wird, spielt dort nur eine untergeordnete Rolle.[71] Aus dieser Situation heraus ist die Investitionsbereitschaft in den USA höher und in der Regel stehen höhere Budgets für technische Projekte zur Verfügung.[72]

- *Technologische Rahmenbedingungen*:
  In der Vergangenheit war die Technologie geprägt durch Unterschiede wie etwa bei den analogen Farbbildformaten. In den USA, in Japan und Südamerika wird die Norm NTSC[73] genutzt. Da dieses System nicht sehr farbstabil ist, fand es in Europa keinen Zuspruch, sodass in Frankreich SECAM[74] und in Deutschland sowie vielen anderen europäischen Ländern PAL[75] zum Einsatz kam.[76] Mit der Digitalisierung und der Einführung von HDTV werden diese technologischen Unterschiede kleiner.[77] Sie bestehen im Wesentlichen darin, dass die Einführung neuer Technologien unterschiedlich weit fortgeschritten ist. Bedingt durch die schlechte Bildqualität von NTSC ist die Einführung von HDTV in den USA etwa weiter fortgeschritten als in Deutschland.[78] Die Einführung von interaktivem Fernsehen (iTV) wird in den USA und in europäischen Ländern wie Großbritannien stärker vorangetrieben, als dies in Deutschland der Fall ist.[79] Die befragten Experten äußerten in die-

71 Vgl. [KS05, S. 111*ff*] und [Wir06, S. 317].

72 Ergebnis der durchgeführten Expertenumfrage (siehe Punkt 8.1.3).

73 NTSC – National Television Systems Committee; amerikanische Fernsehnorm mit 525 Zeilen und 60 Halbbildern pro Sekunde.

74 SECAM – Séquentiel couleur à mémoire; französische Fernsehnorm mit 625 Zeilen und 50 Halbbildern pro Sekunde.

75 PAL – Phase Alternation Line; europäische Fernsehnorm mit 625 Zeilen und 50 Halbbildern pro Sekunde.

76 Vgl. [Sch03b, S. 5*ff*].

77 Ergebnis der durchgeführten Expertenumfrage (siehe Punkt 8.1.3).

78 Vgl. [Sti04, S. 570].

79 Vgl. [Wol04, S. 301].

sem Kontext, dass Amerika oft als Early-Adaptor auftritt, während europäische Länder dies nur selten tun. Das liegt u. a. daran, dass in den USA die technische Qualität im Vergleich zu einem interessanten Inhalt eine eher untergeordnete Rolle spielt.[80]

- *Gesellschaftlich-kulturelle Rahmenbedingungen*:
  Fernsehen ist in den unterschiedlichen Ländern unterschiedlich stark verankert. Dies wird bei einem Blick auf die durchschnittliche tägliche Nutzungsdauer deutlich. Deutschland lag im Jahr 2007 mit 227 Minuten pro Tag bei den Zuschauern ab 14 Jahren[81] im guten Mittelfeld. Deutlich weniger ferngesehen wird in Ländern wie Island und der deutschsprachigen Schweiz. Spitzenreiter in Europa ist Serbien und global sind es die USA (Vgl. **Abbildung 2.4**).[82]
  Neben dieser quantitativen Betrachtung ist eine inhaltliche Globalisierung zu beobachten. Mittlerweile werden viele Formate aus anderen Ländern importiert und, falls erforderlich, an den nationalen Markt angepasst.[83,84]

- *Politische und rechtliche Rahmenbedingungen*:
  Deutlichster internationaler Unterschied ist der Umfang des staatlichen Rundfunkangebotes und der Regulierung. Deutschland hat global betrachtet mit den öffentlich-rechtlichen Sendeanstalten das zweitgrößte staatliche Rundfunkangebot nach Großbritannien. Im Vergleich dazu gibt es in den USA kein adäquates Angebot. Das erwähnte „Public TV" hat zwar einen ähnlichen Auftrag, wird aber vorrangig aus Spendengeldern finanziert.[85]
  Ähnliches ist auch in Bezug auf die rechtlichen Rahmenbedingungen und die Regulierung zu beobachten. So existieren in den USA nur relativ wenige Vorschriften und freiwillige Regelungen. Regulierungsbehörden haben einen eher wirtschaftlichen Fokus und greifen nur in konkreten Konfliktfällen ein.[86]

Im internationalen Vergleich ist Deutschland durch hohe Qualitätsansprüche auf der einen Seite und begrenzte Ressourcen sowie ein hohes Maß an Regulierung auf

80 Ergebnis der durchgeführten Expertenumfrage (siehe Punkt 8.1.3).

81 Die Differenz zur zuvor genannten Zahl resultiert aus einer abweichende Zielgruppenbetrachtung. Vgl. http://www.agf.de/daten/zuschauermarkt/sehdauer/, Zuletzt abgerufen: 11. 08. 2008.

82 Vgl. [IP 08].

83 Viele in Deutschland ausgestahlte Formate stammen aus den USA. In den letzten Jahren war jedoch zu beobachten, dass vermehrt auch deutsche Formate wie „Wer wird Millionär?" ins Ausland exportiert wurden. Vgl. [KS05, S. 110*ff*].

84 Auf die kulturellen Unterschiede bei der Projektierung im Umfeld der Fernsehproduktion wird in Punkt 3.1.3 vertiefend eingegangen.

85 Vgl. [KS05, S. 115].

86 Vgl. [KS05, S. 122*f*].

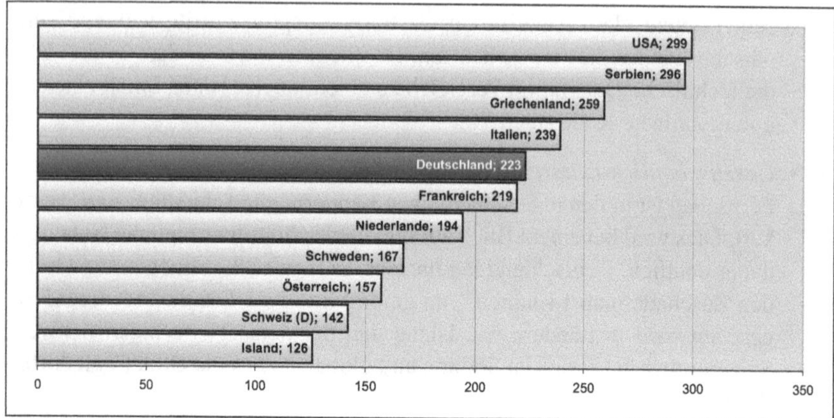


**Abbildung 2.4:** Internationaler Vergleich der Fernsehnutzungdauer 2007: Durchschnittliche Fernsehdauer der Zuschauer ab 14 Jahren in Minuten pro Tag (Quelle: [IP 08])

der anderen Seite gekennzeichnet. In technologischer Hinsicht hinkt Deutschland anderen Ländern wie den USA und Großbritannien etwas hinterher. Im Rahmen aktueller Modernisierungsbestrebungen sind deutsche Sender aber aktuell dabei, diesen Vorsprung zu kompensieren. Dies macht Deutschland zu einem geeigneten Forschungsfeld, wenn es darum geht, die Gestaltung komplexer Fernsehproduktionssysteme auf ihr Optimierungspotenzial hin zu untersuchen.

## 2.2 Dimensionen der Fernsehproduktion

Bei der Produktion von Fernsehen kommt ein komplexes sozio-technisches System zum Einsatz. Der Strukturierung des Themenfeldes werden im Folgenden das zentrale Konzept der Mensch-Maschine-Kommunikation (MMK)[87] sowie das Modell Content, Organisation und Technik nach KRÖMKER und KLIMSA zugrunde gelegt.[88]

### 2.2.1 Mensch-Maschine-Kommunikation

Die Produktion von Medien im Allgemeinen und von Fernsehen im Speziellen ist geprägt durch den Einsatz maschineller oder technischer Hilfsmittel. Daher bietet es sich an, den weiteren Betrachtungen das zentrale Modell der Mensch-Ma-

87 Vgl. [Cha94, S. 32*f*] und [TK00, S. 10*ff*].
88 Vgl. [KK05b, S. 20] und [KV07, S. 8].

schine-Kommunikation zugrunde zu legen. Dieses geht von einem Spannungsfeld zwischen Mensch, Maschine und einer zu erfüllenden Aufgabe aus.[89]

Nach DIN 33400 werden durch die Aufgabe „das globale Ziel und der Zweck einer Arbeit sowie die dazu erforderlichen Kompetenzen"[90] definiert. Die Erfüllung von fremd- oder selbstgestellten Aufgaben erfolgt in Form von Tätigkeiten durch den Menschen oder durch eine Maschine, also eine von Menschen für einen definierten Zweck eingesetzte technische Einrichtung.[91] Die Aufgabenteilung zwischen Mensch und Maschine wird in der Regel über die jeweiligen Stärken sowie Aufwand und Nutzen für den Einsatz einer Maschine definiert.[92] Der Anteil der von Maschinen übernommenen Tätigkeiten wird als Automatisierungsgrad bezeichnet.[93]

**Mensch-Maschine-Kommunikation** — **Modell nach KRÖMKER und KLIMSA**

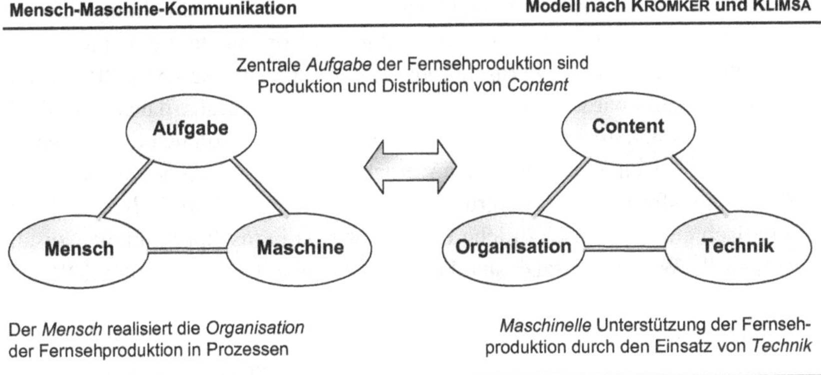


**Abbildung 2.5:** Parallelen zwischen MMK und Fernsehproduktion

Überträgt man den Ansatz der MMK, wie in **Abbildung 2.5** dargestellt, auf die Fernsehproduktion, so besteht die übergeordnete Aufgabe darin, Inhalte zu produzieren und zu distribuieren.[94] Die organisatorische Durchführung dieser Aufgabe erfolgt durch den Menschen und spiegelt sich wider im Prozess, der mithilfe unterschiedlichster Maschinen in Form technischer Systeme unterstützt wird.[95] Ent-

89 Vgl. [TK00, S. 10*ff*].
90 Quelle: [Cha94, S. 32].
91 Vgl. [Cha94, S. 284] und [TK00, S. 10].
92 Vgl. Punkt 6.2.1.
93 Auf die Automatisierung im Umfeld der Fernsehproduktion wird in Punkt 6.2 detaillierter eingegangen.
94 Das Produzieren und das Distribuieren von Inhalten sind Sachziele von Fernsehunternehmen. Die Formalziele wirken sich darauf aus, in welcher Form diese Sachziele erfüllt werden. Vgl. Punkt 2.1.2.
95 KLIMSA unterscheidet bei der Organisation zwischen der prozessbezogenen und der institutionellen

sprechend der Klassifizierung nach KRÖMKER und KLIMSA[96] wird die inhaltliche Dimension im Folgenden im Element *Content*, die prozessbezogene Dimension im Element *Organisation* und die systemtechnische Dimension im Element *Technik* zusammengefasst.[97]

Die Gliederung des Forschungsbereichs in die drei vorgestellten Dimensionen garantiert, dass die Beantwortung der Forschungsfrage vollständig erfolgt, und trägt dazu bei, Komplexität zu reduzieren, indem zunächst die einzelnen Elemente und anschließend deren Zusammenhänge betrachtet werden.[98]

### 2.2.2 Content: Inhaltliche Dimension

Die zentrale Aufgabe bzw. das globale Sachziel von Fernsehunternehmen liegt in der Produktion und Distribution von Content, welcher der Unterhaltung, Information oder Bildung dient.[99] Die Klassifizierung von Content stellt ein eigenes Forschungsfeld dar, das für die Fernsehproduktion beispielsweise von GEHRAU umfangreich bearbeitet wird. Er unterteilt die Klassifikationsansätze danach, ob sie für einen ökonomischen, rechtlich-politischen oder wissenschaftlichen Kontext entwickelt wurden.[100] Den Klassifikationen werden Variablen wie Sendeformate, Genres, Produktionsformen und Zielgruppen zugrunde gelegt.[101] In **Tabelle 2.2** wird exemplarisch eine wissenschaftliche Einstufung von Fernsehprogrammen zusammengefasst.[102] Weitere Ansätze sind bei PLAKE sowie KARSTENS und SCHÜTTE zu finden.[103]

Im Rahmen der folgenden Betrachtungen steht die technische Klassifizierung von Content anhand der medialen Bestandteile im Vordergrund. Diese erfolgt entsprechend der Definition von SMPTE[104] und EBU[105], den beiden international führenden Forschungseinrichtungen für Fernsehproduktionstechnologien. *Content* setzt sich, wie in **Abbildung 2.6** dargestellt, aus einer oder mehreren *Essences* sowie den dazugehörigen *Metadaten* zusammen. Bei den Essences kann es sich um Video-, Audio- und Daten-Essences wie Text und Bild oder auch interaktive An-

Organisation (Vgl. [KV07, S. 10]). In dieser Arbeit liegt der Fokus auf der prozessbezogenen Organisation. Vgl. Punkt 2.2.3.

96 Vgl. [KK05b, S. 21*f*].

97 Vgl. Punkt 3.3.4.2.

98 Vgl. [KV07, S. 7].

99 Vgl. u. a. [KK05a, S. 103], [KV07, S. 10], [Pag03, S. 18*f*] und **Tabelle 2.1**.

100 Vgl. [Geh01, S. 43*ff*].

101 Vgl. [Pla04, S. 94], [Geh01, S. 43*ff*], [KS05, S. 95] und [Ott05, S. 168].

102 Vgl. [Geh01, S. 54].

103 Vgl. [Pla04, S. 94] und [KS05, S. 129*ff*].

104 SMPTE – Society of Motion Picture and Television Engineers.

105 EBU – Europeen Broadcasting Union.

| Sendungsebene | | Beitragsebene |
|---|---|---|
| *Information* | *Unterhaltung* | Begrenzer / Moderation |
| Aktuelle Information | Fiktionale Unterhaltung | Beitrag |
| Nicht aktuelle Information | Nicht fiktionale Unterhaltung | Nachricht |
| Service | Mischformen | Gespräch |
| Infotainment | | Spielhandlung |
| Education by viewing | | Musik |
| Programminfo | | Spiel |
| Werbung | | Werbespot |
| | | Programmvorschau |
| | | Trailer |

**Tabelle 2.2:** Wissenschaftliche Klassifikation von Content (nach [Geh01, S. 54])

wendungen handeln.[106] Metadaten sind beschreibende Daten zu den Essences, die sich nach deskriptiven und administrativen Metadaten unterscheiden lassen.[107,108] Verfügt das Medienunternehmen über die Rechte zur Distribution des Content so spricht man von *Asset*.[109] Alternativ wird auch der Begriff Media-Asset verwendet, um eine Differenzierung von dem in der Finanzwirtschaft verwendeten „Asset" vorzunehmen.[110] Technisch wird bereits von Asset gesprochen, sobald Rechteinformationen in Form von Metadaten vorliegen.

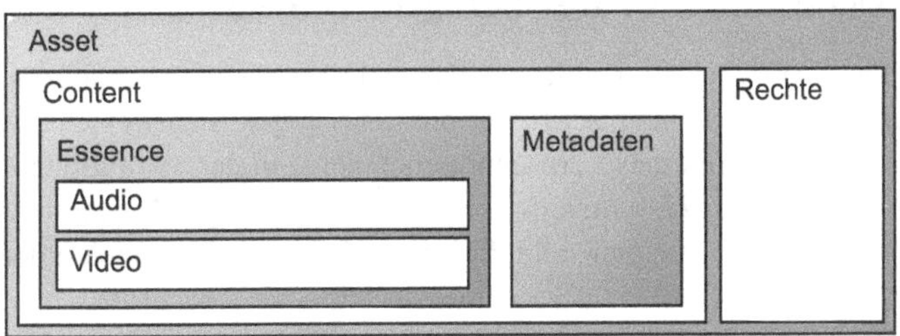


**Abbildung 2.6:** Technische Klassifikation von Content

106 Vgl. [LM98, S. 91].

107 Vgl. [LM98, S. 95].

108 Dies entspricht der Klassifizierung nach technischen (administrativ) und beschreibenden (deskriptiv) Metadaten. Vgl. [Tho08, S. 196]. Darüber hinaus existieren detaillierte Klassifizierungen von Metadaten, wie etwa nach DIN EN 62261, die an dieser Stelle nicht weiter berücksichtigt werden sollen. Vgl. [DIN07, S. 6*ff*].

109 Vgl. [LM98, S. 89], [Toz04, S. 653] und [Pag03, S. 18].

110 Im Folgenden wird ausschließlich die Form „Asset" verwendet, da eine Verwechslungsgefahr zur Finanzwelt nicht gegeben ist und eine Abgrenzung zum eher marketingorientierten Begriff „Media-Asset" stattfinden soll.

Konsequenterweise wäre demnach die inhaltliche Dimension mit „Media-Asset“ zu benennen. Da sich der Terminus „Content“ in Wissenschaft und Wirtschaft als Fachbegriff für qualifizierte mediale Inhalte durchgesetzt hat, wird an dieser Stelle jedoch davon Abstand genommen, die inhaltliche Dimension umzubenennen.[111] In den prozessbezogenen und technischen Detailbetrachtungen dieser Arbeit wird jedoch die Definition nach SMPTE und EBU angewendet.

---

*Content in der Nachrichtenproduktion*

---

Fernsehnachrichten fallen in die Klasse der aktuellen Information. Ihre Geschichte beginnt in Deutschland mit der ersten Tagesschau am 26. Dezember 1952. Sie sind mittlerweile wichtiger Bestandteil aller großen Vollprogramme. Es handelt sich dabei um regelmäßige, relativ kurze Sendungen, die über aktuelle Ereignisse informieren, aber auch unterhalten sollen. Sie setzen sich aus vielen kleinen Sendeelementen zusammen, die in der Regel zu einer festgelegten Zeit live zu einer Nachrichtensendung zusammengestellt werden. Zu diesen Elementen gehören beispielsweise Moderationen, Schalten, Nachrichtenbeiträge, Bilderteppiche, Animationen und Vollbildgrafiken.[112]

---

## 2.2.3 Organisation: Prozessbezogene Dimension

Das Element der Organisation unterscheidet zwischen einer prozessbezogenen und einer institutionellen Sichtweise. In der prozessbezogen Sichtweise beschreibt es die Produktionsabläufe eines Fernsehunternehmens, in der institutionellen Sichtweise das dazugehörige Unternehmen bzw. die dazugehörigen Institutionen.[113] Für die folgenden Untersuchungen steht die prozessbezogene Dimension der Organisation im Vordergrund.

Ein Prozess definiert über eine strukturierte, zeitliche und logische Abfolge von Aktivitäten, wie und mithilfe welcher Ressourcen die Erfüllung der Aufgaben – wie beispielsweise die Produktion von Content – organisatorisch und technisch erreicht werden kann.[114] **Abbildung 2.7** zeigt, dem Top-down-Ansatz[115] folgend, eine hierarchische Gliederung von Prozessen innerhalb eines Unternehmens.[116]

---

111 Vgl. [LM98], [Pag03], [KK05b] und [KV07].
112 Vgl. u. a. [Boe08, S. 95] und [Sch05a, S. 41]
113 Vgl. [KV07, S. 10]. Die institutionelle Sichtweise wird in Punkt 2.1 skizziert.
114 Vgl. [BK05, S. 6], [VDI01, S. 2], [DIN04b, S. 9] und [DIN98a, S. 3].
115 Vgl. Punkt 3.2.2.2.
116 Vgl. [Noh07, S. 57].

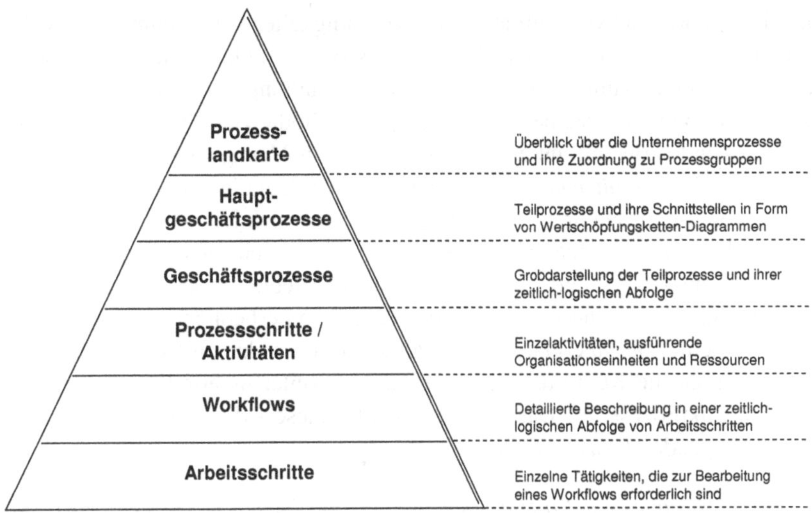


**Abbildung 2.7:** Ebenen einer Prozessarchitektur (nach [Noh07, S. 57])

- Die *Prozesslandkarte* gibt einen Überblick über sämtliche Prozesse eines Unternehmens und untergliedert diese in Gruppen.
- *Hauptgeschäfts- und Geschäftsprozesse* beschreiben auf unterschiedlichen Detaillierungsebenen die Teilprozesse, deren Schnittstellen und die zeitlich-logische Abfolge.
- Geschäftsprozesse werden je nach Bedarf beliebig detailliert in *Prozessschritte* unterteilt. Einige Autoren verwenden gleichbedeutend den Begriff der *Aktivität*.[117,118]
- Die Beschreibung von Prozessen erfolgt in Form sogenannter *Workflows* (Arbeitsabläufe), welche detailliert die zeitlich-logische Abfolge von Arbeitsschritten beschreiben.
- Ein *Arbeitsschritt* dokumentiert die Einzeltätigkeiten, die zur Bearbeitung eines Workflows erforderlich sind.[119]

117 Vgl. [VDI01, S. 2] und [Noh07, S. 57].
118 Im Folgenden wird ausschließlich der Begriff „Prozessschritt“ verwendet.
119 Vgl. [Kov06, S. 356], [MBB+01, S. 513] und [RSD05, S. 56].

Um eine Einordnung von Aufgaben und Zuständigkeiten vorzunehmen, ist es sinnvoll, die Geschäftsprozesse in mehrere Prozesstypen zu klassifizieren. Eine solche Klassifizierung gewinnt insbesondere für die Gestaltung integrierter und automatisierter Produktionssysteme an Bedeutung. Die Studie zur „IT-Integration in der Broadcast-Industrie“ nimmt eine Klassifizierung in *Management-Prozesse*, *Kernprozesse* und *unterstützender Prozess* vor.[120] Sie ordnet die unterschiedlichen Geschäftsprozesse diesen drei Prozesstypen zu,[121] was sich jedoch für die folgenden Untersuchungen als ungeeignet erwiesen hat. Im Rahmen der vorliegenden Arbeit hat sich herauskristallisiert, dass mit steigendem Integrationsgrad und zunehmender Automatisierung die Logistik in der Produktion erheblich an Bedeutung gewinnt. Zudem fehlt eine klare Abgrenzung der zugeordneten Geschäftsprozesse. Daher werden die Kernprozesse im Folgenden weiter unterteilt in Produktions- und Logistikprozesse.[122] Daraus ergibt sich für diese Arbeit eine Unterteilung in die vier folgenden Prozesstypen.

- Die *Management-Prozesse* dienen der strategischen Steuerung. Dazu gehören Prozesse wie die Medienforschung, die Programmplanung, das Produktions-Management und die Finanzplanung.[123]
- Prozesse, die dem Beschaffen, Verteilen, Transportieren oder Speichern von Inhalten[124] dienen, werden als *Logistikprozesse* bezeichnet.[125,126]
- Alle verfahrenstechnischen Prozesse zur Umformung von Material sowie die fertigungstechnischen Prozesse zur Bearbeitung und Kombination von Material werden als *Produktionsprozesse* zusammengefasst.[127]
- Unter die *unterstützenden Prozesse* fallen beispielsweise Marketing, Reisemanagement, Justiziariat und Personalwesen.[128]

In Punkt 4.2.1 erfolgt eine detaillierte Definition dieser Prozesstypen im Kontext der Gestaltung integrierter Fernsehproduktionssysteme.

---

120 Vgl. [LNR05, S. 40] und [NR07, S. 20].
121 Siehe Anhang Punkt A.1.1.
122 Ergebnis der durchgeführten Fallstudien (siehe Punkt 8.2).
123 Vgl. [NR07, S. 20].
124 „Inhalte“ meint Essences und / oder Metadaten jeglicher Art, d. h. von deskriptiven Metadaten über Rechte bis hin zu Planungsdaten.
125 Vgl. [Pfo04, S. 4], [Kug05, S. 465] und [Cha94, S. 353].
126 Vgl. Punkt 4.2.1.2.
127 Vgl. [Cha94, S. 353].
128 Vgl. [NR07, S. 20].

*Organisation in der Nachrichtenproduktion*

Organisatorischer Ausgangspunkt einer typischen Nachrichtensendung ist eine Redaktionskonferenz. Hier werden die Inhalte für die Sendung geplant (Content) und an die Redakteure verteilt.[129] Diese recherchieren das Thema in diversen Text- und Bildquellen wie Nachrichtenagenturen, Archiv, Internet und stellen das Material für den jeweiligen Beitrag zusammen. Zu bestimmten Themen wird darüber hinaus zusätzliches Material für die Sendung aufgezeichnet. Auf Basis der Rechercheergebnisse werden Moderationstexte geschrieben, Grafiken geplant und erstellt sowie die Beiträge geschnitten. Alle Beiträge werden nach der inhaltlichen Abnahme zu einem detaillierten Sendeablauf zusammengefügt, der die genaue Reihenfolge aller Elemente definiert. Anhand des Sendeablaufs werden über die Regie alle Beiträge, Grafiken und sonstigen Sendeelemente mit Moderationen zu einer Nachrichtensendung kombiniert.[130]

### 2.2.4 Technik: Systemtechnische Dimension

In der allgemeinen Definition von CHARWAT umfasst Technik die „Gesamtheit aller Mittel und Maßnahmen, mit denen naturwissenschaftliche Erkenntnisse praktisch nutzbar gemacht werden“[131]. Im Kontext der Medienproduktion umfasst Technik die systemtechnischen Anlagen bzw. „die Werkzeuge für das Herstellen von Medienprodukten“[132].

Im Bereich der Planung findet für technische Anlagen häufig der Begriff des (technischen) Systems Anwendung. Als System wird in diesem Zusammenhang die Summe aller technisch-organisatorischen Mittel verstanden,[133] die der Erfüllung einer Aufgabe dienen. Bei Systemen handelt es sich um eine meist komplexe Gruppe unterschiedlicher Elemente (z. B. Objekte, Daten oder Subsysteme), die Relationen zueinander eingehen und miteinander agieren.[134] Kennzeichnend für jedes System ist, dass es sich von seiner Umwelt durch eine Systemgrenze ab-

129 Die Content-Auswahl hängt neben der aktuellen Nachrichtenlage auch von vielen organisatorischen Faktoren ab, steht jedoch nicht im Blickfeld dieser Arbeit. Vgl. hierzu die Forschungsergebnisse von BOETKES in [Boe08].

130 Vgl. hierzu die Prozessarchitektur von N24 in **Abbildung 8.5** aus dem Fallbeispiel N24plus (ProSiebenSat.1 Produktion, siehe Punkt 8.2.2) und [Sch05a, S. 37].

131 Quelle: [Cha94, S. 433].

132 Quelle: [KK05b, S. 21].

133 Vgl. [DIN81].

134 Vgl. [Wie98, S. 10], [OKK97, S. 11] und [DIN98a, S. 3].

grenzen lässt und somit ein geschlossenes Ganzes bildet.[135] Die Definition der Systemgrenze ist stark abhängig vom Fokus der Betrachtung,[136] kann also je nach Aufgabenstellung sehr unterschiedlich ausfallen.

Im Kontext dieser Arbeit wird der Begriff „System" ausschließlich für technische Systeme verwendet. Organisatorische Systeme (bzw. das Verhalten von Systemen) werden in dieser Arbeit mit dem im technischen Bereich gebräuchlicheren Begriff „Prozess" bezeichnet. Entsprechend wird, wenn nicht anders beschrieben, der Begriff „Fernsehproduktionssystem" im Folgenden gleichbedeutend mit der Summe aller systemtechnischen Anlagen verwendet, die direkt oder indirekt zur Produktion in einem Fernsehunternehmen notwendig sind. Bislang existiert keine allgemeingültige Klassifikation der eingesetzten Einzelsysteme.[137]

---

*Technik in der Nachrichtenproduktion*

---

Für die technische Umsetzung der Nachrichtenproduktion werden zahlreiche Systeme benötigt, um die einzelnen Arbeitsschritte durchführen zu können. Schaltzentrale einer Nachrichtenproduktion sind sogenannte Redaktionssysteme. In ihnen laufen sämtliche Agenturmeldungen zusammen, werden Themenpools und Beiträge geplant, Moderationstexte verfasst sowie der detaillierte Sendeablauf mit allen Elementen in Form des Rundowns zusammengestellt. Für das Erstellen der Videobeiträge kommt meist ein verteiltes Produktionssystem zum Einsatz, auf dem das Rohmaterial zu Bilderteppichen und sendefertigen Beiträgen geschnitten wird. Die fertigen Beiträge werden anschließend auf einen Playout-Server übertragen, von dem aus sie während der Sendung über die Regie abgefahren und mit Sendegrafiken kombiniert werden. Herzstück der Regie ist eine Automation, die auf Basis des Rundowns die Steuerung der Videoquellen und in moderneren Sendern auch von Licht und Kameras übernimmt.[138]

---

## 2.3 Konvergenzen in der Fernsehproduktion

Die aktuelle Entwicklung innerhalb der drei Dimensionen Content, Organisation und Technik ist geprägt von den Auswirkungen der Konvergenz von Telekommunikation, Informationstechnik, Medien und Entertainment zur sogenannten „TI-

135 Vgl. [HNB+99, S. 5].

136 Vgl. [Bos92, S. 16].

137 Ein Ansatz, der diese leistet, wird an späterer Stelle in Punkt 5.3.3 hergeleitet.

138 Vgl. hierzu die Anwendungsarchitektur von N24 in **Abbildung 8.6** aus dem Fallbeispiel N24plus (ProSiebenSat.1 Produktion, siehe Punkt 8.2.2).

ME-Branche".[139] Diese hat ihren Ursprung in einer Deregulierung der Märkte, technologischen Entwicklungen und einem veränderten Nutzerverhalten.[140] Aus Sicht von Unternehmen des Broadcast-Bereichs steht die Konvergenz von Rundfunk, Telekommunikation und Informationstechnik im Vordergrund.[141] Diese *Konvergenz der Märkte und Industrien*, auch ökonomische Konvergenz genannt, äußert sich in den Bemühungen von Unternehmen, „möglichst viele Stufen der Wertschöpfungskette zu besetzen"[142] und sich neue Märkte und Vermarktungsmöglichkeiten zu erschließen. Diese Entwicklung wurde durch die Deregulierung der Märkte begünstigt und spielt sich gleichermaßen bei Technologielieferanten wie Content-Produzenten ab. Indizien für die Konvergenz sind beispielsweise das vermehrte Interesse von IT-Unternehmen am Broadcast-Markt[143] und zunehmende Aktivitäten von Fernsehunternehmen im Internet und in der Mobilfunkbranche.[144]

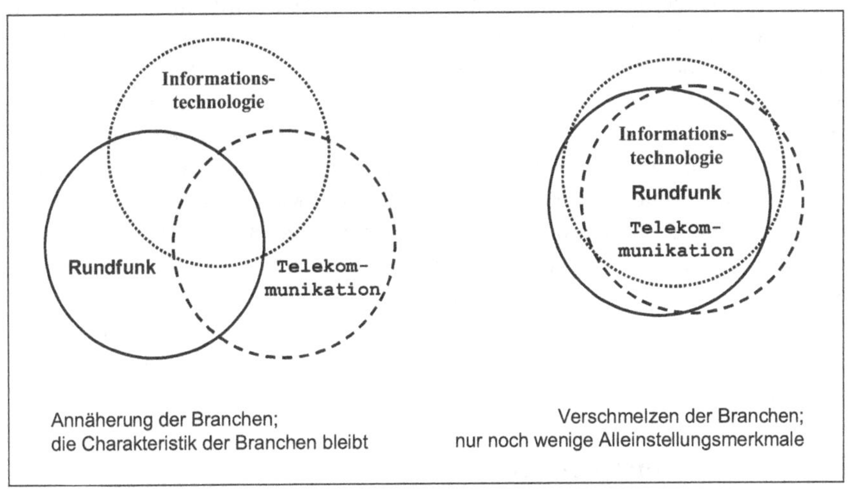


**Abbildung 2.8:** Auslegungen von Konvergenz (nach [Hof01, S. 5])

139 „TIME" ist ein Kunstwort aus den Wörtern Telekommunikation, Informationstechnik, Medien, Entertainment. Vgl. [SSE01].

140 Vgl. [SSE01, S. 51], [Glä08, S. 81], [WP06, S. 275] und [Wir06, S. 42*f*].

141 Vgl. [DAJ98], [Kli06, S. 613], [SS02, S. 259] und [KK05b, S. 21].

142 Quelle: [Pag03, S. 36].

143 Dieses Interesse äußert sich beispielsweise in Studien zur Konvergenz von IT-Unternehmen wie die IBM-Studie „Konvergenz oder Divergenz?" (Vgl. [IBM06]) oder in der Unterstützung der Studie „Informationstechnische Integration in der Broadcast-Industrie" durch SAP (Vgl. [LNR05, S. 5]).

144 Im Jahr 2007 lag der Anteil der außerhalb des Kerngeschäfts erwirtschafteten Erträge beispielsweise für ProSiebenSat.1 bei 11,3 Prozent mit steigender Tendenz und für RTL bei 15 Prozent. Vgl. [Hei07, S. 34*f*] und [NRLA05, S. 602].

Betrachtet man die Konvergenz eher interessenorientiert, so wäre ein nahezu völliges Verschmelzen der drei Branchen auf allen Ebenen zu erwarten, wie in der rechten Grafik der **Abbildung 2.8** angedeutet wird. Tatsächlich handelt es sich aber eher um eine Annäherung, wie sie die linke Grafik dieser Abbildung verdeutlicht.[145] Die Meinungen gehen darüber auseinander, wie weit die Konvergenz in Zukunft gehen wird. Sie verläuft jedoch deutlich langsamer, als von vielen erwartet.[146] Von einer kompletten Verschmelzung der Branchen geht die Mehrzahl der Autoren nicht aus.[147] Daran orientiert sich auch das Konvergenzverständnis in dieser Arbeit.

Die Konvergenz der Märkte und Industrien hat sowohl für die Anbieter wie z. B. Fernsehunternehmen als auch für die Konsumenten zum Teil weitreichende Auswirkungen. Die *nachfrageseitige Konvergenz*[148] bei den Konsumenten äußert sich beispielsweise darin, dass es zunehmend nebensächlich wird, über welches Endgerät oder welches Kommunikationsnetz der Content konsumiert wird. Für die Untersuchung der Fernsehproduktion ist die *angebotsseitige Konvergenz*[149] von besonderer Bedeutung. Deren Auswirkungen werden im Folgenden innerhalb der drei Dimensionen Content, Organisation und Technik detaillierter betrachtet. In der Fachliteratur wird diese Differenzierung bislang nicht durchgeführt, sodass Begriffe wie Digitalisierung, Diversifikation, Cross-Media, Vernetzung, bandlos, File-basiert und IT-basiert oft gleichwertig zur Beschreibung der Konvergenz genutzt werden. Die existierenden Abhängigkeiten innerhalb der drei Dimensionen werden so jedoch nicht deutlich. Sollen Systemlandschaften in einer konvergenten Umgebung konzipiert werden, ist die konsequente Abgrenzung jedoch unbedingt erforderlich, um die aus der Konvergenz resultierende Komplexität greifbar zu machen und bewältigen zu können.

## 2.3.1 Konvergenz-Dreieck

Für die Fernsehproduktion hat die *angebotsseitige Konvergenz* bei der Produktion und Distribution von Content in den drei Dimensionen der Fernsehproduktion unterschiedliche Ausprägungen, wie in **Abbildung 2.9** zu sehen.[150]

145 Vgl. [Hof01, S. 5].
146 Vgl. [WS04, S. 3].
147 Vgl. [Hof01, S. 5], [SS02, S. 259], [Pag03, S. 36*f*] und [Jäg03, S. 16].
148 Vgl. [Jäg03, S. 17*ff*], [Kar06, S. 93*ff*], [KS05, S. 379*ff*] und [Gra00, S. 786].
149 Vgl. [SS02, S. 259], [DAJ98] und [Gra00, S. 786].
150 Vgl. [KK08b, S. 11*ff*].

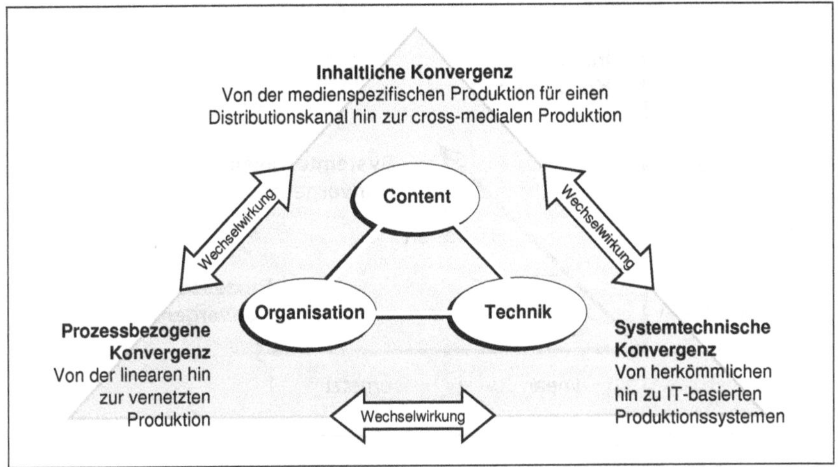


**Abbildung 2.9:** Konvergenz-Dreieck der Fernsehproduktion

- *Content: inhaltliche Konvergenz*
  Schlüsselelement konvergenter Umgebungen und Ausgangspunkt jeder Betrachtung ist der Content.[151] Die inhaltliche Konvergenz äußert sich in der Entwicklung einer ausschließlichen Produktion von Content für das Medium Fernsehen hin zu einer medienneutralen Produktion und der cross-medialen Verteilung des Contents über verschiedene Distributionskanäle.

- *Organisation: prozessbezogene Konvergenz*
  Im Produktionsprozess ergeben sich Veränderungen von einer ehemals nahezu linearen Produktionsweise hin zu vernetzten Workflows.

- *Technik: systemtechnische Konvergenz*
  Auf der technologischen Ebene werden herkömmliche Broadcast-Systeme vermehrt von IT-basierten Systemen abgelöst und zu integrierten Gesamtlösungen vernetzt.

Ausgehend von den beschriebenen konvergenten Entwicklungen, die in den folgenden Punkten detaillierter erläutert werden, lässt sich der Entwicklungsstand eines Fernsehproduktionssystems eindeutig klassifizieren (Vgl. **Abbildung 2.10**). Die Entwicklungen in den drei Dimensionen stehen in einer engen Wechselwirkung zueinander, wie die folgenden Beispiele zeigen.

151 Vgl. [DAJ98, S. 1].

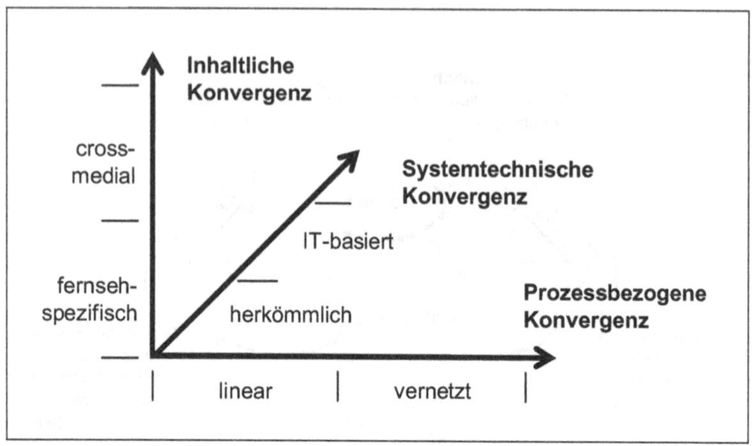


**Abbildung 2.10:** Ansatz zur Klassifikation von Fernsehproduktionssystemen im Umfeld der Konvergenz

- *Wechselwirkung zwischen Content und Technik*:
  Die inhaltliche Konvergenz wird beispielsweise bedingt durch die wachsende Zahl neuer technischer Distributionskanäle und wird möglich durch die Einführung der IT-basierten, File-basierten Produktionsweise und die Verfügbarkeit immer größerer Bandbreiten in den Netzwerken.
- *Wechselwirkung zwischen Content und Organisation*:
  Voraussetzung für die effiziente und wirtschaftliche Produktion von Content ist die prozessbezogene Konvergenz hin zu vernetzten Produktions-Workflows. Auf diese Weise ist es möglich, bei einer cross-medialen Produktion Synergien durch eine bessere Arbeitsteilung zu nutzen.
- *Wechselwirkung zwischen Organisation und Technik*:
  Die Vernetzung von Einzelworkflows zu einem integrierten Gesamtprozess wird maßgeblich durch die technische Konvergenz mit der Einführung IT-basierter Systeme und deren technische Vernetzung unterstützt.

Im Zuge der Konvergenz lässt sich das neue übergeordnete Ziel von Fernsehunternehmen auch kurz als „jeder Content auf jedem Display“[152] zusammenfassen. Im Spannungsfeld des Konvergenz-Dreiecks werden aus herkömmlichen, linear arbeitenden Fernsehsendern zunehmend vernetzt und IT-basiert arbeitende, multimediale Content-Produzenten, die eine Vielzahl von Kanälen mit angepassten

152 Quelle: [Wag05a, S. 539].

Inhalten versorgen. In Anlehnung an die sich derzeit im Internet vollziehenden Änderungen, die als Web 2.0 bezeichnet werden, wird diese Entwicklung auch unter TV 3.0 bzw. *Fernsehen 3.0* geführt.[153]

## 2.3.2 Content: Inhaltliche Konvergenz

„In der traditionellen und vermehrt nun auch in der so genannten neuen Medienindustrie gilt: 'Content is king'."[154] Die inhaltliche Konvergenz, also „die Vermischung bisher getrennter Medieninhalte wie Ton, Bild, Bewegtbild und Grafik",[155] wird möglich durch die Konvergenz von Distributionsnetzen und Endgeräten. Damit wird für ein Datensignal unerheblich, welchen Inhalt es enthält, über welches Netz es übertragen wird und auf was für einem Endgerät es abgespielt wird.[156] Es steht nicht mehr im Vordergrund, über welches Medium ein Inhalt genutzt wird, sondern in welcher Form der Inhalt konsumiert wird. Hierbei wird unterschieden zwischen einer Lean-back-Nutzung, der klassischen Nutzungsform für das Fernsehen, und einer Lean-forward-Nutzung, die beispielsweise bei der Internetnutzung eine große Rolle spielt.[157]

Aus der Sicht eines klassischen Fernsehproduktionsunternehmens führt die inhaltliche Konvergenz einerseits zu einer cross-medialen Vermarktung der Inhalte, die früher ausschließlich für die Distribution über Fernsehgeräte produziert wurden (Mehrfachverwertung).[158] Andererseits beinhaltet die inhaltliche Konvergenz aber auch die Produktion von Zusatzinhalten, welche die klassischen Inhalte ergänzen sollen, um das „Kerngeschäft mit einem Mehrwert zu versehen"[159]. Anfangs handelte es sich bei der cross-medialen Vermarktung meist um eine „1:1-Übertragung der Basisprodukte"[160]. Mittlerweile geht sie größtenteils einher mit einer Diversifikation der Inhalte, bei der deren differenzierte Aufbereitung entsprechend der Nutzungsgewohnheiten und der Endgeräte erfolgt.[161] Die Aufbereitung der Inhalte entsprechend der Nutzungsgewohnheiten bedeutet beispielsweise, dass Inhalte für Medien mit Lean-forward-Nutzung Zusatzinformationen wie eine textliche Beschreibung oder eine Verschlagwortung erhalten müssen, damit sie für den Nutzer auffindbar werden. Zudem kann es sinnvoll sein, die Inhalte themenbezogen in kleinere Stücke zu portionieren, um eine selektive Nutzung der Inhalte

153 Vgl. [Ira08], [Wip08] und [KK08b, S. 11].
154 Quelle: [WS04, S. 1].
155 Quelle: [Pag03, S. 36].
156 Vgl. [KS05, S. 379*f*].
157 Vgl. [KS05, S. 380] und [Kar06, S. 207].
158 Vgl. [Sch03a, S. 514] und [SS02, S. 260].
159 Quelle: [KK05b, S. 25].
160 Quelle: [Sju02, S. 10].
161 Vgl. [Sju02, S. 6], [KK05b, S. 25] und [Gra00, S. 786].

zu ermöglichen. Damit der Forderung entsprochen wird, jeden Content auf jedem Display darzustellen, muss oft eine technische und bildgestalterische Anpassung vorgenommen werden. So wird für die kleineren Displays von Mobiltelefonen die Auflösung angepasst und es werden Codecs mit einer starken Datenkomprimierung genutzt. Soll Text im Bild lesbar bleiben, müssen gegebenenfalls Schriftgrößen und andere Gestaltungselemente angepasst werden.

---

*Inhaltliche Konvergenz in der Nachrichtenproduktion*

---

Im Umfeld der Nachrichtenproduktion spielt die inhaltliche Konvergenz in Form von Diversifikation mittlerweile eine entscheidende Rolle. Neben der Produktion für das klassische Fernsehgeschäft werden viele Beiträge sowohl bei den privaten als auch bei den öffentlich-rechtlichen Fernsehunternehmen für das Internet produziert. Neben einem Livestream werden die Beiträge auch für sogenannte Mediencenter[162] oder Mediatheken[163] aufbereitet. Hinzu kommen weitere Distributionskanäle wie Infoscreens in S- und U-Bahnen von Großstädten[164] und ein für mobile Endgeräte aufbereitetes Angebot wie die „Tagesschau in 100 Sekunden“[165]. In anderer Richtung wird auf neue Quellen wie den sogenannten „User Generated Content“ zurückgegriffen, die bislang keine Rolle spielten. Dazu zählen beispielsweise Videos, die von Augenzeugen mit dem Mobiltelefon aufgezeichnet und über das Internet einem Nachrichtensender für die Ausstrahlung zur Verfügung gestellt werden.

---

Es reicht nicht, die Diversifikation erst am Ende des Produktionsprozesses zu berücksichtigen. Stattdessen muss schon bei der Planung eines Sendeformates und folglich auch bei der Planung des Produktionsprozesses und der einzusetzenden Technik berücksichtigt werden, für welches Nutzungsverhalten und welche Endgeräte ein Format produziert werden soll.[166]

### 2.3.3 Organisation: Prozessbezogene Konvergenz

Die inhaltlichen und technischen Entwicklungen gehen mit der Forderung einher, Produktionsprozesse schneller und effizienter zu gestalten, da die herkömmliche Produktionsweise mit den neuen Anforderungen an ihre Grenzen stößt.[167]

162 Vgl. u. a. das Mediencenter von N24: http://mediencenter.n24.de/. Zuletzt abgerufen: 22. 12. 2008.
163 Vgl. u. a. die Mediathek der ARD: http://www.ardmediathek.de/. Zuletzt abgerufen: 22. 12. 2008.
164 Vgl. http://www.infoscreen-content.de/. Zuletzt abgerufen: 29. 12. 2008.
165 Vgl. http://wap.tagesschau.de/. Zuletzt abgerufen: 28. 12. 2008.
166 Vgl. [Kli06, S. 615], [Gra00, S. 786] und [NRLA05, S. 601].
167 Vgl. [Del04, S. 436], [AA06, S. 745], [LN07, S. 45] und [Kuh07, S. 659].

Zudem sollen neue Prozesse schneller realisierbar sein und flexibler gestaltet werden können, um auf die sich schnell ändernden Anforderungen der Kunden und des Marktes z. B. mit neuen Sendeformaten oder der Distribution für ein neues Medium reagieren zu können.[168] Diese Ziele sind insbesondere für kommerzielle Fernsehunternehmen von Bedeutung, bei denen die Erfüllung der Formalziele im Vordergrund steht.[169]

Die Fernsehproduktion ist ein stark arbeitsteiliger Prozess, der immer in Teamarbeit erfolgt.[170] Die herkömmliche Produktion ist durch einen weitestgehend *linearen Prozessverlauf*[171] geprägt. Essences und Metadaten sind an physische Datenträger gekoppelt, und der Materialfluss bestimmt den Workflow. Eine arbeitsteilige, parallele Bearbeitung erfordert zusätzliche Kopien, die Kosten verursachen.[172] Daran ändert auch die Digitalisierung als erste Stufe der technischen Konvergenz nichts, auf der digitale Geräte den Platz der analogen Geräte einnehmen.[173]

Eine Steigerung von Effizienz und Geschwindigkeit lässt sich zum einen dadurch erreichen, dass man den Workflow selbst z. B. durch die Automatisierung[174] einzelner Arbeitsschritte beschleunigt. Zum anderen wird versucht, die redundante Bearbeitung gleicher oder ähnlicher Aufgaben zu reduzieren.[175] Grundlage dafür ist die Verknüpfung vieler Workflows zu einem *vernetzten Gesamtprozess*.[176] Diese organisatorische Vernetzung muss bereits bei der Systemkonzeption bedacht werden.[177] Sie wird einerseits durch die steigende technische Vernetzung in IT-basierten Produktionssystemen begünstigt,[178] erfordert andererseits aber auch neue Vorgehensweisen bei der Gestaltung und Optimierung der technischen Systeme.[179] Dabei ist zu berücksichtigen, dass die prozessbezogene Konvergenz logische Grenzen aufweist, die sich unter anderem aus immanenten Abhängigkeiten einzelner Arbeitsschritte[180] und der begrenzten Automatisierbarkeit kreativer Arbeitsprozesse ergeben.[181]

---

168 Vgl. [NRLA05, S. 602], [Ste04b, S. 170], [Pau06, S. 681] und [Owe08, S. 113].
169 Vgl. Punkt 2.1.2.
170 Vgl. [Owe08, S. 113].
171 Vgl. Punkte 3.3.4.2 und 3.3.2.1.
172 Vgl. [WS03, S. 387].
173 Vgl. [HT04, S. 174].
174 Siehe Kapitel 6.
175 Vgl. [Pag03, S. 239*f*] und [WS03, S. 386].
176 Vgl. Punkte 3.3.2.3 und 3.3.2.4.
177 Vgl. [Ren03, S. 585], [Wil04, S. 279], [Hof07, S. 230] und [NRLA05, S. 602].
178 Vgl. [Ger07, S. 543].
179 Vgl. Punkt 2.4.1.
180 Beispielsweise kann Material erst bearbeitet werden, nachdem es ins System eingespielt wurde.
181 Vgl. Punkt 6.4.

*Prozessbezogene Konvergenz in der Nachrichtenproduktion*

Die prozessbezogene Konvergenz ist in der Nachrichtenproduktion an verschiedenen Stellen zu beobachten. So wird z. B. die Diversifikation organisatorisch derart abgebildet, dass Online- und Fernsehredaktion gemeinsame Redaktionskonferenzen abhalten, um sich inhaltlich abzustimmen und auf gemeinsame Material-Pools zurückzugreifen.[182] Ein weiteres Beispiel für eine technisch unterstützte organisatorische Vernetzung ist die Planung eines Sendeablaufes (Rundown). Während diese früher je nach Bearbeitungsstatus sequenziell zunächst von der Redaktion und während der Sendung nur noch von der Regie bearbeitet wurde, können bei einer vernetzten Arbeitsweise Redaktion und Regie gleichzeitig und bis unmittelbar vor Ausstrahlung eines Sendeelementes an dem Sendeablauf arbeiten. Dies wird möglich, weil der Rundown in Redaktionssystem und Regieautomation in synchronisierter Form vorliegt und von beiden Systemen aus bestimmte Änderungen vorgenommen werden können.[183]

### 2.3.4 Technik: Systemtechnische Konvergenz

Seit den Anfängen der Fernsehproduktion um 1950 hat es mehrere große technologische Entwicklungsstufen gegeben.[184] Bis Mitte der 80er-Jahre wurden große Teile des Contents in der aktuellen Berichterstattung sowie im Feature- und Dokumentationsbereich auf Film produziert. Erst Anfang der 90er-Jahre setzte sich die elektronische Produktionsweise auf Basis analoger Technik durch. Bereits einige Jahre später begann die Digitalisierung der Produktion, die inzwischen weitestgehend abgeschlossen ist.[185] Heute werden zunehmend IT-basierte Systeme eingesetzt und es erfolgt sukzessive eine Vernetzung und Integration der beteiligten Systeme.[186] Diese Tendenz, die durch die weitgehende Digitalisierung der Signale und Systeme ermöglicht wurde, wird im Folgenden als (system-)technische Konvergenz bezeichnet.[187] Die technische Konvergenz ist im Wesentlichen gekennzeichnet durch die folgenden Indizien.[188]

182 Vgl. zur Medien übergreifenden Nachrichtenproduktion auch [Pag03, S. 242*f*].

183 Realisierte Vernetzung im Fallbeispiel N24plus (ProSiebenSat.1 Produktion, siehe Punkt 8.2.2).

184 Der Rundfunk begann in der Bundesrepublik Deutschland regulär 1953 mit einem Programm des Nordwestdeutschen Rundfunks. Vgl. [KS05, S. 13] und [Sch96, S. 22].

185 Vgl. [San05, S. 110].

186 Vgl. [San05, S. 109], [Eck03, S. 46] und [Kov06, S. 1].

187 Vgl. [SS02, S. 259] und [Aßm04, S. 119].

188 Die Zusammenstellung resultiert größtenteils aus einer Analyse der Veröffentlichungen zum Thema Fernsehproduktion in der FKT zwischen 2002 und 2008. Ausgangspunkt ist eine Aufstellung von

- *Standardisierte IT-Hardware:*
  Statt dedizierter Hardware, wie im Broadcast-Bereich lange üblich, werden viele Systeme auf Basis von leistungsfähigen IT-Rechnern und Standardkomponenten wie Festplatten und Prozessoren entwickelt.[189]

- *Software-intensive Systeme:*
  Die Spezialisierung der verwendeten Systeme verlagert sich aus der Hardware in die Software, sodass Systeme flexibler an die Kundenbedürfnisse angepasst werden können und auch nachträglich funktionale Erweiterungen möglich sind.[190]

- *Dienstneutrale Netzwerke:*
  Statt unidirektionaler dienstbezogener Punkt-zu-Punkt-Verbindungen wie einer SDI-Videoleitung werden dienstneutrale standardisierte IT-Netzwerke eingesetzt, über die unter Ausnutzung der verfügbaren Bandbreite theoretisch beliebig viele unterschiedliche Anwendungen zweckungebunden miteinander kommunizieren können.[191]

- *Technische Vernetzung:*
  Nahezu alle technischen Systeme werden über ein dienstneutrales IT-Netzwerk miteinander verbunden, sodass Ressourcen wie zentrale Speicher oder Datenbanken system- und standortübergreifend genutzt werden können und ein systemübergreifendes Monitoring möglich wird.[192]

- *Systemintegration und Middleware:*
  Neben der technischen Vernetzung erfolgt eine logische Vernetzung mehrerer Einzelsysteme zu einem komplexen Gesamtsystem, sodass ein durchgängiger Datenfluss innerhalb des gesamten Unternehmens erreicht wird. Zur Vereinfachung der Integration in meist heterogenen Systemlandschaften kommt sogenannte Middleware zum Einsatz. Hierbei handelt es sich in der Regel um Softwaresysteme, die über eine Vielzahl von Schnittstellen verfügen und eine interoperable Kommunikation zwischen verschiedensten Anwendungen ermöglichen.[193]

---

SONNTAG und SCHUBERT (Vgl. [SS02, S. 259*f*]). Die Literaturverweise stellen jeweils eine Auswahl relevanter Publikationen dar.

189 Vgl. [SS02, S. 259*f*], [LM98, S. 11] und [WS03, S. 387*ff*].

190 Vgl. [LM98, S. 36], [SS02, S. 260], [EK04, S. 561*ff*] und [WS03, S. 387*ff*].

191 Vgl. [SS02, S. 259], [HT04, S. 175], [Sim08, S. 201] und [LM98, S. 11].

192 Vgl. [DR02, S. 476], [KR05, S. 53], [Kay05, S. 209] und [Pau06, S. 677].

193 Vgl. [Cha05, S. 1*f*], [HS04, S. 280], [LM05, S. 7] und [KR05, S. 53].

- *Workflow-Automatisierung und Management-Systeme:*
  Auf Basis der technischen Vernetzung und der Systemintegration werden wiederkehrende komplexe Workflows automatisiert, damit die Anwender der Systeme im Wesentlichen auf die Erfüllung der organisatorischen, inhaltlichen und kreativen Aufgaben konzentrieren können.[194] Zur Steuerung automatisierter Workflows und zur Vereinfachung organisatorischer Aufgaben kommen vermehrt übergeordnete Management-Systeme zum Einsatz.[195]

- *Prozessorientierte Systementscheidungen:*
  Durch die starke Vernetzung aller Systeme haben Systementscheidungen nicht mehr nur Auswirkungen auf einzelne Bereiche eines Produktionskomplexes, sonderen betreffen oft mehrere Produktionsbereiche. Bestes Entscheidungskriterium ist daher die Frage, inwieweit die Systementscheidung die betroffenen Prozesse unterstützen kann.[196,197]

Die Konvergenz verursacht eine zunehmende Komplexität in der Prozess- und Systemgestaltung. So führt die steigende Vernetzung der Teilprozesse zu einem durchgehend systemtechnisch unterstützten Gesamtprozess dazu, dass beispielsweise bei der Planung immer mehr organisatorische Schnittstellen zu berücksichtigen sind. Dasselbe ist in Bezug auf die technischen Schnittstellen zu beobachten, deren Komplexität in der IT-basierten Welt durch eine Vielzahl von Kommunikationsprotokollen und Austauschformaten gekennzeichnet ist. Die Auswirkungen der Komplexität spiegeln sich am deutlichsten in den Anforderungen an die Fernsehproduktion und im Prozess der Anforderungserhebung wider. Beide Aspekte werden an dieser Stelle tiefer gehend analysiert.

---

*Technische Konvergenz in der Nachrichtenproduktion*

---

Am weitesten fortgeschritten ist die technische Konvergenz im Bereich der Nachrichtenproduktion, da hier die Forderung nach einer schnellen, flexiblen und effizienten Produktionsweise besonders hoch ist.[198] Die Konvergenz äußert sich in der sukzessiven und konsequenten Integration vieler IT-basierter Inseln in ein integriertes Gesamtsystem. So sind in vielen Sendern bereits Redaktionssystem, Produktionssystem und Regieautomation vernetzt. Darüber hinaus erfolgen Archivierung

194 Siehe Kapitel 6.

195 Vgl. [PS03, S. 271], [KR05, S. 53], [DR02, S. 477] und [Wag05b, S. 243].

196 Vgl. [SS02, S. 260], [DR02, S. 477] und [LNR05, S. 20].

197 Die Bedeutung der prozessorientierten Vorgehensweise wurde in vielen Expertengesprächen betont, unter anderem im Experteninterview Quantel (Consulting, Systems solution und Systems integration / Sales Manager, 12.11.2007, siehe Punkt 8.1.2), im Workshop Blue Order (14. 11. 2007, siehe Punkt 8.1.2) und im Workshop ProSiebenSat.1 Produktion (14. 11. 2008, siehe Punkt 8.1.2).

198 Vgl. [KM08], [Eng06, S. 597*ff*], [Kay04, S. 531*ff*] und [Sch03a, S. 518].

und Materialtransfer innerhalb des Senders weitestgehend File-basiert, und auch die externen Materiallieferanten stellen vermehrt auf eine File-basierte Materialanlieferung um. So hat beispielsweise Reuters im November 2008 die leitungsbasierte Anlieferung für nicht live übertragenes Videomaterial abgestellt und liefert seitdem sein Material ausschließlich in Form von Video- und Metadaten-Files an. Ein nächster Schritt wird die Vernetzung der genannten produktionsrelevanten Systeme mit Dispositions- und Abrechnungssystemen.

---

## 2.4 Anforderungen an die Fernsehproduktion

Die konvergenten Entwicklungen wirken sich direkt auf die Gestaltung von Fernsehproduktionssystemen aus. Dies wird deutlich, wenn man einen Blick auf die Genese der Anforderungen in den drei Dimensionen Content, Organisation und Technik wirft.

Sollen Prozesse oder Systeme für die Fernsehproduktion geplant werden, so ist es von großer Bedeutung, zunächst möglichst komplett die Anforderungen an sie zu erheben. Eine unzureichende Analyse der Anforderungen ist, nach unzureichender Nutzerbeteiligung und fehlenden Ressourcen, die häufigste Ursache für das Scheitern eines Projektes.[199] Aus diesem Grund hat sich das Requirements Engineering (die Anforderungsanalyse) als eigene ingenieurwissenschaftliche Teildisziplin etabliert. Das Requirements Engineering macht sich zur Aufgabe, Methoden und Werkzeuge anzubieten, um alle relevanten Anforderungen für „Anwendungssysteme zu identifizieren, analysieren, dokumentieren, bewerten, entscheiden und bei Bedarf zu revidieren“[200].[201]

### 2.4.1 Anforderungs-Dreieck

Nach IEEE 610 ist eine Anforderung eine dokumentierte Darstellung einer Bedingung oder Fähigkeit, die von einem Benutzer zur Problemlösung oder Zielerreichung benötigt wird.[202] RUPP definiert eine Anforderung „als Eigenschaft oder Leistung eines Produktes, eines Prozesses oder der am Prozess beteiligten

---

199 Eine unzureichende Anforderungsanalyse ist in ca. 13 %, die unzureichende Nutzerbeteiligung in ca. 12 % und fehlende Ressourcen sind in ca. 10 % der Fälle für das Scheitern eines Projektes verantwortlich. Vgl. [HJD05, S. 3].
200 Quelle: [MBB+01, S. 403].
201 Vgl. [HJD05].
202 Vgl. [IEE90, S. 62].

Personen"[203]. Anforderungen bilden die Basis für Projektplanung, Risikomanagement, Akzeptanztests sowie Änderungsmanagement und werden beispielsweise in Verträgen, Normen oder Spezifikationen festgelegt.[204] Eine qualitativ hochwertige Anforderungsspezifikation zeichnet sich nach IEEE 830 dadurch aus, dass sie korrekt, widerspruchsfrei, vollständig, konsistent, nach Relevanz oder Stabilität bewertet, prüfbar, modifizierbar und messbar ist.[205] RUPP ergänzt diese Eigenschaften um die Werte verständlich, gültig und aktuell, realisierbar, notwendig und klassifizierbar.[206] Eine der großen Herausforderungen bei der Analyse liegt darin, dass sich Anforderungen im Projektverlauf in der Regel verändern.[207] Entsprechend wichtig ist es, die Abhängigkeiten zwischen den Anforderungen zu kennen.

In der Literatur wie in der Praxis erfolgt meist eine grobe Klassifizierung nach funktionalen und nicht funktionalen Anforderungen.[208] Die funktionalen Anforderungen umfassen die Verhaltensaspekte die Stimuli (Input / Eingabe) und die Reaktionen (Output / Ausgabe) eines Produktes, Prozesses oder technischen Systems sowie die dafür benötigten Daten.[209] Für die nicht funktionalen Anforderungen fallen die Definitionen nicht nur im Broadcast-Bereich, sondern auch in der Industrie sehr verschieden aus.[210] Aus diesem Grund hat GLINZ zahlreiche Definitionen analysiert und daraus eine eindeutige Klassifizierung von Anforderungen erarbeitet.[211] Wie **Abbildung 2.11** zeigt, differenziert er die Anforderungen anhand ihrer Art, Repräsentationsform, Erfüllung und Rolle. Gemäß dieser Klassifikation umfassen nicht funktionale Anforderungen die zu erbringende Leistung, die besonderen Qualitäten und die Randbedingungen. Sie gehören zu einer vollständigen Spezifikation, geben Planungs- und Rechtssicherheit im Projekt, sorgen für eine gesteigerte Produktivität und tragen wesentlich zur Kundenzufriedenheit bei.[212] Diese aus industriellen Definitionen heraus entwickelte Abgrenzung der nicht funktionalen Anforderungen lässt sich in dieser Form auch auf den Broadcast-Bereich übertragen und wird den folgenden Betrachtungen zugrunde gelegt, wobei die Art der Anforderungen im Vordergrund steht.

---

203 Quelle: [Rup07b, S. 13].
204 Vgl. [HJD05, S. 2] und [IEE90, S. 62].
205 Vgl. [IEE98, S. 4].
206 Vgl. [Rup07b, S. 27].
207 Dies ist insbesondere der Fall, wenn eine Vielzahl von Nutzern mit unterschiedlichen Anforderungen und Prioritäten mit einem System arbeiten sollen, wenn der Auftraggeber die wirtschaftlichen Interessen höher priorisiert als die Nutzeranforderungen oder sich das technische und wirtschaftliche Umfeld während der Planung und der Installation ändert. Vgl. [Die07, S. 47] und [Som07, S. 194].
208 Vgl. [Gli08, S. 21*f*].
209 Vgl. [Gli08, S. 21], [Rup07b, S. 16] und [BS99, S. 19].
210 Vgl. [BS99, S. 19], [Gli08, S. 22] und [HJ07, S. 256*ff*].
211 Vgl. [Gli05, S. II-57] und [Gli08, S. 21*f*].
212 Vgl. [Rup07c, S. 257].

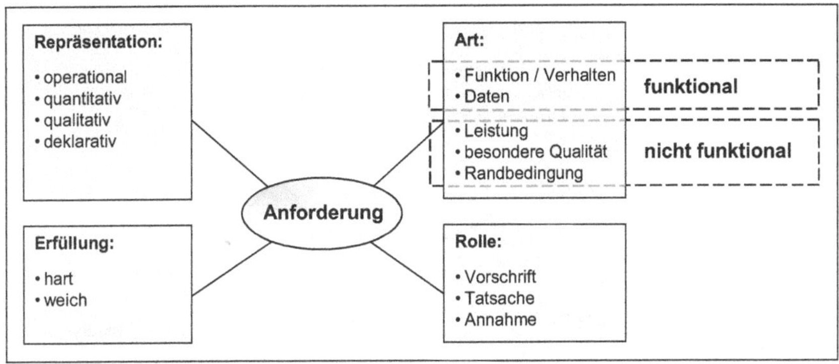


**Abbildung 2.11:** Klassifizierung von Anforderungen (nach [Gli05, S. II-57])

Ein wichtiges Ziel der Systemgestaltung ist es, die Anforderungen der Stakeholder[213] über die Systemanforderungen bis auf die Anforderungen an Subsysteme und Komponenten herunterzubrechen.[214] Zu den Stakeholdern gehören beispielsweise Auftraggeber, Anwender, Entwickler, Marketing-Spezialisten, Servicepersonal, Projektleiter und Gesetzgeber.[215] Mit der Konvergenz kommt es zu einer verschobenen Gewichtung der Anforderungen von Stakeholdern. Der Nutzer des Systems rückt in den Vordergrund. „Früher hat man Datenblätter verglichen“,[216] heute hingegen wird gefordert, „im Planungsvorfeld eine umfassende Analyse aller Einzelschritte der Arbeitsprozesse innerhalb von Redaktion, Produktion und Leitung“[217] durchzuführen.[218] Die Entwicklung von einer technikgesteuerten hin zu einer mehr prozessorientierten Planung wird besonders deutlich, wenn man einen Blick auf die unterschiedlichen Anforderungen an Content, Organisation und Technik sowie deren Abhängigkeiten innerhalb des in **Abbildung 2.12** gezeigten Anforderungs-Dreiecks wirft.[219]

213 Ein Stakeholder ist „jemand, der direkt oder indirekt Einfluss auf die Anforderungen hat“. Quelle: [Rup07c, S. 544].
214 Vgl. [HJD05, S. 9].
215 Vgl. [Rup07c, S. 544] und [HJD05, S. 2].
216 Quelle: [Gra00, S. 787].
217 Quelle: [SS02, S. 259].
218 Vgl. [DR02, S. 476*f*].
219 Die Abhängigkeiten wurden explizit u. a. im Workshop ProSiebenSat.1 Produktion (14. 11. 2008, siehe Punkt 8.1.2) bestätigt. Vgl. darüber hinaus [KV07, S. 8*ff*].

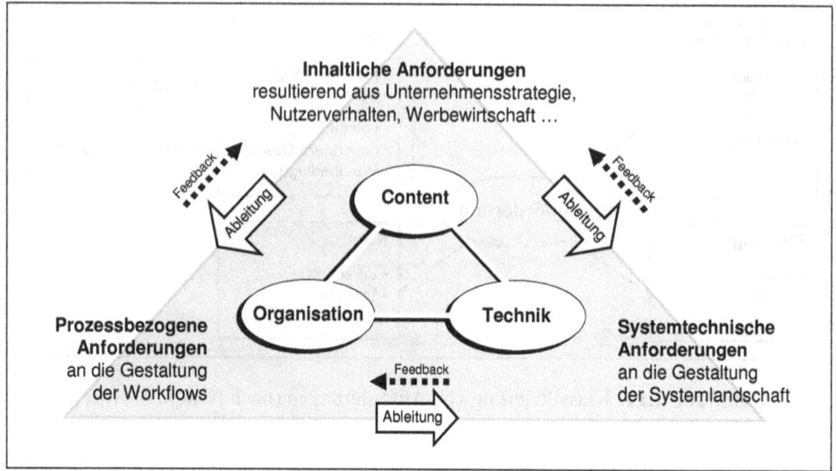


**Abbildung 2.12:** Anforderungs-Dreieck der Fernsehproduktion

- *Content: Inhaltliche Anforderungen*
  Auslöser für die Gestaltung von Fernsehproduktionssystemen sind die Inhalte z. B. in Form von Sendeformaten (Sachziel). Der Programmierung[220] der Sendeformate liegen volkswirtschaftliche Aspekte wie Angebot und Nachfrage (Formalziel), verschiedene rechtliche Vorschriften und Rahmenbedingungen sowie der zu programmierende Distributionskanal zugrunde.[221]

- *Organisation: Prozessbezogene Anforderungen*
  Aus den inhaltlichen Anforderungen lassen sich die Anforderungen an den Produktionsprozess ableiten. Dazu wird zusammen mit den Auftraggebern und den künftigen Anwendern spezifiziert, wie die Workflows zur Content-Produktion aussehen sollen. Gegebenenfalls resultieren aus den zu realisierenden Workflows auch Beschränkungen für die Gestaltung des Contents. Bei der prozessorientierten Systemgestaltung erfolgt die Analyse der prozessbezogenen Anforderungen vor der Erhebung systemtechnischer Anforderungen.

220 Programmierung meint in diesem Kontext Programmgestaltung, d. h. die Planung der Inhalte. Diese erfolgt in der Fernsehproduktion in Form von Sendeplänen. In ihnen wird definiert, welche Sendungen auf welchem Programmplatz laufen sollen.
221 Vgl. Punkt 2.1.

- *Technik: Systemtechnische Anforderungen*
  Aus den inhaltlichen und den prozessbezogenen Anforderungen ergeben sich wiederum die Anforderungen an die Technik. Durch den Inhalt werden beispielsweise technische Parameter vorgegeben, die das System erfüllen soll, und der Workflow erfordert das Vorhandensein bzw. die Entwicklung bestimmter Funktionen im Gesamtsystem. Auch hier erfolgt im Gestaltungsprozess ein Feedback, inwieweit sich die inhaltlichen und die prozessbezogenen Anforderungen mit der verfügbaren Technik realisieren lassen.

Die prozessorientierte Vorgehensweise setzt sich seit einiger Zeit auch bei der Systemgestaltung im Broadcast-Bereich weiter durch.[222] Dieser Prozess wird durch die relativ einfache Anpassbarkeit von Software-Systemen an die individuellen Bedürfnisse von Auftraggebern und Anwendern sowie durch die steigende Leistungsfähigkeit von IT-Systemen und Netzwerken begünstigt. Im Gegensatz dazu waren beim Einsatz dedizierter Broadcast-Systeme die Grenzen des Machbaren mitunter eng gesetzt. Die individuelle Anpassung von Systemen setzt jedoch das Vorhandensein eines hinreichenden Budgets und den Willen des Anwenders voraus, sich an der Entwicklung bzw. Anpassung eines Systems zu beteiligen. Sind Willen oder Budget nicht vorhanden, wird entgegen der Forderung nach einem prozessorientierten Vorgehensweise weiterhin die technikgesteuerte Planung überwiegen, und die Vernetzung zu einem unternehmensübergreifenden Gesamtsystem nur im Rahmen der vorhandenen Schnittstellen und der Konfigurierbarkeit aller Teilsysteme möglich sein.[223]

Die prozessorientierte Systemgestaltung wird im Folgenden anhand der Anforderungen an die Elemente Content, Organisation und Technik detaillierter betrachtet.

## 2.4.2 Content: Inhaltliche Anforderungen

„Inhalte und nicht die Technik sind der Grund, warum Menschen mediale Infrastrukturen nutzen und Unternehmen Wertschöpfungsketten im Mediensektor überhaupt aufbauen können."[224] Je nach Fernsehsender unterscheidet sich die Programmstruktur des gezeigten Contents zum Teil erheblich, wie **Abbildung 2.13** am Beispiel der deutschen Fernsehsender mit dem größten Marktanteil zeigt. Die Auswahl des Contents erfolgt unter Berücksichtigung der jeweiligen Unterneh-

222 Vgl. [Bra03, S. 266], [NRLA05, S. 602], [UT06, S. 598] und [Ger07, S. 544].

223 Ergebnis von Workshops und Expertengesprächen, u. a. Workshop ProSiebenSat.1 Produktion (14. 11. 2008, siehe Punkt 8.1.2).

224 Quelle: [WS04, S. 1].

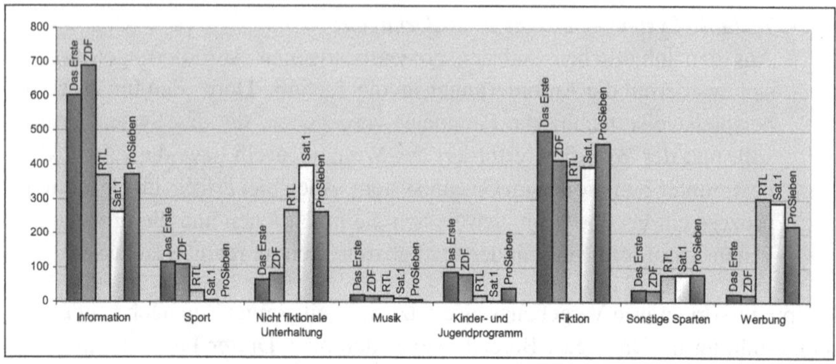


**Abbildung 2.13:** Programmstruktur deutscher Sender im Jahr 2006: Minuten pro Tag und Sparte (Quelle: [Rei07, S. 25])

mensziele[225] primär danach, für welche Zielgruppe der Content attraktiv ist, welches Budget zur Verfügung steht und wie hoch die zu erwartenden Einschaltquoten sind.[226] Bei der Bestimmung der zu erwartenden Einschaltquoten, die bei kommerziellen Fernsehunternehmen wesentlich über das verfügbare Budget entscheiden, handelt es sich um einen komplexen Planungsprozess, bei dem das Rezipientenverhalten in Verbindung mit sozio- und demografischen Merkmalen der Zuschauer eine Rolle spielt.[227] In diesem Planungsprozess kommt das durch die Konvergenz veränderte Nutzerverhalten zum Tragen.[228] Es ist nicht mehr nur interessant, für welche Zielgruppe ein Programm gestaltet werden sondern auch, in welcher Angebots- und Kommunikationsform der Content angeboten werden soll.[229]

Die Fernsehsender beziehen den Content zum Teil aus unterschiedlichen Beschaffungsmärkten und produzieren andere Teile selbst.[230]

Je nach Sendeformat[231] und Programmherkunft (Zukauf, Auftragsproduktionen und Eigenproduktionen) ergeben sich detaillierte qualitative und quantitative Anforderungen an den Content, wie beispielsweise Aktualität, Relevanz und Richtigkeit.[232] Insbesondere die Programmherkunft führt zu unterschiedlichen Anforderungen an Produktionsprozess und -technik. Extern produzierter Content erfordert

225 Vgl. Punkt 2.1.2.
226 Vgl. [WLW04, S. 91].
227 Vgl. [Brö06, S. 624*ff*] und [Wir06, S. 387*ff*].
228 Vgl. [Gra00, S. 786].
229 Vgl. [NRLA05, S. 602].
230 Vgl. [Wir06, S. 376*ff*].
231 Vgl. Punkt 2.2.2.
232 Vgl. [WP06, S. 266], [Glä08, S. 639], [Kay04, S. 597] und [Blo05, S. 457].

im Sender eine geeignete Materiallogistik, die zum Beispiel über ein Content-Management-System abgewickelt wird. Bei zugekauftem Content wird darüber hinaus ein Lizenz- bzw. Digital-Rights-Management erforderlich. Bei Eigenproduktionen kommen weitere Anforderungen z. B. an einen Studio-Produktionsprozess und die im Studio und der Produktion zu verwendende Technik hinzu.

---

*Inhaltliche Anforderungen in der Nachrichtenproduktion*

In der Nachrichtenproduktion sind neben den übergeordneten Kriterien wie Zielgruppe und Budget eine Reihe weiterer Kriterien für die Selektion des Contents relevant. Es handelt sich dabei um einen weitgehend intuitiven Prozess, dem inhaltliche Faktoren wie Reichweite, räumliche, politische, kulturelle, wirtschaftliche Nähe, Prominenz oder Kontroverse eines Themas zugrunde liegen. Diese Faktoren lassen sich in ihrer Gesamtheit durch den Nachrichtenwert ausdrücken.[233] Hinzu kommen organisatorische Faktoren wie der Aufwand für die Realisierung eines Beitrags, die Visualisierbarkeit oder die verfügbare Sendezeit.[234] Ein besonders wichtiges Kriterium in der Nachrichtenproduktion, auf welches sich viele organisatorische und technische Anforderungen zurückführen lassen, ist die Aktualität. Das bedeutet beispielsweise, dass aktuelles Material bei Bedarf möglichst schnell und mit minimalem Aufwand zur Ausstrahlung gebracht werden muss. Ist der Nachrichtenwert von Bildmaterial z. B. aus einem Krisengebiet hoch genug, so werden dabei auch Abstriche bei der Bild- und Tonqualität in Kauf genommen.

---

### 2.4.3 Organisation: Prozessbezogene Anforderungen

„Medieninhalte werden auf der einen Seite über die Organisation der Produktion geformt, gleichzeitig prägen Qualitätsmerkmale der Inhalte die Form der Produktionsorganisation.“[235] Die Organisation wird in Form des Produktionsprozesses umgesetzt. Kernfragen bei der Prozessmodellierung sind, was produziert werden soll (Output) und welches Quellmaterial hierfür erforderlich ist (Input). Unter Anwendung des Top-down-Ansatzes[236] und der Blackbox-Methode[237] werden im Rahmen einer organisatorischen Anforderungsanalyse immer detailliertere Workflows modelliert (Funktion).[238] Die Workflows dokumentieren auf einem abstrakten Le-

233 Nachrichtenfaktoren nach MAIER, zitiert in [Boe08, S. 64].
234 Vgl. [Boe08, S. 209*ff*].
235 Quelle: [WS04, S. 1].
236 Vgl. Punkt 3.2.2.2.
237 Vgl. Punkt 3.2.2.1.
238 Vgl. [MH05b, S. 390].

vel die funktionalen Anforderungen an das sozio-technische Gesamtsystem, indem sie beschreiben, welche Funktionen zum Erreichen des Ziels ausgeführt werden sollen und welche Organisationseinheiten und Daten hierfür benötigt werden.[239]

Neben den projektspezifischen funktionalen Anforderungen sind darüber hinaus eine Reihe nicht funktionaler Anforderungen zu erfüllen, von denen viele prozess- und projektübergreifend zum Tragen kommen. Das Thema der nicht funktionalen Anforderungen für den Broadcast-Bereich wird in der wissenschaftlichen Fachliteratur nur am Rande behandelt. Eine Quelle, die sich intensiver damit beschäftigt, ist die Fachzeitschrift FKT.[240] Sie dient als Diskussionsplattform für Experten aus dem deutschsprachigen Raum und greift auch die internationalen Entwicklungen auf. Für die folgende Aufstellung relevanter nicht funktionaler Anforderungen an den Prozess wurden die Veröffentlichungen aus den Jahren 2003 bis 2008 analysiert und die identifizierten Anforderungen entsprechend der Klassifikation von GLINZ systematisiert. Das Hauptaugenmerk lag dabei auf den durch die Konvergenz bedingten Veränderungen.[241]

### Leistung

- *Performance:*
  An die Einführung neuer Technologien ist die Erwartung geknüpft, schneller zu produzieren als mit der bandbasierten Produktionsweise. Insbesondere bei der Produktion von Nachrichten- und Sportsendungen „kommt es darauf an, mit den Video-, Audio- und Text-Informationen in kürzester Zeit einen Beitrag zu erstellen“[242]. Diese Forderung ist, wie auch die Effizienz, nicht allein durch eine technische Beschleunigung, sondern auch durch eine Prozessoptimierung zu erreichen.[243]

### Besondere Qualitäten

- *Zukunftssicherheit:*
  Es muss möglich sein, schnell und flexibel die Workflows anzupassen, um in Zukunft neue Anforderungen wie beispielsweise durch neue Sendeformate realisieren zu können.[244]

239 Die prozessbezogenen funktionalen Anforderungen beschreiben die Prozessarchitektur. Vgl. Punkt 5.2.2.

240 FKT – Fachzeitschrift für Fernsehen, Film und elektronische Medien.

241 Die Literaturverweise zu den einzelnen Anforderungen stellen jeweils eine Auswahl relevanter Publikationen dar.

242 Quelle: [RK03, S. 406].

243 Vgl. [RK03, S. 406], [Ste04b, S. 170], [LN07, S. 45] und [Hah08, S. 252].

244 Vgl. [WS04, S. 1], [Hof03, S. 396], [Ste04b, S. 170] und [Eng07, S. 686].

- *Havariesicherheit:*
  Der Produktionsprozess ist derart zu gestalten, dass unter allen Umständen der Programmauftrag erfüllt werden kann. Neben einer technischen Absicherung bedeutet dies, dass die Standard-Workflows schnell durch alternative Havarie-Workflows ersetzt werden können. Bereits beim Prozessdesign sind geeignete Havarie-Workflows zu berücksichtigen.[245,246]

**Randbedingungen**

- *Kosteneffizienz:*
  Besonders häufig ist in der Literatur die Forderung nach effizienten Arbeitsabläufen zu finden. Die Workflows sollen derart gestaltet werden, dass Arbeitsschritte nicht redundant ausgeführt, sonder dass die verfügbaren personellen Ressourcen optimal ausgenutzt oder reduziert werden können.[247]

- *Prozessintegration:*
  Eine wichtige Voraussetzung für die Prozessoptimierung ist die Vernetzung der Teilprozesse zu einem homogenen Gesamtkonzept mit durchgängigen Workflows. Basis hierfür ist eine technische Integration und Vernetzung der beteiligten Teilsysteme. So lässt sich beispielweise die redundante Eingabe von Daten vermeiden.[248]

- *Prozessautomatisierung:*
  Eng mit der Prozessintegration verbunden sind die Anforderungen, komplexe und wiederkehrende Routineaufgaben zu automatisieren, um schneller und effizienter arbeiten zu können, die Komplexität für den Anwender zu reduzieren, Fehler zu vermeiden und die Qualität des produzierten Contents zu erhöhen.[249]

Im Idealfall erfolgt zunächst eine von der technischen Sicht losgelöste Betrachtung des Prozesses, da sich nur auf diese Weise optimale Prozesse entwickeln lassen. Erst daran anschließend werden aus den funktionalen und nicht funktionalen prozessbezogenen Anforderungen die systemtechnischen Anforderungen abgeleitet.[250]

---

245 Vgl. [Alt00, S. 737*ff*], [HT04, S. 176], [KE06, S. 187] und [Klo09, S. 69*f*].

246 Vgl. Punkt 7.2.1.3.

247 Vgl. [Del04, S. 436], [Mer05, S. 520], [Kuh07, S. 659] und [Gen08, S. 94].

248 Vgl. [Dei03, S. 519], [Ren03, S. 585], [NRLA05, S. 602] und [Pis08, S. 27].

249 Vgl. [KR05, S. 53], [Blo05, S. 457*ff*], [HF06, S. 539] und [Röd07, S. 25*f*].

250 Ergebnis der teilnehmenden Beobachtung (siehe Punkt 8.1.1). Vgl. auch Workshop Blue Order (14. 11. 2007, siehe Punkt 8.1.2) und Workshop ProSiebenSat.1 Produktion (14. 11. 2008, siehe Punkt 8.1.2).

*Prozessbezogene Anforderungen in der Nachrichtenproduktion*

Die Forderung nach hoher Aktualität und die Tatsache, dass Nachrichtensendungen meist live ausgestrahlt werden, führen auch in der prozessbezogenen Dimension zu sehr hohen Anforderungen. Die Forderung nach Aktualität führt beispielsweise dazu, dass der Content je nach verfügbarem Zeitbudget auf unterschiedlichen Wegen zur Austrahlung gelangen muss. Ist ausreichend Zeit vorhanden, so nimmt das Material über Recherche, Schnitt sowie inhaltliche und technische Abnahme seinen Weg in die Sendung. Läuft allerdings während einer Nachrichtensendung relevantes Material ein, so muss es auch möglich sein, dieses direkt oder mit minimalem Zeitversatz zu senden. Aus dem Live-Charakter von Nachrichten lassen sich wiederum die hohen Anforderungen an die Havariesicherheit ableiten, aufgrund derer im Vergleich zu anderen Bereichen der Fernsehproduktion besonders vielfältige Havarie-Workflows definiert werden.[251]

### 2.4.4 Technik: Systemtechnische Anforderungen

Funktionale systemtechnische Anforderungen beschreiben die konkreten Funktionen eines technischen Systems sowie die Daten, die benötigt werden oder entstehen. Wie auch bei der Prozessmodellierung hat sich dabei die Anwendung von Top-down-Ansatz und Blackbox-Methode bewährt.[252] Am Ende steht ein Detaildesign, das sämtliche vorgegebenen funktionalen Anforderungen berücksichtigt. Die Dokumentation der Funktionen erfolgt meist in textueller Form, z. B. in Lasten- und Pflichtenheften, die Daten werden in Datenmodellen erfasst.[253]

Auch an die Technik existiert eine Reihe nicht funktionaler Anforderungen, die system- und projektübergreifend Gültigkeit besitzen. Bei der Erarbeitung des Detaildesigns sind diese zum Teil in konkrete funktionale Anforderungen zu überführen. Hierfür werden besondere Qualitäten und Randbedingungen soweit konkretisiert, dass spezifische Funktionen benannt werden können, die zur Erfüllung der jeweiligen Anforderung bereitgestellt werden müssen. Andererseits sind nicht funktionalen Anforderungen bei der Dimensionierung der verwendeten Komponenten zu berücksichtigen. Dies stellt sicher, dass das konzipierte System die geforderte Leistungsfähigkeit aufweist. In Entsprechung zu den prozessbezogenen

251 Vgl. [KM08, S. 77*ff*].
252 Vgl. [HJD05, S. 13*f*].
253 Die technischen funktionalen Anforderungen beschreiben die Anwendungsarchitektur, in Datenmodellen wird die Fachbegriffsarchitektur dokumentiert. Vgl. Punkt 5.2.2.

Anforderungen werden im Folgenden die wesentlichen, in Fachzeitschriften identifizierten nicht funktionalen Anforderungen an die Technik zusammengefasst.[254]

### Leistung

- *Performance:*
  In Fernsehproduktionssystemen spielt Performance eine bedeutende Rolle. Diese wird insbesondere in Bezug auf vernetzte IT-basierte Systeme besonders betont. Es geht darum, dass alle Arbeiten möglichst ohne Verzögerung durch das unterstützende technische System ausgeführt werden können, auch wenn mehrere Personen das System bzw. die Daten gleichzeitig nutzen. Typische Kriterien, die in diesem Zusammenhang genannt werden, sind *Echtzeitfähigkeit* und eine *Leistungsfähigkeit* der IT-basierten Systeme, die mindestens genauso hoch sein soll, wie die bei vergleichbarer herkömmlicher Broadcast-Technik.[255]

### Besondere Qualitäten

- *Zukunftssicherheit und Anpassbarkeit:*
  Wie für die Prozessgestaltung ist auch für das Systemdesign die Zukunftssicherheit ein entscheidendes Kriterium. Für die Technik bedeutet dies, dass sie sich flexibel an künftige Anforderungen anpassen lässt und eine Integration neuer Technologien zulässt.[256]

- *Interoperabilität und Herstellerunabhängigkeit:*
  Fernsehproduktionssysteme bestehen in der Regel aus einer Vielzahl heterogener Subsysteme von unterschiedlichen Herstellern. Entsprechend wird gefordert, dass sämtliche Subsysteme herstellerunabhängig interoperieren können, damit bei der Prozessgestaltung nicht die Technik das beschränkende Element bildet.[257]

- *Standards und offene Schnittstellen:*
  In gewachsenen heterogenen Systemlandschaften ist die Forderung nach einer Integration vieler Subsysteme eine große Herausforderung. Branchenweit gültige Standards und offene, gut dokumentierte Schnittstellen sollen

254 Quellen sind vor allem Veröffentlichungen in der FKT zwischen 2003 und 2008. Bei den Literaturverweisen handelt es sich um eine Auswahl relevanter Publikationen.

255 Vgl. [WS03, S. 387], [Ste04b, S. 170], [Kuh07, S. 659] und [Pis08, S. 27].

256 Vgl. [Hof03, S. 396], [BH04, S. 169], [SMV07, S. 122] und [Pis08, S. 30].

257 Vgl. [WS03, S. 389], [Hed04, S. 147], [HS04, S. 281] und [Hof07, S. 230].

dazu beitragen, die Kommunikation der Subsysteme untereinander zu verbessern und so das Gesamtsystem transparenter, stabiler und flexibler zu gestalten.[258] Bislang herrscht an dieser Stelle noch ein Defizit.[259]

- *Modularität und Skalierbarkeit:*
  Modularität meint den Einsatz überschaubarer Systemmodule. Modulare Systeme arbeiten in der Regel stabiler, und defekte Module können bei Bedarf ausgetauscht werden. Darüber hinaus lassen sich solche Systeme durch den Austausch von Modulen flexibel anpassen oder durch das Hinzufügen bzw. Entfernen von Modulen nach Bedarf skalieren, um beispielsweise auf einen veränderten Ressourcenbedarf reagieren zu können.[260]

- *Usability und Wartbarkeit:*
  Insbesondere bei stark integrierten und vernetzten Produktionssystemen muss sichergestellt werden, dass sie trotz ihrer Komplexität zu handhaben sind. Das betrifft zum einen die Usability für die Nutzer, die ein möglichst einfach und intuitiv zu bedienendes System benötigen, damit sie effizient arbeiten können. Zum anderen betrifft es die Wartbarkeit des Systems, damit dieses effizient betrieben werden kann und beispielsweise kleine Fehler am System nicht zu einer Katastrophe führen. Darüber hinaus sind Usability und Wartbarkeit entscheidende Faktoren auch für die *Akzeptanz* eines Systems.[261]

- *Havariesicherheit:*
  Viele Fernsehunternehmen senden rund um die Uhr und oft unter zeitkritischen Bedingungen, sodass zu jeder Zeit ein sicherer Betrieb möglich sein muss. Hinter der Betriebssicherheit von technischen Systemen verbergen sich die zwei Themen *Betriebs-* und *Datensicherheit*.[262] Im Zusammenhang mit der Betriebssicherheit werden oft auch die Anforderungen *Stabilität*, *Verfügbarkeit* und *Zuverlässigkeit* genannt.[263]

258 Vgl. [FG04, S. 182], [LG05, S. 213], [WG06, S. 750] und [Kuh07, S. 662].
259 Ergebnis der durchgeführten Expertenumfrage (siehe Punkt 8.1.3). Vgl. auch [KS05, S. 360].
260 Vgl. [WS03, S. 389], [FG04, S. 179], [HT04, S. 174] und [Dwy04, S. 236].
261 Vgl. [Dwy04, S. 237], [HS04, S. 282], [Woe05, S. 110] und [Kuh07, S. 660].
262 Vgl. Punkt 7.2.
263 Vgl. [LG05, S. 213], [Kuh07, S. 659], [Sch05b, S. 303] und [Mer05, S. 519].

## Randbedingungen

- *Kosteneffizienz:*
  Analog zur prozessbezogenen Anforderung besteht die Forderung nach einer kosteneffizienten Ausnutzung der technischen Ressourcen, beispielsweise durch den Einsatz standardisierter IT-Hardware oder durch eine prozess- und unternehmensübergreifende Datenspeicherung.[264]

- *Systemintegration:*
  Grundlage für die geforderte Prozessintegration ist die technische Vernetzung der meist heterogenen Einzelsysteme bzw. deren Integration in ein Gesamtsystem. Durch den so entstehenden durchgängigen Datenfluss können beispielsweise Metadaten prozessübergreifend verfügbar gemacht, Medienbrüche vermieden und die Komplexität für die Anwender reduziert werden.[265]

Bei einer prozessorientierten Systemgestaltung werden die systemtechnischen Anforderungen aus den prozessbezogenen Anforderungen und den inhaltlichen Anforderungen abgeleitet. Die inhaltlichen Anforderungen wirken sich dabei im Wesentlichen auf die technischen Parameter und die Dimensionierung der eingesetzten Technik aus.[266] Die funktionalen Beschränkungen der Technik besitzen einen regelnden Charakter, da der angestrebte Workflow im Vordergrund steht.[267]

---

*Systemtechnische Anforderungen in der Nachrichtenproduktion*

---

Die hohen Anforderungen der Nachrichtenproduktion sind auch in den systemtechnischen Anforderungen wiederzufinden. So besteht die Forderung nach einer performanten und hoch verfügbaren Produktionsplattform, auf der möglichst viele technische Prozesse wie die Materiallogistik automatisiert ablaufen und alle erforderlichen Funktionalitäten für die Benutzer in wenigen benutzerfreundlichen Anwendungen gebündelt werden. Beispielsweise ist der Trend zu erkennen, dass sich Redaktionssysteme zu Allround-Systemen entwickeln, die den gesamten Aufgabenbereich eines Redakteurs in einer grafischen Oberfläche (GUI) vereinen. Kernfunktionen wie die Bearbeitung von Textbeiträgen, die Planung von Sendungen oder die Recherche von Agenturmaterial werden dazu direkt in das Redaktionssystem implementiert. Andere Funktionen, wie die Erstellung von Sendegrafiken,

---

264 Vgl. [RK03, S. 392], [Del04, S. 437], [Aul08, S. 34] und [Gen08, S. 93*f*].

265 Vgl. [Dwy04, S. 237], [NRLA05, S. 601], [Lan05, S. 661] und [Ger07, S. 544].

266 Ergebnis der teilnehmenden Beobachtung (siehe Punkt 8.1.1). Vgl. auch Workshop ProSiebenSat.1 Produktion (14. 11. 2008, siehe Punkt 8.1.2).

267 Vgl. [DR02, S. 476].

die Verwaltung von Essences oder das Browsing von LowRes-Material, werden über sogenannte Plug-ins in die GUI des Redaktionssystems integriert.

---

Die geschilderten Rahmenbedingungen, die Konvergenzentwicklung in der Fernsehproduktion sowie die daraus resultierenden Anforderungen führen zu einer Reihe von Herausforderungen, die bei der Gestaltung von Fernsehproduktionssystemen zu bewältigen sind.

## 2.5 Herausforderungen bei der Systemgestaltung

Die Fernsehbranche ist geprägt durch einen gesättigten Rezipientenmarkt und einen erhöhten Kostendruck. Auf diese Situation reagieren die Fernsehunternehmen mit der Erschließung neuer Märkte über geeignete Cross-Media-Strategien und mit einer Optimierung in der Produktion. Beides soll zur Steigerung der Kosteneffizienz unter anderem durch eine verstärkte *Prozessintegration* und durch die *Prozessautomatisierung* vieler Teilprozesse erreicht werden, ohne dass dabei die *Havariesicherheit* gefährdet wird. Fragt man Experten von Fernsehunternehmen, Systemhäusern und Systemherstellern, so führen diese Anforderungen an die Fernsehproduktion zu zahlreichen Herausforderungen, welche die Gestaltung von Fernsehproduktionssystemen zu einer komplexen Aufgabe machen. Dazu gehören unter anderem die folgenden Herausforderungen.[268]

- *Steigende Komplexität durch Prozess- und Systemintegration:*
  Etwa 54 % der befragten Experten bewerteten die Komplexität integrierter Systeme als eine der größten Herausforderungen bei der Gestaltung von Fernsehproduktionen. Dies geht eng einher mit der Komplexität integrierter Workflows. Die Komplexität resultiert aus der starken organisatorischen und technischen Vernetzung integrierter Systeme. Damit reicht es bei der Systemgestaltung in der Regel nicht aus, nur den unmittelbaren Eingriffsbereich zu untersuchen. Stattdessen ist es notwendig, möglichst lückenlos den Gesamtprozess zu untersuchen. Durch die zunehmende Automatisierung wird diese Notwendigkeit weiter verstärkt.

- *Fehlende offene Schnittstellen:*
  Als zweitgrößte Herausforderung empfanden 51 % der Befragten fehlende offene Systemschnittstellen. Das Vorhandensein von Schnittstellen ist die

268 Die hier aufgeführten Herausforderungen sind Ergebnisse der empirischen Evaluation des Autors. Vgl. Punkt 8.1 und Frage 4.1 im Anhang A.4.

Grundvoraussetzung für die Gestaltung eines integrierten Fernsehproduktionssystems. Ist eine Schnittstelle mit all ihren Funktionalitäten offengelegt, so lässt sich das System dahinter durch eine Systemerweiterung auch dann anbinden, wenn bislang keine Schnittstelle existiert. Darüber hinaus lässt sich bereits im Vorfeld prüfen, ob sich die geforderten Funktionen tatsächlich über eine Schnittstelle abdecken lassen.

- *Fehlende standardisierte Schnittstellen:*
  Mittlerweile existieren zahlreiche Standards für die Systemkommunikation sowie den Austausch von Metadaten und Essences. Während der Austausch von Essences nur von 14 % der befragten Experten als Herausforderung bewertet wurde, schätzen jeweils noch knapp 29 % Systemkommunikation und Metadatenaustausch als Herausforderung ein. Die Anmerkungen der Experten lassen den Schluss zu, dass es dabei weniger um das Fehlen von Standards geht. Vielmehr sind die existierenden Standards zum einen nicht präzise genug definiert worden und lassen Interpretationsspielraum, zum anderen sind sie oft nicht korrekt oder nicht vollständig implementiert worden.

- *Fehlende Klassifikation existierender Systemlösungen:*
  Es existiert keine allgemeingültige Klassifikation für am Markt verfügbare Systeme, sodass insbesondere Vergleich und Auswahl geeigneter Systeme die Architekten vor große Herausforderungen stellen. Dies kann zur Folge haben, dass es beim Zusammenstellen der zu verwendenden Subsysteme zu Überschneidungen in den Verantwortungsbereichen der einzelnen Systeme kommt, dass sich bestimmte funktionale Anforderungen über die verfügbaren Schnittstellen nicht abbilden lassen oder dass sie durch keines der ausgewählten Systeme abgedeckt werden, obwohl die Systemspezifikationen der Hersteller dies vermuten ließen.[269] Erschwert wird dieser Zustand durch die stark marketingorientierte Verwendung von Fachbegriffen.[270]

- *Unterschiedliche Architekturansätze bei Herstellern und Anwendern:*
  Immer mehr Hersteller von IT- und Broadcast-Systemen verfolgen zunehmend das Ziel, ihren Kunden eher „Komplettlösungen“ als modulare Syste-

---

269 Erkennis aus Fallbeispiel N24plus (ProSiebenSat.1 Produktion, siehe Punkt 8.2.2) und Fallbeispiel EMSA (ProSiebenSat.1 Produktion, siehe Punkt 8.2.1). Vgl. auch [WS03, S. 398] und Experteninterview Quantel (Consulting, Systems solution und Systems integration / Sales Manager, 12.11.2007, siehe Punkt 8.1.2).

270 Ein gutes Beispiel hierfür ist die Vielzahl von Begrifflichkeiten, die für Asset-Management-Systeme eingesetzt werden (Digital Asset Management, Media Asset Management, Content Management etc.) und sich nur selten an der SMPTE / EBU-Definition von Asset orientieren, also z. B. oft noch kein echtes Rechte-Management unterstützen.

me anzubieten.[271] Rundfunkunternehmen hingegen fordern den transparenten und modularen Aufbau einer Produktionslandschaft, sodass diese sich flexibel an neue Anforderungen anpassen lässt, ohne sich von einem Hersteller abhängig machen zu müssen.[272] Das macht in der Systemgestaltung unter Umständen Kompromisslösungen erforderlich, die von definierten Anforderungen abweichen. So sind noch immer viele sogenannte Insellösungen im Einsatz, die sich nur schwer integrieren lassen.

Diese zusammenfassende Nennung der zentralen Herausforderungen zeigt, dass die Gestaltung komplexer Fernsehproduktionssysteme ein hohes Optimierungspotenzial aufweist.

## 2.6 Forschungsziel

*„Gefordert wird ein Masterplan – der eigentlich schon 1998 von der SMPTE und EBU erarbeitet wurde – aber bis heute nicht in die Tat umgesetzt worden ist. Fehler, die bei der Planung begangen werden, können nur durch hohen Testaufwand bei der Inbetriebnahme ausgemerzt werden.“*[273]

Diese im Jahr 2005 von WAGNER formulierte Forderung zeigt, dass der im Jahr 1998 in der „Task Force for Harmonized Standards“[274] von SMPTE und EBU definierte „Masterplan“ zwar einen guten Anfang bei der Bewältung der aktuellen Herausforderungen in der Systemgestaltung bildet, für die Umsetzung in der Praxis aber noch nicht weit genug geht. Auch der im Jahr 2005 vollendete Middleware-Report[275] bringt nach Expertenaussagen keine wesentliche Verbesserung der Situation, da nahezu jeder Hersteller seinen eigenen Middleware-Ansatz verfolgt.[276]

An dieser Stelle setzen die Optimierungsbestrebungen des Autors an. Es hat sich gezeigt, dass Standardisierungsbemühungen auf Seiten der Systeme und der Systemkommunikation allein nicht ausreichend sind, um die Komplexität in der Gestaltung von Fernsehproduktionssystemen hinreichend zu reduzieren. Häufig

---

271 Seit einigen Jahren ist der Trend erkennbar, dass die großen Hersteller wie beispielsweise Avid, Grass Valey, Harris und Quantel durch Zukäufe und strategische Kooperationen versuchen, den gesamten Produktionsprozess – teilweise über die ursprüngliche Kernkompetenz hinaus – mit einer umfassenden Lösung zu bedienen.

272 Vgl. Punkt 5.3.1.

273 Quelle: [Wag05b, S. 242].

274 Vgl. [LM98].

275 Vgl. [LM05].

276 Erkenntnis u. a. aus dem Experteninterview Studio Hamburg MCI (Projektleiter / Software-Ingenieur, 26. 10. 2007, siehe Punkt 8.1.2).

benötigen solche Bemühungen geraume Zeit, bis ihre Ergebnisse in der Praxis nutzbar werden. Entsprechend bleibt nur die Möglichkeit, eine geeignete Vorgehensweise mit dazugehörigen Werkzeugen zu entwickeln, welche die prozessorientierte Gestaltung integrierter Systeme vereinfacht. Im Rahmen der teilnehmenden Beobachtung des Autors bei der ProSiebenSat.1 Produktion[277] und über die verschiedenen Expertengespräche[278] hat sich gezeigt, dass ein Vorgehen und Werkzeuge fehlen, die

- ein branchenweit einheitliches Begriffssystem definieren,
- ein gemeinsames Systemverständnis bzgl. Aufbau und Funktion schaffen,
- die Klassifikation und Spezifikation von Produktionssystemen vereinfachen,
- die Bearbeitung einer großen Vielfalt von Aufgaben unterstützen,
- das Vorgehen bei der Konzeption automatisierter Systeme systematisieren,
- dazu beitragen, komplexe Produktionssysteme havariesicher zu gestalten.

Aus den hier formulierten Anforderungen lässt sich das zentrale Forschungsziel dieser Arbeit ableiten.

Ziel ist die Entwicklung eines branchenspezifischen Werkzeugs, welches die Transparenz in der Fernsehproduktion erhöht, und die Entwicklung einer Vorgehensweise, die dazu beiträgt, die Gestaltung komplexer Fernsehproduktionssysteme zu vereinfachen. Erreichen lässt sich dieses Ziel durch einen übergeordneten branchenspezifischen Modellierungsansatz, der über ein Referenzmodell ein allgemeingültiges Begriffssystem definiert und in Form eines Leitfadens klare Empfehlungen für die Gestaltung integrierter Produktionssysteme liefert.

Ein solcher Modellierungsansatz kann dazu beitragen, die Transparenz von integrierten Fernsehproduktionssystemen zu erhöhen und so die Systemgestaltung zu vereinfachen. Eine höhere Transparenz führt zudem zu einer Vereinfachung und Effizienzsteigerung in Betrieb und Wartung der Systeme. Um den zentralen Forderungen nach Prozessoptimierung und Betriebssicherheit gerecht zu werden, wird der Fokus neben der Gestaltung integrierter Systeme auch auf die Automatisierung und das Havariemanagement in integrierten Systemlandschaften gelegt.

Für die folgenden Untersuchungen wird das Forschungsfeld weiter eingegrenzt auf die Nachrichtenproduktion, da hier neben der Sportproduktion die Anforderungen zum Beispiel an Aktualität, Performance, Kosteneffizienz, Automatisierung,

277 Ergebnis der teilnehmenden Beobachtung (siehe Punkt 8.1.1).
278 Ergebnis der durchgeführten Experteninterviews (siehe Punkt 8.1.2).

Integration und Betriebssicherheit am höchsten sind. Die in der Nachrichtenproduktion gewonnenen Erkenntnisse werden in der Sportproduktion evaluiert. Sie lassen sich darüber hinaus auch auf Bereiche der Fernsehproduktion übertragen, in denen die Anforderungen nicht so hoch sind.

Ausgehend von der beschriebenen Situation in der Fernsehproduktion, wird im folgenden Kapitel analysiert, welche Vorgehensweisen und Werkzeuge für die Gestaltung von Fernsehproduktionssystemen existieren und welche konkreten Defizite bestehen. Diese Erkenntnisse dienen als Basis für die Entwicklung eines neuen Modellierungsansatzes für die Fernsehproduktion.

# 3 Broadcast Engineering

*Leitfragen*

- Was charakterisiert die Aufgabe der Systemgestaltung im Broadcast Engineering?
- Welche Rolle spielt die Modellbildung bei der Gestaltung von Fernsehproduktionssystemen?
- Welche Anforderungen muss ein Broadcast-spezifischer Modellierungsansatz erfüllen?
- Welche Stärken und Schwächen weisen existierende Modelle im Broadcast-Bereich auf?
- Welche Lösungsansätze aus der Industrie eignen sich, um die Schwächen auszugleichen?

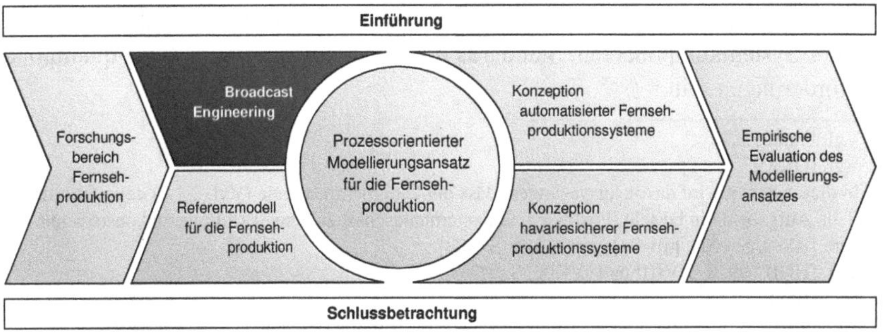

Planungs- und Projektmanagementabteilungen in Medienunternehmen, Systemhersteller sowie Systemhäuser verfolgen das übergeordnete Ziel, mit optimalem Ressourceneinsatz wirtschaftliche Systemlandschaften zu entwickeln, die den Geschäftsprozess[1] und damit die Erfüllung der Unternehmensziele optimal unterstützen.[2,3] Auch im Rundfunkbereich erfolgt dies unter Anwendung ingenieurwissenschaftlicher Prinzipien. Das Vorgehen und die Methodik werden im Folgenden unter dem Begriff Broadcast Engineering zusammengefasst.[4] Bei dieser Disziplin handelt es sich bislang um keine eigenständige Wissenschaft, sondern viel mehr um eine bedarfsgerechte Kombination verschiedener Ingenieursdisziplinen, welche Vorgehensmodelle und Werkzeuge für die Gestaltung komplexer Systeme zur Verfügung stellen.[5]

Nachdem im vorhergehenden Kapitel die aktuellen Anforderungen bei der Gestaltung von Fernsehproduktionssystemen analysiert und das Forschungsziel abgegrenzt wurden, werden im Folgenden zunächst die Charakteristika der Systemgestaltung im Broadcast-Bereich sowie die Bedeutung von Modellen für die Bewältigung von Komplexität[6] herausgearbeitet. An dieser Stelle setzen die Optimierungsbestrebungen dieser Arbeit an. Mit Blick auf die Entwicklung einer Broadcast-spezifischen Methodik zur Gestaltung komplexer Systeme werden existierende Modelle aus dem Broadcast-Bereich und der Industrie analysiert, um die entscheidenden Optimierungspotenziale zu identifizieren.

## 3.1 Systemgestaltung

Die Konzeption und Optimierung von komplexen Systemlandschaften wird im Folgenden unter dem Begriff Systemgestaltung zusammengefasst.[7] Sie hat zum Ziel, eine Systemstruktur zu entwerfen, die zu einem geforderten Verhalten führt. Die Systemgestaltung wird durch die Untersuchungssituation, das Untersuchungsobjekt, das Ziel sowie das Untersuchungsverfahren charakterisiert. Die Anzahl der möglichen Systemstrukturen wird in der Regel durch unterschiedlichste Rahmenbedingungen eingeschränkt. Dies können Einschränkungen bezüglich zu verwendender Systemkomponenten, Standards oder Architekturansätze sowie qualitative Anforderungen sein.[8]

1 Vgl. Punkt 2.3.3.
2 Vgl. [OKK97, S. 10].
3 In dieser Arbeit wird davon ausgegangen, dass die Unternehmensziele (Vgl. 2.1.2) definiert wurden und die Aufgabe darin besteht, Prozesse und Systemlandschaft zu deren Erfüllung zu konstruieren.
4 Vgl. [BS99, S. 667], [Toz04] und [QB76, S. 308].
5 Vgl. [HNB+99, S. XVIII] und [VH03, S. 9].
6 Vgl. [BD04, S. 651].
7 Von einigen Autoren wird diese Arbeit auch als Konstruktion bezeichnet. Vgl. u. a. [FS98, S. 87*ff*].
8 Vgl. [HNB+99, S. XX], [Rob03, S. 15] und [VDI93, S. 6*f*].

## 3.1.1 Aufgaben der Systemgestaltung

Die Wahl einer adäquaten Vorgehensweise für die Gestaltung komplexer Systemlandschaften ist erheblich von der Aufgabenstellung abhängig, die einer Konzeption zugrunde liegt. Neben den branchenspezifischen Zielen spielt es eine entscheidende Rolle, ob für ein System ein kompletter Neuentwurf realisiert werden oder ob ein bestehendes System erweitert bzw. migriert werden soll. Wird ein System komplett neu konzipiert, so spricht man von *Greenfield-Engineering*. Existiert bereits ein System, welches angepasst oder migriert werden soll, so wird dies *Re-Engineering* genannt.[9] Diese Differenzierung hat vor allem Auswirkungen darauf, wie Anforderungen zu ermitteln sind und wie viele angrenzende Prozesse und Systeme integriert werden müssen.

### 3.1.1.1 Greenfield-Engineering – Neuentwurf

Greenfield-Engineering bedeutet, dass der Entwurf von Prozessen und Systemen „auf der grünen Wiese" beginnt, ohne dass bereits organisatorische Abläufe und Strukturen sowie technische Systeme existieren, die abgelöst oder integriert werden müssten. Ausgangspunkt eines Greenfield-Engineering-Projektes sind Nutzeranforderungen oder das Entstehen eines neuen Marktes.[10]

Voraussetzung für ein Greenfield-Engineering-Projekt sind ein definierter Unternehmensplan sowie zumindest grob festgelegte Geschäftsprozesse. Für diese Art von Projekten ist charakteristisch, dass die Anforderungen ausschließlich über die Kunden und die künftigen Nutzer definiert werden.[11] Hierfür stehen primär Befragungs- und Kreativitätstechniken zur Verfügung.[12] Dies führt einerseits zu einem hohen Freiheitsgrad in der Systemgestaltung und zu geringen Abhängigkeiten durch bestehende, zu integrierende Workflows und Systeme. Andererseits aber erfordert es zusätzlichen Aufwand bei der Validierung, um die erdachten Workflows und Systeme auf ihre Praxistauglichkeit hin zu überprüfen. Es ist daher sinnvoll, zum einen auf Best-Practice-Workflows vergleichbarer Unternehmen zurückzugreifen, zum anderen ab einem bestimmten Detaillierungsgrad auf weniger formalisierte Vorgehensweisen der Projektierung wie das Prototyping[13] umzuschwenken. Auch aus dem Grund, dass es schwerig ist, sämtliche Anwendungsfälle ausschließlich auf einer theoretischen Basis bis ins Detail zu modellieren.[14]

9 Vgl. [BD04, S. 129].
10 Vgl. [BD04, S. 129] und [NPW05, S. 299].
11 Vgl. [BD04, S. 129].
12 Vgl. [Rup07a, S. 115*ff*].
13 Vgl. Punkt 3.1.2.
14 Vgl. [Rup07d, S. 66*f*] und [Som07, S. 191*f*].

#### 3.1.1.2 Re-Engineering – Erweiterung und Migration

Re-Engineering umfasst eine Erweiterung oder Migration bestehender Prozesse und Systeme, wobei eine Erweiterung meist mit der Anpassung bestehender Systeme einhergeht, während Migration den Austausch bestehender gegen neue Systeme beinhaltet. Auslöser eines Re-Engineering-Projektes können der Alterungsprozess eingesetzter technischer Systeme, technische Neuentwicklungen, neue Benutzeranforderungen oder Optimierungsbestrebungen sein. Für das Re-Engineering ist charakteristisch, dass die Anforderungen aus bestehenden Prozessen und Systemen gewonnen werden können und nicht komplett neu hergeleitet werden müssen.[15]

Einige Autoren nehmen eine weitergehende Unterteilung zum Beispiel nach Erweiterungs-, Sanierungs-, Migrations- und Integrationsprojekten vor[16] oder differenzieren zwischen Re-Engineering und Migration.[17] Aus dem Blickwinkel der Systemgestaltung handelt es sich dabei jedoch prinzipiell um das gleiche Vorgehen, bei dem bestehende Systeme und Prozesse auf neue Bedürfnisse angepasst werden. Alle Projekttypen haben Auswirkungen auf den Gesamtprozess und die angrenzenden technischen Systeme. Der wesentliche Unterschied liegt in der Größe des Eingriffsbereiches, d. h. bei einer Migration ist der Eingriffsbereich ein anderer als bei einer Erweiterung. Weitere Unterschiede liegen hauptsächlich im Projektmanagement. Daher wird an dieser Stelle keine weitere Differenzierung des Re-Engineerings vorgenommen.

Das Re-Engineering ist gegenüber dem Greenfield-Engineering der wesentlich häufiger auftretende Fall. Die wesentlichen Unterschiede bestehen darin, dass die Anforderungen aus den existierenden Prozessen und Systemen extrahiert werden und der Freiheitsgrad für die Projektarchitekten kleiner ist. Beim Re-Engineering bilden, sofern nicht komplette Geschäftsbereiche überarbeitet werden sollen,[18] bestehende Architekturen[19] den Rahmen für neue Komponenten.[20] Neben Befragungstechniken stehen bei der Analyse der Nutzer- und Kundenanforderungen zusätzlich existierende Prozess- und Systemdokumentationen sowie Beobachtungstechniken als Hilfsmittel zur Verfügung.[21] Eine für das Re-Engineering spezifische Herausforderung ist, dass die alten Systeme während der Erweiterung um

15 Vgl. [BD04, S. 129], [OKK97, S. 99], [AMBD04, S. 6-9] und [Win04].

16 Vgl. [SHT04, S. 229].

17 Vgl. [RP06, S. 821] und [AMBD04, S. 6-9].

18 Sollen ganze Geschäftsbereiche ausgetauscht werden, handelt es sich vom Charakter her häufig eher um ein Greenfield-Projekt, welches eine begrenzte Anzahl von Schnittstellen zu den übrigen Geschäftsbereichen zu berücksichtigen hat.

19 Prozess-, Fachbegriffs-, Anwendungs- und Systemarchitektur. Vgl. Punkt 5.2.2.

20 Vgl. [BD04, S. 129*f*] und [SHT04, S. 229*ff*].

21 Vgl. [Rup07a, S. 120*ff*] und [BD04, S. 130].

neue Systeme am Laufen gehalten werden müssen bzw. der Austausch alter gegen neue Systeme ohne große Ausfallzeiten vonstattengehen muss.[22] Im Broadcast-Bereich stehen beispielsweise oft nur wenige Stunden zur Verfügung, bevorzugt an Sonn- und Feiertagen, wenn keine Produktionen laufen und nur vorproduzierte Sendungen oder fertig konfektioniertes Lizenzmaterial gesendet werden.

### 3.1.2 Vorgehensweise in der Industrie

Die „Durchführung eines [...] Konstruktionsverfahrens [erfordert] ein Vorgehensmodell und eine entsprechende Werkzeugunterstützung“[23]. Dazu werden aufeinander abgestimmte Denkmodelle und Grundprinzipien für die Systemgestaltung und das Projektmanagement zur Verfügung gestellt, wie dies beispielsweise beim Systems Engineering in **Abbildung 3.1** der Fall ist.[24] Diese dienen dazu, ein Problem zu lösen, indem der Ist-Zustand in einen Soll-Zustand überführt wird. Die Systemgestaltung umfasst den konzeptionellen Teil des Engineering-Prozesses. Im Ergebnis werden das geforderte Verhalten in Form von funktionalen Anforderungen und die Systemstruktur in Form von Architekturen[25] beschrieben. Darüber hinaus werden während der Systemgestaltung in der Regel nicht funktionale Anforderungen[26] definiert.[27]

Aufgrund der unterschiedlichen Anforderungen an die Produkte ist die Gestaltung von Systemen stark branchenabhängig.[28] In der Industrie existieren je nach Aufgabenstellung unterschiedliche Engineering-Ansätze zur Bewältigung der jeweiligen Aufgabe. Alle Engineering-Ansätze sollen durch die Bereitstellung eines Leitfadens die Begabung, Erfahrung, Intuition und Kreativität der Ingenieure stimulieren und nutzbar machen. Der zu betreibende methodische Aufwand erfolgt dabei meist in einer Größenordnung, die in Bezug auf den Nutzen angemessen ist.[29]

Von den industriellen Engineering-Ansätzen spielen für die Fernsehproduktion neben dem bereits genannten Systems Engineering insbesondere das Software Engineering und das Software Systems Engineering eine entscheidende Rolle:

---

22 Vgl. [OKK97, S. 99].
23 Quelle: [Rob03, S. 15].
24 Vgl. [HNB+99, S. XVIII].
25 Vgl. Punkte 5.2.2 und 5.2.2.
26 Leistungswerte, besondere Qualitäten und Randbedingungen, die ein System erfüllen soll. Vgl. Punkt 2.4.1.
27 Vgl. [Rob03, S. 14*ff*] und [VDI93, S. 7].
28 Vgl. [VDI93, S. 6*f*].
29 Vgl. [HNB+99, S. XXIII].

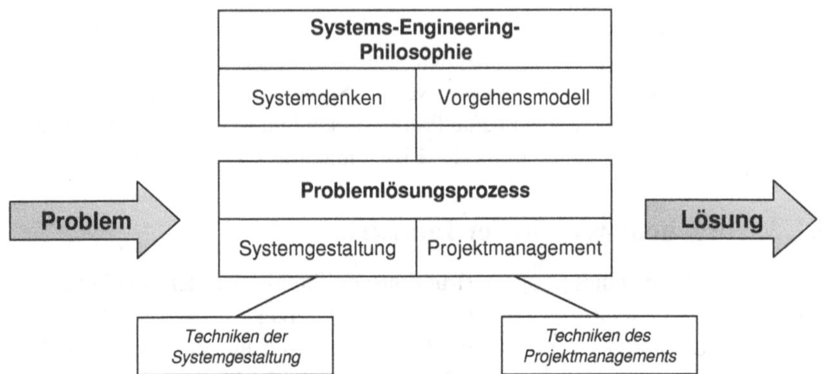


**Abbildung 3.1:** Komponenten des Systems Engineerings (Quelle: [HNB+99])

- *Systems Engineering (SE)*
  Beim Systems Engineering handelt es sich um eine ingenieurwissenschaftliche Disziplin, die auf dem Systemansatz beruht. Unter Verwendung von Modellen und Strukturierungshilfen liegt der Fokus auf einem ganzheitlichen Denken in Wirkungszusammenhängen.[30] Auf diese Weise soll beim Entwurf komplexer Systeme sichergestellt werden, dass eine geeignete, fehlerfreie Lösung erarbeitet wird, welche die funktionalen, nicht funktionalen und wirtschaftlichen Anforderungen erfüllt und sich problemlos in die bestehende Umgebung integrieren lässt.[31] Nach DÄNZER und HUBER stellt das Systems Engineering im Wesentlichen zwei Vorgehensmodelle zur Verfügung. Als Makrologik werden die Phasen eines Projektes in einem Phasenmodell als Bestandteil des Projektmanagements definiert. Dem gegenüber steht mit der Mikrologik ein Problemlösungszyklus, welcher als Instrument in der Systemgestaltung eingesetzt wird.[32]

- *Software Engineering (SwE)*
  Das Software Engineering verfolgt einen ähnlichen Ansatz wie das Systems Engineering, legt jedoch den Fokus auf die Anwendung wissenschaftlicher Methoden bei (Weiter-)Entwicklung, Betrieb und Instandhaltung von Softwaresystemen.[33] Das Software Engineering stellt hierfür ein „heterogenes

30 Vgl. [HNB+99, S. XXII] und [OKK97, S. 3].

31 Vgl. [OKK97, S. 3].

32 Vgl. [HNB+99, S. XXII].

33 Vgl. [MBB+01, S. 417], [BS99, S. 667] und [AMBD04, S. 1-1].

Konglomerat von Vorgehensweisen, Techniken, Methoden und Softwarewerkzeugen“[34] zur Verfügung. Besonders charakteristisch für die Software-Entwicklung ist die Wiederverwendung von Teilkomponenten anderer Produkte, um Wirtschaftlichkeit und Qualität zu erhöhen.[35] Dementsprechend nimmt die Qualitätssicherung beim Software Engineering im Vergleich zu anderen Engineering-Disziplinen einen besonders wichtigen Platz ein. Eine weitere Besonderheit liegt darin, dass sich mit der Verwendung der Unified Modeling Language (UML) zunehmend die Nutzung eines standardisierten Modellierungsansatzes durchsetzt.[36]

- *Software Systems Engineering (SSE)*
  Während beim Systems Engineering der Fokus auf Entwurf und Dokumentation sozio-technischer Systeme unter Berücksichtigung von Nutzern, Rahmenbedingungen und Prozessen liegt, hat das Software Engineering ganz konkret die Entwicklung einer Software zum Ziel. Oft fehlt aufseiten des Software Engineerings das Verständnis für das Gesamtsystem, ebeonso wie im umgekehrten Fall. So kommt es im Zusammenspiel zwischen Software und Gesamtsystem zu Integrationsproblemen, die sich auch durch ein verbessertes Software Engineering nicht aus der Welt räumen lassen.[37] Diese Lücke schließt das Software Systems Engineering mithilfe eines übergeordneten Vorgehensmodells. Es gründet sich dem Systems Engineering und definiert über die Software-Anforderungsanalyse und das Software-Architekturdesign den Übergang zur Software-Entwicklung mit dem Software Engineering.[38]

Alle drei Ansätze sind jeweils als Makrologik zu verstehen, die für die konkreten Aufgabenstellungen verschiedene Vorgehensmodelle zur Verfügung stellt. Über Vorgehensmodelle werden Handlungs- und Organisationsrichtlinien, die sich in der Praxis bewährt haben, in Form von Grundsätzen und Ausprägungen für einen zeitlichen Ablauf innerhalb eines Projektes definiert.[39] Sie finden ihre Anwendung bei der Planung, Steuerung und Kontrolle von Systementwicklungen und sollen diesen Prozess vereinfachen und stabilisieren.[40] Die **Tabelle 3.1** fasst eine Auswahl von Vorgehensmodellen zusammen, um den weiteren Einstieg in die Fachliteratur zu erleichtern.

34 Quelle: [MBB+01, S. 417*f*].
35 Vgl. [BS99, S. 667*ff*].
36 Vgl. [MBB+01, S. 417*f*].
37 Vgl. [Som98, S. 2*ff*] und [Tha02, S. 73].
38 Vgl. [Tha02, S. 68*ff*], [VH03, S. 26] und [HL05, S. 409].
39 Vgl. [BS99, S. 792], [HNB+99, S. 29] und [RP06, S. 827].
40 Vgl. [MBB+01, S. 498] und [HL05, S. 404].

| Vorgehensmodell | Einordnung und Beschreibung |
|---|---|
| Phasenmodell | Bei der Durchführung von Projekten ist es üblich, diese in zeitliche Phasen zu unterteilen, die jeweils einen sachlichen Abschnitt kennzeichnen. DÄNZER und HUBER verwenden im Kontext des SE ein Phasenmodell, das aus sechs Phasen von der Entwicklung über die Realisierung bis hin zur Nutzung besteht.[41] Darüber hinaus existieren vergleichbare Phasenmodelle z. B. von VDI, IPMA und HOAI.[42] |
| Problemlösungszyklus | Die Problemlösung im SE hat ihren Ursprung in einer konkreten Problemstellung (Anstoß) und lässt sich untergliedern in die Zielsuche mit Situationsanalyse und Zieformulierung, die Lösungssuche mit der Synthese und der Analyse von Lösungen sowie die Auswahl mit Bewertung und Entscheidung. Innerhalb des Modells werden mehrere Grob- und Detailzyklen definiert. Während Phasenmodelle den Gesamtverlauf regeln, dient dieses zyklische Vorgehen der Lösung von Problemen bis in tiefe Detailebenen.[43] |
| Wasserfallmodell | Das historisch gesehen erste sequenzielle und am weitesten verbreitete Vorgehensmodell im SwE stellt das Wasserfallmodell nach BOEHM dar. Es unterteilt den Software-Entwicklungsprozess in eine standardisierte Abfolge von Entwicklungsschritten, die linear abgearbeitet werden. Als Ergebnis jeder Phase entstehen Meilensteindokumente, die nach einer Prüfung „wie bei einem Wasserfall [...] in die nächste Phase fallen“[44]. Zeigt eine Überprüfung, dass im konstruktiven Teil einer Phase etwas übersehen oder nicht hinreichend beachtet wurde, so ist ein Sprung zurück auf die vorangehende Phase möglich.[45] |
| Spiralmodell | Das Spiralmodell stellt eine Weiterentwicklung des Wasserfallmodells dar, die ebenfalls in eine feste Abfolge standardisierter Phasen definiert. Diese werden jedoch mehrfach iterativ zyklisch durchlaufen, um das ökonomische und technische Risiko von Fehlentwicklungen weitestgehend zu eliminieren.[46] |

41 Vgl. [HNB+99, S. 84], [Ang05, S. 346] und [DIN87, S. 2].

42 VDI – Verein Deutscher Ingenieure (vgl. [VDI93, S. 3f]),
IPMA – International Project Management Association (vgl. [CKM+99, S. 28]),
HOAI – Honorarverordnung für Architekten und Ingenieure (vgl. [HOA95, S. §15]).

43 Vgl. [CKM+99, S. 53] und [HNB+99, S. 47*ff*].

44 Quelle: [HL05, S. 409].

45 Vgl. [Boe88, S. 63], [RP06, S. 827*f*], [BS99, S. 797] und [VH03, S. 26].

46 Vgl. [Boe88, S. 65f], [RP06, S. 828], [HL05, S. 409] und [MBB+01, S. 427].

| Vorgehensmodell | Einordnung und Beschreibung |
|---|---|
| Rational Unified Process | Beim Rational Unified Process (RUP) handelt es sich um ein Software-gestütztes zyklisches Vorgehensmodell. Es beschreibt den Lebenslauf von Software in mehreren großen Zyklen, deren Ergebnis jeweils eine Software-Version ist. Jeder Zyklus wird in die vier Phasen Initiierung, Ausarbeitung, Konstruktion und Übergang zerlegt. Das iterative Vorgehen dient dazu, Umfang und Qualität sukzessive zu verbessern.[47] |
| Agile Vorgehensweisen | Neben den stark formalisierten Vorgehensmodellen existieren auch „leichtgewichtige Prozessmodelle [...], die iterativ und nur schwach formalisiert sind“[48]. Diese Vorgehensweisen haben das Ziel, durch den Verzicht auf Formalien schnell zu einem Ergebnis zu gelangen. Agile Vorgehensweisen werden zunehmend auch für größere Projekte eingesetzt, haben sich aber bislang nicht durchgesetzt.[49] |
| Rapid Prototyping | Das Rapid Prototyping folgt dem Ansatz, dass sich viele Anforderungen nur experimentell durch den Einsatz eines Prototyps, d. h. eines funktionstüchtigen Musters eines Systems, vollständig ermitteln lassen. Solch ein Prototyp wird auch als Simulationsmodell bezeichnet.[50] |

**Tabelle 3.1:** Übersicht über Vorgehensmodelle des Engineerings

Darüber hinaus ist eine Reihe weiterer Vorgehensmodelle zu finden, die an der einen oder anderen Stelle auch im Broadcast-Bereich Verwendung finden.[51] Da sich diese Arbeit auf die Systemgestaltung konzentriert und die organisatorische Abwicklung des Problemlösungsprozesses in Form von Projekten im Folgenden eine untergeordnete Rolle spielt, wird an dieser Stelle jedoch nicht weiter auf die verschiedenen Vorgehensmodelle eingegangen.

### 3.1.3 Vorgehensweise im Broadcast-Bereich

Im Broadcast-Bereich geht es um die Konzeption von elektro- und informationstechnischen Systemen und Systemlandschaften, mit deren Hilfe audiovisuelle Informationen verarbeitet und für die Konsumenten aufbereitet werden können.

47 Vgl. [RP06, S. 830] und [HL05, S. 410].
48 Quelle: [HL05, S. 410].
49 Vgl. [RP06, S. 831*f*].
50 Vgl. [VH03, S. 31], [RP06, S. 832], [Cha94, S. 353] und [BS99, S. 560*f*].
51 Vgl. hierzu unter anderem [VH03, S. 32*ff*], [HL05, S. 409*ff*], [RP06, S. 827*ff*] und [HNB+99, S. 60*ff*].

Die besondere Charakteristik besteht darin, dass aufgrund der Vielschichtigkeit der Aufgabenstellungen oft mehrere ingenieurwissenschaftliche Disziplinen wie Elektrotechnik, Nachrichtentechnik und Informationstechnik berücksichtigt werden müssen.

*Systemgestaltung in der Nachrichtenproduktion*

Die Vielschichtigkeit des Broadcast Engineerings wird deutlich, wenn man beispielsweise die Integration eines neuen Redaktionssystems mit dem Bau einer Nachrichtenregie vergleicht. Das Redaktionssystem stellt die Schaltzentrale im Newsroom dar. Hier laufen sämtliche Informationen aus externen wie internen Quellen zusammen und es wird der komplette Sendeablauf geplant. Ein solches System muss hoch performant sein und eine Vielzahl von Schnittstellen zu umliegenden Systemen aufweisen. Dazu gehören unter anderem Schnittstellen zu diversen Text-, Bild- und Filmagenturen, zum Internet, zum Produktionssystem, zum Grafiksystem, zur Regieautomation und zu Teleprompter n. Nahezu jede Schnittstelle verwendet ein eigenes Kommunikationsprotokoll, erfordert spezifische Steuerinformationen und hat bestimmte Anforderungen an die Übertragungsgeschwindigkeit. Die Integration eines Redaktionssystems findet zu großen Teilen auf der IT-Ebene statt. Bei der Planung einer Nachrichtenregie, aus der heraus die Steuerung der Nachrichtensendung erfolgt, spielen ganz andere Themen eine Rolle, wie zum Beispiel die ergonomische und akustische Gestaltung des Regieraumes, die Abbildung vieler Videosignale auf einer Monitorwand, die Steuerung von Videoservern, Kameras und Licht im Studio über eine Automation, die Anbindung ans Redaktionssystem und die Integration einer Interkom-Anlage für die Kommunikation zwischen Regie und Studio.

Die Systemgestaltung in der Rundfunkbranche folgt keinem übergeordneten standardisierten Muster. Mehrere Studien an der TU Ilmenau und im Rahmen dieser Arbeit haben gezeigt, dass je nach Unternehmen, Gewerk, Planungsingenieur, Problemstellung und Rahmenbedingungen verschiedene Vorgehensmodelle ausgewählt werden. Anschließend werden die erforderlichen Methoden aus den Methodenbaukästen der passenden Engineering-Ansätze zusammengestellt.[52] Die Auswahl ist dabei meist kein bewusster, sondern ein ausbildungs- und erfahrungsbedingter unbewusster Prozess.[53] Entsprechend unterschiedlich fallen die Vorgehensweisen in verschiedenen Projekten aus. In den Gesprächen mit Experten hat

52 Vgl. [ENR06].

53 Erkenntnis u. a. aus den Fallstudien und der Expertenumfrage (Vgl. Kapitel 8). Vgl. darüber hinaus [Ste04a, S. 49*ff*], [Hei04, S. 85*ff*] und [Res06, S. 75*ff*].

sich herauskristallisiert, dass bei der Gestaltung von Fernsehproduktionssystemen vor allem kulturell bedingte Unterschiede existieren. Im internationalen Vergleich äußert sich dies beispielsweise darin, dass die Ingenieure in den USA wesentlich pragmatischer vorgehen („just do it“), als dies insbesondere in Deutschland der Fall ist.[54]

Neben den internationalen Unterschieden spielen nach Aussage der Experten vor allem die diversen Unternehmenskulturen eine tragende Rolle beim Herangehen an die Systemgestaltung. Typische Dimensionen, in denen sich die Vorgehensweisen unterscheiden, sind in **Tabelle 3.2** zusammengefasst. Besonders häufig genannt werden in diesem Zusammenhang die Unterschiede zwischen privaten und öffentlich-rechtlichen Sendern. Während Erstere zum Beispiel eine größere Bereitschaft zum Einsatz von Standardlösungen mitbringen, haben bei Letzteren individuelle Anpassungswünsche eine größere Bedeutung. Für die Systemgestaltung im Broadcast-Bereich bedeutet dies, dass die Ausprägungen in den genannten Dimensionen bei der Konkretisierung der Projektziele und beim Systemgestaltung sender- bzw. unternehmenspezifisch berücksichtigt werden müssen.

| Dimension | Ausprägungen (von – bis) |
|---|---|
| Architekturansatz | Best-of-Breed – vertikale Herstellerintegration[55] |
| Technische Konvergenz | klassische Broadcast-Technik – IT-basierte Systeme |
| Customizing | individuelle Workflows – Best-Practice-Workflows |
| Herangehensweise | technikorientiert – prozessorientiert |
| Projektierung | komplett „In-House“ – externe Berater |
| Veränderungen | Vermeidung von Veränderungen – offen für Veränderungen |

**Tabelle 3.2:** Dimensionen unternehmenskultureller Unterschiede in der Projektierung

In Bezug auf die Methodik bei der Konzeption von Fernsehproduktionssystemen hat die Umfrage unter Experten unterschiedlicher nationaler und internationaler Unternehmen gezeigt, dass auch international kein übergeordneter Engineering-Ansatz für den Broadcast-Bereich existent ist. Es wurde jedoch unternehmensunabhängig bestätigt, dass in der Systemgestaltung Modelle eine ganz besondere Position einnehmen (Vgl. **Abbildung 3.2**). In allen abgefragten Teilaufgaben wurden Modelle als wichtiges Werkzeug angesehen. Als besonders wichtig wurde die

54 Ergebnis der durchgeführten Experteninterviews und der Umfrage (siehe Punkt 8.1.2 und 8.1.3).
55 Vgl. 5.3.1.

Modellierung von Prozessen eingestuft.[56] Es ist also zu erwarten, dass sich über die prozessorientierte Modellierung eine besonders wirkungsvolle Optimierung der Systemgestaltung im Broadcast-Bereich erreichen lässt. Aus diesem Grund soll im folgenden Punkt die Modellbildung genauer unter die Lupe genommen werden.

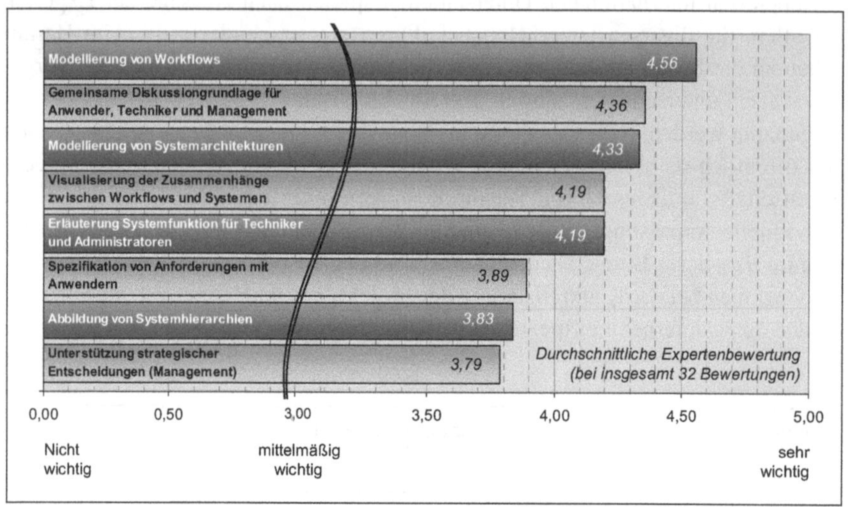


**Abbildung 3.2:** Relevanz von Modellen für Teilaufgaben der Konstruktion

# 3.2 Modellbildung

*„Bei der Planung eines [...] großen Systems sollte man [...] immer ein Modell einsetzen, um alle Geschäftsprozesse auf realen Systemen abbilden zu können."* [57]

Die Modellbildung ist „so alt [...] wie die Menschheit"[58] und eine der wichtigsten Methoden in der Systemgestaltung. Bei Modellen handelt es sich um vereinfachte, zusammengefasste und abstrahierte Repräsentationen des Funktionsprofils (Verhaltens- oder Prozessmodell) und des Eigenschaftsprofils (Struktur- oder Systemmodell) der Realität.[59,60]

56 Keiner der abgefragten Anwendungsfälle wurde schlechter als mit 3,7 bewertet. Ergebnis der durchgeführten Experteninterviews (siehe Punkt 8.1.2).
57 Quelle: [Wag05b, S. 245].
58 Quelle: [Bos92, S. 11].
59 Vgl. [Lan04, S. 226], [Wie98, S. 12], [Küh00, S. 11] und [HNB+99, S. 10].
60 Vgl. hierzu die Prozessdefinition in Punkt 2.3.3 und die Systemdefinition in Punkt 2.3.4.

In ihrer Funktion als Abbild der Realität sind Modelle unabhängig vom gewählten Vorgehensmodell und der untersuchten Branche ein zentrales Werkzeug und Kommunikationsmittel bei der Systemgestaltung. Sie unterstützen die an der Systemgestaltung beteiligten Personen bei der systematischen Analyse, Identifikation und Dokumentation von Anforderungen sowie der Umsetzung dieser Anforderungen in ein System.[61]

### 3.2.1 Modelle

„Modelle reichen von der verkleinerten, realistischen Darstellung des Originals über die Schnittzeichnung bis zum Funktionsdiagramm."[62] Sie sind stark zweckgebunden und legen den Fokus meist auf ausgewählte Aspekte der Realität,[63] wodurch eine Reduktion von Komplexität erreicht werden soll.[64] Auf diese Weise tragen sie dazu bei, „Zusammenhänge und Zusammenwirken in der Realität durchschaubar und [...] Verhaltensweisen vorhersehbar zu machen"[65].[66] Darüber hinaus ermöglichen Modelle den Verzicht auf experimentelle Untersuchungen überall dort, wo diese zu komplex, zeitaufwändig, kostenintensiv oder schlichtweg nicht möglich wären.[67] Über den *Modellzweck* lässt sich eine Klassifizierung von Modelltypen vornehmen,[68] die auch auf Modelle im Broadcast-Bereich angewendet werden kann.[69]

- *Beschreibungsmodelle* dienen dem deskriptiven Erfassen der Realität in Verhalten und Struktur sowie dem Erfassen bestimmter Größen.
- *Erklärungsmodelle* erweitern Beschreibungsmodelle um bestimmte Zusammenhänge und Gesetzmäßigkeiten und sind für die Erläuterung von Theorien vorgesehen.
- *Simulationsmodelle* wenden Erklärungsmodelle auf konkrete Tatbestände an und ermöglichen so Prognosen über das dynamische Verhalten von Systemen unter bestimmten Rahmenbedingungen.

---

61 Vgl. [HJD05, S. 14].
62 Quelle: [Bos92, S. 11].
63 Vgl. [Bos92, S. 36], [MBB+01, S. 311] und [HNB+99, S. 10].
64 Vgl. [BD04, S. 651] und [Rob03, S. 17].
65 Quelle: [Cha94, S. 299].
66 Vgl. [Bos92, S. 36].
67 Vgl. [Cha94, S. 299].
68 Vgl. [Rob03, S. 24], [Bos92, S. 11], [Küh00, S. 11] und [Mül05, S. 82].
69 Vgl. Punkt 5.1.

- *Gestaltungsmodelle* erweitern Erklärungsmodelle um Größen, welche die Erfüllung bestimmter Aufgaben oder Anforderungen beeinflussen, und ermöglichen damit konkretere Aussagen über den Sinn und die Ziele des Modells. Diese Modelle werden auch als Problemlösungsmodelle bezeichnet.
- *Entscheidungsmodelle* sind eine Form von Gestaltungsmodellen. Es handelt sich dabei um hypothetische Modelle, die meist in mehreren Varianten unmittelbar auf die Zielvorstellungen der Modellanwender eingehen und somit als Entscheidungsgrundlage dienen.

Neben dieser zweckgebundenen lässt sich eine anwendungsbezogene Klassifizierung vornehmen. Diese unterteilt man in Demonstrationsmodelle zur Veranschaulichung, Experimentalmodelle zur Ermittlung und Prüfung von Hypothesen, theoretische Modelle zur Gewinnung von Erkenntnissen und operative Modelle zur Entscheidung und Planung.[70] Bei der Gestaltung von Prozessen und Systemen für die Fernsehproduktion werden meist operative Beschreibungs-, Erklärungs- und Entscheidungsmodelle verwendet. Auf diese wird an späterer Stelle in Punkt 5.1 detaillierter eingegangen. Die Modelle selbst lassen sich hinsichtlich der Allgemeingültigkeit, des Abstraktionsgrades (Grad der Detaillierung), der Modellreichweite (Umfang der dargestellten Aspekte), der Visualisierung durch Beispiele und der Dokumentationsform unterscheiden.[71] Qualitativ hochwertigen Modellen ist zu eigen, dass sie widerspruchsarm bis -frei und vollständig auf den Modellzweck bezogen sind, das Verhalten und die Struktur des Originals relationsgetreu abbilden und einfach zu verstehen sind.[72] Um diese Qualitätskriterien zu erfüllen, bietet sich zur Modellbildung der Einsatz von *Modellierungsansätzen* an.

### 3.2.2 Prinzipien bei der Modellbildung

Die Erstellung eines Modells wird als *Modellbildung* oder *Modellierung* bezeichnet. Beide Begriffe sind prinzipiell gleichbedeutend. In dieser Arbeit wird unterschieden zwischen „Modellbildung" als Methode und „Modellierung" als konkrete Anwendung der Methode. Hinter dem Begriff Modellbildung verbirgt sich ein Prozess, in welchem durch Auswahl und Entscheidung für bestimmte Aspekte eine Abstraktion und somit eine Vereinfachung der Realität vorgenommen wird. Der abstrahierte Sachverhalt wird in geeigneter Form abgebildet.[73] Zwar lässt sich der

70 Vgl. [Küh00, S. 12].
71 Vgl. [Küh00, S. 14].
72 Vgl. [Lan04, S. 226] und [BS99, S. 459f].
73 Vgl. [MBB+01, S. 312], [Cha94, S. 299], [Lan04, S. 226] und [Bos92, S. 36].

Abstraktionsvorgang formalisieren, jedoch bleibt er immer ein subjektiver Vorgang, der sowohl von den Zielvorgaben als auch von der Wahrnehmung des Modellierers abhängt. Das führt dazu, dass Modelle nur eine begrenzte Gültigkeit besitzen, die an definierte Rahmenbedingungen geknüpft ist.[74] Die Abgrenzung des zu modellierenden Systems gegenüber der Umwelt und sein Gültigkeitsbereich werden auch als *Modellierungsreichweite* bezeichnet.[75] Der Modellbildung geht in der Regel eine Analyse von Verhalten und Struktur eines Sachverhaltes voraus, wobei dieser in Elemente gegliedert wird und die Relationen der Elemente zueinander analysiert werden.[76]

Methodisch stehen bei der Modellbildung eine Reihe von Prinzipien zur Verfügung. Exemplarisch werden die drei folgenden näher vorgestellt:

- die *Blackbox-Methode* zur Unterstützung der Zielformulierung,
- der *Top-down-Ansatz* für die Strukturierung von Problemstellungen und
- die *Variantenbildung* zur Unterstützung der Lösungsfindung.

#### 3.2.2.1 Blackbox-Methode

Eine wichtige Methode, um bei der Modellierung von Systemen die Komplexität zu reduzieren, ist die *Blackbox-Betrachtung*. Hierbei wird ein Phänomen oder System bzw. ein Teil davon auf eine Blackbox reduziert, deren innerer Aufbau (vorläufig) unbedeutend ist. Betrachtet werden lediglich die Funktion sowie die Ein- und Ausgänge der Blackbox.[77] Auf diese Weise kann eine Abgrenzung der Ziele und des Eingriffsbereichs vorgenommen werden.

#### 3.2.2.2 Top-down-Ansatz

Kombiniert wird die Blackbox-Methode häufig mit dem *Top-down-Ansatz*, der „vom Groben zum Detail" vorgeht. Dieser Ansatz dient der sukzessiven Verfeinerung, Entflechtung und Organisation eines Aufgabenfeldes. Dazu wird, ausgehend von einer Blackbox, eine detailliertere Sicht geschaffen, welche sich wiederum aus mehreren Blackboxes zusammensetzt. Dieses Prozedere lässt sich für enthaltene Blackboxes nahezu beliebig fortsetzen, sodass unterschiedliche Detaillierungsebenen entstehen.

---

74 Vgl. [Bos92, S. 36], [Cha94, S. 299], [Jür00, S. 115] und [MBB+01, S. 312].
75 Vgl. [MBB+01, S. 313].
76 Vgl. [Lan04, S. 226] und [Cha94, S. 299].
77 Vgl. [BS99, S. 722] und [HNB+99, S. 8f und 17].

Auf diese Weise lässt sich beispielsweise erst das Grundkonzept einer Lösung beschreiben, bevor man sich der Lösung von Detailproblemen zuwendet.[78] In einigen Fällen ist es erforderlich, sich ausgehend von einer Detailfrage an die Gesamtsicht heranzuarbeiten. Bei diesem Vorgehen spricht man vom *Bottom-up-Ansatz*.[79] Während sich für die Analyse eher der Top-down-Ansatz eignet, wird im Folgenden zur Erläuterung der Modelle und Methoden für das bessere Verständnis der Bottom-up-Ansatz verwendet.

#### 3.2.2.3 Variantenbildung

Ein wichtiges Instrument der Systemgestaltung ist das *Denken in Varianten*. Dem liegt der Gedanke zugrunde, dass jedem Problem immer mehrere Lösungsmöglichkeiten gegenüberstehen. Bei der Systemgestaltung sollte nie die erstbeste Variante gewählt werden, ohne nach Alternativen zu fragen.[80] Eine Variante ist dadurch gekennzeichnet, dass zur selben Zeit ein System oder Prozess mit unterschiedlichen Funktionalitäten vorliegt.[81]

Die Variantenbildung lässt sich nach dem Wirkungsgrad klassifizieren. Prinzipvarianten unterscheiden sich bereits in der Grundidee voneinander. Detailvarianten hingegen beruhen auf dem gleichen Grundprinzip, unterscheiden sich jedoch in der detaillierten Ausarbeitung. Dies zeigt, dass bei der Variantenbildung unter Verwendung des Top-down-Ansatzes eine geeignete Detaillierungsebene gefunden werden muss, die eine Einschätzung der Konsequenzen bei Entscheidung für eine Variante zulässt.[82] Darüber hinaus lassen sich Varianten bezüglich ihrer Entwurfsmethodik unterscheiden. So können sie durch die Komposition von unterschiedlichen Modulen zu einer Lösung (Kompositionsprinzip) oder durch die Vererbung von Eigenschaften und die Modifikation anderer Eigenschaften (Vererbungsprinzip) gebildet werden.[83]

Das Prinzip der Variantenbildung ist „unverzichtbarer Bestandteil guter Planung“[84] und sollte insbesondere dann eingesetzt werden, wenn mehrere unbekannte Bedingungen auf die Wirksamkeit einer Lösung Einfluss haben können. Werden keine Varianten gebildet, so besteht ein erhöhtes Risiko dafür, dass neue Lösungsansätze zur Sprache gebracht werden, wenn die Planung eigentlich bereits abgeschlossen ist. Im schlimmsten Fall kann das zu einem Projektstopp führen.[85]

---

78 Vgl. [RP06, S. 809] und [HNB+99, S. 30].
79 Vgl. [HNB+99, S. 32] und [HL05, S. 86].
80 Vgl. [HNB+99, S. 29].
81 Vgl. [RP06, S. 824].
82 Vgl. [HNB+99, S. 33*ff*].
83 Vgl. [Bau03, S. 223*ff*].
84 Quelle: [HNB+99, S. 36].
85 Vgl. [Cha94, S. 450] und [HNB+99, S. 36].

### 3.2.3 Modellierungsansatz

Ein Modellierungsansatz bildet den Rahmen für die Genese von bestimmten Modellen, indem er Regeln in Form von Strukturierungsprinzipien definiert und so eine gewisse Qualität bei der Modellbildung gewährleistet.[86] Wie die **Abbildung 3.3** zeigt, definiert ein Modellierungsansatz das *Vorgehen* bei der Modellbildung durch den Einsatz der *Werkzeuge* Metapher und Metamodell.[87] „Die Konzepte Meta-Modell und Metapher sind geeignet, um den Modellierer bei der Modellbildung und -validierung zu unterstützen."[88] Mit ihrer Hilfe lassen sich insbesondere die Konsistenz und Vollständigkeit sowie die Struktur- und Verhaltenstreue von Modellen überprüfen.[89]

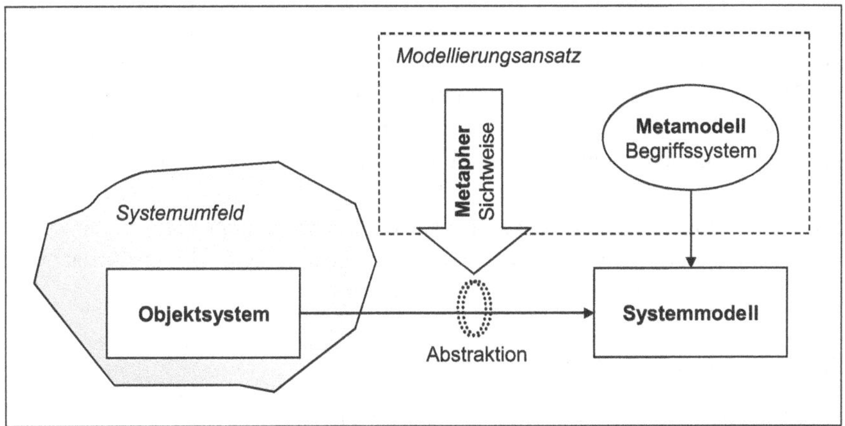


**Abbildung 3.3:** Zugrunde liegender Modellbegriff (nach [Rob03, S. 20] und [Wie98, S. 12])

#### 3.2.3.1 Metapher

Die *Metapher* eines Modellierungsansatzes beschreibt die Sichtweise, die der Erfassung des zu modellierenden Sachverhaltes zugrunde liegt, und stellt auf diese Weise den Bedeutungszusammenhang zwischen Modell und Original her.[90]

86 Vgl. Qualitätskriterien von Modellen in Punkt 3.2.1.
87 Vgl. [FS98, S. 119].
88 Quelle: [FS98, S. 121].
89 Vgl. [FS98, S. 121].
90 Vgl. [FS98, S. 119] und [Cha94, S. 296].

Ein Beispiel hierfür ist die Betrachtung eines technischen Systems auf mehreren Architekturebenen als eine Anzahl von Elementen, die unterschiedliche Relationen zueinander eingehen.[91]

#### 3.2.3.2 Metamodell

*Metamodelle* stehen auf einer Hierarchiestufe über den Modellen. Sie definieren das Begriffssystem sowie den Umfang der Darstellungsmöglichkeiten, die für die Modellierung zur Verfügung stehen.[92] Dazu werden in einem Metamodell die verfügbaren Modellbausteine, deren mögliche Beziehungen sowie ein Regelwerk für ihre Verwendung festgelegt.[93] Die Funktion eines Metamodells kann beispielsweise ein sogenanntes *Referenzmodell* übernehmen, das auf einer abstrakteren Ebene den Forschungsbereich gliedert und so die Bildung konkreter Modelle systematisiert.

Einige Autoren verfolgen darüber hinaus einen Ansatz, der Meta-Metamodelle als weitere Hierarchiestufe über den Metamodellen ansiedelt.[94] Dieser Ansatz wird in dieser Arbeit jedoch nicht weiter berücksichtigt.

### 3.2.4 Modellierungssprachen

Zur Darstellung und Dokumentation von Erkenntnissen aus der Analyse oder der Synthese von Systemen und Prozessen existieren zahlreiche Modellierungssprachen, die problem- und branchenspezifisch eingesetzt werden. Systeme können beispielsweise über Wirkungsnetze, Blockschaltbilder oder Netzpläne abgebildet werden. Die Modellierung von Prozessen wird zum Beispiel durch Ablauf- oder Flussdiagramme ermöglicht.[95] Für unterschiedliche Sichtweisen definieren *Modellierungssprachen* verschiedene Konstrukte und Notationsregeln, die zur Abbildung von Systemen sowie deren Elementen und Relationen dienen.[96]

Literaturrecherche und Studien der TU Ilmenau zeigen, dass bei der Planung im Broadcast-Bereich keine Modellierungssprache existiert, die durchgängig eingesetzt wird. Je nach Bedarf kommen meist die oben aufgeführten Abbildungsformen zum Einsatz, wobei die Strukturierung und Notation oft eher intuitiv erfolgen. Seit einigen Jahren kommen jedoch vermehrt auch verschiedene standardisierte

91 Vgl. Punkt 5.2.2.
92 Vgl. [Rob03, S. 21] und [FS98, S. 120].
93 Vgl. [BS99, S. 459], [FS98, S. 120] und [MBB+01, S. 312].
94 Vgl. [Rob03, S. 21*f*].
95 Vgl. [HNB+99, S. 180].
96 Vgl. [BMS06, S. 11].

Sprachen zum Einsatz, die an dieser Stelle nur kurz vorgestellt werden sollen, um den Einstieg in die Fachliteratur zu vereinfachen.[97]

- Mit dem vermehrten Einzug von Software in die Fernsehproduktion gewinnt die *Unified Modeling Language* (UML) zunehmend an Bedeutung. UML dient der Spezifikation, Visualisierung, Konstruktion und Dokumentation von Software-Systemen.[98]
- Eine Weiterentwicklung von UML stellt die *System Modeling Language* (SysML) dar. In SysML sind zusätzliche Sichtweisen definiert, welche die Modellierung von Hardware-Systemen ermöglichen.[99]
- Eine weitere Modellierungssprache, die insbesondere zur Darstellung von Geschäftsprozessen in der Fernsehproduktion verwendet wird, ist ARIS.[100] Dieser Ansatz basiert auf ereignisgesteuerten Prozessketten (EPK). Wie für UML existieren auch hier spezielle Software-Tools für die Modellierung.

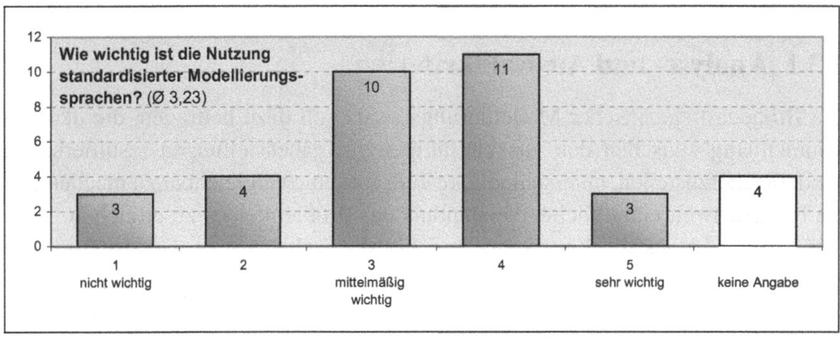


**Abbildung 3.4:** Bedeutung standardisierter Modellierungssprachen im Broadcast-Bereich

Darüber hinaus werden im Broadcast-Bereich eine Reihe weiterer Modellierungssprachen verwendet, die nicht oder nur teilweise standardisiert sind.[101] Standardisierte Modellierungssprachen sind im Broadcast-Bereich bislang primär im Bereich der Software-Entwicklung von Bedeutung. So wurde in der durchgeführten

97 Vgl. u. a. [Ste04a, S. 22*ff*], [Res06, S. 95*ff*], [Str08, S. 60*ff*] sowie das Ergebnis der durchgeführten Expertenumfrage (siehe Punkt 8.1.3).

98 UML ist in der Version 1.4 als ISO / IEC 19501:2005 standardisiert. Vgl. [OMG05].

99 Vgl. [Obj06].

100 ARIS steht für „Architektur integrierter Informationssysteme". Vgl. [Sch01a].

101 Vgl. dazu die Normen DIN EN ISO 19439 zur Unternehmensmodellierung und DIN 66 001 zur Modellierung von Prozessen in der Informationsverarbeitung ([DIN98b] und [DIN83]).

Umfrage die Verwendung standardisierter Modellierungssprachen mit mittlerer Wichtigkeit bewertet (Vgl. **Abbildung 3.4**), und nur 37 % der befragten Experten gaben an, dass ihr Unternehmen bereits standardisierte Modellierungssprachen einsetzte, während 51 % dies verneinten.[102] Daher findet im Rahmen dieser Arbeit keine Vertiefung dieser Thematik statt. Es wird im Gegenteil darauf geachtet, dass der entwickelte Modellierungsansatz unabhängig davon eingesetzt werden kann, ob und welche standardisierte Modellierungssprache verwendet wird. Dies erhöht die möglichen Einsatzgebiete sowie die Akzeptanz des Broadcast-spezifischen Modellierungsansatzes.

## 3.3 Modelle im Broadcast-Bereich

Experten nationaler und internationaler Unternehmen bestätigen die hohe Relevanz von Modellen für den Broadcast-Bereich.[103] Mit dem Ziel, einen Broadcast-spezifischen Modellierungsansatz zu entwickeln, wird zunächst eine Reihe existierender Modelle aus der Branche untersucht.

### 3.3.1 Analyse- und Auswahlkriterien

Ein Broadcast-spezifischer Modellierungsansatz soll dazu beitragen, die den Zusammenhang zwischen den aus vielfältigen Aufgabenstellungen resultierenden Modellen herzustellen, unterschiedliche Teilprobleme vergleichbar zu machen und ein branchenweit einheitliches Verständnis des Problemfeldes zu erreichen.[104] Er soll darüber hinaus die Konsistenz und Vollständigkeit sowie die Struktur- und Verhaltenstreue in den erstellten Modellen sicherstellen. Um diesen Forderungen gerecht zu werden, muss der für den Rundfunkbereich zu entwickelnde Modellierungsansatz die in **Tabelle 3.3** zusammengefassten Zielformulierungen erfüllen. Für die Bewertung wurden sowohl allgemeine als auch Broadcast-spezifische Kriterien herangezogen,[105] die sich im Rahmen von Experteninterviews, Workshops und Fallstudien als die wesentlichen Kriterien herauskristallisiert haben.[106]

---

102 Ergebnis der durchgeführten Expertenumfrage (siehe Punkt 8.1.3).

103 Vgl. Punkt 3.1.3.

104 In der Branche werden Begrifflichkeiten häufig stark Marketing-orientiert verwendet. Beispielsweise sind viele CMS reine Metadaten-Management-Systeme, und Systeme werden als Media-Asset-Management-Systeme (MAMS) bezeichnet, sobald sie einzelne Metadatenfelder für Rechte vorsehen. Laut SMPTE / EBU beinhaltet jedoch beispielsweise Asset-Management immer auch die Verwaltung der Essence sowie die Rechteverwaltung und geht damit über das einfache Mitführen einer Rechteinformation hinaus.

105 Vgl. Punkt 3.2.1.

106 Siehe Kapitel 8.

| Kriterium | Anforderung an den Modellierungsansatz |
|---|---|
| *Allgemeine Bewertungskriterien* | |
| Modellierungsansatz | Es handelt sich um einen Modellierungsansatz; dem Modell liegt ein geeigneter Modellierungsansatz zugrunde oder das Modell lässt sich leicht auf andere Fragestellungen übertragen. |
| Modellzweck | Der Modellierungsansatz eignet sich für unterschiedliche Anwendungsfälle zur Erstellung von Beschreibungs-, Erklärungs-, Gestaltungs- und Entscheidungsmodellen. Simulationsmodelle spielen bei der Systemgestaltung eine eher untergeordnete Rolle. |
| Modellreichweite | Der Ansatz lässt sich flexibel und prinzipiell unternehmensübergreifend auf alle relevanten Geschäftsbereiche eines Fernsehunternehmens anwenden. |
| Abstraktionsgrad | Er lässt eine Modellierung in unterschiedlichen Detaillierungsgraden zu und unterstützt ein Top-down- oder Bottom-up-Vorgehen. Das heißt beispielsweise, es lassen sich sowohl Elemente und Relationen kleiner Produktionssysteme als auch die kompletter Senderfamilien abbilden. |
| *Broadcast-spezifische Bewertungskriterien* | |
| Dimensionen | Der Modellierungsansatz ermöglicht prozess- und systemorientierte Modellierungen sowie eine einfache Abbildung beider Sichtweisen aufeinander, um eine prozessorientierte Vorgehensweise bei der Systemgestaltung zu unterstützen. Dies ist Voraussetzung für eine effiziente Prozess- und Systemintegration. |
| Hierarchien | Er definiert innerhalb der verschiedenen Dimensionen eine klare Hierarchie und stellt so sicher, dass es zu keinen Überschneidungen von Zuständigkeitsbereichen kommt und die Kommunikation eindeutig geregelt wird. Hierarchien spielen beispielsweise eine entscheidende Rolle bei der Reduktion von Komplexität und als Basis für eine prozessübergreifende Automatisierung. |
| Modularität | Der Ansatz berücksichtigt bereits bei der Modellierung die wesentliche nicht funktionalen Anforderung der Modularität, um eine Herstellerunabhängigkeit und Skalierbarkeit zu erreichen. Für Modelle bedeutet dies, dass austauschbare Funktionseinheiten zu geeigneten Modulen zusammengefasst werden können. Die Modularität trägt einerseits dazu bei, Komplexität in der Systemgestaltung und im Betrieb zu reduzieren, und gewährleistet andererseits die Anpassbarkeit und Zukunftssicherheit einer Systemlandschaft. |

| Kriterium | Anforderung an den Modellierungsansatz |
|---|---|
| Variantenbildung | Er unterstützt die Bildung und Visualisierung von Varianten sowie die Entscheidungsfindung auf Basis der Varianten und erlaubt die Darstellung unterschiedlicher Aspekte, die für die Spezifizierung von Prozessen und Systemen erforderlich sind. |
| Klassifizierung | Der Modellierungsansatz stellt geeignete Kriterien für die Klassifizierung und die Spezifikation von Prozessen und/oder Systemen im Broadcast-Bereich zur Verfügung und berücksichtigt dabei die konvergenten Entwicklungen in der Branche. Auf diese Weise trägt er dazu bei, über ein einheitliches Begriffsverständnis bei der Systemgestaltung die Kommunikation im Projekt zu verbessern und Missverständnisse zu vermeiden. |

**Tabelle 3.3:** Bewertungskriterien für die Analyse Broadcast-spezifischer Modelle

Die allgemeinen Kriterien überprüfen, ob sich die untersuchten Modellierungsansätze generell für die Modellierung im Kontext der Systemgestaltung eignen. Mangels echter Modellierungsansätze für den Broadcast-Bereich werden existierende Modelle dahin gehend untersucht, inwieweit sich das Modell und das vermeintliche Vorgehen bei der Modellbildung auf andere Problemstellungen übertragen lassen. Die Broadcast-spezifischen Kriterien greifen konkrete Anforderungen auf, die bei der Modellierung integrierter Fernsehproduktionssysteme eine zentrale Bedeutung haben. Diese Kriterien sollen schon bei der Systemgestaltung dazu beitragen, deren Herausforderungen in der Fernsehproduktion zu bewältigen.[107]

Bei den untersuchten Modellen handelt es sich um einen Querschnitt aus aktuellen nationalen und internationalen Publikationen, welche die Konvergenzentwicklung im Broadcast-Bereich berücksichtigen.[108] Bei der in **Tabelle 3.4** zusammengefassten Auswahl wurde darauf geachtet, dass die zu analysierenden Modelle wenigstens die prozessbezogene oder die systemtechnische Dimension abbilden, da dies die für die prozessorientierte Systemgestaltung entscheidenden Dimensionen sind. Ausgehend von der Forderung, den Broadcast-spezifischen Modellierungsansatz bei möglichst vielen unterschiedlichen Aufgabenstellungen einsetzen zu können, wurde zudem Wert darauf gelegt, dass die Modelle möglichst vielfältige Sichtweisen auf den Broadcast-Bereich abbilden und aus unterschiedlichen Anwendungsbereichen stammen.

107 Vgl. Punkt 2.5.

108 Ein geeigneter Modellierungsansatz soll die Modellierung sowohl von linearen als auch von vernetzten Prozessen und sowohl von herkömmlichen als auch von IT-basierten Systemen ermöglichen. Vgl. 2.3.

| | Modell | Charakteristisches Merkmal des Modells |
|---|---|---|
| Prozess | *Illgner* | Einfaches lineares Prozessmodell |
| | *Lilli* | Prozessmodellierung mit zahlreichen Zusatzinformationen |
| | *Austerberry* | Einfaches zyklisches Prozessmodell |
| | *Heitmann / Kellerhals* | Zyklisch, vernetztes Prozessmodell |
| | *EBU* | Umfassende Prozessmodellierung von Best-Practice-Workflows |
| System | *Komplexitätsebenen* | Dekomposition von Senderfamilien bis auf die Komponenten-Ebene |
| | *Systemmodule* | Modularer Aufbau von Fernsehproduktionssystemen |
| | *Software-Architekturen* | Hierarchischer Aufbau von Software-Architekturen |
| | *Mgmt.-Dimensionen* | Hierarchische Klassifizierung technischer Managementaufgaben |
| Kombiniert | *SMPTE / EBU* | Referenzmodell mit technischem Fokus |
| | *Krömker / Klimsa* | Referenzmodell mit organisatorischem Fokus |
| | *IABM* | Referenzmodell mit wirtschaftlichem Fokus |

**Tabelle 3.4:** Übersicht analysierter Broadcast-spezifischer Modelle

Es werden exemplarisch zunächst zwei lineare, ein zyklisches, ein zyklisch vernetztes und ein vernetztes Prozessmodell analysiert. Bei den Systemmodellen werden zwei unterschiedliche Ansätze zur Dekomposition von Produktionssystemen, ein Modell zur Beschreibung von Software-Architekturen und ein Modell zur Beschreibung von Managementsystemen im Broadcast-Bereich untersucht. Für die Analyse kombinierter Ansätze werden drei Referenzmodelle herangezogen, von denen eines einen technischen, eines einen organisatorischen und das dritte einen wirtschaftlichen Fokus hat. Bei der Analyse aller Modelle werden zunächst Aufbau und Modellzweck betrachtet, um anschließend eine Bewertung nach den oben genannten Anforderungen vorzunehmen.[109]

### 3.3.2 Prozessmodelle

Die Abbildung von Prozessen[110] erfolgt in begrifflicher oder bildlicher Form in einem Prozessmodell.[111] „Prozessmodelle werden durch die Methoden der theo-

109 Vgl. die zusammenfassende Bewertungsmatrix in Punkt 3.5.
110 Vgl. Definition in Punkt 2.3.3.
111 Vgl. [DIN98a, S. 3].

retischen und experimentellen Prozessanalyse [...] ermittelt"[112] und dokumentieren das typisierte Verhalten von Systemen. Je nach Modellierungssicht können Prozessmodelle neben dem Kontrollfluss in Form einer Abfolge von Aktivitäten auch weitere Informationen wie den Datenfluss oder die involvierten Organisationseinheiten enthalten.[113] Die analysierten Prozessmodelle konzentrieren sich auf die Produktion und Verwertung von Inhalten. Ein wesentliches Unterscheidungsmerkmal besteht in der Frage, ob der Prozess in linearer, zyklischer oder vernetzter Form beschrieben wird.

#### 3.3.2.1 Prozessmodell nach ILLGNER

Das Modell nach ILLGNER beschreibt die heutige Produktion als einen linearen Prozess, wie **Abbildung 3.5** zeigt. Diese Darstellung unterteilt den Prozess in die Schritte Akquisition, Ingest, Materialsichtung, Nonlinearer Schnitt (NLE), Postproduktion, Playout und Archivierung. Neben den eigentlichen Prozessschritten beinhaltet das Modell eine gemeinsame Kommunikationsebene und deutet Iterationsschritte zwischen Schnitt und Postproduktion an. Darüber hinaus visualisiert das Modell die räumliche Nähe zwischen Schnitt und Postproduktion sowie zwischen Playout und Archivierung.[114]

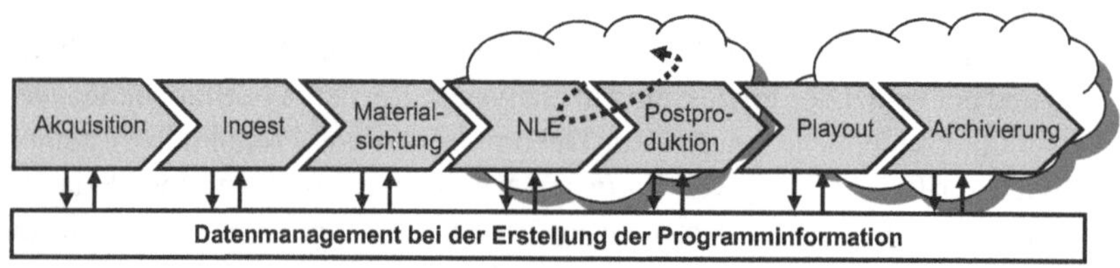


**Abbildung 3.5:** Prozessmodell nach ILGNER (Quelle: [IF06, S. 6])

Dieses Modell dient dazu, einen Überblick über die Zusammenhänge der Prozessschritte in der Produktion zu geben. Die Wahl der Prozessschritte hängt stark von der Problemstellung ab. Die folgende Tabelle zeigt die Bewertung anhand der zuvor in **Tabelle 3.4** definierten Kriterien.

112 Quelle: [Lan04, S. 228].
113 Vgl. [MBB+01, S. 388*f*].
114 Vgl. [IF06, S. 6]. Eine ähnliche Prozessdarstellung wenden WILKENS und SAUTER auf die Programmerstellung an. Vgl. [WS03, S. 386].

| Kriterium | | Erfüllungsgrad |
|---|---|---|
| Modellzweck | - | Erklärungsmodell |
| Modellierungsansatz | o | Nein; Modellierung auf Basis des Modells möglich |
| Modellreichweite | o | Themenspezifisch |
| Abstraktionsgrad | - | Abstrakt |
| Dimensionen | o | Prozess |
| Hierarchien | - | Abbildung nicht möglich |
| Modularität | - | Abbildung nicht möglich |
| Variantenbildung | - | Abbildung nicht möglich |
| Klassifizierung | - | Nicht zur Klassifizierung geeignet |

**Tabelle 3.5:** Bewertung des Prozessmodells nach ILGNER

#### 3.3.2.2 Prozessmodell nach LILLI

LILLI beschreibt Produktionsprozesse über einen linearen Modellierungsansatz, welcher beim Bayerischen Rundfunk (BR) für die Prozessdokumentation verwendet wird. Wie in **Abbildung 3.6** exemplarisch zu sehen ist, orientiert sich die Prozessmodellierung am Materialfluss. Über die eigens für diese Zwecke entwickelte Modellierungssprache BR-ML[115] wird die Prozessdarstellung um zusätzliche Informationen wie verwendete Systeme, Akteure und Gebäude bzw. Räumlichkeiten angereichert.[116]

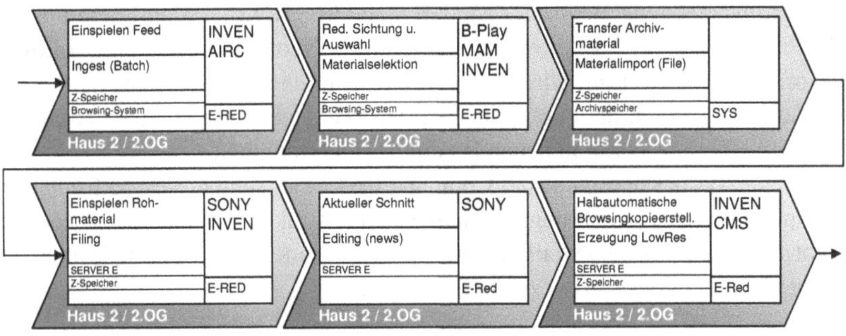


**Abbildung 3.6:** Prozessmodellierung nach LILLI (Quelle: [Wag05b, S. 245])

115 BR-ML – Modelling Language des Bayerischen Rundfunks
116 Vgl. [Wag05b, S. 245].

Der Modellierungsansatz ermöglicht theoretisch eine beliebig detaillierte Modellierung von Prozessen im Produktionsbereich. „Der BR sieht die Vorteile dieser Darstellung in [...] dem Einsatz der Darstellung bei der Erstellung von Pflichtenheften und bei der Abnahme."[117] Die Systeminformationen haben nur einen informativen Charakter, sodass Entscheidungen, Klassifizierungen und Spezifikationen nur für die organisatorischen Dimensionen möglich sind.

| Kriterium | | Erfüllungsgrad |
|---|---|---|
| Modellzweck | o | Beschreibungs-, Erklärungsmodell |
| Modellierungsansatz | + | Ja |
| Modellreichweite | + | Geschäftsbereiche übergreifend anwendbar |
| Abstraktionsgrad | o | Variabel (theoretisch) |
| Dimensionen | o | Prozess |
| Hierarchien | - | Abbildung nicht möglich |
| Modularität | o | Abbildung bedingt möglich |
| Variantenbildung | o | Abbildung bedingt möglich |
| Klassifizierung | o | Bedingt zur Klassifizierung geeignet |

**Tabelle 3.6:** Bewertung des Prozessmodells nach LILLI

### 3.3.2.3 Prozessmodell nach AUSTERBERRY

Ein teils lineares, teils zyklisches Modell stellt AUSTERBERRY mit dem übergeordneten Nachrichten-Workflow des Cable News Network (CNN) in **Abbildung 3.7** vor. Die Archivierung wird in diesem Darstellung als Teil eines zyklischen Workflows betrachtet, der zusammen mit der Recherche eine Wiederverwendung von archiviertem Material in neuen Produktionen ermöglicht.[118]

Durch die Berücksichtigung des Content-Life-Cycles stellt dieses zyklische Modell eine wichtige Erweiterung gegenüber den abstrakten linearen Modellen dar. Es hat ansonsten aber ebenfalls primär die Funktion, einen Überblick über den gesamten Produktionsprozess zu geben.

117 Quelle: [Wag05b, S. 245].
118 Vgl. [Aus06, S. 330*f*].

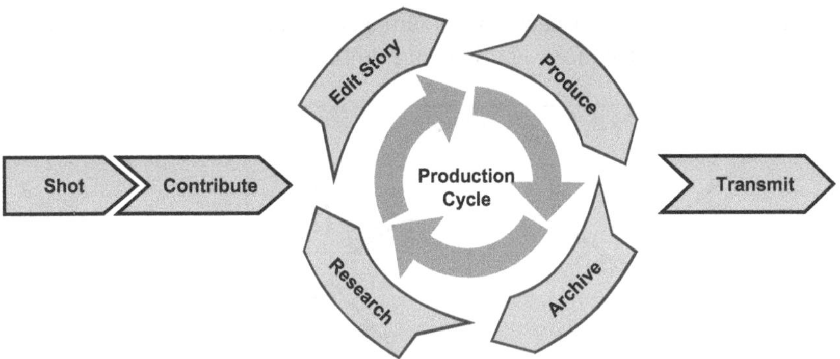


**Abbildung 3.7:** Prozessmodell nach AUSTERBERRY (Quelle: [Aus06, S. 330])

| Kriterium | | Erfüllungsgrad |
|---|---|---|
| Modellzweck | o | Erklärungsmodell |
| Modellierungsansatz | - | Nein |
| Modellreichweite | o | Themenspezifisch |
| Abstraktionsgrad | - | Abstrakt |
| Dimensionen | o | Prozess |
| Hierarchien | - | Abbildung nicht möglich |
| Modularität | - | Abbildung nicht möglich |
| Variantenbildung | - | Abbildung nicht möglich |
| Klassifizierung | - | Nicht zur Klassifizierung geeignet |

**Tabelle 3.7:** Bewertung des Prozessmodells nach AUSTERBERRY

#### 3.3.2.4 Prozessmodell nach HEITMANN / KELLERHALS

Das in **Abbildung 3.8** gezeigte Modell von HEITMANN und KELLERHALS beschreibt den Produktionsprozess als zyklisch vernetzten Prozess, in dessen Zentrum die Archivierung steht. Die einzelnen Aktivitäten unterteilen das Modell in Produktion, Postproduktion, Distribution und Konsumierung. Der eigentliche Produktionsprozess wird auf einer technischen Ebene beschrieben, wobei zwischen Metadaten- und Essence-Fluss differenziert wird.[119] Auch ILGNER verweist dar-

119 Vgl. [HK01, S. 611] und [WS03, S. 387].

auf, dass zur Erfüllung der neuen Anforderungen die Produktion als dynamischer Prozess geplant werden muss, und stellt ein ähnliches Modell vor.[120]

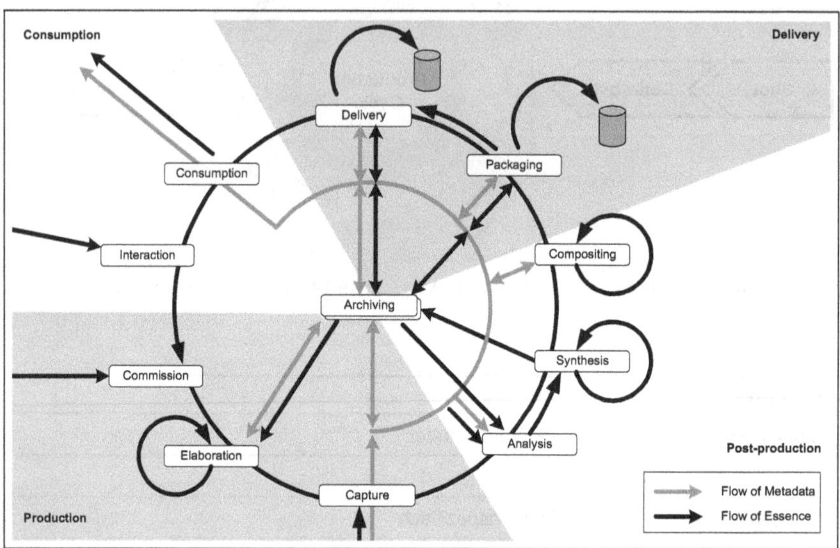


**Abbildung 3.8:** Prozessmodell nach HEITMANN / KELLERHALS (Quelle: [HK01, S. 611])

Dieses Modell verfolgt das Ziel, die Vernetzung und den charakteristischen Content-Life-Cycle abzubilden. Es visualisiert als einziges der hier vorgestellten Modelle die Vernetzung von Produktionsschritten innerhalb des Gesamtprozesses über eine Darstellung des Datenflusses. Außerdem hat es einen primär erläuternden Charakter und eignet sich nur bedingt für eine detaillierte Modellierung spezifischer Fragestellungen und für die Entscheidungsfindung oder Klassifizierung auf seiner Basis.

| Kriterium | | Erfüllungsgrad |
|---|---|---|
| Modellzweck | o | Erklärungsmodell |
| Modellierungsansatz | - | Nein |
| Modellreichweite | + | Geschäftsbereiche übergreifend anwendbar |
| Abstraktionsgrad | - | Abstrakt |

120 Vgl. [IF06, S. 10].

| Kriterium | | Erfüllungsgrad |
|---|---|---|
| Dimensionen | o | Prozess, Materialfluss |
| Hierarchien | - | Abbildung nicht möglich |
| Modularität | o | Abbildung bedingt möglich |
| Variantenbildung | - | Abbildung nicht möglich |
| Klassifizierung | - | Nicht zur Klassifizierung geeignet |

**Tabelle 3.8:** Bewertung des Prozessmodells nach HEITMANN / KELLERHALS

#### 3.3.2.5 Prozessmodell der EBU

Die EBU entwickelt gemeinsam mit dem IRT[121] ein allgemeines Prozessmodell für die Fernsehproduktion (**Abbildung 3.9**), welches die einzelnen Prozessschritte bestimmten Rollen zuordnet, von deren Inhabern sie ausgeführt werden. Das Modell basiert auf den Erfahrungen mehrerer Sender und dokumentiert sogenannte „Best-Practice-Workflows" für die Fernsehproduktion.[122] Es berücksichtigt dabei die Vernetzung der einzelnen Prozessschritte untereinander.[123]

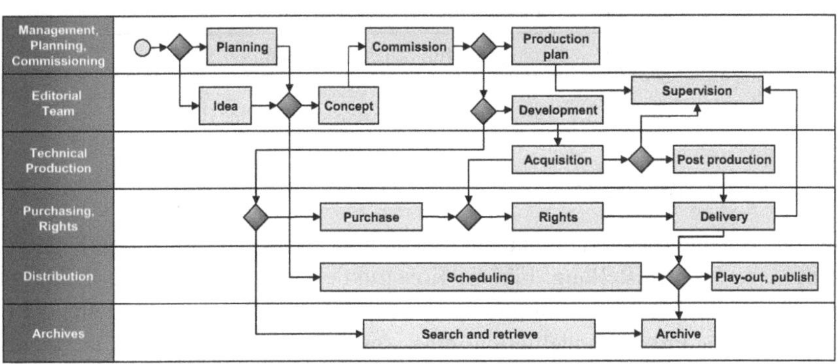


**Abbildung 3.9:** Vereinfachtes Fernsehproduktionsmodell der EBU (Quelle: [Eva08a, S. 5])

Ziel der EBU ist es, auf dieser Basis „Best-Practice-Workflows" in standardisierte Entwurfsmuster für Systemmodule (SOA-Services)[124] zu überführen, so-

121 IRT – Institut für Rundfunktechnik.

122 „Best-Practice-Workflows" sind Arbeitsabläufe, die sich in unterschiedlichen Unternehmen bewährt haben.

123 Vgl. [EBU07], [Eva08a] und [Eva08b].

124 Vgl. Punkt 3.4.2.

dass Produktionssysteme anhand der prozessbezogenen Anforderungen modular aus den gewünschten Bausteinen zusammengesetzt werden können.[125] Ausgehend von einer übergeordneten Prozesssicht, lassen sich die einzelnen Prozessschritte in unterschiedliche Detaillierungsgrade weiter herunterbrechen. Die Systemebene wird in diesem Modell nicht berücksichtigt, sodass nur Entscheidungsfindung und Klassifizierung in der Prozessdimension möglich sind.

| **Kriterium** | | **Erfüllungsgrad** |
|---|---|---|
| Modellzweck | + | Beschreibungs-, Gestaltungs-, Erklärungs-, Entscheidungsmodell |
| Modellierungsansatz | + | Ja |
| Modellreichweite | + | Geschäftsbereiche übergreifend anwendbar |
| Abstraktionsgrad | + | Variabel |
| Dimensionen | o | Prozess, Metadaten- und Essencefluss |
| Hierarchien | o | Abbildung bedingt möglich |
| Modularität | + | Abbildung möglich |
| Variantenbildung | o | Abbildung bedingt möglich |
| Klassifizierung | o | Bedingt zur Klassifizierung geeignet |

**Tabelle 3.9:** Bewertung des Prozessmodells der EBU

## 3.3.3 Systemmodelle

Bei der Systemmodellierung handelt es sich um eine strukturorientierte Sichtweise auf eine Problemstellung. Für die Konstruktion und Beschreibung komplexer Rundfunk- und Medienproduktionssysteme existieren zahlreiche Modelle, die im Gegensatz zur Prozessmodellierung eine wesentlich größere Vielfalt aufweisen. Sie beschreiben problemspezifisch unterschiedliche Aspekte eines Systems; charakteristisch ist dabei die Art der Elemente und Relationen, die ein Modell abbildet. Im Folgenden wird eine Auswahl dieser Modelle einander zur Beschreibung komplexer Systemlandschaften im Rundfunk gegenübergestellt.

### 3.3.3.1 Komplexitätsebenen in Rundfunksystemen

ERDMANN und KRÖMKER beschreiben mit dem in **Abbildung 3.10** gezeigten Modell den hierarchischen Aufbau von Systemarchitekturen in Rundfunkunter-

125 Vgl. [Eva08a, S. 5].

nehmen. Dem Top-down-Ansatz folgend, nimmt das Modell eine Dekomposition technischer Rundfunksysteme in Komplexitätsebenen vor.[126] Es erfolgt eine stufenweise Differenzierung nach Sendern, Hauptfunktionsbereichen und Funktionsbereichen mit Beginn auf der Ebene der Senderfamilie. Die innerhalb der Funktionsbereiche eingesetzten Anlagen lassen sich weiter untergliedern in Anlagenteile, Komponenten und Teilkomponenten.[127]

Dieses Modell oder ähnliche Modelle kommen bewusst oder unbewusst bei nahezu jeder Systemplanung zum Einsatz. Das hier vorgestellte Modell hilft bei einer systematisierten Auswahl und Definition einer auf die Problemstellung angepassten Sichtweise auf ein Rundfunksystem. Dazu wird während einer Spezifikationsphase der Fokus auf eine Ebene gelegt. Alle Elemente dieser Ebene werden als Blackboxes behandelt,[128] um die Komplexität in einem überschaubaren Maß zu halten. Auf der gewählten Ebene werden dann die Elemente und deren Relationen z. B. in Form von Mensch-Maschine- oder Maschine-Maschine-Interaktionen betrachtet.[129]

| Kriterium | | Erfüllungsgrad |
|---|---|---|
| Modellzweck | o | Erklärungs-, Entscheidungsmodell |
| Modellierungsansatz | + | Ja |
| Modellreichweite | + | Geschäftsbereiche übergreifend anwendbar |
| Abstraktionsgrad | + | Variabel |
| Dimensionen | o | Systeme, Organisationseinheiten |
| Hierarchien | + | Abbildung möglich |
| Modularität | + | Abbildung möglich |
| Variantenbildung | o | Abbildung bedingt möglich |
| Klassifizierung | o | Bedingt zur Klassifizierung geeignet |

**Tabelle 3.10:** Bewertung des Systemmodells nach ERDMANN / KRÖMKER

126 Vgl. Punkt 3.2.2.2.
127 Vgl. [EK04, S. 563].
128 Vgl. Punkt 3.2.2.1.
129 Vgl. [EK04, S. 564].

| | Definition | Dekomposition | Beispiele |
|---|---|---|---|
| **Sender-familie** | Rundfunkanstalt oder Konzern mit organisatorischen Einheiten für lokale Sendegebiete | | Zentraler Programm-austausch und Sendeabwicklung |
| **Sender** | Studios mit Betriebs-, Verwaltungs- und Redaktionsbereichen (auch Funkhaus, Studiokomplex) | | Gesamte Betriebs-technik einer Rund-funkanstalt oder eines privaten Rundfunk-unternehmens |
| **Haupt-funktions-bereich** | Nach spezifischen Anforderungen konzipierte Produktions- und / oder Sende-bereiche (Studios) | | Redaktionssystem, Produktionssystem, Sendeabwicklungs-system als technische Ausrüstung eines Bereiches |
| **Funktions-bereich** | Funktionale Einheit innerhalb eines Haupt-funktionsbereiches | | Bearbeitungsplätze als Produktionseinheit innerhalb der Post-produktion |
| **Anlage** | In Funktionsbereiche integrierte technische Einheit, Geräteeinheit | | Schnittplatz mit peripherem Equipment |
| **Anlagen-teil** | Abgrenzbare Einheit von Hard- und / oder Software (Gerät, Software-Paket) | | PC mit Betriebs-system und Software für nonlinearen Schnitt |
| **Komponente** | Baugruppe und / oder Softwareapplikation | | Mainboard, Videobrowsing |
| **Teil-komponente** | Bauteil und / oder Software-Modul | | Speicher, Bildschirmtreiber |

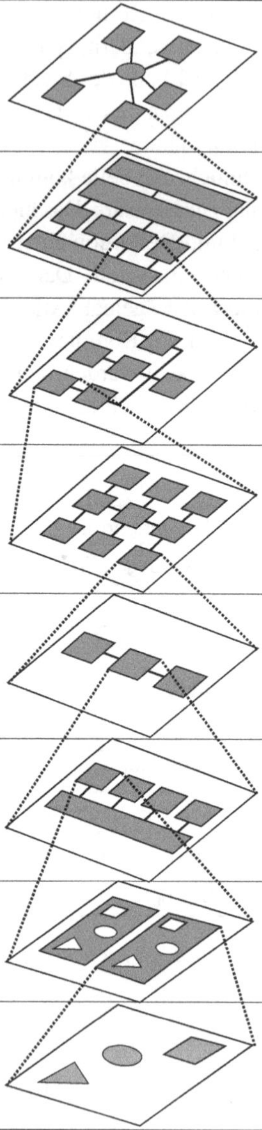

**Abbildung 3.10:** Komplexitätsebenen nach ERDMANN / KRÖMKER (Quelle: [EK04])

#### 3.3.3.2 Module eines Fernsehproduktionssystems

Das Modell nach SONNTAG und SCHUBERT in **Abbildung 3.11** beschreibt die Modularität komplexer Fernsehproduktionssysteme sowie die Kommunikation zwischen den einzelnen Modulen. Es beschreibt exemplarisch eine IT-basierte Produktionsumgebung, in der konkrete Anlagen wie ein Videoserver sowie größere Systemkomplexe wie ein Newsroomsystem mehr oder weniger gleichberechtigt über offene, standardisierte Schnittstellen miteinander Informationen austauschen.[130]

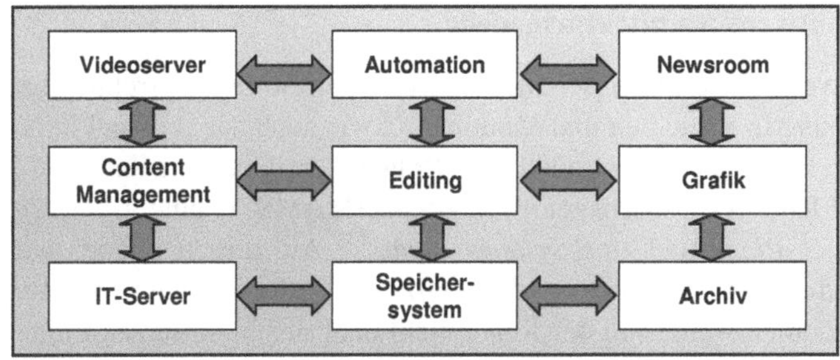


**Abbildung 3.11:** Modulbildung nach SONNTAG / SCHUBERT (Quelle: [SS02])

Diese Form der Modellierung ist dazu geeignet, einfache Systemzusammenhänge innerhalb einer Produktionsumgebung abzubilden. Sie legt besonders großen Wert auf den modularen Aufbau von Produktionssystemen sowie die Abhängigkeiten zwischen den Modulen, ohne jedoch eine Systemhierarchie zu definieren. Für die Abbildung komplexerer Zusammenhänge oder die Wahl einer tieferen Komplexitätsebene als die der Anlagen[131] ist dieses Modell nur begrenzt geeignet.

| Kriterium | | Erfüllungsgrad |
|---|---|---|
| Modellzweck | o | Erklärungs-, Entscheidungsmodell |
| Modellierungsansatz | o | Nein; Modellierung auf Basis des Modells möglich |
| Modellreichweite | o | Themenspezifisch |
| Abstraktionsgrad | o | Abstrakt, bedingt variabel |
| Dimensionen | o | Systeme (inkl. technischer Schnittstellen) |

130 Vgl. [SS02, S. 260].
131 Vgl. Punkt 3.3.3.1.

| Kriterium | | Erfüllungsgrad |
|---|---|---|
| Hierarchien | - | Abbildung nicht möglich |
| Modularität | + | Abbildung möglich |
| Variantenbildung | o | Abbildung bedingt möglich |
| Klassifizierung | - | Nicht zur Klassifizierung geeignet |

**Tabelle 3.11:** Bewertung des Systemmodells nach SONNTAG / SCHUBERT

### 3.3.3.3 Software-Architekturmodelle

Eine weitverbreitete Form der Modellierung von Software-Architekturen ist die Beschreibung in Schichten und Modulen,[132] wie auch das Beispiel in **Abbildung 3.12** zeigt. Das Architekturmodell nach PAPE untergliedert die Software-Architektur eines Media-Asset-Management-Systems (MAMS) in eine *Application Plane*, eine *Service Plane* und eine *Systems Plane*.[133] Auf diesen Ebenen werden einzelne Module des Software-Systems verortet. Die Relationen zwischen den einzelnen Modulen werden in der Regel nicht oder nur in Ansätzen modelliert, der Fokus der einzelnen Ebenen sowie deren Anzahl variiert von Modell zu Modell. DICKS-REICH unterteilt beispielsweise in einen Application Layer mit drei Subebenen, einen Device Layer und, davon losgelöst, das Systemmanagement und die zentrale Datenbank.[134] Häufig liegt den Modellen ein Drei-Schichten-Modell zugrunde, welches die Software-Architektur von unten nach oben in drei Schichten für Datenhaltung, Geschäftslogik und Präsentation unterteilt.[135] Bestrebungen einer Standardisierung – wie beispielsweise die der Firma Sun, eine Referenzarchitektur für MAMS zu definieren[136] – waren bislang nicht erfolgreich.

Software-Architekturmodelle definieren auf einem abstrakten Level Systemmodule und deren hierarchische Abhängigkeiten zueinander. Sie verfolgen damit den Ansatz eines modularen und skalierbaren Systemdesigns, sind jedoch meist herstellerspezifisch und eignen sich daher nur begrenzt zur Klassifizierung und zum Vergleich unterschiedlicher Systemlösungen. Soll die Systemlandschaft eines kompletten Senders oder einer ganzen Senderfamilie modelliert werden, ist diese Art Modell nicht ausreichend.

132 Vgl. [Aus06, S. 113], [Wag00, S. 333f], [Gom05, S. 6] und [WS03, S. 388].

133 Vgl. [Toz04, S. 656*f*]. Ein ähnliches, etwas detaillierteres Modell verwenden auch MAUTHE und THOMAS in [MT04, S. 140].

134 Vgl. [DR02, S. 476*ff*].

135 Vgl. [Mül05, S. 63].

136 Vgl. [Sun03, S. 11].

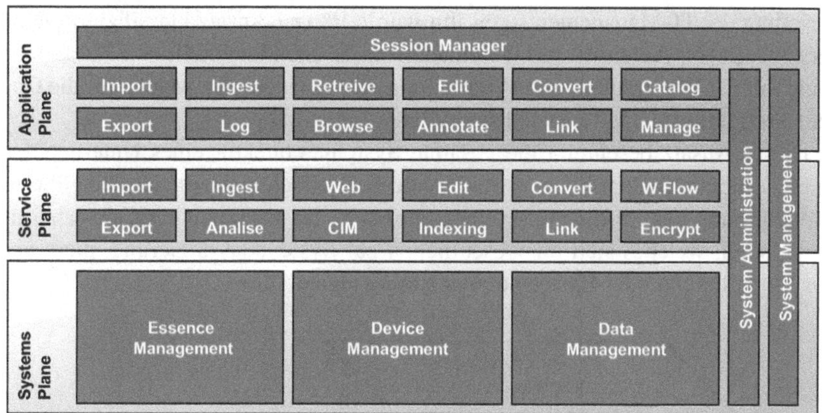


**Abbildung 3.12:** Architektur eines MAMS nach PAPE (Quelle: [Toz04, S. 657])

| Kriterium | | Erfüllungsgrad |
|---|---|---|
| Modellzweck | o | Erklärungs-, Entscheidungsmodell |
| Modellierungsansatz | o | Nein; Modellierung auf Basis des Modells möglich |
| Modellreichweite | - | Themenspezifisch, i.d.R. sogar herstellerspezifisch |
| Abstraktionsgrad | - | Abstrakt |
| Dimensionen | o | Systeme, interne Systemhierarchie |
| Hierarchien | + | Abbildung möglich |
| Modularität | + | Abbildung möglich |
| Variantenbildung | o | Abbildung bedingt möglich |
| Klassifizierung | o | Bedingt zur Klassifizierung geeignet |

**Tabelle 3.12:** Bewertung des Systemmodells nach PAPE

#### 3.3.3.4 Modell der Management-Dimensionen

Von einer anderen Seite nähern sich der Mitteldeutsche Rundfunk (MDR) und COLPAERT den Produktionssystemen. Im Fokus des in **Abbildung 3.13** visualisierten Modells steht die Überwachung von Produktionssystemen, wobei in Anlehnung an das ISO / OSI-Referenzmodell[137] ein objektorientierter Ansatz zur Struk-

137 Vgl. Punkt 3.4.3.

turierung des IT-Managements gewählt wurde.[138] Der Ansatz klassifiziert die unterschiedlichen Aufgaben in elf Management-Ebenen und stellt den Zusammenhang mit der Übertragung und Verarbeitung von Essences dar, welche für die Content-Produktion charakteristisch sind.[139]

Dieser Ansatz beschreibt die gesamte Systemarchitektur eines Unternehmens in einer hierarchischen Ebenenstruktur, die sich jedoch nicht zu einer detaillierten Modellierung des Produktionssystems ausbauen lässt. Es handelt sich dabei um ein Modell, welches sich im Wesentlichen zur Systemklassifizierung, nicht aber zur Modellierung oder Entscheidungsfindung eignet.

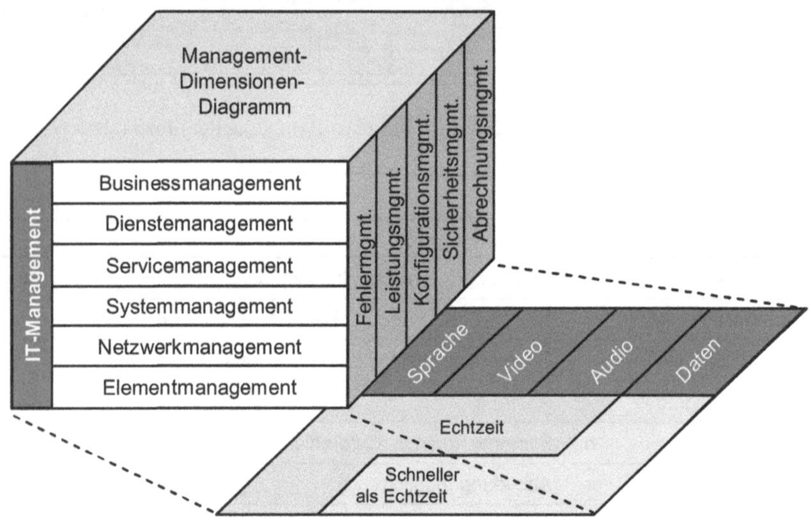


**Abbildung 3.13:** Management-Dimensionen UHLIG / COLPAERT (Quelle: [Wag05b])

| Kriterium | | Erfüllungsgrad |
|---|---|---|
| Modellzweck | o | Erklärungsmodell |
| Modellierungsansatz | - | Nein |
| Modellreichweite | o | Themenspezifisch |
| Abstraktionsgrad | - | Abstrakt |

138 Vgl. [Toz04, S. 978] und [Wag05b, S. 243].
139 Vgl. [Wag05b, S. 243].

| Kriterium | | Erfüllungsgrad |
|---|---|---|
| Dimensionen | - | Systemtypen, Asset-Bestandteile, Übertragungsgeschwindigkeit |
| Hierarchien | + | Abbildung möglich |
| Modularität | o | Abbildung bedingt möglich |
| Variantenbildung | - | Abbildung nicht möglich |
| Klassifizierung | + | Zur Klassifizierung geeignet |

**Tabelle 3.13:** Bewertung des Systemmodells nach UHLIG / COLPAERT

## 3.3.4 Kombinierte Modelle

Neben den Modellen, die ausschließlich Prozesse oder Systemlandschaften betrachten, existieren kombinierte Formen, die den Zusammenhang zwischen Organisation und Technik berücksichtigen. Dies wird insbesondere für eine prozessorientierte Systemgestaltung immer wichtiger. Daher sind die drei im Folgenden vorgestellten Modelle für die Entwicklung eines Broadcast-spezifischen Modellierungsansatzes von besonderer Bedeutung.

- Von SMPTE und EBU stammt ein international anerkanntes Referenzmodell, das die Dimensionen technischer Broadcast-Systeme beschreibt und aus der „Task Force for Harmonized Standards“[140] hervorgegangen ist.
- Die Autoren KRÖMKER und KLIMSA entwickeln ausgehend vom Produktionsprozess ein Modell, um Medienbranchen übergreifend das Zusammenspiel zwischen dem Prozess und technischen Systemen zu beschreiben.
- Die IABM[141] erarbeitet ein Modell, das zusätzlich prozessübergreifende Management-Aufgaben und die Infrastruktur in die Betrachtung einfließen lässt.

### 3.3.4.1 SMPTE / EBU-Referenzmodell

Bei dem in **Abbildung 3.14** dargestellten Modell der SMPTE / EBU handelt es sich um ein erweitertes Systemmodell, das auf abstrakter Ebene die Zusammenhänge zwischen Signalen, Prozessschritten und Kontrollsystemen beschreibt, um die Anforderungen an ein Systemdesign aufzuzeigen. Dabei wird zwischen drei

140 Vgl. [LM98].
141 IABM – International Association of Broadcasting Manufacturers.

Dimensionen unterschieden. Die *Activities* zeigen die wesentlichen Prozessschritte der Rundfunkproduktion, wobei es sich nicht um eine lineare Abfolge handeln muss. Die *Planes* beschreiben – mit Ausnahme der Control and Monitoring Plane – die zu berücksichtigenden Datentypen. Die *Communication Layers* repräsentieren die für die Rundfunkproduktion relevanten Ebenen aus dem ISO / OSI-Schichtenmodell,[142] welche sowohl Activities als auch Planes durchziehen.[143] Das Fundament des Modells bildet die *Control and Monitoring Plane*, welche die Aufgabe hat, sämtliche Transfers, Speicher- und Bearbeitungsvorgänge sowie Überwachung und Fehlermanagement über alle Dimensionen hinweg zu koordinieren.[144]

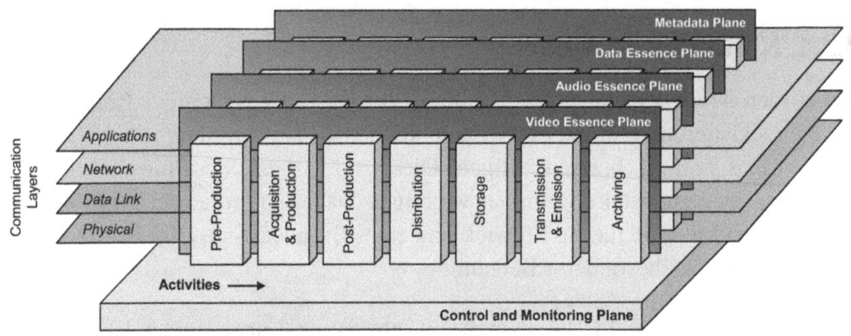


**Abbildung 3.14:** Referenzmodell von SMPTE / EBU (Quelle: [LM98, S. 18])

Über dieses Modell ist es möglich, sämtliche in der Rundfunkproduktion eingesetzten Systeme nach Prozess, Datentyp und Funktionsschicht zu klassifizieren und so sicherzustellen, dass alle relevanten Dimensionen betrachtet werden. Es berücksichtigt wesentliche nicht funktionale Anforderungen wie beispielsweise Automatisierung, Modularität und Herstellerunabhängigkeit und beschreibt in den Communication Layers die Hierarchie der Systemkommunikation. Es ist jedoch nicht vorgesehen, innerhalb dieses Modells Prozess- oder Systemarchitekturen zu modellieren oder diese Form der Modellierung auf konkrete Fragestellungen anzuwenden.

142 Vgl. Punkt 3.4.3.

143 Vgl. [LM98, S. 14*f*], [Heb99, S. 170] und [ISO94].

144 Für eine detaillierte Beschreibung der einzelnen Elemente aller Dimensionen soll an dieser Stelle auf den Final Report der TFHS verwiesen werden. Vgl. [LM98].

| Kriterium | | Erfüllungsgrad |
|---|---|---|
| Modellzweck | o | Erklärungsmodell |
| Modellierungsansatz | - | Nein |
| Modellreichweite | + | Geschäftsbereiche übergreifend anwendbar |
| Abstraktionsgrad | - | Abstrakt |
| Dimensionen | + | Aktivitäten, Asset-Bestandteile, techn. Kommuniaktionsebenen |
| Hierarchien | o | Abbildung bedingt möglich |
| Modularität | o | Abbildung bedingt möglich |
| Variantenbildung | - | Abbildung nicht möglich |
| Klassifizierung | + | Zur Klassifizierung geeignet |

**Tabelle 3.14:** Bewertung des kombinierten Modells von SMPTE / EBU

### 3.3.4.2 Referenzmodell nach KRÖMKER / KLIMSA

Die Autoren KRÖMKER und KLIMSA entwickeln ein kombiniertes Modell, welches den Zusammenhang zwischen den Dimensionen *Content*, *Organisation* und *Technik* verdeutlicht.[145] **Abbildung 3.15** zeigt als Auszug daraus den Rundfunkbereich.[146] Das Modell basiert auf einem linearen Produktionsprozess.[147] Es visualisiert innerhalb des Prozesses, welche Arbeitsschritte der Content-Produktion mit welchen technischen Systemen realisiert werden können. Der gewählte Abstraktionsgrad ermöglicht dabei den Medienbranchen übergreifenden Vergleich.

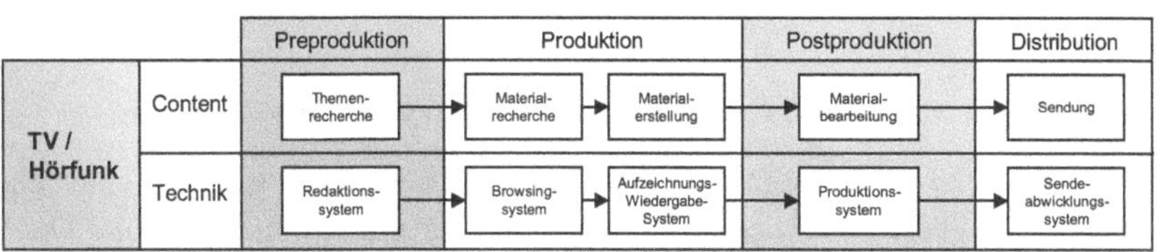


**Abbildung 3.15:** Modell nach KRÖMKER / KLIMSA (Quelle: [KK05b, S. 20])

145 Diese drei Dimensionen liegen auch dieser Arbeit zugrunde. Vgl. [KK05b, 20] bzw. Punkt 2.2.

146 Die Autoren betrachten in ihrem Modell darüber hinaus die Branchen Film, Musik, Internet, Print und Mobilfunk.

147 Bei der Wahl der Produktionsschritte greifen sie auf die ersten vier Prozessschritte aus dem Referenzmodell von SMPTE / EBU zurück. Vgl. Punkt 3.3.4.1 bzw. [LM98, S. 14*f*].

Das Modell dient vorrangig der Darstellung und dem Vergleich der Medienbranchen und ermöglicht eine prozess- und systemorientierte Modellierung unterschiedlicher Prozesse auf einem hohen Abstraktionsniveau. Mit zunehmendem Detaillierungsgrad lässt sich der Zusammenhang zwischen konkreten Arbeitsschritten und technischen Systemen insbesondere in einer IT-basierten Umgebung nur noch schwer in dieser Form abbilden. Dasselbe gilt für die Abbildung von Prozess- und Systemhierarchien. Beim Entwurf von Systemarchitekturen eignet sich diese Form der Modellierung daher primär für strategische Entscheidungen. Für die Modellierung konkreter Fragestellungen müssen zusätzliche Modellierungsformen herangezogen werden.

| **Kriterium** | | **Erfüllungsgrad** |
|---|---|---|
| Modellzweck | o | Beschreibungs-, Erklärungsmodell |
| Modellierungsansatz | o | Nein; Modellierung auf Basis des Modells möglich |
| Modellreichweite | + | Geschäftsbereiche übergreifend anwendbar |
| Abstraktionsgrad | o | Abstrakt; bedingt detaillierbar |
| Dimensionen | + | Content, Organisation, Technik |
| Hierarchien | - | Abbildung nicht möglich |
| Modularität | + | Abbildung möglich |
| Variantenbildung | o | Abbildung bedingt möglich |
| Klassifizierung | o | Bedingt zur Klassifizierung geeignet |

**Tabelle 3.15:** Bewertung des kombinierten Modells nach KRÖMKER / KLIMSA

### 3.3.4.3 IABM Media and Entertainment Industry Model

Das Modell der IABM, welches in **Abbildung 3.16** zu sehen ist, wirft einen eher wirtschaftlich geprägten Blick auf die Branche. Es stellt Akquisition und Distribution in den Vordergrund und beschreibt den Broadcast-Bereich aus der globalen Sicht der Medien- und Entertainment-Industrie. Ausgehend von der konvergenten technischen Infrastruktur (*Infrastructure thread*) zeigt das Modell nach oben hin einen vereinfachten linearen Produktionsprozess (*Process thread*) mit den darauf aufsetzenden Management-Aufgaben (*Management thread*) und nach unten hin die dafür erforderlichen Produktionseinheiten sowie die zur Ausführung zugelieferten Aufgaben (*Supplier thread*).[148]

148 Vgl. [IAB08, S. 12*f*].

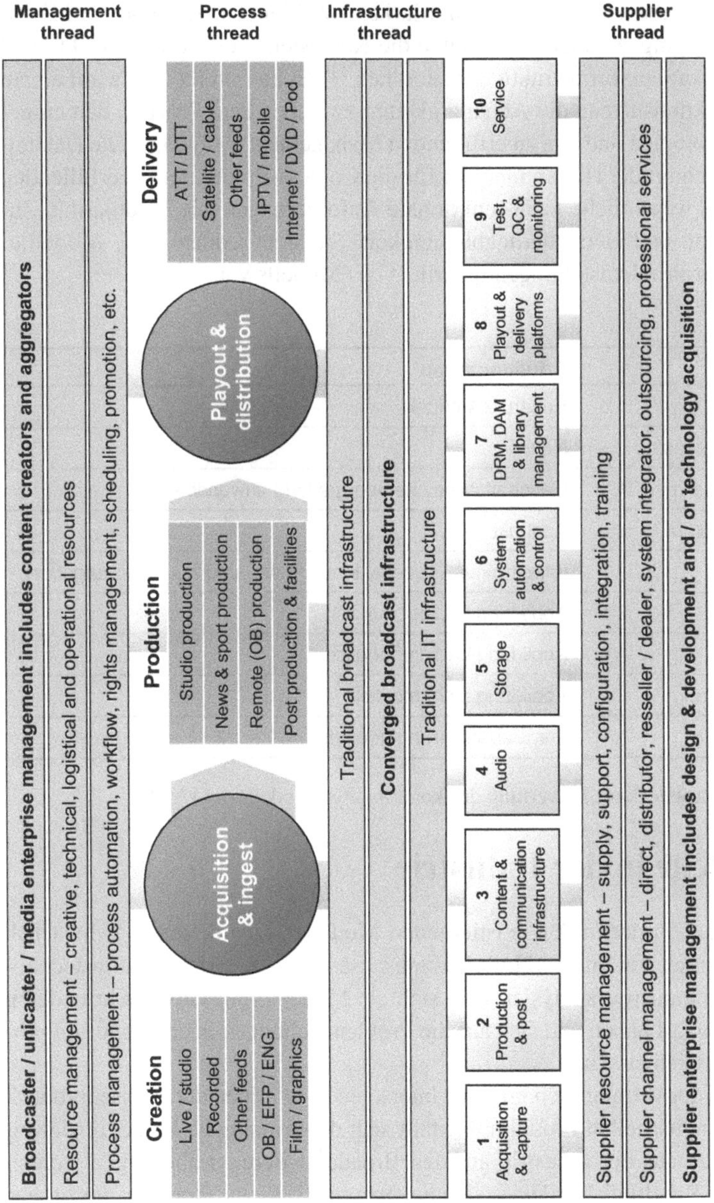

Management thread
Broadcaster / unicaster / media enterprise management includes content creators and aggregators
Resource management – creative, technical, logistical and operational resources
Process management – process automation, workflow, rights management, scheduling, promotion, etc.

Process thread
Creation
Live / studio
Recorded
Other feeds
OB / EFP / ENG
Film / graphics
Acquisition & ingest
Production
Studio production
News & sport production
Remote (OB) production
Post production & facilities
Playout & distribution
Delivery
ATT/ DTT
Satellite / cable
Other feeds
IPTV / mobile
Internet / DVD / Pod

Infrastructure thread
Traditional broadcast infrastructure
Converged broadcast infrastructure
Traditional IT infrastructure

1 Acquisition & capture
2 Production & post
3 Content & communication infrastructure
4 Audio
5 Storage
6 System automation & control
7 DRM, DAM & library management
8 Playout & delivery platforms
9 Test, QC & monitoring
10 Service

Supplier thread
Supplier resource management – supply, support, configuration, integration, training
Supplier channel management – direct, distributor, resseller / dealer, system integrator, outsourcing, professional services
Supplier enterprise management includes design & development and / or technology acquisition

**Abbildung 3.16:** IABM Media and Entertainment Industry Model (Quelle: [IAB08, S. 12])

Das Modell soll es möglich machen, Marktentwicklungen, Technologie-Migrationen, Outsourcing-Arrangements sowie die Koexistenz von Broadcast-, IT- und Telekommunikations-Infrastruktur einzuordnen.[149] Es beschreibt hierzu auf einem hohen Abstraktionsniveau die Abhängigkeiten zwischen dem Prozess, den eingesetzten Technologien und den zu erfüllenden Management-Aufgaben. Die Darstellung berücksichtigt die Hierarchien der für die Content-Produktion zu erfüllenden Aufgaben und wesentliche nicht funktionale Anforderungen wie Modularität, Zukunftssicherheit und Herstellerunabhängigkeit. Sie sieht jedoch keine Modellierung konkreter Problemstellungen innerhalb des Modells vor.

| **Kriterium** | | **Erfüllungsgrad** |
|---|---|---|
| Modellzweck | o | Erklärungsmodell |
| Modellierungsansatz | - | Nein |
| Modellreichweite | + | Geschäftsbereiche übergreifend anwendbar |
| Abstraktionsgrad | - | Abstrakt |
| Dimensionen | + | Infrastruktur, Prozess, Managment- und Zuliefereraufgaben |
| Hierarchien | o | Abbildung bedingt möglich |
| Modularität | o | Abbildung bedingt möglich |
| Variantenbildung | - | Abbildung nicht möglich |
| Klassifizierung | + | Zur Klassifizierung geeignet |

**Tabelle 3.16:** Bewertung des kombinierten Modells der IABM

## 3.4 Modelle in der Industrie

Zur Kompensation der in den existierenden Modellen identifizierten Schwächen werden im Folgenden ausgewählte Lösungsansätze aus der Informationstechnologie und der Industrie analysiert, die sich als Modellierungsansätze in anderen Bereichen bewährt haben und sich auf die Problemstellungen in der Rundfunkproduktion übertragen lassen.

Angesichts der vermeintlich großen Unterschiede zwischen der Fernsehproduktion und der industriellen Produktion, stellt sich die prinzipielle Frage, inwieweit Lösungsansätze aus der Industrie auf den Broadcast-Bereich übertragen werden können. Beim Rundfunk handelt es sich um eine relativ kleine Branche, die zu sehr großen Teilen von Kreativität lebt. Die „Produkte" der Fernsehproduktion lassen

149 Vgl. [IAB08, S. 13].

sich nicht in Fließbandarbeit herstellen und sind nicht physikalisch greifbar. Trotz dieser Unterschiede lassen sich eine Reihe von Parallelen feststellen. So existieren auch in der Fernsehproduktion beispielweise eine Reihe wiederkehrender, automatisierbarer Tätigkeiten, es sind sehr große Mengen von Daten zu verwalten und es werden vermehrt Software-Anwendungen eingesetzt, die auf industrielle Konzepte wie das Workflow-Management aufbauen. In der Fachliteratur wird in diesem Umfeld von einigen Autoren der Begriff *Broadcast-Industrie* verwendet,[150] Es erscheint lohnenswert zu sein, in der Industrie nach Lösungsansätzen zu suchen, die sich auf den Broadcast-Bereich adaptieren lassen.

### 3.4.1 Analyse- und Auswahlkriterien

Während es im Umfeld der Planung von Rundfunkproduktionssystemen noch keinen geeigneten, branchenweit akzeptierten Modellierungsansatz gibt, existieren in der Informationstechnologie und der Industrie viele etablierte Modellierungsansätze. Mit der technischen Konvergenz und dem damit verbundenen Wandel hin zu IT-basierten Systemlandschaften sowie der zunehmenden Automatisierung der Prozesse steigt die Bedeutung industrieller Ansätze auch für das Broadcast Engineering. Dabei sind drei Ansätze von besonderem Interesse, von denen zwei in der branchenspezifischen Literatur seit einigen Jahren verstärkt thematisiert werden und der dritte durch die Forderung nach vermehrter Automatisierung an Relevanz gewinnt.

- Mit dem zunehmenden Einsatz informationstechnischer Systeme spielt der Ansatz der *Service-orientierten Architekturen* (SOA) eine immer größere Rolle.[151]
- Ebenso wichtig wird das *ISO/OSI-Referenzmodell*, das die Kommunikation innerhalb informationstechnischer Systemen sowie zwischen ihnen beschreibt.[152]
- Darüber hinaus wird eine möglichst weitreichende Automatisierung in Fernsehunternehmen angestrebt,[153] sodass eine detaillierte Betrachtung der *Automatisierungsebenen* und der unternehmensübergreifenden systemtechnischen Kommunikation notwendig wird.

Die Bewertung dieser drei Ansätze erfolgt anhand derselben Kriterien, wie die Analyse der Broadcast-spezifischen Modelle.

150 Vgl. [Men07, S. 613], [LG05, S. 214] und [HR98, S. 479].
151 Vgl. [LNR05, S. 32*f*], [FF08, S. 65*ff*], [TM08, S. 490*ff*] und [Eva08a].
152 Vgl. [Hof97, S. 334] und [SG00, S. 24*f*].
153 Vgl. [LM98, S. 11], [Gen08, S. 94], [UT06] und [KE06, S. 187].

### 3.4.2 Service-orientierte Architekturen

Seit einigen Jahren nimmt die Geschwindigkeit rapide zu, mit der sich Technologien und Geschäftsmodelle in der Industrie und auch im Broadcast-Bereich verändern.[154] Es besteht die Forderung nach einer wettbewerbsfähigen und integrierten Systemunterstützung, die es ermöglicht, nahezu in Echtzeit auf neue Anforderungen und Kundenwünsche einzugehen.[155] Die Service-orientierten Architekturen bilden einen Ansatz, der Effizienz, Flexibilität und Produktivität insbesondere der sogenannten Enterprise-Applikationen[156] erhöhen sowie die Integrationskosten verringern soll.[157] Hinter SOA verbirgt sich ein Konzept zur prozessorientierten Gestaltung von Business-Infrastrukturen in Form von Software-Architekturen.[158,159] Es beschreibt Software-Komponenten, deren Funktionen und Schnittstellen sowie die technische Struktur des Gesamtsystems.[160] Dazu bietet die Service-Orientierung als Architekturparadigma ein Set spezifischer Entwurfsprinzipien.[161]

SOA zerlegen Anwendungsarchitekturen in die in **Abbildung 3.17** gezeigten Abstraktionslevel.[162] Für die folgenden Betrachtungen ist insbesondere das Business-Level relevant, auf dessen unterster Ebene Services in Form von Software-Komponenten definiert werden. Diese kapseln ein abstraktes Business-Konzept oder eine Dienstleistung ab und stellen diese über eine Schnittstelle als ein Set von Operationen dem Enterprise-System zur Verfügung.[163] Die Organisation und Koordination erfolgt über sogenannte Service-Repositories,[164] welche dem Enterprise-System alle Informationen zur Verfügung stellen, die zur Verwendung der Services erforderlich sind.[165] Die Kommunikation zwischen und mit den Services erfolgt über den sogenannten Service-Bus, der alle Services miteinander verbindet.[166] Das Prinzip einer SOA basiert darauf, dass aus den verfügbaren Services

---

154 Vgl. [Foo07] und [SHV+06, S. 6].
155 Vgl. [SHV+06, S. 6].
156 Enterprise-Applikationen sind komplexe Applikationen, die durch die Integration einer Vielzahl von Einzel-Applikationen in ein Gesamtsystem gebildet werden und große Teile eines Geschäftssystems abdecken.
157 Vgl. [Erl07, S. 38 und S.55*ff*].
158 Vgl. Punkt 5.2.2.
159 Vgl. [KBS07, S. 57].
160 Vgl. [KBS07, S. 56] und [Erl07, S. 38].
161 Vgl. [Erl07, S. 38].
162 Vgl. [FF08, S. 107].
163 Vgl. [KBS07, S. 59], [Cha94, S. 120] und [BD04, S. 732].
164 Je nach Literatur werden Service-Repositories auch als Service-Inventories bezeichnet. Vgl. [Erl07, S. 39].
165 Vgl. [KBS07, S. 64] und [Erl07, S. 39].
166 Vgl. [KBS07, S. 64].

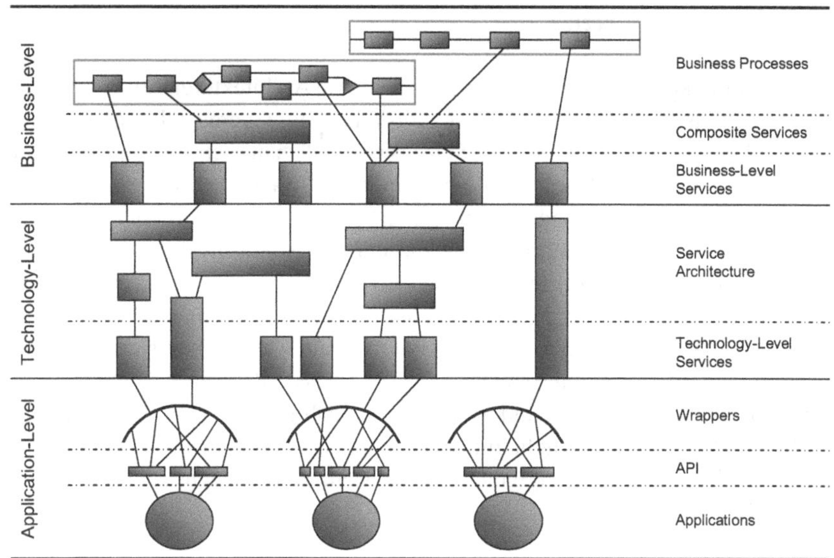


**Abbildung 3.17:** Prinzipaufbau von SOA (nach [FF08, S. 107])

„im Rahmen der Prozessintegration entlang der betrieblichen Abläufe“[167] technische Workflows orchestriert werden können, die Teilaufgaben des Geschäftsprozesses automatisiert abarbeiten. Orchestrierung steht dabei in der Fachsprache des Software Engineerings für die Verknüfpung einzelner Services zu einem Workflow.[168] Durch diese Struktur einer SOA ist es möglich, die Business-Logik einzelner Services in unterschiedlichen Anwendungen wiederzuverwenden oder diese flexibel anzupassen, ohne die Gesamtarchitektur verändern zu müssen.[169] Bei der Integration in eine Enterprise-Architektur ist so eine Fokussierung auf die Schnittstelle und die Implementierung möglich; die interne Datenstruktur und die Funktionsweise des Services können vernachlässigt werden.[170] Auf diese Weise erfolgt eine erhebliche Reduzierung der Komplexität, sodass sich der Entwickler auf die fachlichen Aspekte konzentrieren kann und die Anwendungsentwicklung näher an die Integration heranrückt.[171] Vor diesem Hintergrund wird SOA oft auch als Middleware-Ansatz eingesetzt.[172]

167 Quelle: [SHV+06, S. 7].
168 Vgl. [Erl07, S. 40] und [SHV+06, S. 9].
169 Vgl. [Erl07, S. 43].
170 Vgl. [BD04, S. 230].
171 Vgl. [SHV+06, S. 7*f*].
172 Vgl. [Foo07] und [SHV+06, S. 7].

## SOA im Broadcast-Bereich

In der Rundfunkplanung werden Service-orientierte Architekturen seit einigen Jahren als geeigneter Middleware-Ansatz diskutiert und vereinzelt bereits einge setzt.[173] Von der Verwendung von SOA verspricht man sich eine einfache und möglichst weitgehende Integration der historisch gewachsenen und durch Fusionen oder Zukäufe entstandenden heterogenen Systemlandschaften, an welcher mittelfristig kein Weg vorbeiführt.[174] Auf diese Weise sollen SOA helfen, auch im Broadcast-Bereich flexibel, effizient, schnell und kostengünstig Entwicklungen und Anpassungen von Prozessen zu realisieren und die Wartungskosten zu minimieren.[175] Das Vermeiden manueller Eingriffe und die Automatisierung ermöglichen SOA die Optimierung vieler Geschäftprozesse. Ihr Einsatz führt zu einer Reduktion von Schnittstellen und unterstützt die nahtlose Integration externer Geschäftsbeziehungen.[176] Der hohe Integrationsgrad trägt dazu bei, Medienbrüche zu vermeiden und eine durchgängige Datenkonsistenz zu erreichen.[177]

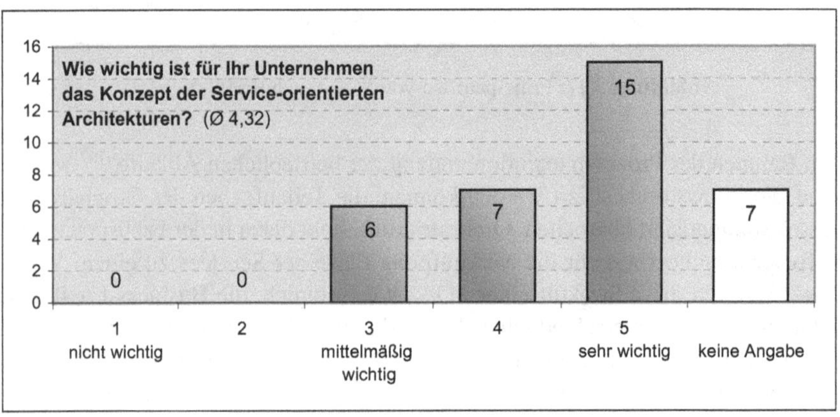


**Abbildung 3.18:** Bewertung von SOA durch Experten

In der Medienbranche wächst das Bewusstsein dafür, dass neue Geschäftsmodelle und die Bewältigung der technologischen Herausforderungen wirtschaftlich nur durch eine flexible Integrationsplattform wie eine SOA und ein Business-Pro-

173 Vgl. [Foo07], [NRLA05], [LNR05] und [HS04].
174 Vgl. [NRLA05, S. 602*f*].
175 Vgl. [NRLA05, S. 605], [LNR05, S. 32*f*] und [Foo07].
176 Vgl. [LNR05, S. 33] und [Foo07].
177 Vgl. [NRLA05, S. 602].

cess-Management (BPM) möglich sind (Vgl. **Abbildung 3.18**). SOA können dazu beitragen, „ein gemeinsames Verständnis von Verantwortlichkeiten [...] zu entwickeln“[178]. Allerdings werden sie bislang nur von „Early Adaptors“ eingesetzt.[179] Die größte Skepsis besteht bei der Frage, ob SOA in der Lage sind, die Anforderungen an Hochverfügbarkeit, Sicherheit, Echtzeitfähigkeit und Datenvolumen zu erfüllen. Die Expertenbefragung hat darüber hinaus ergeben, dass sich ein Teil der Planer im Broadcast-Bereich noch nicht mit SOA auseinandergesetzt hat bzw. sich sogar dagegen sträubt.[180] Außerdem stellt sich die Frage, wie detailliert die Services innerhalb von Rundfunkproduktionssystemen definiert werden sollten, um eine höchstmögliche Wiederverwendbarkeit bei einer ausreichenden Performance zu erreichen.[181] Die EBU hat sich dieser Fragestellung angenommen und untersucht derzeit eine mögliche Standardisierung von Best-Practice-Workflows in Form von Services.[182] SOA werden momentan primär bei der Implementierung von Planungs- und Unterstützungsprozessen eingesetzt. Inwieweit sie sich für den Einsatz in sendenahen Kernbereichen eignen, muss die Praxis erst zeigen.[183]

| **Kriterium** | | **Erfüllungsgrad** |
|---|---|---|
| Modellzweck | + | Beschreibungs-, Gestaltungs-, Erklärungsmodell |
| Modellierungsansatz | + | Ja |
| Modellreichweite | + | Geschäftsbereiche übergreifend anwendbar |
| Abstraktionsgrad | o | Relativ variabel |
| Dimensionen | + | Prozess, Services |
| Hierarchien | + | Abbildung möglich |
| Modularität | + | Abbildung möglich |
| Variantenbildung | + | Abbildung möglich |
| Klassifizierung | - | Nicht zur Klassifizierung geeignet |

**Tabelle 3.17:** Bewertung des Ansatzes der Service-orientierten Architekturen

178 Quelle: [HS04, S. 281].
179 Vgl. [Foo07] und [NRLA05, S. 603].
180 Vgl. Ergebnis der durchgeführten Experteninterviews und der Umfrage (siehe Punkt 8.1.2 und 8.1.3).
181 Vgl. [HS04, S. 281] und [NRLA05, S. 605f].
182 Vgl. [Eva08a] und Experteninterview EBU (Technical Department, 14. 10. 2008, siehe Punkt 8.1.2).
183 Vgl. [NRLA05, S. 605].

### 3.4.3 ISO / OSI-Referenzmodell

Das in der ISO-Norm 7498 standardisierte OSI-Referenzmodell[184] hat zum Ziel, einen methodischen Rahmen für die Entwicklung von Kommunikationsverbindungen zwischen offenen Systemen unterschiedlicher Hersteller zu bilden, und ist mittlerweile Grundlage nahezu jeder Netzwerkarchitektur.[185] Durch die Anwendung des Referenzmodells werden Automatisierungssysteme in die Lage versetzt, „effizient miteinander zu kommunizieren, ohne von vornherein gezielt aufeinander ausgerichtet zu sein“[186]. Das OSI-Referenzmodell skizziert ein abstraktes, hierarchisches Ordnungsschema, welches den Ablauf einer Nachrichtenübertragung in sieben Ebenen zerlegt und der Definition von Diensten und Protokollen dient.[187] Jede Ebene enthält einen oder mehrere Dienste einer bestimmten Qualitäts- und Leistungsklasse und stellt Schnittstellen[188] zur nächsthöheren oder nächstniedrigeren Ebene bereit.[189] Bei der Ebeneneinteilung wurde versucht, möglichst viele Ebenen zu definieren, damit sich die einzelnen Aufgaben einfach abgrenzen und gestalten lassen, aber auch nicht mehr Ebenen als nötig einzuführen, um eine Überschaubarkeit zu gewährleisten und den System-Overhead durch zu viele Schnittstellen zu vermeiden.[190] Ergebnis ist die in **Abbildung 3.19** dargestellte Ebeneneinteilung.[191] „Diese Anordnung erlaubt Transparenz in dem Sinne, dass jede Schicht die [...] Dienste der jeweils darunter liegenden Schichten nutzen kann, ohne auf deren technische Realisierung Bezug zu nehmen.“[192]

Durch diese konkrete Schichtung soll vermieden werden, dass jede Applikation eine individuelle Schnittstelle zu einer entfernten Applikation aufbauen muss.[193] Stattdessen erfolgt die Kommunikation immer über die nächsthöhere oder nächstniedrigere Schicht. Dabei bietet die nächstniedrigere Schicht einer Ebene Basisdienste an, die dort genutzt und abstrahiert der nächsthöheren Schicht in Form höherwertiger Dienste zur Verfügung gestellt werden.[194] Die horizontale Kommunikation zwischen unterschiedlichen Applikationen erfolgt immer über Protokolle auf der gleichen Ebene. Der physikalische Datenaustausch erfolgt dabei jedoch stets vertikal über die unterste Schicht.[195] Auf reale Systeme lässt sich dieses Mo-

184 OSI steht für „Open Systems Interconnection“; ISO-Norm 7498: [ISO94].
185 Vgl. [MBB+01, S. 251] und [RP06, S. 431].
186 Quelle: [Lan04, S. 357].
187 Vgl. [Lan04, S. 358], [BS99, S. 515] und [ISO94].
188 Auch Dienstzugangspunkte genannt, vgl. [RP06, S. 432*f*].
189 Vgl. [RP06, S. 432*f*].
190 Vgl. [BS99, S. 515*f*].
191 Vgl. Beschreibung der einzelnen Ebenen des ISO / OSI-Referenzmodells im Anhang A.1.
192 Quelle: [MBB+01, S. 251].
193 Vgl. [RP06, S. 431] und [Toz04, S. 61].
194 Vgl. [Toz04, S. 61], [BS99, S. 515] und [Fac95, S. 2f].
195 Vgl. [Fac95, S. 1].

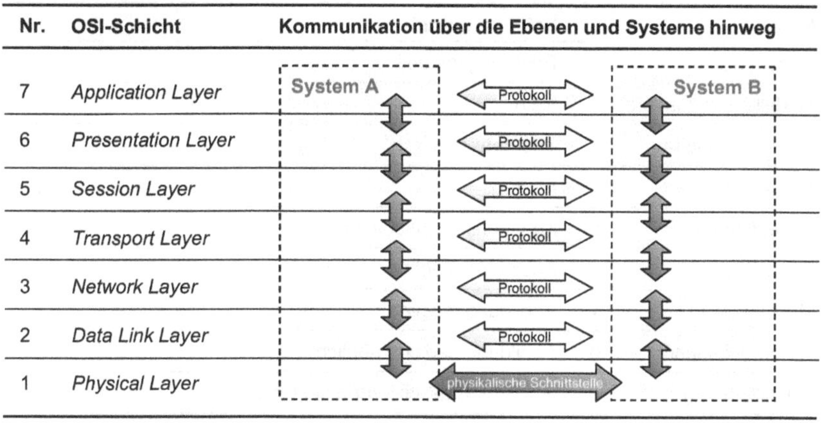

| Nr. | OSI-Schicht | Kommunikation über die Ebenen und Systeme hinweg |
|---|---|---|
| 7 | *Application Layer* | System A — Protokoll — System B |
| 6 | *Presentation Layer* | Protokoll |
| 5 | *Session Layer* | Protokoll |
| 4 | *Transport Layer* | Protokoll |
| 3 | *Network Layer* | Protokoll |
| 2 | *Data Link Layer* | Protokoll |
| 1 | *Physical Layer* | physikalische Schnittstelle |

**Abbildung 3.19:** Kommunikation im ISO / OSI-Referenzmodell (nach [ISO94])

dell nicht immer anwenden,[196] denn es ist durchaus möglich, für einzelne Ebenen eine detaillierte Aufteilung vorzunehmen oder sie ganz auszulassen. Letzteres kann z. B. sinnvoll sein, wenn es um zeitkritische Kommunikationsvorgänge geht.[197] Es bleibt im Einzelfall zu prüfen, ob der Mehraufwand für die virtuelle Abbildung von Schichten und die damit verbundene Schnittstellen-Entwicklung gerechtfertigt ist, weil beispielsweise mehrere Anwendungen von der zusätzlichen Schicht profitieren.[198]

## Das ISO / OSI-Referenzmodell im Broadcast-Bereich

Mit dem zunehmenden Einsatz IT-basierter Systeme spielt die durch das Modell beschriebene Systemkommunikation auch für den Broadcast-Bereich eine bedeutende Rolle. SMPTE und EBU haben diesen Ansatz in Form der „Communication Layers" in ihr Referenzmodell aufgenommen, die Anzahl jedoch auf vier Schichten reduziert.[199,200]

196 Vgl. [Toz04, S. 61].
197 Vgl. [BS99, S. 515*f*].
198 Vgl. [RP06, S. 717].
199 Vgl. Punkt 3.3.4.1.
200 Mit der Konzentration auf die Schichten 1, 2, 3 und 7 geht das Referenzmodell einen Schritt weiter als MÜHLHÄUSER, der die Einführung der Schichten 5 und 6 als Fehler bezeichnet [RP06, S. 717]. Bei einer Systementwicklung bleibt vorab immer zu prüfen, welche der Schichten im vorgegebenen Kontext benötigt werden und sinnvoll erscheinen.

| Kriterium | | Erfüllungsgrad |
|---|---|---|
| Modellzweck | o | Erklärungsmodell |
| Modellierungsansatz | - | Nein |
| Modellreichweite | - | Themenspezifisch |
| Abstraktionsgrad | - | Abstrakt |
| Dimensionen | o | Kommunikationsebenen |
| Hierarchien | + | Abbildung möglich |
| Modularität | + | Abbildung möglich |
| Variantenbildung | o | Abbildung bedingt möglich |
| Klassifizierung | - | Nicht zur Klassifizierung geeignet |

**Tabelle 3.18:** Bewertung des Ansatzes des ISO / OSI-Referenzmodells

### 3.4.4 Übergreifendes Ebenenkonzept der Automatisierung

Neben dem vorgestellten informationstechnischen Modell existieren zahlreiche industrielle Systemmodelle, die oft sehr branchenspezifisch ausfallen, sodass nur wenige allgemeingültige Modellansätze existieren. Einen solchen Ansatz liefert das Ebenenkonzept nach KRÄMER, das auf der branchenübergreifenden Anforderung nach einer weitgehenden Automatisierung fußt. Auf der Grundlage von zehn Ebenenkonzepten mit unterschiedlichen Kernaspekten entstand unter Verwendung definierter Strukturierungsprinzipien das in **Abbildung 3.20** dargestellte übergreifende Ebenenmodell.[201,202]

Innerhalb einer Ebene dieses Modells werden ähnliche Aufgaben bearbeitet, die sich durch eine abstrakte Formulierung allgemein beschreiben lassen. Die Kommunikation erfolgt primär innerhalb einer Ebene. In der untersten Ebene, der *Prozessebene*, erfolgt die Durchführung des Prozesses, d. h. verfahrens- und fertigungstechnischer sowie materialflusstechnischer Grundoperationen. Es handelt sich dabei um keine Systemebene. Die *Feldebene* beschreibt die Geräte und Gerätegruppen, welche sich über Sensoren und Aktoren steuern lassen.[203] In der

201 Vgl. [Krä02, S. 29*ff*].

202 Ein ähnliches hierarchisches Modell benutzt auch LANGMANN, jedoch unter Verwendung von Begrifflichkeiten, die sich mehr an der Abbildung konkreter Systeme als an der Abbildung der Automatisierung als unternehmensübergreifende Aufgabe orientieren. Vgl. [Lan04, S. 335].

203 Vgl. Punkt 6.1.3.

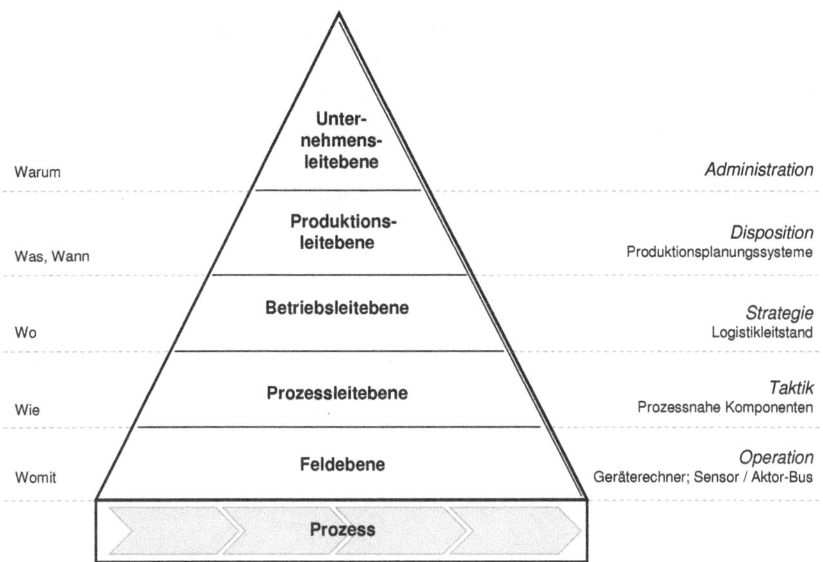


**Abbildung 3.20:** Ebenen der Automatisierung nach KRÄMER (nach [Krä02])

*Prozessleitebene* erfolgt die Leitung des Prozesses durch eine übergreifende Anlagensteuerung. Die *Betriebsleitebene* beinhaltet die Disposition von Personal, Einsatzstoffen, Anlagen und Aufgaben wie der Produktflusssteuerung, der Qualitätssicherung, des Berichtswesens und der Produktionsdatenauswertung. Die *Produktionsleitebene* dient beispielsweise der Abwicklung und Verwaltung von Aufträgen, der Produktionsplanung, der Bedarfsdisposition und der Terminüberwachung. In der *Unternehmensleitebene* werden sämtliche strategische Entscheidungen getroffen sowie Investitionen, Finanzen und Personal geplant.[204]

Die Kommunikation zwischen den Ebenen beschränkt sich in der Regel auf den Austausch von Befehlen und Ergebnissen, wobei die Informationen aus der niedrigeren Ebene nach oben hin abstrahiert weitergegeben werden.[205] Die Ebenenbezeichnungen wurden prozessnah gewählt, sollen zeitunabhängige Gegebenheiten beschreiben und eine Verbindung zur Ortswelt berücksichtigen.[206] Die Struktrierung lässt einen ähnlichen Ansatz erkennen, wie ihn das OSI-Referenzmodell ver-

204 Vgl. [Krä02, S. 40*ff*].
205 Vgl. [Krä02, S. 30].
206 Vgl. [Krä02, S. 36].

folgt.[207] Anders als dieses konzentriert sich das hier beschriebene Modell jedoch nicht auf die individuelle Kommunikation zwichen einzelnen Geräten, sondern beschreibt die Systemkommunikation im kompletten Geschäftsprozess und somit die Steuerung von Materialfluss und -logistik.

### Automatisierungsebenen im Broadcast-Bereich

Im Broadcast-Bereich kommen dieser Ansatz oder ähnliche Ansätze bislang noch nicht zum Einsatz. Im Gegensatz zu anderen Modellen und Modellierungsansätzen verfolgt das Ebenenmodell einen nach Kernaufgaben differenzierten Geschäftsprozess-übergreifenden Ansatz, der nach einer ersten Analyse vielversprechende Parallelen zu bestehenden Fernsehproduktionssystemen aufwies.[208] Zusammen mit der verstärkten Forderung nach einer weitgehenden Automatisierung in der Branche[209] liegt es nahe, das Ebenenmodell auf die Fernsehproduktion zu übertragen.

| Kriterium | | Erfüllungsgrad |
|---|---|---|
| Modellzweck | o | Erklärungsmodell |
| Modellierungsansatz | o | Nein; Modellierung auf Basis des Modells möglich |
| Modellreichweite | + | Geschäftsbereiche übergreifend anwendbar |
| Abstraktionsgrad | + | Variabel |
| Dimensionen | + | Prozess, Systeme, Steuerungsebenen |
| Hierarchien | + | Abbildung möglich |
| Modularität | + | Abbildung möglich |
| Variantenbildung | + | Abbildung bedingt möglich |
| Klassifizierung | - | Nicht zur Klassifizierung im Broadcast-Bereich geeignet |

**Tabelle 3.19:** Bewertung des Ansatzes der Automatisierungsebenen nach KRÄMER

207 Vgl. [ISO94].
208 Fallbeispiel EMSA (ProSiebenSat.1 Produktion, siehe Punkt 8.2.1).
209 Vgl. [LM98, S. 11].

## 3.5 Bewertung der Analyse-Ergebnisse

Die in **Tabelle 3.20** zusammengefasste Bewertung der vom Autor durchgeführten Analyse zeigt, dass die *Broadcast-spezifischen Modelle* in sehr unterschiedlichem Maße die in Punkt 3.3.1 definierten Anforderungen erfüllen. Am ehesten werden sie von der Prozessmodellierung der EBU und der Modellierung der Komplexitätsebenen nach ERDMANN und KRÖMKER erfüllt. Beide Ansätze berücksichtigen jedoch nur jeweils eine der geforderten Dimensionen. Die kombinierten Broadcast-spezifischen Ansätze, welche die prozessbezogenen und die technischen Dimensionen beinhalten, eignen sich nur als Erklärungsmodelle, nicht jedoch zur Modellierung konkreter Fragestellungen.

Die beiden *industriellen Ansätze* der SOA und des Automatisierungsmodells kompensieren diese Schwachstelle, indem sie eine prozessorientierte Modellierung von Systemlandschaften ermöglichen. Ihre Schwächen liegen jedoch darin, dass sie sich nicht eins zu eins auf die Konstruktion von Produktionssystemen für den Broadcast-Bereich anwenden lassen. Dies ist unter anderem in dem hohen Anteil manueller, kreativer Tätigkeiten sowie in der historisch gewachsenen, heterogenen Systemstruktur begründet, welche Komponenten der herkömmlichen Broadcast-Technologie mit IT-Systemen vereint.

Auf Basis der Analyse-Ergebnisse soll im folgenden Kapitel ein Referenzmodell hergeleitet werden, das sich als Hilfsmittel für einen prozessorientierten Broadcast-spezifischen Modellierungsansatz eignet. Die Analyse zeigt, dass das Konzept der Automatisierungsebenen und die SOA die ermittelten Anforderungen am besten erfüllen. Beide Ansätze haben sich bei der prozessorientierten Gestaltung industrieller Systemlandschaften bereits bewährt und bergen auch für den Broadcast-Bereich erhebliche Optimierungspotenziale. Daher liegt es nahe, das Konzept der Automatisierungsebenen nach KRÄMER unter Berücksichtung der Designprinzipien Service-orientierter Architekturen auf die Fernsehproduktion zu adaptieren, d. h. beide Ansätze zu kombinieren und um charakteristische Eigenschaften und Begrifflichkeiten branchenspezifischer Modelle zu erweitern. Der Schwerpunkt liegt dabei auf der Adaption der technischen Dimension, da die Modellierung der organisatorischen Dimension sich in Industrie und Broadcast-Bereich nicht wesentlich unterscheidet.

| | Modelle & Modellierungsansätze | Modellzweck | Modellierungsansatz | Modellreichweite | Abstraktionsgrad | Dimensionen | Hierarchien | Modularität | Variantenbildung | Klassifizierung |
|---|---|---|---|---|---|---|---|---|---|---|
| Prozess | Illgner | - | o | o | - | o | - | - | - | - |
| | Lilli | o | + | + | o | o | - | o | o | o |
| | Austerberry | o | - | o | - | o | - | - | - | - |
| | Heitmann/Kellerhals | o | - | + | - | o | - | o | - | - |
| | EBU | + | + | + | + | o | o | + | o | o |
| System | Komplexitätsebenen | + | + | + | + | o | + | + | o | o |
| | Systemmodule | o | o | o | o | o | - | + | o | - |
| | Software-Architekturen | o | o | - | - | o | + | + | o | o |
| | Mgmt.-Dimensionen | o | - | o | - | - | + | o | - | + |
| Kombiniert | SMPTE/EBU Modell | o | - | + | - | + | o | o | - | + |
| | Krömker/Klimsa | o | o | + | o | + | - | + | o | o |
| | IABM Modell | o | - | + | - | + | o | o | - | + |
| Industriell | SOA | + | + | + | o | o | + | + | + | - |
| | ISO/OSI-Modell | o | - | - | - | o | + | + | o | - |
| | Automatisierungsebenen | o | o | + | + | + | + | + | + | - |

*Legende:* *+ Erfüllt* *o Teilweise erfüllt* *- Nicht erfüllt*

**Tabelle 3.20:** Zusammenfassende Bewertung existierender Modelle

# 4 Referenzmodell für die Fernsehproduktion

*Leitfragen*

- Wie ist das neue Referenzmodell für die Fernsehproduktion strukturiert?
- Welche Aufgaben übernehmen die einzelnen Ebenen und Subebenen des Referenzmodells?
- Wie verhalten sich die Ebenen und Elemente in den Ebenen zueinander?
- Aus welchen Bestandteilen der analysierten Modelle wurde das Referenzmodell abgeleitet?

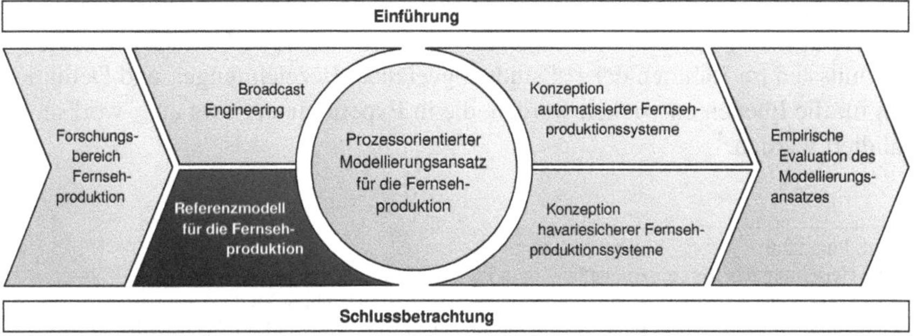

Die steigende Komplexität in der Gestaltung von Fernsehproduktionssystemen führt zu der Forderung nach einer neuen Sichtweise auf das Gesamtsystem der Fernsehproduktion.[1] Basierend auf den Analysen der Broadcast-spezifischen sowie industriellen Modelle und Modellierungsansätze entwickelt der Autor in diesem Kapitel ein Referenzmodell für die Fernsehproduktion. Es erfüllt die Forderung, indem es über Kernaufgaben die *Struktur* und das *Verhalten* der Fernsehproduktion aus einem neuen Blickwinkel beschreibt und so die prozessorientierte Modellierung integrierter Fernsehproduktionssysteme vorbereitet.

Im Folgenden wird die hierarchische Ebenenstruktur des Referenzmodells eingeführt und das Verhalten innerhalb des Modells wird beleuchtet. Dies erfolgt anhand der in Punkt 2.2.3 erarbeiteten Prozessklassifikation sowie der Ebenenkommunikation innerhalb des Referenzmodells. Abschließend wird die Synthese des Referenzmodells anhand der analysierten Modelle nachvollzogen.

## 4.1 Struktur des Referenzmodells

Das in **Abbildung 4.1** dargestellte Referenzmodell für die Fernsehproduktion basiert im Wesentlichen auf einer Übertragung des Ebenenkonzepts der Automatisierung nach KRÄMER auf die Fernsehproduktion unter Berücksichtigung von Design- und Kommunikationsprinzipien weiterer Broadcast-spezifischer und industrieller Ansätze.[2] Das Modell strukturiert die Fernsehproduktion anhand zentraler Kernaufgaben in fünf hierarchische Ebenen, innerhalb derer sowohl Prozesse als auch Systeme der Fernsehproduktion verortet werden können. Bei den Ebenen handelt es sich, von oben nach unten, um das *Unternehmens-Management*, das *Produktions-Management*, das *Prozess-Management*, das *Asset-Management* und die Ebene der *Systeme und Services*. Das Asset-Management wird weiter unterteilt in die drei Subebenen Metadaten-Management, Essence-Management und Service-Management. Die Ebenenbezeichnungen weichen unten Umständen von den Definitionen ab, die innerhalb unterschiedlicher Unternehmen der Branche praktiziert werden. Da keine branchenübergreifend gültigen Definitionen existieren, mussten im Rahmen der Fallstudien geeignete Bezeichnungen und Definitionen für die Ebenen entwickelt werden, die in Experteninterviews und -workshops validiert wurden.[3]

---

1 Vgl. Punkt 2.6.

2 Die Herleitung des Referenzmodells wird in Punkt 4.3 detaillierter beschrieben.

3 Die Validierung erfolgte u. a. im Experteninterview Studio Hamburg MCI (Projektleiter / Software-Ingenieur, 26. 10. 2007, siehe Punkt 8.1.2), im Workshop Blue Order (14. 11. 2007, siehe Punkt 8.1.2) und im Workshop ProSiebenSat.1 Produktion (16. 04. 2007, siehe Punkt 8.1.2).

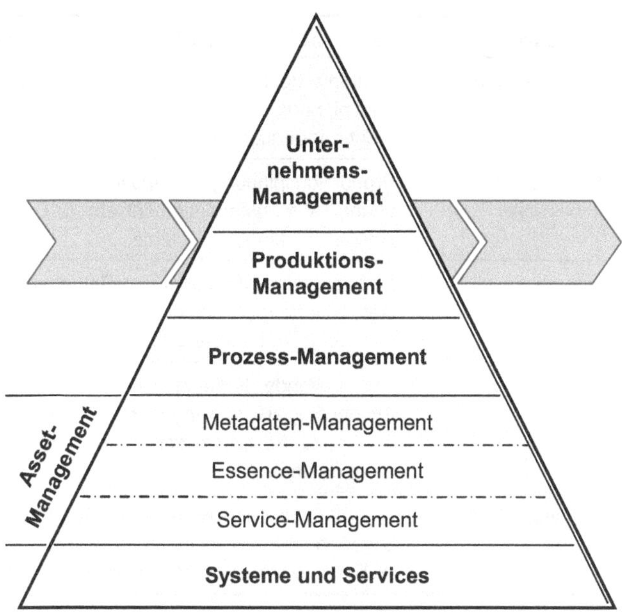


**Abbildung 4.1:** Referenzmodell für die Fernsehproduktion

Im Folgenden werden die in **Tabelle 4.1** zusammengefassten Ebenen des Referenzmodells mit Funktionen und Beispielen nach dem Bottom-up-Ansatz näher definiert. Es ist zu beachten, dass die Zuordnung konkreter Systeme zu Ebenen stark kontextbezogen stattfindet, ein System kann demnach in verschiedenen Zusammenhängen unterschiedlichen Ebenen zugeordnet werden. Daher wird an dieser Stelle mit der Benennung von Beispielen keine allgemeingültige Zuordnung von Systemen vorgenommen. Die kontextbezogene Zuordnung von Systemen bei der Modellierung wird in Punkt 5.3.3 näher erörtert.

## 4.1.1 Systeme und Services

Die Ebene der Systeme und Services wurde aus der Feldebene des Ebenenmodells nach KRÄMER abgeleitet, die Geräte und Gerätegruppen beheimatet.[4] Übertragen auf den Broadcast-Bereich, sind auf dieser Ebene alle Broadcast- und IT-Systeme anzusiedeln, welche die Grundfunktionalitäten zur Verfügung stellen, die für die

4 Vgl. [Krä02, S. 40].

| Ebene des Referenzmodells | Zentrale Ebenenfunktionen (Kernaufgabe) |
|---|---|
| Unternehmens-Management | Strategische Entscheidungen, Investitions- und Finanzplanung, Personalplanung etc. (z. B. Management-Information-Systeme) |
| Produktions-Management | Produktionsplanung, Disposition, Terminüberwachung, Auftragsmanagement etc. (z. B. Enterprise-Resource-Planning-Systeme) |
| Prozess-Management | Disposition von Personal und Betriebsmitteln, Qualitätssicherung, Produktionssteuerung, Berichtswesen etc. (z. B. Redaktionssysteme) |
| Asset-Management | Übergreifende Systemsteuerung, Metadaten- und Essencelogistik von Ingest bis Distribution und Archivierung, Postproduktion etc. (z. B. Asset-Management-Systeme) |
| Systeme und Services | IT- und Broadcast-Systeme, die ihre Funktionen als sogenannte Services für die Produktion bereitstellen (z. B. Kreuzschiene, Videoserver, Transcoder) |

**Tabelle 4.1:** Ebenenfunktionen im Referenzmodell für die Fernsehproduktion

Produktionsprozesse[5] in der Fernsehproduktion erforderlich sind. In Anlehnung an das Konzept der SOA[6] werden die Funktionalitäten der Systeme innerhalb dieses Referenzmodells als sogenannte Services oder auch Basisservices[7] betrachtet. Diese Definition von Services schließt bewusst sowohl Funktionalitäten von klassischen Broadcast-Systemen wie MAZ-Maschinen[8] oder Kreuzschienen als auch Funktionalitäten von IT-basierten Systemen wie Transcodern oder Videoservern ein. Mit dieser im Vergleich zu den SOA erweiterten Definition wird das Referenzmodell der technischen Konvergenz im Broadcast-Bereich gerecht. Um auch den „klassischen Broadcaster" anzusprechen und so die Akzeptanz des Referenzmodells zu erhöhen, werden die Systeme in der Ebenenbezeichnung berücksichtigt.[9]

5 Vgl. Punkt 4.2.1.1.

6 Vgl. Punkt 3.4.2.

7 Bei Basisservices handelt es sich um Services der untersten Ebene, die nicht mit anderen Services kombiniert wurden.

8 Gerät zur Magnetbandaufzeichnung

9 Die im Rahmen dieser Arbeit geführten Expertengespräche zeigen, dass sich das Service-orientierte Denken bei den Rundfunkingenieuren nur schwer durchsetzt. Konsequenterweise würde die Benen-

*Systeme und Services in der Nachrichtenproduktion*

Diese Ebene bildet das Fundament für die Nachrichtenproduktion wie auch für andere Bereiche der Fernsehproduktion und setzt sich aus einer Reihe von Basisservices zusammen. Dazu gehören beispielsweise das Encoding beim Ingest, das Rendering von Effekten, das Routing und der Transport von Videosignalen oder die Speicherung von Essences bzw. bei einer systemorientierten Betrachtung die entsprechenden Systeme wie Encoder, Render-Engine, Kreuzschiene und Speichersysteme. In einer Studioumgebung, die typisch ist für die Nachrichtenproduktion, sind auf dieser Ebene Systeme wie Kameras, Bildmischer oder Teleprompter und deren Services zu verorten.

## 4.1.2 Asset-Management

Die nächsthöhere Asset-Management-Ebene ist das Gegenstück zur Prozessleitebene im industriellen Ebenenmodell. Auf ihr finden die Informationsverarbeitung und die Steuerung von Prozessen statt.[10] In Fernsehunternehmen erfolgt auf dieser Ebene die eigentliche Produktion. Die Bezeichnung *Asset-Management* folgt in diesem Zusammenhang streng der Definition von SMPTE und EBU[11]. Entsprechend behandelt die Ebene sowohl Essences und Metadaten als auch Rechte.

Diese Ebene ist das Herzstück eines jeden Fernsehunternehmens. Auf ihr werden die von der Systemebene bereitgestellten Basisservices genutzt, um Assets zu erzeugen, zu verwalten und zu distribuieren. Die Ebene wird in die drei Subebenen *Service-Management*, *Essence-Management* und *Metadaten-Management* unterteilt (Vgl. **Tabelle 4.2**), um die Vielzahl der hier anfallenden Aufgaben weiter zu klassifizieren. Da Rechteinformationen technisch ebenfalls in Form Metadaten verwaltet werden, werden sie im Referenzmodell nicht gesondert behandelt.[12] Die Strukturierung in die drei Subebenen entspricht der Systemstruktur der meisten im Rahmen von Fallstudien untersuchten Systeme und Systemlandschaften und hat sich auch in den Experteninterviews als nützlich erwiesen.[13]

nung der untersten Ebene als „Service-Ebene" ausreichend sein. Ergebnis der durchgeführten Experteninterviews und der Umfrage (siehe Punkt 8.1.2 und 8.1.3).

10 Vgl. [Krä02, S. 41].

11 Vgl. Punkt 2.2.2.

12 Bei Bedarf lassen sich für diese oder andere Ebenen aufgabenspezifisch weitere Subebenen definieren, bei Bedarf auch eine Rechtemanagement-Ebene. Vgl. Punkt 5.3.4.

13 Ergebnis der durchgeführten Fallstudien (siehe Punkt 8.2).

| Subebene des Asset-Managements | Zentrale Ebenenfunktionen (Kernaufgabe) |
|---|---|
| Metadaten-Management | Modifikation, Verwaltung, Logistik von Metadaten inklusive der Rechteinformationen (z. B. Recherche, Annotation, LowRes-Schnitt) |
| Essence-Management | Modifikation, Verwaltung, Logistik von Essences (z. B. Videoanalyse, Anforderung von Video-Files aus dem Archiv) |
| Service-Management | Technische Systemsteuerung (z. B. Automation, File-Transfer-Manager) |

**Tabelle 4.2:** Ebenenfunktionen der Asset-Management-Subebenen

#### 4.1.2.1 Service-Management

Das Service-Management übernimmt Steuerung und Monitoring der Services aus der untersten Ebene mittels Kommunikationsprotokollen. Diese Ebene bildet eine Art Vermittlungsschicht (Middleware[14]) hin zum Essence-Management, indem sie im Idealfall eine einheitliche Schnittstelle zur Steuerung aller notwendigen Services bereitstellt. Innerhalb dieser Ebene wird keine eigene Prozesslogik abgebildet, sondern die funktionale sowie zeitliche Steuerung auf Protokollebene übernommen.

Insbesondere beim Einsatz klassischer Broadcast-Systeme wie MAZ-Maschinen oder Kreuzschienen spielt diese Ebene eine besondere Rolle, da über sie eine Abstraktion von den unterschiedlichsten Schnittstellen hin zu den bereitgestellten Funktionalitäten erfolgt. Auf diese Weise können sich alle darüberliegenden Ebenen auf die Erfüllung der zu bewältigenden Aufgaben konzentrieren, ohne Details aus der Systemsteuerung berücksichtigen zu müssen. Systeme der untersten Ebene werden dadurch weitestgehend austauschbar.

*Service-Management in der Nachrichtenproduktion*

Typische Systeme dieser Ebene sind beispielsweise Regieautomationssysteme, welche die Steuerung von Kreuzschienen, MAZ-Maschinen, Videoservern, Licht oder Kameras im Studio übernehmen, und IT-Systeme, die File-Transfers z. B.

14 In diesem Zusammenhang fällt oft das Stichwort „Middleware". Je nach Betrachtungsweise kann jedoch auch die gesamte Asset-Management-Ebene als Middleware zwischen Services und Prozess-Management-Ebene betrachtet werden. Da eine präzise, eindeutige Abgrenzung dieses Begriffes fehlt, findet er in dieser Arbeit keine Verwendung.

vom Produktionsserver auf den Playout-Server inklusive Transcoding steuern. Die Steuerung von File-Transfers und Transcoding wird häufig auch durch integrierte Module von MAMS übernommen, die dem Service-Management zuzuordnen sind.

---

#### 4.1.2.2 Essence-Management

Das Essence-Management beinhaltet die Verwaltung und Flusssteuerung jeglicher Essences wie Audio, Video und Grafiken. Entsprechend steuert und überwacht die Essence-Management-Ebene das Generieren, Speichern, Transferieren, Analysieren, Wandeln und Löschen von Essences. Dies erfolgt über die Orchestrierung (Verknüpfung)[15] von Basisservices und wird systemtechnisch häufig über sogenannte Workflow-Management-Systeme ausgeführt.[16] So lässt sich auf dieser Ebene eine regelbasierte Essence-Logistik abbilden, die definiert, welche Essences abhängig von ihren Eigenschaften[17] wie lange auf welchem System gelagert oder gelöscht werden sollen, wann welche Essences wohin transferiert werden sollen und bei welchen Transfers eine automatische Formatwandlung durch Transcoding erfolgen soll.

Auf dieser Ebene spielen Metadaten neben den Essences in dem Maße eine Rolle, wie sie zur Steuerung der Essence-Logistik benötigt (administrative Metadaten) oder z. B. durch eine Audioanalyse aus den Essences gewonnen werden (deskriptive Metadaten). In einigen Fällen werden Metadaten durch die Essence-Management-Ebene auch einfach zu angrenzenden Ebenen durchgereicht.

---

*Essence-Management in der Nachrichtenproduktion*

Essence-Management-Systeme (EMS) sind typischerweise Bestandteil von MAMS oder Produktionssystemen.[18] Eine typische Aufgabe eines EMS ist es, eine File-basierte Video-Essence aus einem hierarchischen Speichermanagement-System (HSM) anzufordern und diese samt Metadaten automatisiert auf einem Produktionsserver bereitzustellen, sodass sie dort zu Nachrichtenbeiträgen verarbeitet werden können. Metadaten wie z. B. Titel, Beschreibung und Rechteinformationen sind

15 Vgl. Punkt 3.4.2.

16 Workflow-Management-Systeme sind häufig Bestandteil von MAMS. Sie führen automatisch Befehle aus, die zuvor in Workflow-Skripten definiert wurden, und dienen so der technischen Ablaufsteuerung.

17 Solche Eigenschaften können sein: Materialart, Format, Größe, Ingestdatum, Datum der letzten Nutzung, Eigentümer etc.

18 Im Fallbeispiel N24plus (ProSiebenSat.1 Produktion, siehe Punkt 8.2.2) übernimmt beispielsweise die Produktionsplattform Sonaps das Essence-Management für N24 und Media Archive das Essence-Management für das File-basierte Archiv.

hierzu bei den Metadaten-Management-Systemen (MMS) zu erfragen[19] und ebenfalls an den Produktionsserver weiterzugeben, damit das Material auf dem Produktionsserver identifizierbar ist.

---

#### 4.1.2.3 Metadaten-Management

Auf der Metadaten-Management-Ebene erfolgt die Verwaltung der deskriptiven Metadaten zu den Essences inklusive der Rechte.[20] Die Betrachtung von Metadaten-Management und Essence-Management erfolgt auf zwei separaten Ebenen, da insbesondere innerhalb komplexer Produktionsumgebungen die Abbildung der Logistik für Essences und Metadaten aufgrund der unterschiedlichen Anforderungen an Speicherplatz und Verfügbarkeit getrennt voneinander erfolgt. Der Begriff des Metadaten-Managements beinhaltet mehr als nur die reine Verwaltung von Metadaten. Ebenfalls in diese Ebene fällt die Verarbeitung von Essence-bezogenen Metadaten.

---

*Metadaten-Management in der Nachrichtenproduktion*

Auf dieser Ebene kommen z. B. so genannte Content-Management-Systeme (CMS) oder Digitale-Rechte-Management-Systeme zum Einsatz, die das Recherchieren und Dokumentieren von Essences ermöglichen. Ebenfalls auf dieser Ebene anzusiedeln ist beispielsweise der LowRes-Schnitt. Dabei werden auf der Basis von Metadaten mehrere Essences zu neuen Beiträgen kombiniert. Ergebnis ist eine Schnittliste mit allen nötigen Informationen zu Schnitten, Timecodes und Effekten. Mit diesen Informationen kann auf der untersten Ebene, gesteuert durch ein EMS, die Konsolidierung der Quell-Essences zu einem neuen Beitrag erfolgen.

---

### 4.1.3 Prozess-Management

Die Betriebsleitebene des industriellen Modells wird in der Adaption auf die Fernsehproduktion zur Ebene des Prozess-Managements.[21] Diese Ebene übernimmt, analog zur Definition des Prozess-Managements in Punkt 2.3.3, die Koordination

19 Dies ist erforderlich, sofern es sich bei EMS und MMS nicht um dasselbe System handelt.
20 In dieser Arbeit wird die Metadaten-Management-Ebene nicht weiter unterteilt. Kommen dedizierte Rechte-Management-Systeme zum Einsatz, kann es sinnvoll sein, weitere Subebenen zu definieren.
21 Vgl. [Krä02, S. 42].

aller prozessbezogenen Aktivitäten[22] und somit die Verbesserung des Workflows in Bezug auf Qualität, Zeit, Kosten und Kundenzufriedenheit.[23] Dies erfolgt durch die „Planung und Kontrolle der inner- und überbetrieblichen Prozesse“[24]. Die Koordination des Prozessverlaufs erfolgt durch das Verteilen von Aufgaben (Tasks) an die menschlichen oder maschinellen Aufgabenträger entsprechend der Prozessvorgaben sowie durch die Überwachung des Bearbeitungsstandes. Angewendet auf das Themenfeld der Fernsehproduktion bedeutet dies, dass auf der Prozess-Management-Ebene das Monitoring und die Steuerung der auf der Asset-Management-Ebene gelebten Workflows sowie der Materiallogistik erfolgt. Hierzu werden von einem Prozess-Management-System beispielsweise E-Mails mit genauen Arbeitsanweisungen an Redakteure verschickt oder konkrete Aufträge wie eine Materialbereitstellung an ein MAMS vergeben.

Voraussetzung für eine Software-basierte Ablaufsteuerung ist die Modellierung des zu steuernden Prozesses und der dahinterliegenden Businesslogik, sodass ein Prozess-Management-System auf dieser Ebene die Ausführung einzelner Aufgaben koordinieren und überwachen kann.[25] Idealerweise integriert ein Prozess-Management-System hierzu alle relevanten Systeme der darunterliegenden Ebenen derart, dass der menschliche Aufgabenträger (z. B. ein Redakteur) aus der Liste seiner Aufgaben (Taskliste) die für die Bearbeitung notwendige Applikation mit allen erforderlichen Daten direkt aufrufen kann. Nach Abschluss seiner Arbeiten erfolgt dann automatisch die Ansteuerung technischer Workflows oder die Notifikation des nächsten Aufgabenträgers. Die eigentliche Durchführung der einzelnen Aufgaben durch menschliche Aufgabenträger wie Redakteure oder Cutter und durch maschinelle Aufgabenträger wie Workflow-Management-Systeme ist nicht Bestandteil dieser Ebene, sondern erfolgt auf den darunterliegenden Ebenen. In dieser Arbeit wird diesbezüglich eine klare Differenzierung zwischen Workflow-Management-Systemen[26] zur Abarbeitung technischer Workflows und Prozess-Management-Systemen zur Koordination menschlicher und technischer Workflows vorgenommen.[27]

22 Vgl. [Kug05, S. 476].
23 Vgl. [Arn05, S. 1].
24 Quelle: [MBB+01, S. 386].
25 Vgl. [PS03, S. 271*ff*].
26 Vgl. Definition nach [MBB+01, S. 512].
27 Auf dem Markt wird diese Differenzierung bei der Beschreibung von speziellen Produkten meist nicht vorgenommen.

*Prozess-Management in der Nachrichtenproduktion*

Während in der Industrie bereits seit einiger Zeit systemtechnische Lösungen im Einsatz sind, die Aufgaben des Prozess-Managements übernehmen, findet dieses in der Fernsehproduktion erst langsam Einzug. Systeme, die den Gedanken des Prozess-Managements im Ansatz verfolgen, sind beispielsweise Redaktionssysteme, die nahezu den gesamten Arbeitsprozess einer Redaktion unter einer Benutzeroberfläche vereinen. Die dazu benötigten Systeme wie MAMS, Sendeplanungssysteme, diverse Datenbanken und Sendeautomationen werden über Schnittstellen ans Redaktionssystem angebunden. Das Prozess-Management wird zunehmend auch direkt in MAMS implementiert.[28]

### 4.1.4 Produktions-Management

Die Ebene des Produktions-Managements entspricht im industriellen Modell der Produktionsleitebene. Auf dieser Ebene erfolgen neben dem Auftragsmanagement im Wesentlichen die Planung von Produktionen, die Terminüberwachung sowie die Disposition von Ressourcen wie Budget, Räumlichkeiten und Mitarbeitern.[29,30] Dazu gehört beispielsweise auch die Planung von Programmschemata. Während das Prozess-Management durch die Koordination des Produktionsprozesses die Feinplanung übernimmt, handelt es sich beim Produktions-Management um eine Grobplanung. Diese geschieht sowohl unter Berücksichtigung des Bedarfs auf den darunterliegenden Ebenen als auch unter Berücksichtigung der vom Unternehmens-Management definierten strategischen Ziele. Die Aufgaben des Produktions-Managements sind in den Fernsehunternehmen von großer Bedeutung, sodass die dafür genutzten Applikationen sehr sensibel behandelt werden. Das führt unter anderem dazu, dass im deutschsprachigen Raum für die Planung von Programmschemata, Werbezeiten und Trailern bislang nur wenige Standardprodukte sondern eher selbst entwickelte Lösungen zum Einsatz kommen.[31]

28 Vgl. Experteninterview Thomson Systems Germany (Product Management Software Application Systems, 14. 05. 2008, siehe Punkt 8.1.2).

29 Vgl. [Krä02, S. 42].

30 Die Verwaltung von systemnahen Ressourcen wie Anlagen, Komponenten oder Services wie Bandbreiten, Ports, Speicherkapazitäten etc. ist nicht Bestandteil dieser Ebene, sondern auf der Ebene des Essence-Managements anzusiedeln. Vgl. auch [Bon07].

31 Vgl. Workshop ProSiebenSat.1 Produktion (16. 04. 2007, siehe Punkt 8.1.2).

*Produktions-Management in der Nachrichtenproduktion*

Die Verwaltung der Produktionsressourcen erfolgt je nach Anwendungsbereich in vielen Fällen mithilfe von Enterprise-Ressource-Planning-Software (ERP)[32] und Broadcast-spezifischen Systemen wie etwa Software für die Planung von Programmschemata, die in der Nachrichtenproduktion als Grundlage für die Feinplanung von Sendeabläufen (Rundowns) dienen. Dazu wird beispielsweise das Programmschema eines Sendetages in das Redaktionssystem importiert. Das Redaktionssystem generiert daraus unter Verwendung von Templates (Vorlagen). sendungsspezifische Rundowns, die im weiteren Planungsprozess mit einzelnen Sendeelemeneten gefüllt werden.

### 4.1.5 Unternehmens-Management

Die Unternehmens-Management-Ebene entspricht der Unternehmensleitebene im Modell nach KRÄMER. Auf ihr erfolgt das Controlling des Unternehmens anhand der definierten strategischen Ziele. Dazu gehören Aufgaben wie die Investitions-, Finanz- und Personalbedarfsplanung.[33] Hierfür ist eine Konsolidierung der relevanten Daten aus allen Unternehmensbereichen erforderlich, welche der Unternehmensführung als Entscheidungsgrundlage dienen. Diese Konsolidierung erfolgt teils manuell, z. B. in Form von PowerPoint-Folien, und teils automatisiert z. B. in Form von Berichten aus den Systemen der darunterliegenden Ebenen.

Die unterstützenden Systeme für Führungskräfte unterteilt RIEGER anhand ihrer Funktion in zwei Klassen. *Data Support Systems* dienen der kontinuierlichen Analyse unternehmensrelevanter Abläufe. Systeme dieser Klasse werden auch als Management Support Systems bezeichnet. Bei *Decision Support Systems* liegt die Unterstützungsfunktion primär in der Aufbereitung, Bewertung und Auswahl von Entscheidungsvorschlägen. Diese werden auch Management Information Systems genannt.[34] Ein wichtiger Bestandteil solcher Systeme bildet das sogenannte Data-Warehouse, welches die stark heterogenen Quelldaten aller relevanten Systeme bündelt und sie unterschiedlichen Informationssystemen zur Verfügung stellt.[35] Dabei werden verteilte Daten mehrerer Systeme tagesaktuell automatisiert zusammengeführt, um auf dieser Basis Berichte für Vorstände, Geschäftsführungen, Marketing und Controlling erstellen zu lassen. In der Fernsehproduktion steigt mit

32 In deutschen Fernsehunternehmen kommen hierfür oft Lösungen von SAP zum Einsatz.
33 Vgl. [Krä02, S. 42].
34 Vgl. [Rie94, S. 13].
35 Vgl. [MBB+01, S. 131].

der Datenzusammenführung die Komplexität, da neben den in der Industrie üblichen Buchungssystemen auch eine Reihe von Planungssystemen sowie statistische Daten externer Zulieferer wie z. B. Einschaltquoten der AGF / GFK[36] integriert werden. Daher sind zusätzliche Schnittstellen und Prüfmechanismen erforderlich, um die Datenqualität zu erhöhen.

---

*Unternehmens-Management in der Nachrichtenproduktion*

---

Die Aufgaben und Systeme dieser Ebene sind nicht charakteristisch für einen bestimmten Produktionsbereich. Für die Abfrage der Daten und das Generieren der erforderlichen Berichte kommen bei ProSiebenSat.1 beispielsweise je nach Anforderung auf dem Markt verfügbare Applikationen sowie die selbst entwickelte Applikation „Infocockpit" zum Einsatz. Diese konsolidiert tagesaktuell im Wesentlichen die Daten aus der Ebene des Produktions-Managements sowie externe Daten. Das Infocockpit ist insbesondere auf die individuellen branchen- und senderspezifischen Anforderungen von Vorstand, Geschäftsführung und Controlling zugeschnitten.[37]

---

## 4.2 Verhalten des Referenzmodells

Neben der Struktur ist für das Verständnis eines Gesamtsystems immer auch das Verhalten des Systems von Belang. Für die Beschreibung des Verhaltens der Fernsehproduktion wird zum einen die in Punkt 2.2.3 erarbeitete Prozessklassifizierung auf das Referenzmodell übertragen, zum anderen die Kommunikation zwischen den Ebenen des Referenzmodell genauer beleuchtet.

### 4.2.1 Prozesslandkarte

Eine Prozesslandkarte gibt einen Überblick über sämtliche Prozesse eines Unternehmens und untergliedert diese in Gruppen.[38] Für die Gruppierung der Prozesse von Fernsehproduktionsunternehmen wird die Klassifizierung nach Management-, Logistik- und Produktionsprozessen sowie unterstützenden Prozessen herangezogen.[39] Bildet man diese Klassifizierung innerhalb des Referenzmodells ab, so ent-

36 Vgl. Punkt 2.1.1.
37 Vgl. Experteninterview IBM Deutschland (Project Manager, 14. 11. 2008, siehe Punkt 8.1.2).
38 Vgl. [Noh07, S. 57].
39 Vgl. Punkt 2.2.3.

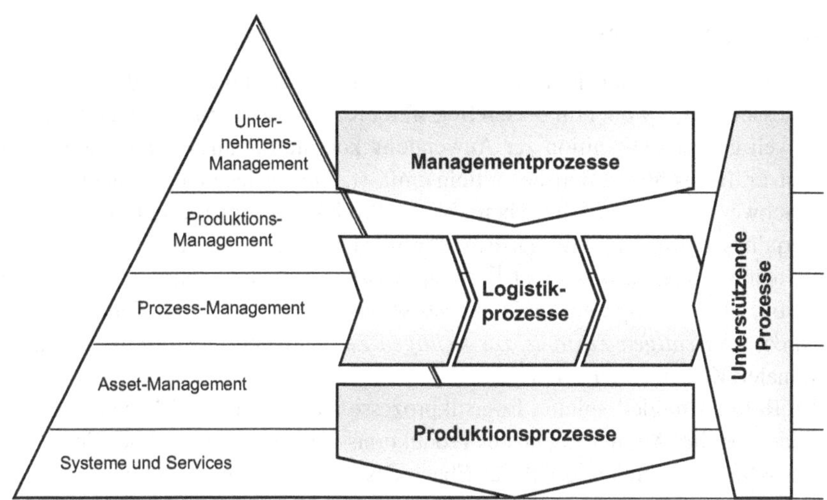


**Abbildung 4.2:** Verortung der Prozesse im Referenzmodell

steht die in **Abbildung 4.2** gezeigte abstrakte Prozesslandkarte, die sich durch die Verortung spezifischer Geschäftsprozesse verfeinern lässt.[40]

Der Blick auf die Prozesslandkarte erleichtert die Charakterisierung verschiedener Geschäftsprozesse und erhöht die Transparenz insbesondere der im folgenden Kapitel untersuchten Modellierung integrierter, automatisierter Fernsehproduktionssysteme.[41]

#### 4.2.1.1 Produktionsprozesse

Die Produktionsprozesse umfassen in der Fernsehproduktion alle Prozesse zur Herstellung, Bearbeitung, Kombination, Umformung, Austrahlung oder Verwaltung von Asset.[42] Sie spielen sich vornehmlich auf der Ebene des Asset-Managements ab und greifen dabei auf die Ressourcen der Ebene der Systeme und Services zu. Unter die Produktionsprozesse fallen Prozesse wie die Produktion von Trailern oder Beiträgen und die Sendeabwicklung.

40 Da bislang keine allgemeingültige Einteilung in einzelne Prozesse existiert und jedes Unternehmen seine eigenen Definitionen verwendet, wird an dieser Stelle keine detaillierte Zuordnung vorgenommen.

41 Vgl. Punkt 6.3.

42 Vgl. die Definition industrieller Produktionsprozesse nach CHARWAT in [Cha94, S. 353].

#### 4.2.1.2 Logistikprozesse

Logistikprozesse dienen dem Beschaffen, Verteilen, Transportieren oder Speichern von Ressourcen,[43] wobei für diesen Begriff im Kontext der Fernsehproduktion eine sehr weit gefasste Definition zur Anwendung kommt, die alles von Content über Arbeitskräfte bis hin zu Betriebsmitteln umfasst. Die vorliegende Betrachtung legt den Schwerpunkt auf die innerbetriebliche Produktionslogistik, d. h. die externe Materialbeschaffung und die Distribution werden jeweils nur ab der bzw. bis zur Unternehmensgrenze betrachtet.[44] Nach PFOHL ist es die zentrale Aufgabe der Logistik, einen „Empfangspunkt gemäß seines Bedarfs [...] mit dem *richtigen Produkt*, im *richtigen Zustand*, zur *richtigen Zeit*, am *richtigen Ort* zu den dafür minimalen Kosten“[45] zu versorgen.

Im Referenzmodell spielen Logistikprozesse auf gleich drei Ebenen eine entscheidene Rolle. Auf der Ebene des Produktions-Managements, auf der Ebene des Prozess-Managements und auf der Ebene des Asset-Managements. Der Logistik fällt damit gegenüber gängigen Betrachtungsweisen eine neue, zentrale Bedeutung zu. Sie wird damit vom unterstützenden Prozess zu einem Kernprozess. In Punkt 6.3.2.2 wird die Automatisierung der unterschiedlichen Logistikprozesse auf den verschiedenen Ebenen des Referenzmodells analysiert.

#### 4.2.1.3 Managementprozesse

Zu den Managementprozessen gehört die Gesamtheit aller für das Unternehmens-Management erforderlichen Tätigkeiten. Dazu gehört im Wesentlichen das Controlling des Unternehmens anhand der definierten strategischen Ziele mit Aufgaben wie der Investitions-, Finanz- und Personalbedarfsplanung.[46] Die in den Managementprozessen definierten strategischen Ziele sind die Basis für sämtliche Produktionen und die Steuerung der Logistik innerhalb des Unternehmens.

Diese Prozesse sind im Referenzmodell in der Ebene des Unternehmens-Managements zu verorten und reichen bis in die Produktions-Management-Ebene hinein. Dazu gehören beispielsweise Prozesse wie die Budgetplanung, die Finanz- und Kostenplanung und die Medienforschung.

#### 4.2.1.4 Unterstützende Prozesse

Den unterstützenden Prozessen werden Prozesse zugeordnet, die nicht unmittelbar für die Produktion erforderlich sind, die indirekt jedoch dazu beitragen, Pro-

43 Vgl. u. a. die Definition industrieller Logistikprozesse nach PFOHL in [Pfo04, S. 4].
44 Vgl. die institutionelle Abgrenzung der Logistikprozesse von SCHULTE in [Sch01b, S. 8*ff*].
45 Quelle: [Pfo04, S. 4].
46 Vgl. [Krä02, S. 42].

duktion, Logistik und Management sicherzustellen. Dazu gehören beispielsweise Marketing und PR, Reisemanagement, Justiziariat und Gebäudemanagement.[47] In diese Kategorie gehört darüber hinaus auch das IT-Management, das ebenso für den Betrieb IT-basierter Systemarchitekturen von besonderer Bedeutung ist.

### 4.2.2 Ebenenkommunikation

Die größte Prozessoptimierung lässt sich erreichen, wenn die Systeme aller Ebenen weitestgehend automatisiert miteinander kommunizieren. Um eine umfassende Automatisierung in einem stabilen Gesamtsystem zu erreichen, ist innerhalb eines integrierten Gesamtsystems eine geordnete Kommunikation notwendig. Diese lässt sich durch die konsequente Anwendung der Ebenenhierarchie auf die Systemkommunikation erreichen.

Im Detail bedeutet dies, dass über die Schnittstellen zwischen den Ebenen nach unten gerichtet eine Steuerung und nach oben gerichtet ein Monitoring der jeweils darunterliegenden Ebene erfolgt, wie in **Abbildung 4.3** dargestellt. Die auszutauschenden Metadaten werden von unten nach oben so stark verdichtet, dass im Idealfall an einer Ebenengrenze nur die für die Steuerung oder das Monitoring der jeweiligen Ebene unbedingt notwendigen Metadaten bereitgestellt werden.[48] In einigen Fällen kann das auch bedeuten, dass die Metadaten eins zu eins durch eine Ebene hindurchgereicht werden. Die Umsetzung wird vereinfacht, wenn die Kommunikation zwischen den beteiligten Ebenen weitestgehend über standardisierte, offene und herstellerunabhängige Schnittstellen realisiert wird. Dies trägt darüber hinaus dazu bei, das Gesamtsystem modular und flexibel skalierbar gestalten zu können.

Die Anwendung der Hierarchie auf die Systemkommunikation heißt, dass Steuerung und Monitoring grundsätzlich nur zwischen Systemen unterschiedlicher Hierarchieebenen stattfinden, wie dies auch im ISO / OSI-Schichtenmodell vorgesehen ist.[49] Ansonsten besteht die Gefahr, dass diese beiden Systeme sich in den Zuständigkeiten überlappen und untereinander rivalisieren, sodass es zu Instabilitäten im Gesamtsystem oder Unsicherheiten bei der Prozessdurchführung kommen kann.

Sollen zwei Systeme aus derselben Ebene miteinander interagieren, so ist während des Systemdesigns zu prüfen, in welcher hierarchischen Beziehung die Systeme einer Ebene zueinander stehen, also welches der Systeme die steuernde Funktion übernimmt. Je nach Bedarf sind in diesem Fall so viele weitere Subebenen zu bilden, wie für eine konsequente hierarchische Systemkommunikation erforderlich

47 Vgl. Punkt 2.2.3.
48 Vgl. [Klo06].
49 Vgl. Punkt 3.4.3.

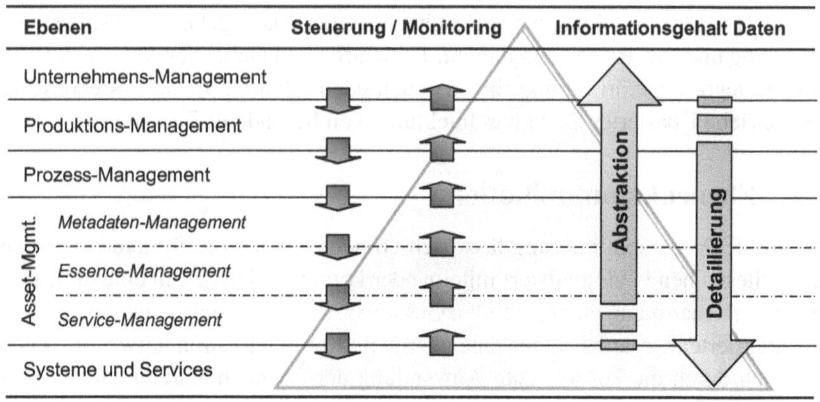


**Abbildung 4.3:** Schnittstellenkommunikation im Normalbetrieb

sind.[50] Eine Kommunikation zwischen Systemen gleicher Hierarchieebenen ist im Normalbetrieb nur auf der untersten Ebene vorgesehen. Eine Abweichung von der in **Abbildung 4.3** gezeigten Schnittstellenkommunikation sollte sehr bewusst und nur in Ausnahmenfällen wie beim Entwurf von Havariekonzepten[51] erfolgen. Auf die Abweichung vom Referenzmodell bei der Modellierung von Systemen wird in Punkt 5.3.4 näher eingegangen.

## 4.3 Herleitung des Referenzmodells

Das Referenzmodell für die Fernsehproduktion basiert auf den Erkenntnissen aus der Analyse Broadcast-spezifischer und industrieller Modelle[52] und einer empirischen Evaluation.[53] So haben sich in den Fallstudien bei der ProSiebenSat.1 Produktion[54] und in mehreren Expertengesprächen viele Parallelen zwischen dem *Modell der Automatisierungsebenen* nach KRÄMER und den Systemarchitekturen in der Fernsehproduktion herauskristallisiert.[55] Für die Adaption dieses Modells spricht weiterhin die Forderung nach einer verstärkten Automatisierung in der Fernsehproduktion.[56]

50 Vgl. Punkt 5.3.4.
51 Vgl. Punkt 7.3.
52 Vgl. Punkte 3.4 und 3.3.
53 Siehe Kapitel 8.
54 Vgl. Fallbeispiel EMSA (ProSiebenSat.1 Produktion, siehe Punkt 8.2.1) und Fallbeispiel N24plus (ProSiebenSat.1 Produktion, siehe Punkt 8.2.2).
55 Vgl. Punkt 3.4.4.
56 Vgl. [LM98, S. 11].

Wendet man das Modell der Automatisierungsebenen auf die Fernsehproduktion an, so entsteht daraus das hier vorgestellte Referenzmodell, welches die Fernsehproduktion anhand der zu erfüllenden Kernaufgaben in vier Management-Ebenen und die Ebene der Systeme und Services unterteilt.[57] Abweichend vom industriellen Ebenenmodell, definiert das Referenzmodell jedoch keine separate Prozessebene, sondern geht davon aus, dass der Prozess in Anlehnung an die *Prozessmodellierung bei der EBU* über alle Ebenen hinweg verläuft.[58] Durch die alternative Einteilung der Ebenen nach zentralen Kernaufgaben anstatt nach Rollen wird so zusätzlich die Systemmodellierung innerhalb der definierten Ebenen möglich.[59] Die im Hintergrund des Referenzmodells angedeutete Prozessdimension wird im Rahmen dieser Arbeit nicht konkretisiert, da eine sinnvolle Gliederung des Geschäftsprozesses in einzelne Prozessschritte stark von der zu untersuchenden Problemstellung abhängt. Erfolgt eine Betrachtung des gesamten Produktionsprozesses, so ist beispielsweise die Gliederung in Preproduktion, Produktion, Postproduktion und Distribution nach KRÖMKER und KLIMSA sinnvoll.[60] Liegt der Fokus auf der Erstellung von Videobeiträgen, so bietet sich dagegen eher eine Gliederung des Prozesses in Akqusition, Ingest, Materialsichtung, Schnitt, Postproduktion, Playout und Archivierung an.[61]

Neben dem industriellen Ebenenmodell sind, wie in **Abbildung 4.4** dargestellt, drei weitere Ansätze in die Entwicklung des Referenzmodells eingeflossen. Die Unterteilung in eine Ebene der Systeme und Services und die darüberliegende Management-Ebenen, entspricht den Designprinzipien *Service-orientierter Architekturen* auf dem Business-Level. Die Services der untersten Ebene werden dabei zu sogenannten „Composite-Services“ kombiniert und anschließend zu einem Workflow orchestriert. Die Ebeneneinteilung des Referenzmodells erweitert dieses Designprinzip um eine hierarchische Orchestrierung von Services.[62] Dabei werden die Basisservices der untersten Ebene in der darüberliegenden Ebene jeweils zu einem Workflow orchestriert, der seine Funktionalitäten wiederum der darüberliegenden Ebene als höherwertigen Service zur Verfügung stellt.[63] Dieses Vorgehen vereinfacht die prozessorientierte Modellierung komplexer Systemlandschaften. Es trägt dazu bei, Systemarchitekturen stabil und änderungsfreundlich zu gestalten, indem eine klare Trennung nach Zuständigkeiten erfolgt.

57 Vgl. [Klo06] und [Klo07].
58 Vgl. Punkt 3.3.2.5.
59 Näheres hierzu folgt im nächsten Kapitel.
60 Vgl. Punkt 3.3.4.2.
61 Vgl. Punkt 3.3.2.1.
62 Die hierarchischen Orchestrierung wird in Punkt 6.3 anhand der Automatisierung erklärt.
63 Vgl. [KK08a, S. 696*f*].

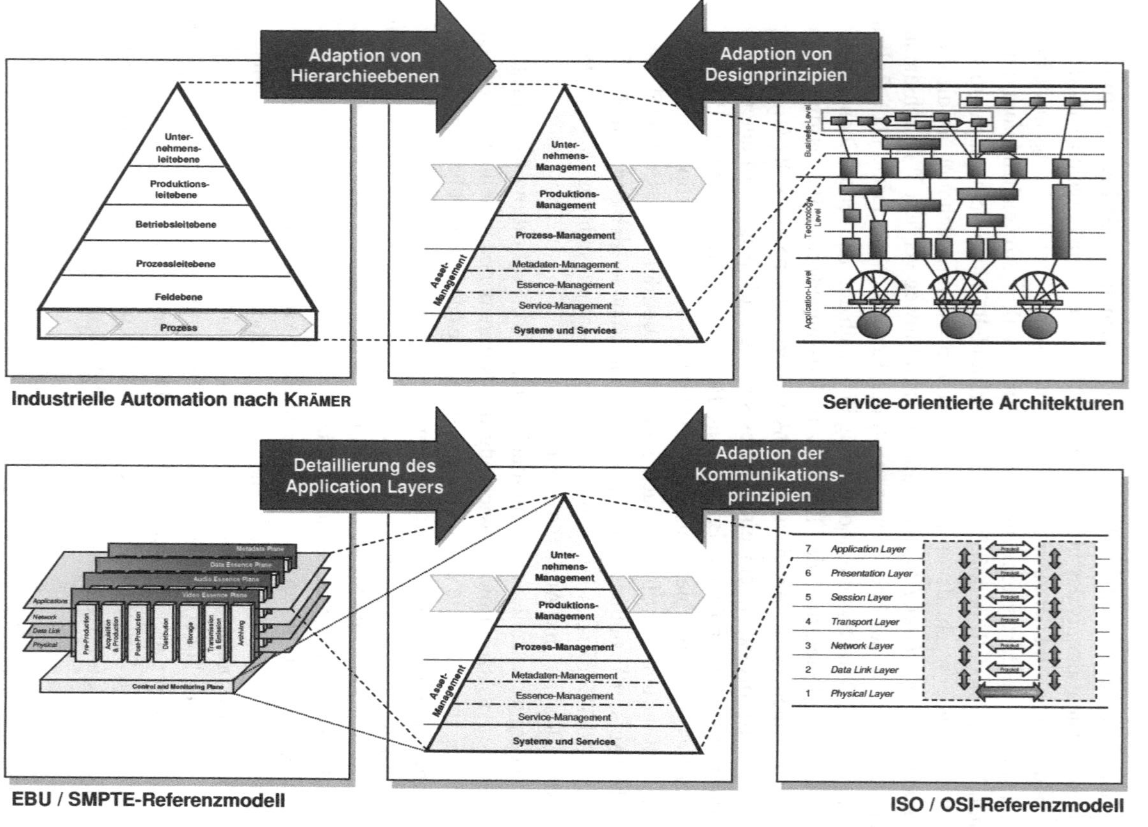


**Abbildung 4.4:** Herleitung des hierarchischen Referenzmodells

Bezogen auf das *SMPTE / EBU-Referenzmodell* beschreibt das hier vorgestellte Referenzmodell der Fernsehproduktion die innere Struktur des Application-Layers und berücksichtigt dabei den Ansatz der prozessübergreifenden Systemsteuerung, welche im SMPTE / EBU-Referenzmodell abstrakt von der „Control and Monitoring Plane" beschrieben wird.[64] Bei der Dekomposition des Application-Layers im *ISO / OSI-Schichtenmodell*[65] bietet es sich an, die Kommunikationsprinzipien dieses standardisierten Modells auch auf das hier beschriebene Referenzmodell zu übertragen.

Das entwickelte Referenzmodell beschreibt die Makrostruktur von Fernsehunternehmen über mehrere Ebenen hinweg und das Systemverhalten durch Vorgaben für die Kommunikation innerhalb der und zwischen den Ebenen. Es ermöglicht eine Klassifizierung von Prozessschritten und Workflows in der Fernsehproduktion – in Abhängigkeit davon, welche Aufgaben ein System erfüllt – auch eine Klassifizierung von Systemen. Auf diese Weise trägt das hierarchische Referenzmodell dazu bei, die Vergleichbarkeit von Prozessen und Systemen innerhalb eines Unternehmens und zwischen unterschiedlichen Unternehmen zu erhöhen. Durch die neue Sichtweise auf die Fernsehproduktion sorgt es für die im Forschungsziel geforderte Transparenz[66] und bildet den Ausgangspunkt für den im folgenden Kapitel vorgestellten Broadcast-spezifischen Modellierungsansatz.

64 Vgl. Punkt 3.3.4.1.
65 Vgl. Punkt 3.4.3.
66 Vgl. Punkt 2.6.

# 5 Prozessorientierter Modellierungsansatz für die Fernsehproduktion

*Leitfragen*

- Welche Rolle spielen Modellzweck und Zielgruppe bei der Modellierung?
- Aus welchen grundlegenden Bestandteilen setzt sich der Modellierungsansatz zusammen?
- Wie ist der Modellierungsansatz bei Greenfield-Engineering und Re-Engineering anzuwenden?
- Wie lassen sich anhand des Referenzmodells Systeme für die Fernsehproduktion klassifizieren?
- Inwieweit erfüllt der hier vorgestellte Ansatz die zuvor definierten Bewertungskriterien?

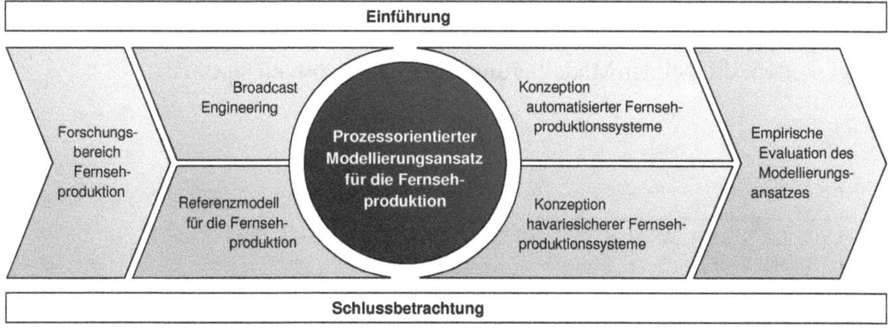

Das im vorangegangenen Kapitel hergeleitete Referenzmodell beschreibt die Fernsehproduktion über eine hierarchische Ebenenstruktur sowie die Kommunikationsprinzipien zwischen den Ebenen. Es berücksichtigt die spezifischen Anforderungen prozessübergreifend vernetzter, integrierter Fernsehproduktionssysteme. Diese neue transparente Gesamtsicht auf den Forschungsbereich bildet die Grundlage für eine vereinfachte Systemgestaltung. Aus der Anwendung des Referenzmodells auf die Systemgestaltung leitet der Autor in diesem Kapitel einen Modellierungsansatz für die Fernsehproduktion ab. Dieser wird der mittlerweile weitverbreiteten Forderung gerecht, von einer technikzentrierten zu einer prozessorientierten Planung zu wechseln,[1] um so die aus der Konvergenz resultierenden Herausforderungen zu bewältigen.

Im Folgenden werden zunächst Kriterien für die Abgrenzung des Modellierungskontextes eingeführt, bevor im Anschluss der prozessorientierte Modellierungsansatz für die Fernsehproduktion hergeleitet wird. Dessen Anwendung wird in einem praxisorientierten Leitfaden aufbereitet und abschließend mit Blick auf das Forschungsziel bewertet.

## 5.1 Modellierungskontext

Eine Modellierung ist stark daran gebunden, welchen Zweck das daraus resultierende Modell erfüllen soll und für welche Zielgruppen es gedacht ist.[2] Von diesen beiden Kriterien hängt ab, welche Merkmale das zu erstellende Modell in Abhängigkeit vom Original aufweisen muss.[3] Je besser die Definition des Modellzweckes vorgenommen wird, desto „schärfer, präziser und knapper kann die Modellformulierung entwickelt werden“[4]. Eine Berücksichtigung der Zielgruppe ist erforderlich, damit der Modellzweck in einer für diese verständlichen Form transportiert werden kann.

In **Tabelle 5.1** sind mögliche Modellzwecke[5] und Zielgruppen sowie die Modellmerkmale zusammengefasst, die für eine zweck- und zielgruppengerechte Modellierung relevant sind. Zwischen diesen drei Kriterien bestehen verschiedene Abhängigkeiten, die bei der Modellierung zu berücksichtigen sind.

1 Vgl. [Gra00, S. 787], [SS02, S. 259], [DR02, S. 476*f*] und [Bra03, S. 266].
2 Vgl. [Bos92, S. 28].
3 Vgl. [FS98, S. 121].
4 Quelle: [Bos92, S. 28].
5 Vgl. Punkt 3.2.1.

| Modellzielgruppen | | Modellzweck | Modellmerkmale |
|---|---|---|---|
| Administratoren | Lieferanten | Beschreibungsmodell | Abstraktionsgrad |
| Anwender | Management | Entscheidungsmodell | Modellgrößen |
| Auftraggeber | Marketing | Erklärungsmodell | Modellsichten |
| Berater | Projektarchitekt | Gestaltungsmodell | Modellumfang |
| Entwickler | Projektmanager | Simulationsmodell | Modellierungssprache |
| Forschung | Technischer Support | | |

**Tabelle 5.1:** Relevante Modellierungskriterien und Modellmerkmale

- Der *Modellzweck* bestimmt Art und Umfang eines Modells und damit die Ausprägung der aufgeführten Modellmerkmale.[6] Beispielsweise ist bei der Modellierung eines Entscheidungs- oder Erklärungsmodells ein höherer Abstraktionsgrad zu wählen als bei einem Beschreibungsmodell. Neben der hier aufgeführten Klassifizierung lässt sich der Modellzweck anhand der spezifischen, durch das Modell zu erfüllenden Aufgabe weiter konkretisieren. Auf diese Weise können erforderliche Modellgrößen und -sichtweisen, der Modellumfang und die zu wählende Modellierungssprache abgeleitet werden.

- Gleiches gilt für die *Modellzielgruppen*. Zur Klassifizierung der Zielgruppen werden an dieser Stelle die Rollen der Stakeholder bei der Systemgestaltung herangezogen,[7] welche sich über Befugnisse und Rechte, Aufgaben und Pflichten, organisatorische Einbindung und Verantwortung definieren.[8] So hat ein Anwender (z. B. ein Redakteur) eine andere Sichtweise auf ein Problem als ein Entwickler. Das führt dazu, dass jeweils eine andere Modellsicht, andere Modellgrößen und ein anderer Modellumfang zu wählen sind. Der Zusammenhang wird ebenfalls bei der Wahl der Modellierungssprache deutlich. Während Software-Entwickler z. B. häufig UML einsetzen, arbeiten Redakteure eher mit sprachlichen oder einfachen nicht standardisierten grafischen Modellen.

6 Vgl. [Bos92, S. 28].

7 Vgl. Punkt 2.4.1.

8 Vgl. [DE03, S. 22]. Darüber hinaus lässt sich die Zielgruppe auch personenbezogen betrachten. Ausschlaggebend sind Qualifikation, Erfahrung, Werte, Einstellungen und Lernmethodik. Für den Kontext der Modellierung wird davon ausgegangen, dass diese Eigenschaften innerhalb einer Rolle eine ähnliche Ausprägung besitzen.

- Darüber hinaus besteht ein *Zusammenhang zwischen Modellzielgruppe und Modellzweck.* Nicht alle Zielgruppen benötigen für die Erfüllung ihrer Aufgaben Modelle für jeden Zweck. Auf Basis der Projekterfahrung des Autors nimmt die **Tabelle 5.2** ein mögliche Zuordnung zwischen Zielgruppen und relevanten Modellzwecken vor.[9]

In Kapitel 8 werden in Fallstudien verschiedene Modelle mit Zielgruppe und Modellzweck vorgestellt, die unter Anwendung des prozessorientierten Modellierungsansatzes entstanden sind.

| | Modellzielgruppe | | | | | | | | | | |
|---|---|---|---|---|---|---|---|---|---|---|---|
| **Modellzweck** | Anwender | Auftraggeber | Berater | Entwickler | Forschung | Lieferanten | Management | Marketing | Projektarchitekt | Projektmanager | Technischer Support |
| Beschreibungsmodell | x | x | x | x | x | x | | | x | x | x |
| Entscheidungsmodell | | x | x | x | x | | x | | x | x | |
| Erklärungsmodell | x | x | x | x | x | x | x | x | x | x | x |
| Gestaltungsmodell | | | x | x | x | | | | x | x | |
| Problemlösungsmodell | | | x | x | x | x | | | x | x | x |
| Simulationsmodell | | | | x | x | | | | x | | x |

**Tabelle 5.2:** Relevanz des Modellzwecks nach Zielgruppe

## 5.2 Modellierungsansatz für die Fernsehproduktion

Ein Modellierungsansatz definiert die Sichtweisen, die zur Abstraktion bei der Modellbildung angewendet werden, und das Begriffssystem für die Modellierung.[10] Für den Broadcast-spezifischen Modellierungsansatz wird, wie in **Abbildung 5.1**

9 Bei der Zuordnung handelt es sich um einen pragmatischen Ansatz, der eine mögliche Zuordnung zur Diskussion stellt, da eine empirische Untersuchung dieses Zusammenhangs im Kontext dieser Arbeit zu weit führen würde.

10 Vgl. Punkt 3.2.3.

schematisch dargestellt, als Begriffssystem das in Kapitel 4 eingeführte Referenzmodell für die Fernsehproduktion herangezogen. Bei der Abstraktion des untersuchten Systems werden die vier Architektursichten der Prozess-, Fachbegriffs-, Anwendungs- und Systemarchitektur herangezogen, über die sich ein Anwendungssystem vollständig beschreiben lässt.[11]

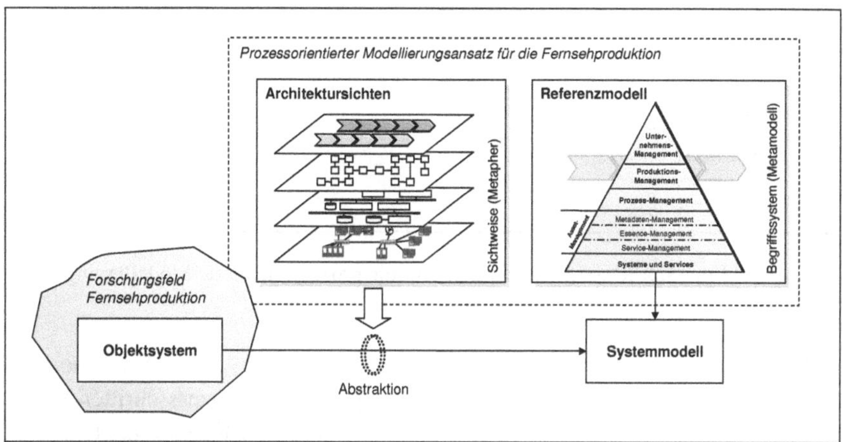


**Abbildung 5.1:** Prozessorientierter Modellierungsansatz für die Fernsehproduktion

Für die Nutzung des Modellierungsansatzes muss zunächst die Prozessdimension des Referenzmodells konkretisiert werden. Die daraus resultierende Klassifikationsmatrix und die vier Architektursichten von Anwendungssystemen werden im Folgenden kurz eingeführt, bevor im Anschluss der Modellierungsansatz in Form eines Leitfadens für die praktische Verwendung aufbereitet wird.

## 5.2.1 Referenzmodell

Aus den Ebenen des Referenzmodells und den problemspezifisch ausgewählten Prozessschritten wird für den Modellierungsansatz die in **Abbildung 5.2** illustrierte Klassifikationsmatrix aufgespannt. Die Ebenen des Referenzmodells werden dabei in der vertikaler, die Prozessschritte in der horizontalen Richtung angeordnet.

Die problemspezifische Auswahl geeigneter Prozessschritte ist wesentlich davon abhängig, welche Geschäftsprozesse (Eingriffsbereich) in einem Projekt modelliert werden sollen und auf welche angrenzenden Prozesse sich Veränderungen

11 Vgl. [HJTT99].

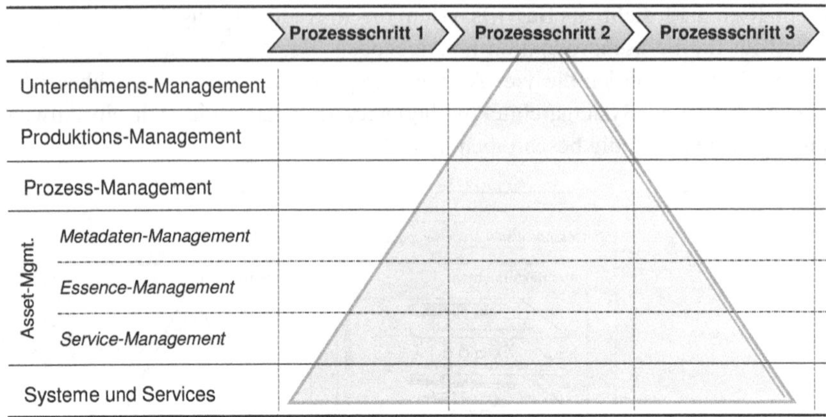


**Abbildung 5.2:** Klassifikationsmatrix für die prozessorientierte Modellierung

im Eingriffsbereich auswirken werden. Es empfiehlt sich, eine Abstraktion auf einen linearen Prozess mit drei bis sechs übergeordneten Prozessschritten vorzunehmen. Diese Linearisierung dient der Verwendung in der Klassifikationsmatrix. In der so gebildeten Matrix lassen sich alle relevanten Sichtweisen modellieren. Je nach Sichtweise kommen dabei unterschiedliche Modellbausteine wie beispielsweise Aktivitäten oder Systeme sowie deren jeweilige Relationen zum Einsatz. Die Art der Darstellung dieser Modellbausteine erfolgt in Abhängigkeit von der ausgewählten Modellierungssprache. Die Entscheidung für eine Modellierungsform oder -sprache kann je nach Bedarf unabhängig vom Modellierungsansatz getroffen werden und ist wesentlich von der Zielgruppe der Modellierung abhängig.[12]

## 5.2.2 Architektursichten

Bei Fernsehproduktionssystemen handelt es sich in der Regel um integrierte und verteilte Anwendungssysteme, die in der Industrie über die vier in **Abbildung 5.3** gezeigten Architektursichten beschrieben werden. Die Top-down-Modellierung der Prozess-, Fachbegriffs-, Anwendungs- und Systemarchitektur trägt dazu bei, eine vollständige und konsistente Systemspezifikation zu erarbeiten.[13] Durch die starke Durchdringung des Broadcast-Bereichs von IT-basierten Anwendungssystemen wird es notwendig, auch Fernsehproduktionssysteme innerhalb dieser vier Architektursichten zu beschreiben.

12 Vgl. Punkt 3.2.4.
13 Vgl. [HJTT99, S. 4*ff*].

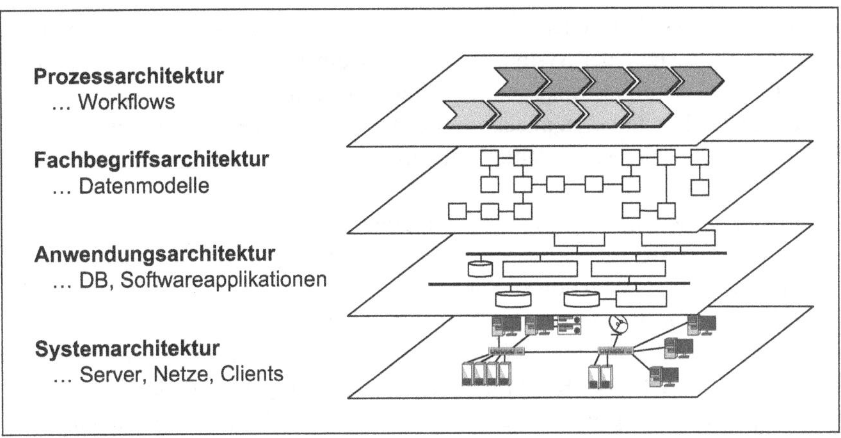


**Abbildung 5.3:** Architekturen der Anwendungsmodellierung (nach [HJTT99])

- Die *Prozessarchitektur* definiert über die Summe aller Workflows und deren Zusammenhänge, wie die Produktion vonstatten geht.
- In der *Fachbegriffsarchitektur* werden die fachspezifischen „Begriffe in Form von Typen und Objekten mit ihren statischen und dynamischen Beziehungen“[14] in einem Datenmodell definiert.
- Mit der *Anwendungsarchitektur* wird der logische Aufbau der Architektur unabhängig von den darunterliegenden technischen Systemen realisierungsneutral beschrieben. Sie legt fest, aus welchen Komponenten (z. B. Software-Anwendungen) sich eine Architektur zusammensetzt.
- In der *Systemarchitektur* wird die technische Realisierung in Form von Hardware- und Software-Sicht[15] beschrieben.

Alle vier Ebenen werden jeweils in eigenen Architekturmodellen beschrieben. Diese Form der Modelle ist speziell bei der Planung und Umsetzung von Software-Systemen von großer Bedeutung. Architekturmodelle beschreiben die Makrostruktur von Systemen über ein vereinfachtes Abbild von Struktur- und Verhaltensmerkmalen sowie Konstruktionsregeln.[16] Innerhalb solcher Modelle werden

14 Quelle: [HJTT99, S. 5].

15 Die Software-Sicht untersucht, aus welchen konkreten Bestandteilen (Programme, Programmbibliotheken, Datenbanken etc.) eine Software-Anwendung besteht.

16 Vgl. [BS99, S. 32], [Rob03, S. 36] und [RP06, S. 811*f*].

meist mehrere Modellebenen aufgespannt, die jeweils die vollständige Beschreibung eines Systems oder Systemmoduls unter einem vorgegebenen Blickwinkel enthalten. Solche Blickwinkel sind beispielsweise der Aufgabenträgerblickwinkel, ein fachlicher und systemtechnischer Blickwinkel oder eine Außen- und eine Innensicht.[17] Im hier vorgestellten Modellierungsansatz werden die Ebenen des Referenzmodells genutzt.

Architekturmodelle beschreiben Bedingungen für die Wiederverwendung von Teilen des Gesamtsystems und ermöglichen auf einem hohen Abstraktionsniveau die Diskussion über Funktionen und Schnittstellen oder die Definition eines Rahmenkonzeptes für das Gesamtsystem, ohne sich zu früh in Details zu verlieren.[18] Solche auf bekannten Entwurfsmustern basierenden Modelle vereinfachen die Kommunikation aller am Konstruktionsprozess beteiligten Parteien.[19] Auf Basis eines implementierungsunabhängigen Architekturmodells lässt sich dann die konkrete plattformbezogene Systemarchitektur spezifizieren. In der Software-Entwicklung wird dieses Vorgehen als Model Driven Architecture (MDA) bezeichnet.[20]

Mithilfe der aus dem Referenzmodell resultierenden Klassifikationsmatrix lassen sich Fernsehproduktionssysteme innerhalb der vier Architektursichten umfassend beschreiben. Die Klassifikationsmatrix stellt hierbei die Bezüge zwischen den einzelnen Elementen in Prozess-, Fachbegriffs-, Anwendungs- und Systemarchitektur her.[21] Wesentliche Kernziele des Modellierungsansatzes sind die Analyse, die Identifikation und die Dokumentation von Anforderungen,[22] mit denen die Grundlage für eine technische Umsetzung gebildet wird. Der folgende Leitfaden beschreibt hierfür praxisbezogen die konkrete Anwendung des Modellierungsansatz auf Greenfield-Engineering- sowie Re-Engineering-Projekte und geht auf die Fragestellungen der Systemklassifizierung und des Cross-Layer-Designs ein.

## 5.3 Leitfaden zur prozessorientierten Modellierung

Über den Modellierungsansatz für die Fernsehproduktion werden die Erkenntnisse aus den Fallstudien aufbereitet und in einem Leitfaden zusammengestellt, der flexibel für unterschiedliche Anwendungsfälle eingesetzt werden kann.[23] Ein Haupt-

17 Vgl. [BS99, S. 32] und [HSW98, S. 2].
18 Vgl. [Rob03, S. 37] und [NT06].
19 Vgl. [RP06, S. 815].
20 Vgl. [Som07, S. 347], [RP06, S. 823] und [KMTW05, S. 2*f*].
21 Vgl. [HJTT99, S. 7].
22 Vgl. [HJD05, S. 14].
23 Vgl. Punkt 8.2.

augenmerk bei der Entwicklung des Leitfadens lag auf der Realisierung einer konsequent prozessorientierten Vorgehensweise.

---

*Prozessorientierte Modellierung in der Nachrichtenproduktion*

---

Der folgende Leitfaden bereitet das Vorgehen der prozessorientierten Modellierung in einer praxisorientierten Form auf. Als Beispiele dienen die Fallstudie N24plus in Punkt 8.2.2 (Projekt mit Greenfield-Charakter) sowie die Fallstudie EMSA in Punkt 8.2.1 (Re-Engineering-Projekt). Beide Fallstudien stammen aus dem Umfeld der Nachrichtenproduktion bei ProSiebenSat.1.

---

## 5.3.1 Greenfield-Engineering

Kern des Leitfadens ist die in Punkt 5.2.1 vorgestellte Klassifikationsmatrix. Auf Basis dieser Matrix lässt sich über die sieben in **Tabelle 5.3** zusammengefassten Arbeitsschritte sukzessive eine prozessorientierte Spezifikation von Fernsehproduktionssystemen erreichen. Vorzugsweise bei großen Projekten bietet es sich an, diese Vorgehensweise iterativ, dem Top-down-Ansatz folgend, auf mehreren Komplexitätsebenen[24] zu durchlaufen.

Der Leitfaden verfolgt konsequent den Ansatz der prozessorientierten Modellierung und wird damit den konvergenten Entwicklungen gerecht.[25] Ausgangspunkt der Betrachtung ist das Greenfield-Engineering, d. h. eine komplette Neumodellierung. Der Leitfaden lässt sich auch auf das Re-Engineering anwenden, die Besonderheiten werden in Punkt 5.3.2 dargestellt.

### (1) Definition und Modellierung der Prozessarchitektur

Am Anfang des prozessorientierten Vorgehens steht die Modellierung der Prozessarchitektur. Diese definiert über die Summe aller Workflows und ihrer Zusammenhänge, wie die Produktion vonstattengeht. Bei der Modellierung kann auf bewährte, problemspezifisch geeignete Sprachen und Werkzeuge zur Prozessmodellierung zurückgegriffen werden.[26] Eine problemspezifisch Eignung besteht, wenn die Beschreibung für alle beteiligten Gewerke leicht verständlich erfolgt und alle für die jeweilige Fragestellung notwendigen Informationen in einer eindeutigen, voll-

---

24 Vgl. Punkt 3.3.3.1.
25 Vgl. Punkt 2.3.
26 Vgl. zur Prozessmodellierung u. a. [FF08, S. 266*ff*], [Mül05, S. 79*ff*], [VDI05b] und [BKR05].

| Nr. | Arbeitsschritt | Beschreibung | Abb. |
|---|---|---|---|
| *Modellierung von Prozess- und Fachbegriffsarchitektur* | | | |
| 1 | Definition und Modellierung der Prozessarchitektur | Zuordnung der Einzelaktivitäten des Arbeitsablaufes (Workflow) zu Prozessschritt und Ebene aus dem Referenzmodell (Klassifikationsmatrix). | 5.4 |
| 2 | Identifikation funktionaler Systemanforderungen | Identifikation von funktionalen Anforderungen, die zur Erfüllung einer Aktivität erforderlich sind, und Zuordnung zu Prozessschritt und Ebene aus dem Referenzmodell (Klassifikationsmatrix). | – |
| 3 | Identifikation funktionaler Schnittstellenanforderungen | Definition von Steuerung, Monitoring und Datenaustausch zwischen den Ebenen sowie an den Ebenengrenzen auszutauschender Daten. | 5.5 |
| 4 | Identifikation der Fachbegriffsarchitektur | Zusammenstellung sämtlicher innerhalb des Prozesses erforderlichen (Daten-)Objekte und Strukturierung dieser in Form eines Datenmodells. | – |
| *Modellierung von Anwendungs- und Systemarchitektur* | | | |
| 5 | Definition und Modellierung der Anwendungsarchitektur | Sinnvolle Gruppierung funktionaler Anforderungen zu Anwendungen, gegebenenfalls anhand des Funktionsumfanges existierender Systeme. | 5.6 |
| 6 | Spezifikation der Systemschnittstellen | Zuordnung der identifizierten funktionalen Schnittstellenanforderungen zu konkreten Systemschnittstellen und Spezifikation der zu verwendenden Schnittstellentechnologien. | 5.7 |
| 7 | Spezifikation der Systemarchitektur | Konkrete Dimensionierung der erforderlichen Server, Clients und Netzwerke anhand der vorangegangenen Schritte und der nicht funktionalen Anforderungen. | – |

**Tabelle 5.3:** Leitfaden zur prozessorientierten Modellierung

ständigen und strukturierten Form enthält.[27] Ebenso ist der Detaillierungsgrad in Abhängigkeit von der jeweiligen Fragestellung zu wählen. Spezifisch für den hier vorgestellten Modellierungsansatz ist die eindeutige Zuordnung von Workflows bzw. Arbeitsschritten zu einzelnen Feldern der aus dem Referenzmodell heraus abgeleiteten Matrix, wie **Abbildung 5.4** exemplarisch zeigt.

27 Vgl. [VDI05b, S. 3].

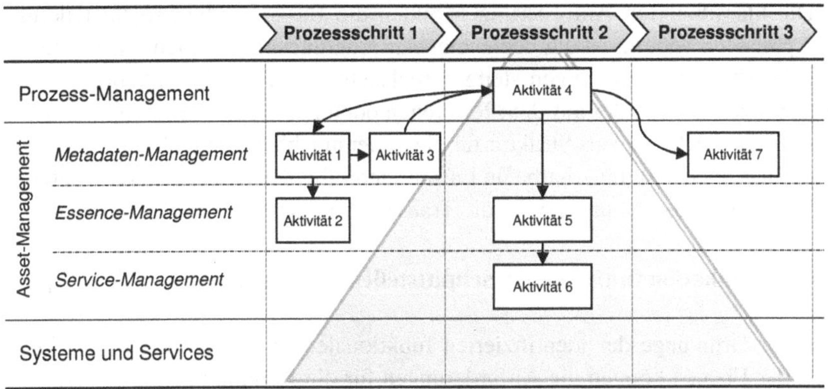


**Abbildung 5.4:** Leitfaden – Prozessmodellierung

In der Modellierung sind manuell ausgeführte und automatisierte Prozessschritte gleichermaßen zu berücksichtigen. Die eigentliche Prozessmodellierung bewegt sich auf den Ebenen oberhalb der Ebene des Service-Managements. Die Service-Management-Ebene bündelt die aus dem Prozess resultierenden Steuerinformationen für die unterste Ebene, auf der sich der Prozess in Form des Materialflusses abbilden lässt.[28] Um den Spielraum für Lösungsvarianten möglichst weit zu fassen, bietet es sich an, die Prozessbetrachtung zunächst losgelöst von den zu verwendenden Systemen und den ausführenden Personen vorzunehmen. Dies ist insbesondere dann hilfreich, wenn es darum geht, Optimierungspotenziale durch Automatisierung oder die Definition neuer Rollen (Berufsprofile) auszuschöpfen.

### (2) Identifikation funktionaler Systemanforderungen

Der nächste Schritt besteht darin, anhand des modellierten Prozesses die funktionalen Anforderungen[29] an die Technik zu identifizieren und zu dokumentieren.[30] Im Vordergrund steht dabei die qualitative Beschreibung der Funktionalitäten, die eine Anwendung aufweisen muss, um den jeweiligen Arbeitsschritt mit ihr ausführen zu können. Analog zu den Arbeitsschritten lassen sich die funktionalen Anforderungen in der Klassifikationsmatrix verorten.[31]

28 Diese Unterscheidung zwischen Materialfluss und Prozess ist in der IT-basierten Welt essenziell. Erfahrungen zeigen aber, dass der Materialfluss, wie beim Einsatz herkömmlicher Broadcast-Systeme, teilweise noch mit dem Prozess gleichgesetzt wird.

29 Vgl. Punkt 2.4.1.

30 Vgl. zur Anforderungsanalyse (Requirements Engineering) u. a. [Som07, S. 179*ff*], [Rup07c] und [HJD05].

31 Vgl. Punkt 5.2.1.

Die klassifizierten Anforderungen bilden die Basis für die Projektsteuerung. Entsprechend wichtig ist ein geeignetes Anforderungsmanagement, das neue und sich ändernde Anforderungen stetig berücksichtigt.[32] Die Klassifikation der Anforderungen anhand der auf dem Referenzmodell basierenden Klassifikationsmatrix eignet sich hierbei als Struktur für die systemunabhängige Dokumentation von Anforderungen z. B. innerhalb von Lasten- und Pflichtenheften. Sie unterstützt die schnelle Orientierung und erhöht die Transparenz innerhalb der Dokumentation.

### (3) Identifikation funktionaler Schnittstellenanforderungen

Auf der Grundlage der identifizierten funktionalen Systemanforderungen innerhalb der Ebenen können die Anforderungen für die Kommunikation an den Ebenengrenzen erfasst werden. Dies betrifft die Steuerung und das Monitoring, das über die Schnittstelle zwischen den Ebenen erfolgen soll, sowie die Daten, die zwischen den Ebenen ausgetauscht werden sollen (vgl. **Abbildung 5.5**).

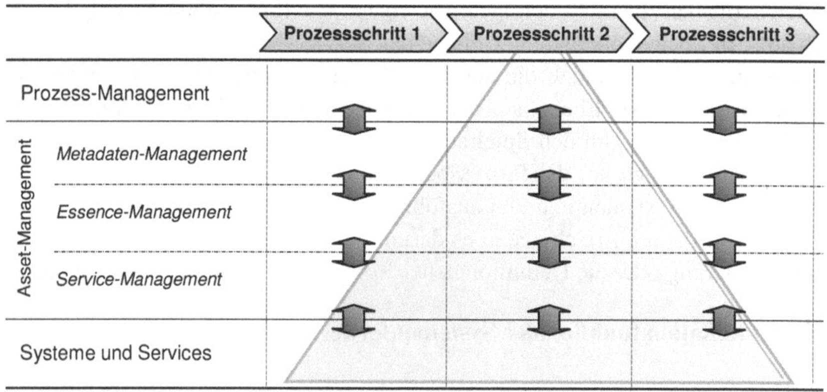


**Abbildung 5.5:** Leitfaden – Funktionale Beschreibung der Interfaces

Identifikation und Dokumentation der Anforderungen erfolgen auch in diesem Schritt bewusst prozessorientiert und unabhängig von den einzusetzenden Systemen und Schnittstellen, um nicht frühzeitig Optimierungspotenziale zu verbauen. Die besondere Bedeutung dieses Schrittes wurde in mehreren Expertengesprächen betont.[33]

32 Vgl. zum Anforderungsmanagement (Requirements Management) u. a. [Som07, S. 194*ff*], [Czi07, S. 369*ff*] und [HJD05, S. 153*ff*].

33 Experteninterview Studio Hamburg MCI (Projektleiter / Software-Ingenieur, 26. 10. 2007, siehe

### (4) Identifikation der Fachbegriffsarchitektur

Aus der Prozessarchitektur und den daraus resultierenden Anforderungen lässt sich die Fachbegriffsarchitektur ableiten.[34] Diese beschreibt, welche fachlichen Typen und Objekte im Prozess benötigt werden und in welchen statischen und dynamischen Beziehungen sie zueinander stehen.[35] Die Modellierung dieser Architekturebene erfolgt in sogenannten Fachbegriffsmodellen. Wichtig sind hierbei die richtige Begriffsbildung, die Verwendung konsensfähiger Definitionen und die Abgrenzung gegenüber anderen Fachbegriffen.[36] In Software-intensiven Systemlandschaften werden Fachbegriffsarchitekturen technisch in Form von Datenmodellen erfasst und dokumentiert.[37]

Das in diesem Schritt zu definierende Datenmodell ist erst einmal prozess- und systemübergreifend. Dies trägt dazu bei, in der Detailspezifikation die Kommunikation aller Systeme untereinander einfacher definieren zu können. In diesem Fall können systemspezifische Datenmodelle mittels des übergeordneten Datenmodells ineinander überführt werden. Das IRT geht einen Schritt weiter, indem es mit dem Broadcast-Metadata-Exchange-Format (BMF) die Etablierung eines branchenübergreifend gültigen Standards anstrebt, welcher die technische Kommunikation zwischen verschiedenen Systemen und Fernsehunternehmen vereinfachen soll.[38] Unter den befragten Experten herrscht allerdings eine große Skepsis darüber, ob sich das BMF durchsetzen wird.[39] Die EBU nutzt beispielsweise das eigene Metadatenschema P / Meta[40], das weniger umfangreich ist und sich an individuelle Bedürfnisse anpassen lässt.[41]

Innerhalb des Datenmodells ist zu berücksichtigen, dass auf den unterschiedlichen Hierarchieebenen des Referenzmodells Informationen in einem unterschiedlichen Detaillierungsgrad benötigt werden.[42] Dies kann beispielsweise in der Form geschehen, dass Datenobjekte des Modells in der Klassfikationsmatrix der Ebene zugeordnet werden, auf der sie primär genutzt werden. Die entstehende Datenhierarchie erleichtert in der Detailspezifikation die Beantwortung der Frage, welches

---

Punkt 8.1.2) und Workshop Blue Order (14. 11. 2007, siehe Punkt 8.1.2).

34 Vgl. Punkt 5.2.2.

35 Vgl. [HJTT99, S. 5].

36 Vgl. [RSD05, S. 71].

37 Vgl. zu Daten- bzw. Fachbegriffsmodellen u. a. [Som07, S. 211*ff*] und [RSD05, S. 70*ff*].

38 Vgl. [Ebn05, S. 566*ff*].

39 Experteninterview ZDF (Produktionstechnische Grundsatzangelegenheiten, 13. 05. 2008, siehe Punkt 8.1.2) und Workshop Blue Order (14. 11. 2007, siehe Punkt 8.1.2).

40 Vgl. [Hop02].

41 Vgl. Experteninterview EBU (Technical Department, 14. 10. 2008, siehe Punkt 8.1.2).

42 Vgl. Punkt 4.2.

System für die Verwaltung welcher Daten zuständig ist, d. h. in welchem Bereich es die (Meta-) Datenhoheit besitzt.

### (5) Definition und Modellierung der Anwendungsarchitektur

Sind die funktionalen Anforderungen an das Verhalten, die Schnittstellen sowie das Datenmodell erfasst, werden durch eine sinnvolle Gruppierung von Anforderungen geeignete Systemgrenzen definiert. Ergebnis ist, wie in **Abbildung 5.6** dargestellt, die Definition der Anwendungsarchitektur.[43]

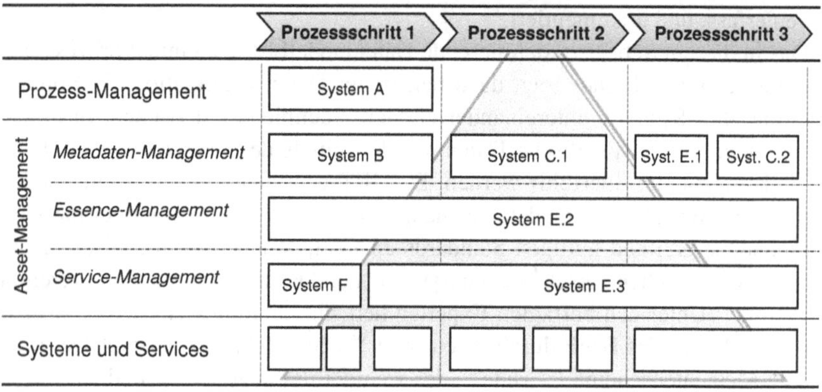


**Abbildung 5.6:** Leitfaden – Definition von Systemgrenzen

Diese Gruppierung ist entscheidend geprägt vom präferierten Architekturansatz.[44] Die Autoren FOOTEN und FAUST unterscheiden im Broadcast-Bereich drei unterschiedlichen Ansätze:

- Bei der *vertikalen Herstellerintegration* wird ein System ausgewählt, das nahezu alle Anforderungen erfüllt und innerhalb des Referenzmodells vertikal mehrere Ebenen abdeckt. Dieses Vorgehen führt zu einer relativ einfachen Integration. Das kann dazu führen, dass der Workflow an die Möglichkeiten des Systems angepasst werden muss und bestimmte funktionale Einschränkungen in Kauf genommen werden müssen.[45]

43 Vgl. Punkt 5.2.2.

44 Die Präferenz für einen bestimmten Architekturansatz ist häufig durch die Unternehmenskultur beeinflusst. Vgl. Punkt 3.1.3.

45 Vgl. [FF08, S. 43*ff*].

- Die *Best-of-Breed-Integration* sieht vor, dass mehrere Systeme unterschiedlicher Hersteller ausgewählt werden, um jeweils Teilbereiche des Prozesses bestmöglich abzudecken. Bezogen auf das Referenzmodell bedeutet dies, dass auf unterschiedlichen Ebenen und in diesen Prozessschritten verschiedene Systeme zum Einsatz kommen. Der Ansatz stellt einen häufig gewählten Kompromiss zwischen dem Kostenaufwand einer Herstellerintegration und dem Zeitaufwand bei einer kundenspezifischen Entwicklung dar.[46]

- Bei der *kundenspezifischen Integration* werden Software-Lösungen individuell und auf das Problem angepasst für den Kunden entwickelt. Die Nutzung selbst entwickelter Lösungen bietet sich an, um ein perfekt auf den Prozess abgestimmtes System zu erhalten, falls kein passendes Produkt auf dem Markt verfügbar ist. In den meisten Fällen geht es darum, identifizierte Lücken in einer hierarchischen Anwendungsarchitektur zu schließen, die beispielsweise eine ganze Ebenen innerhalb des Referenzmodells oder einzelne Teilbereiche abdecken. Dieses Vorgehen erfordert eine eigene Entwicklungs- und Support-Abteilung, und es führt zu einer höheren Komplexität in integrierten Systemlandschaften, beispielsweise wenn Hersteller integrierter Systeme im Rahmen ihrer normalen Produktentwicklung Schnittstellen anpassen.[47]

Je nach Architekturansatz dienen bei einer Kundenintegration eher die Ähnlichkeit der benötigten Funktionen und Datenobjekte oder bei der Best-of-Breed-Integration der Funktionsumfang existierender Systeme als Abgrenzungskriterien. Es kann auch sinnvoll sein, eine Anwendung in mehreren Prozessschritten oder über mehrere Ebenen hinweg einzusetzen. Dabei ist es hilfreich, solche Anwendungen in gedachte Module zu zerlegen. Beispielsweise bietet es sich bei der Modellierung an, ein MAMS in je ein Modul für Metadaten-Management, Essence-Management und Service-Management zu unterteilen. In vielen Fällen entspricht dies auch der internen Struktur solcher Anwendungen.[48]

46 Vgl. [FF08, S. 46*ff*].
47 Vgl. [FF08, S. 49*ff*].
48 Vgl. Punkt 4.1.2.

## (6) Spezifikation von Systemschnittstellen

Auf Basis der so definierten Anwendungslandschaft können anschließend die funktionalen Schnittstellenanforderungen den konkreten Schnittstellen zwischen den Anwendungen zugeordnet werden, wie **Abbildung 5.7** exemplarisch zeigt. Vereinfachen lässt sich die Systemkommunikation durch den Einsatz sogenannter Bussysteme, die die Systemkommunikation bündeln und über einheitliche Systemschnittstellen zur Verfügung stellen.[49] Dadurch wird beispielsweise die Austauschbarkeit einzelner Systeme erhöht. Grundsätzlich ist bei der Schnittstellenspezifikation zu berücksichtigen, welche der verfügbaren Schnittstellentechnologien prinziell geeignet sind, die Steuerung, das Monitoring und den Informationsaustausch abzubilden, und inwieweit diese die nicht funktionalen Anforderungen beispielsweise an Übertragungsgeschwindigkeit und Fehleranfälligkeit erfüllen.

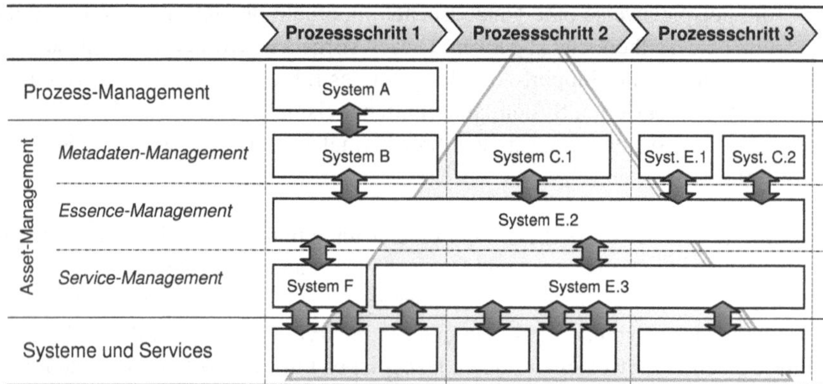


**Abbildung 5.7:** Leitfaden – Definition von Systemschnittstellen

Die Fallstudien im Rahmen dieser Arbeit haben gezeigt, dass diesem Punkt eine besonders große Bedeutung zufällt. So bedeutet etwa die Verwendung einer standardisierten Schnittstellentechnologie nicht gleichzeitig, dass der Standard von den angrenzenden Systemen richtig interpretiert oder vollständig implementiert wird.[50] Dies kann zum einen zu Fehlern bei der Übertragung führen, zum anderen aber auch dafür verantwortlich sein, dass sich der Prozess aufgrund fehlender Metadaten, z. B. einer unternehmenseigenen Material-ID, nicht wie gewünscht

49 Bei einem Bus handelt es sich um eine „multidirektionale Datenverbindung, die mehrere Informationsquellen [...] mit Senken [...] verbindet". Quelle: [MBB+01, S. 83].

50 Ergebnis der durchgeführten Experteninterviews und der Umfrage (siehe Punkt 8.1.2 und 8.1.3).

realisieren lässt. In diesem Falle müssen die konkreten Auswirkungen auf die Prozessarchitektur analysiert und anschließend auch die anderen Architektursichten angepasst werden.

**(7) Spezifikation der Systemarchitektur**

Während der Projektierung werden neben den funktionalen Anforderungen auch nicht funktionale Anforderungen erfasst. Diese treffen eine Aussage über die Leistungsfähigkeit, die besonderen Qualitäten der Systeme und die Randbedingungen, unter denen die Systeme betrieben werden sollen.[51] Anhand der Summe funktionaler und nicht funktionaler Anforderungen wird abschließend die Systemarchitektur gestaltet und dimensioniert. Das heißt, es wird bestimmt, welche und wie viele Server, Netzwerke und Clients der Anwendungsarchitektur zugrunde gelegt werden sollen. Hierbei ist insbesondere auf Skalierbarkeit und Modularität zu achten, damit gegebenenfalls flexibel auf z. B. falsch kalkulierte bzw. steigende Mengenanforderungen reagiert werden kann. Dies lässt sich beispielsweise durch den Einsatz einer geclusterten Systemarchitektur erreichen.[52]

## 5.3.2 Re-Engineering

Der für das Greenfield-Engineering erarbeitete Leitfaden lässt sich in ähnlicher Form auch auf Re-Engineering-Projekte anwenden. Im Unterschied zum Greenfield-Engineering ist im ersten Schritt der Ist-Stand in den vier Architektursichten zu erfassen,[53] um dann den genauen Eingriffsbereich des Re-Engineerings zu identifizieren. Auf dieser Basis können die Veränderungen in der Prozessarchitektur festgelegt werden. Durch Anwendung des Leitfadens auf die angepasste Prozessarchitektur lassen sich schrittweise die Änderungsanforderungen in den drei anderen Architekturebenen ermitteln.

Ergibt sich der Bedarf für ein Re-Engineering-Projekt aus einer Systemerneuerung heraus, so ist, beginnend bei der Systemarchitektur, von unten nach oben zu prüfen, welche Änderungen sich aus der Systemerneuerung bis in die Prozessarchitektur hinein ergeben. Gegebenenfalls entsteht aus dem Austausch einzelner Systeme die Möglichkeit, bestehende Workflows zu optimieren, oder Änderungen am System haben Auswirkungen auf angrenzende Prozesse. Sind die veränderten Prozesse definiert, ist in der Folge wie oben beschrieben vorzugehen.

---

51 Vgl. [Gli08].

52 Vgl. Punkt 7.2.1.2.

53 Sofern eine solche Modellierung noch nicht in geeigneter Form vorliegt.

Die Anwendung des Referenzmodells führt in solchen Fällen gegebenenfalls zunächst zu einem Mehraufwand, da die Begrifflichkeiten und das Vorgehen erst erlernt und bestehende Zusammenhänge aus einem neuen Blickwinkel betrachtet werden müssen. Sie hilft jedoch bei der Reduktion von Problemen auf das Wesentliche und schafft durch die abstrakte Sichtweise mehr Raum für Kreativität bei der Lösungsfindung. Somit wird eventueller Mehraufwand bei der Projektierung oder in der Startphase des Projekts durch mehr Effizienz in Design und Umsetzung kompensiert. Im Vordergrund des Leitfadens steht nicht die technische, sondern die organisatorische, am Arbeitsablauf orientierte Problemlösung, d. h. die Frage nach der eigentlich zu erfüllenden Aufgabe. Dies erleichtert auch die Neuordnung von Architekturen, die über Jahre gewachsen sind. Durch die Verwendung des Referenzmodells bei der Modellierung lassen sich auch die Anwender aktiv in den Problemlösungsprozess einbeziehen.[54]

Aus diesem Vorgehen heraus wird deutlich, wie wertvoll für Fernsehunternehmen das Know-how über die eingesetzten Prozess- und Fachbegriffsarchitekturen ist. Diese beiden Architekturen haben langjährigen Bestand und verändern sich meist nur stückweise, während es in Anwendungs- und Systemarchitekturen unter anderem durch die immer kürzeren Innovationszyklen häufiger zum Austausch kommt. Sind Prozess- und Fachbegriffsarchitektur in einem Unternehmen hinreichend bekannt und dokumentiert, so ist das Unternehmen relativ unabhängig von konkreten technischen Systemen und deren Herstellern.[55]

### 5.3.3 Systemklassifizierung

Bei der Modellierung existierender Systemlandschaften anhand des vorgestellten Leitfadens stellt sich die Frage, welcher Ebene ein System konkret zugeordnet werden soll. Hier dienen die Ebenendefinitionen in Punkt 4.1 als Orientierung. Die Zuordnung von Arbeitsschritten ist eindeutig möglich, da die Ebenen Kernaufgaben repräsentieren und jeder Arbeitsschritt der Erfüllung einer Kernaufgabe dient. Gegebenenfalls ist ein Arbeitsschritt in weitere Teilschritte zu zerlegen, bis eine Zuordnung möglich ist. Bei Systemen bzw. Systemmodulen ist die Zuordnung oft nicht eindeutig möglich, sodass sich kein allgemeingültiger Katalog erstellen lässt, der bei der Zuordnung von Systemen zu Hierarchieebenen herangezogen werden könnte. Die Zuordnung erfolgt kontextbezogen und erfordert unter Umständen die Entscheidung für eine von mehreren möglichen Ebenen. Das prinzipielle Vorgehen bei der Systemklassifizierung wird in **Tabelle 5.4** zusammengefasst.

54 Workshop Plazamedia (30. 09. 2008, siehe Punkt 8.1.2) und Workshop ZDF (13. 05. 2008, siehe Punkt 8.1.2).

55 Ergebnis der teilnehmenden Beobachtung (siehe Punkt 8.1.1).

| Nr. | Arbeitsschritt | Beschreibung |
|---|---|---|
| 1 | Systemdekomposition nach Funktionalitäten | Identifikation der wesentlichen durch das System erfüllten Funktionalitäten und eindeutige Zuordnung der Funktionalitäten zu einer Ebene des Referenzmodells. |
| 2 | Identifikation des Nutzungskontextes | Identifikation des Nutzungskontextes anhand des Geschäftsprozesses und Identifikation der tatsächlich genutzten Funktionalitäten des zu klassifizierenden Systems. |
| 3 | Zuordnung innerhalb des Ebenenmodells | Eindeutige Zuordnung des Systems oder seiner Module zu jeweils einer Ebene des Referenzmodells anhand der relevanten, tatsächlich genutzten Funktionalitäten. |

**Tabelle 5.4:** Leitfaden zur Systemklassifizierung

### (1) Systemdekomposition nach Funktionalitäten

Zunächst erfolgen die Identifikation der wesentlichen durch das System erfüllten Funktionalitäten und die eindeutige Zuordnung der Funktionalitäten zu einer der Ebenen des Referenzmodells. Entscheidungskriterium hierfür ist die Frage, welche Kernaufgabe durch die jeweilige Funktionalität bedient wird. Sofern nicht alle Funktionalitäten auf einer Ebene liegen, erfolgt anschließend anhand der Ebenengrenzen eine Gruppierung der Funktionalitäten zu (gedachten) Systemmodulen.

### (2) Identifikation des Nutzungskontextes

Im zweiten Schritt ist anhand des Geschäftsprozesses zu definieren, in welchem Kontext das System betrachtet werden soll. Auf dieser Basis erfolgt die Analyse und Gewichtung der im Geschäftsprozess tatsächlich genutzten Funktionalitäten. Die Gewichtung erfolgt nach Relevanz für den Nutzer im Gesamtkontext.

### (3) Zuordnung innerhalb des Ebenenmodells

Nach der Dekomposition und der Definition des Nutzungskontextes lassen sich Systeme (oder deren Module) anhand der relevanten, tatsächlich genutzten Funktionalitäten den Ebenen des Referenzmodells zuordnen. Hierbei ist es zulässig, weniger wichtige Funktionen einer eindeutigen Zuordnung zuliebe zu vernachlässigen. Bei der Ebenenzuordnung ist zu beachten, dass direkt miteinander kommunizierende Systeme in der Regel nicht auf derselben Hierarchieebene liegen sollten. Ist dies der Fall, sind weitere Subebenen zu definieren und eine weiterführende Dekomposition durchzuführen, um eine eindeutige Systemhierarchie zu gewährleisten. In unklaren Fällen können folgende Fragen bei der Entscheidung für eine Ebene hilfreich sein: Welches System ist das führende System für die relevanten Funktionalitäten auf einer Ebene? Auf welcher Ebene stellt das System über technische Schnittstellen oder eine GUI seine Funktionen dem Gesamtsystem zur Verfügung?

**Fallbeispiel**

Um dieses Vorgehen greifbarer zu machen, soll es anhand der Klassifizierung eines Media-Asset-Management-Systems erläutert werden. MAMS verfügen in der Regel über Funktionalitäten auf allen Ebenen, von der Service-Management-Ebene bis teilweise in die Prozess-Management-Ebene hinein. Auf der Service-Management-Ebene steuern MAMS beispielsweise Transcoder, HSM-Systeme und File-Server. Auf der Ebene des Essence-Managements verwalten sie Essences, steuern regelbasiert Essence-Transfers und das Transcoding oder führen Videoanalysen durch. Auf der Metadaten-Management-Ebene stellen sie Funktionen für die Recherche und Bearbeitung von Metadaten oder die Durchführung eines LowRes-Schnittes bereit.[56] Einige MAMS bieten darüber hinaus ein Task-Management an, das eine anwender- und rollenbezogenene Verwaltung von erledigender Aufgaben ermöglicht.[57] Je nach Anwendungsfall werden MAMS in konkreten Systemarchitekturen unterschiedlichen Ebenen zugeordnet.

- *Fall 1 – Asset-Management*:
  Wird das MAMS in seinem vollen Funktionsumfang (ohne Task-Management)[58] für die Verwaltung, Bearbeitung und Recherche von Metadaten und Essences sowie die Ansteuerung der dafür erforderlichen Systeme genutzt, so ist es komplett in alle Subebenen der Asset-Management-Ebene einzuordnen.[59] Sofern in Teilbereichen andere Systeme zum Einsatz kommen, ist

56 Beim LowRes-Schnitt werden Essences zwar angezeigt, aber nicht editiert. Ergebnis des LowRes-Schnittes ist eine textbasierte Schnittliste, die IDs und Timecodes des Quellmaterials enthält. Aus diesem Grund ist der LowRes-Schnitt dem Metadaten-Management zuzuordnen.

57 Ein System, das diese Funktionalitäten bietet, ist beispielsweise ContentShare2. Experteninterview Thomson Systems Germany (Product Management Software Application Systems, 14. 05. 2008, siehe Punkt 8.1.2).

58 Das Task-Management ist in der Prozess-Management-Ebene zu verorten und bislang nur in wenigen MAMS implementiert. Es wird zur Vereinfachung in diesem Beispiel vernachlässigt.

59 Vgl. Fallbeispiel eCenter (Plazamedia, siehe Punkt 8.2.4).

es sinnvoll, das MAMS für die Modellierung in virtuelle Module für Metadaten-, Essence- und Service-Management zu zerlegen. Dies entspricht in der Regel der internen Anwendungsarchitektur von MAMS.[60]

- *Fall 2 – Essence-Management*:
  Insbesondere deutsche Sender setzen im Bereich des Metadaten-Managements oft eigene Applikationen ein.[61] In solchen Fällen erfolgt eine Zuordnung zur Essence-Management- und zur Service-Management-Ebene, auch wenn MAMS neben den Essences auch Metadaten verwalten. Aus Sicht der Anwender erfolgt die Verwaltung und Bearbeitung der Metadaten jedoch primär in einer anderen Applikation.

- *Fall 3 – Systeme und Services*:
  Wird das MAMS beispielsweise von einem externen Dienstleister betrieben und von hauseigenen Systemen über eine Schnittstelle angesprochen, um Essences samt Metadaten zu archivieren oder anzufordern, so spielt es im Gesamtkontext nur die Rolle eines einzelnen Services, dessen Einzelfunktionalitäten dem Anwender verborgen bleiben. Entsprechend ist es in der Ebene der Systeme und Services zu verorten.[62]

Es wird immer Fälle geben, in denen keine eindeutige Zuordnung zu einer Ebene möglich ist. In solchen Fällen wird empfohlen, unter pragmatischen Gesichtspunkten, gegebenenfalls im Konsens mit anderen Projektbeteiligten, eine Entscheidung für eine Ebene zu fällen.[63]

### 5.3.4 Cross-Layer-Design

In einigen Fällen ist es hilfreich oder gar notwendig, von der vorgegebenen Ebenenstruktur des Referenzmodells abzuweichen. Solche Abweichungen von einer vorgegebenen Ebenenstruktur werden in Anlehnung an ein vergleichbares Vorgehen im ISO / OSI-Referenzmodell als Cross-Layer-Design bezeichnet. Hinter diesem Ansatz verbirgt sich eine Herangehensweise, die bewusst definierte Ebenen zusammenfasst, um eine Optimierung zum Beispiel in Bezug auf Performance

60 Workshop Blue Order (14. 11. 2007, siehe Punkt 8.1.2) und Experteninterview Thomson Systems Germany (Product Management Software Application Systems, 14. 05. 2008, siehe Punkt 8.1.2). Vgl. auch 4.1.2.

61 Vgl. Fallbeispiel EMSA (ProSiebenSat.1 Produktion, siehe Punkt 8.2.1) und Fallbeispiel eCenter (Plazamedia, siehe Punkt 8.2.4).

62 Beispielsweise werden bei der British Telekom im Wesentlichen nur die Services des MAMS „Media Archive“ genutzt. Vgl. Workshop Blue Order (14. 11. 2007, siehe Punkt 8.1.2).

63 Ein wesentliches Merkmal der Modellbildung ist die Vereinfachung (Vgl. 3.2.1). In der Regel sollte die Entscheidung für eine Ebene zu keiner Beeinträchtigung in Bezug auf den Modellzweck führen.

zu erreichen.[64] Vor dem Hintergrund, dass das hier entwickelte Referenzmodell die Kommunikationsprinzipien des ISO / OSI-Referenzmodells nutzt und auch in der Fernsehproduktion sehr hohe Anforderungen an die Performance von Applikationen und Netzwerken bestehen, ist beim Prozess- und Systemdesign zu prüfen, an welchen Stellen sich durch ein Cross-Layer-Design Optimierungen erzielen lassen. Eine Abweichung stellt beispielsweise der Einsatz eines geschlossenen Produktionssystems dar, welches vertikal mehrere Ebenen überspannt,[65] angrenzenden Systemen dadurch aber keine hinreichenden Recherche-, Steuerungs- oder Monitoringfunktionalitäten über eine externe Schnittstelle zur Verfügung stellt.

Die hierarchische Strukturierung der Anwendungsarchitektur anhand des Broadcast-spezifischen Referenzmodells ist bei der Modellierung als Empfehlung zu sehen, von der bei Bedarf abgewichen werden kann. Diese Entscheidung sollte nach Möglichkeit bewusst gefällt werden, wie dies beispielsweise für die Gestaltung von Havariemechanismen erforderlich sein kann.[66] In anderer Richtung ist es möglich, die aufgezeigte Ebenenstruktur des Referenzmodells entsprechend der Anforderungen um projektspezifische Subebenen zu erweitern.

## 5.4 Bewertung des Modellierungsansatzes

Ziel war es, einen Modellierungsansatz zu entwickeln, der die Systemgestaltung bei integrierten Fernsehproduktionssystemen vereinfacht und die Transparenz in der Fernsehproduktion erhöht.[67] Dazu wurden im Vorfeld eine Reihe von Kriterien erarbeitet, die der Modellierungsansatz erfüllen soll.[68] Die folgende **Tabelle 5.5** fasst die Bewertung des Modellierungsansatzes, bestehend aus Referenzmodell und Architektursichten, anhand dieser Kriterien zusammen.

64 Vgl. [Aun04, S. 1] und [RP06, S. 717].
65 Vgl. Punkt 5.3.1.
66 Vgl. Punkt 7.3.
67 Vgl. Punkt 2.6.
68 Vgl. Punkt 3.3.1.

| Kriterium | | Erfüllungsgrad |
|---|---|---|
| *Allgemeine Bewertungskriterien* | | |
| Modellzweck | + | Der Modellierungsansatz eignet sich für die prozessorientierte Beschreibung von Fernsehproduktionssystemen. Dabei ist es möglich, Beschreibungs-, Erläuterungs-, Gestaltungs- und Entscheidungsmodelle über diesen Modellierungsansatz zu generieren. |
| Modellierungsansatz | + | Das für die Modellierung erforderliche Begriffssystem wird über das Referenzmodell für die Fernsehproduktion definiert. Über Prozess-, Fachbegriffs-, Anwendungs- und Systemarchitektur wird die Sichtweise bei der Modellbildung definiert. |
| Modellreichweite | + | Das Referenzmodell umfasst alle relevanten Aufgabenbereiche eines Fernsehunternehmens inklusive der Managementprozesse, sodass der Modellierungsansatz auf alle Geschäftsprozesse von Fernsehunternehmen angewendet werden kann. |
| Abstraktionsgrad | + | Der Modellierungsansatz lässt eine Modellierung in unterschiedlichen Detaillierungsgraden zu. Bei Bedarf lassen sich im Referenzmodell beispielsweise weitere Subebenen definieren. |
| *Broadcast-spezifische Bewertungskriterien* | | |
| Dimensionen | + | Das Referenzmodell erzeugt eine übergeordnete Sicht auf die Fernsehproduktion. Durch die Einführung der vier Architektursichten für Prozess, Daten, Anwendungen und Systeme ist eine umfassende Beschreibung der Fernsehproduktion möglich. |
| Hierarchien | + | Das Referenzmodell definiert für den Modellierungsansatz eine klare Hierarchie über mehrere Managementebenen und unterstützt auf diese Weise eine klare Zuordnung von Verantwortungsbereichen sowie eine hierarchische Kommunikation zwischen den Ebenen eines integrierten Produktionssystems. |
| Modularität | + | Das Referenzmodell bildet den Rahmen für eine modulare Modellierung, wobei jedes Modul eindeutig einer Ebene zugeordnet wird. |

| Kriterium | | Erfüllungsgrad |
|---|---|---|
| Variantenbildung | + | Innerhalb der Ebenen der Referenzmodells lassen sich in übersichtlicher Form Varianten modellieren und gegenüberstellen. Durch die Differenzierung von vier Architektursichten können zudem Auswirkungen von Veränderungen gezielt untersucht werden, um die Grundlage für eine Entscheidungsfindung zu bilden. |
| Klassifizierung | + | Die Ebeneneinteilung des Referenzmodells sowie eine problemspezifische Unterteilung in Prozessschritte eignen sich unter anderem zur Klassifizierung von Arbeitsschritten, Datenobjekten, Anwendungen oder Anforderungen. |

**Tabelle 5.5:** Bewertung des Modellierungsansatzes

Durch diese Eigenschaften trägt der Modellierungsansatz dazu bei, die Systemgestaltung für die Fernsehproduktion zu vereinfachen. Mit der konsequenten Anwendung des Modellierungsansatzes bei der Analyse bestehender oder der Gestaltung neuer Systeme lässt sich eine erhöhte Transparenz erreichen.[69] Damit erfüllt der aus der Industrie abgeleitete Modellierungsansatz für die Fernsehproduktion die definierten Forschungsziele.

Im Folgenden wird nun die Anwendung des Modellierungsansatzes auf die Modellierung automatisierter und havariesicherer Systeme eingehender untersucht. Eine ausführliche und abschließende Nutzenbetrachtung von Referenzmodell und Modellierungsansatz findet im Rahmen der empirischen Evaluation in Punkt 8.3 statt.

69 Vgl. Punkt 2.6.

# 6 Konzeption automatisierter Fernsehproduktionssysteme

*Leitfragen*

- Was bedeutet Automatisierung und welche Aufgaben lassen sich automatisieren?
- Welche Besonderheiten bestehen bei der Automatisierung im kreativen Umfeld?
- Welche Strategien existieren für die Automatisierung in integrierten Produktionssystemen?
- Welche Bedeutung hat der Modellierungsansatz für die Automatisierung?

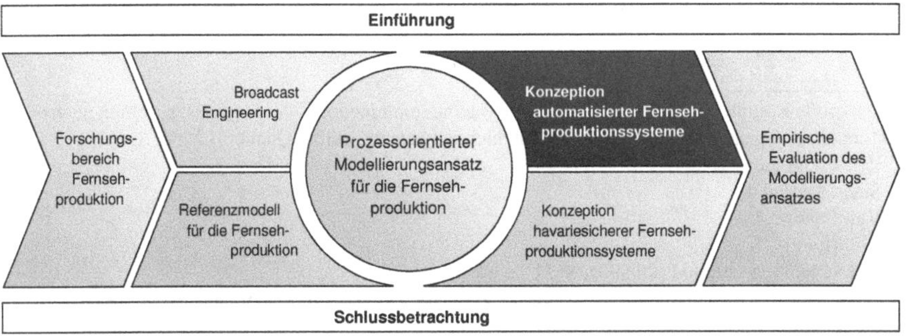

*„The great complexity with which some systems will have to be implemented will cry out for the use of automation in places where it has not been considered before."*[1]

Aufgrund der steigenden organisatorischen Vernetzung und technischen Integration, die aus der konvergenten Entwicklung in der Fernsehproduktion resultieren,[2] reicht es nicht mehr, die Automatisierung nur punktuell zu betrachten. Vielmehr ist auch bei der Automatisierung in der Fernsehproduktion ein prozess- und systemübergreifendes Vorgehen notwendig. Die Einordnung der Automatisierung in das Referenzmodell[3] kann wesentlich dazu beitragen, die Gestaltung automatisierter Fernsehproduktionssysteme zu systematisieren und zu vereinfachen.

Dieses Kapitel beleuchtet nach einer kurzen Einführung in die Grundlagen der Automatisierung, was diese im Umfeld der kreativen Prozesse von Fernsehunternehmen bedeutet und wie sie bei der Systemgestaltung zu berücksichtigen ist. Das Referenzmodell bildet dabei in Anlehnung an industrielle Ebenenmodelle[4] den Ausgangspunkt für den Entwurf einer automatisierten Fernsehproduktion, indem es dazu beiträgt, Führungs- und Steuerungsstrukturen zu definieren und die anfallenden Aufgaben auf Subsysteme zu verteilen.[5] Abschließend werden die Grenzen der Automatisierung aufgezeigt und die Bedeutung des Modellierungsansatzes für die Konzeption automatisierter Fernsehproduktionssysteme erörtert.

## 6.1 Grundlagen der Automatisierung

Die *Automatisierung* hat zum Ziel, Mittel, zum Beispiel in Form technischer Anlagen, derart einzusetzen, dass Vorgänge oder Prozesse – je nach Automatisierungsgrad – mit nur geringem oder gar keinem menschlichen Zutun bestimmungsgemäß ablaufen.[6] Dazu werden die in einem Prozess zu erfüllenden Aufgaben,[7] die bislang von personellen Aufgabenträgern ausgeführt wurden, an maschinelle Aufgabenträger übergeben.[8] Die Rolle des Menschen verschiebt sich durch die Automatisierung vom Handelnden innerhalb des Prozesses hin zu demjenigen, der

1 Die große Komplexität, mit welcher einige Systeme implementiert werden müssen, schreit nach einer Automatisierung auch an Stellen, die bislang nicht angedacht waren. Quelle: [LM98, S. 11].
2 Vgl. Punkt 2.3.
3 Siehe Kapitel 4.
4 Vgl. Punkt 3.4.4.
5 Vgl. [Lan04, S. 227].
6 Vgl. [Cha94, S. 39] und [DIN98a, S. 3].
7 „Der Begriff Aufgabe wird [...] als Zielsetzung für zweckbezogenes menschliches Handeln definiert." Quelle: [FS98, S. 87].
8 Vgl. [HT00, S. 43] und [Rob03, S. 9].

die Aufsicht über den Prozess hat.[9] Ziel ist in der Regel, ein Höchstmaß an Wirtschaftlichkeit zu erreichen, indem die Durchführungskosten der Herstellung gesenkt werden.[10] Der Nutzen ergibt sich im Wesentlichen aus den folgenden Merkmalen der Automatisierung.[11]

- *Senkung von Durchführungsdauer und Durchlaufzeiten*, da Maschinen oft schneller und präziser arbeiten können als personelle Aufgabenträger;
- *Verbesserung der Verfügbarkeit*, da maschinelle Aufgabenträger nicht an gesetzliche Arbeitszeitregelungen gebunden sind;
- *Erhöhung der Zuverlässigkeit und Sicherheit* bei der Aufgabendurchführung gegenüber menschlichen Aufgabenträgern und somit Senkung des Kontrollaufwandes und
- *Steigerung der Transparenz* in der Produktion, durch einheitliche und dokumentierte Abarbeitung von Aufgaben durch Maschinen.

Neben dem Begriff der Automatisierung wird häufig *Automation* verwendet. Der Fachliteratur folgend wird in dieser Arbeit eine Unterscheidung zwischen dem Prozess der Automatisierung und dem Zustand der Automation als Resultat vorgenommen.[12,13]

In der Industrie zeichnet sich nach LANGMANN eine Entwicklung der Automatisierung ab, die bis Anfang des letzten Jahrhunderts durch die Mechanisierung und im Anschluss durch den Einsatz von Elektrizität, Elektrotechnik und Elektronik gekennzeichnet war. Derzeit erfolgt die verstärkte Anwendung von Informationstechnologien zur Automatisierung.[14] Dadurch verschieben sich die Entwicklungsschwerpunkte von der reinen Automatisierung hin zur Optimierung von Materialfluss und Logistik. Der aktuelle Schwerpunkt ist die Informationslogistik, und KRÄMER prognostiziert, dass sich dieser hin zur automatischen Diagnose, Reparatur und Instandhaltung verschieben wird.[15] Diese Entwicklung ist aktuell auch in der Fernsehproduktion zu beobachten.

---

9 Vgl. [Cha94, S. 39].
10 Vgl. [FS98, S. 110*f*].
11 Vgl. [FS98, S. 110*f*] und [Krä02, S. 1 und 6].
12 Vgl. [HT00, S. 43] und [Cha94, S. 39].
13 Darüber hinaus findet man in Literatur und Sprachgebrauch vereinzelt den Begriff der „Automatisation“. Dieser findet im Folgenden keine Verwendung.
14 Vgl. [Lan04, S. 19].
15 Vgl. [Krä02, S. 5].

### 6.1.1 Automatisierungsgrad

Der Automatisierungsgrad quantifiziert das Ausmaß der Automatisierung. Er macht eine Aussage über das Maß der Funktionsteilung zwischen Mensch und Maschine.[16] Mathematisch ausgedrückt, definiert sich der Automatisierungsgrad über den „Anteil der durch die automatisierte Einrichtung verrichteten Funktionen, bezogen auf die Gesamtheit der durch den Menschen und Maschinen geleisteten Funktionen"[17].[18]

Der Automatisierungsgrad in einem Unternehmen lässt sich durch die konkrete Verteilung der Aufgaben beschreiben.[19] Dabei wird zwischen *(voll-)automatisiert* bei vollständig maschineller Ausführung, *teilautomatisiert* bei einem kombinierten Einsatz maschineller und personeller Aufgabenträger und *nicht automatisiert* unterschieden.[20] Die Überwachung und Steuerung des Produktionsprozesses durch den Menschen bleibt bei der Ermittlung des Automatisierunsgrades unberücksichtigt.[21]

### 6.1.2 Automatisierbarkeit von Aufgaben

„Automatisierbarkeit ist [...] die Möglichkeit, externe Eingriffe in ein System durch dessen kybernetische Fähigkeiten [...] zu ersetzen."[22] Bei einer Automatisierbarkeitsanalyse wird die zu automatisierende Aufgabe so weit zerlegt, dass eine Teilaufgabe entweder als automatisierbar oder als nicht automatisierbar identifiziert werden kann.[23] Eine Aufgabe gilt prinzipiell als automatisierbar, wenn sowohl ein Modell als auch ein Lösungsverfahren für diese Aufgabe existieren und beide in einem maschinellen Aufgabenträger – also beispielsweise einer Software – umgesetzt werden können.[24] Neben diesen ingenieurwissenschaftlichen, formalen Kriterien, die für die Automatisierbarkeit unabdingbar sind,[25] existieren auch sachliche und ethische Kriterien, die über die Automatisierbarkeit entscheiden. Sachlich betrachtet muss es möglich sein, sowohl die Kosten für Planung, Durchführung und Kontrolle als auch den Nutzen der Automatisierung zu beziffern, um die Wirtschaftlichkeit gewährleisten zu können.[26] Aus ethischer Sicht

16 Vgl. [HT00, S. 44], [Cha94, S. 39] und [Rob03, S. 9].
17 Quelle: [Cha94, S. 39].
18 Vgl. [HT00, S. 45] und [DIN98a, S. 3].
19 Vgl. [FS98, S. 48].
20 Vgl. [BS99, S. 54], [FS98, S. 47*f*] und [Rob03, S. 12].
21 Vgl. [Cha94, S. 39].
22 Quelle: [Küh00, S. 53].
23 Vgl. [Rob03, S. 13].
24 Vgl. [FS98, S. 54] und [Rob03, S. 12].
25 Vgl. [FS98, S. 101*ff*].
26 Vgl. [FS98, S. 101*ff*] und [Müh05a, S. 522].

muss sichergestellt sein, dass die Systemziele weiterhin durch den Menschen vorgegeben werden und die Verantwortung nicht an Hard- oder Software übertragen wird.[27] Entsprechend kann das Ziel nicht die Vollautomatisierung der Gesamtaufgabe sein, sondern die gezielte Unterstützung des Menschen bei der Aufgabenerfüllung.[28] Daher wird stellenweise nicht von Automationssystemen, sondern von Unterstützungssystemen gesprochen, die als informationsverarbeitende Systeme die Aufgabenerfüllung fördern, indem sie nötige Teilaufgaben innerhalb der Gesamtaufgabe übernehmen.[29]

Die Kriterien für die Automatisierbarkeit von Aufgaben in der Fernsehproduktion werden in Punkt 6.2 näher untersucht.

### 6.1.3 Funktionsprinzipien von Automationssystemen

Die Aufgaben von Automationssystemen liegen in der maschinellen Steuerung und Überwachung von einzelnen Aktivitäten bis hin zu ganzen Prozessen. Dazu gehören auch das Initiieren der erforderlichen Informationsflüsse, die Dokumentation des Prozesses, das Einleiten von Notfallstrategien und die Möglichkeit, den Zustand des Produktes bzw. den Bearbeitungsfortschritt im Prozess zu verfolgen.[30] Automationssysteme übernehmen die Steuerung einzelner Herstellungsverfahren sowie die Koordination von Materialflüssen durch die Verbindung mehrerer Herstellungsschritte untereinander oder mit der Umgebung.[31] Dafür ist es notwendig, dass der Zustand des Produktes und der Materialfluss, wie im Messstellenmodell nach HARLAND in **Abbildung 6.1** gezeigt, eng mit dem Informationsfluss im Automationssystem verkoppelt werden.[32] Auf diese Weise kann sichergestellt werden, dass der für die Steuerung relevante Informationsfluss zu jeder Zeit ein repräsentatives Abbild des Materialflusses darstellt.

Je nach Komplexität der Steuerungs- und Überwachungsaufgaben lassen sich Automationssysteme unterschiedlichen Steuerungsebenen zuordnen.[33] Auf der untersten Ebene sind die zentralen Elemente zur Erfüllung dieser Aufgabe Sensoren als Messeinrichtungen und Aktoren als Steuer- oder Regeleinrichtungen.[34] Sensoren ermitteln Produktzustände in Form physikalischer, chemischer oder biologischer Messgrößen und wandeln diese in elektrische Signale um.[35] Sie bilden

27 Vgl. [HT00, S. 56*f*].
28 Vgl. [FS98, S. 48] und [Krä02, S. 1].
29 Vgl. [HT00, S. 50].
30 Vgl. [Krä02, S. 20].
31 Vgl. [Krä02, S. 14].
32 Vgl. [Krä02, S. 20].
33 Vgl. Punkt 3.4.4.
34 Vgl. [DIN94b, S. 3].
35 Vgl. [Lan04, S. 110] und [Krä02, S. 20].

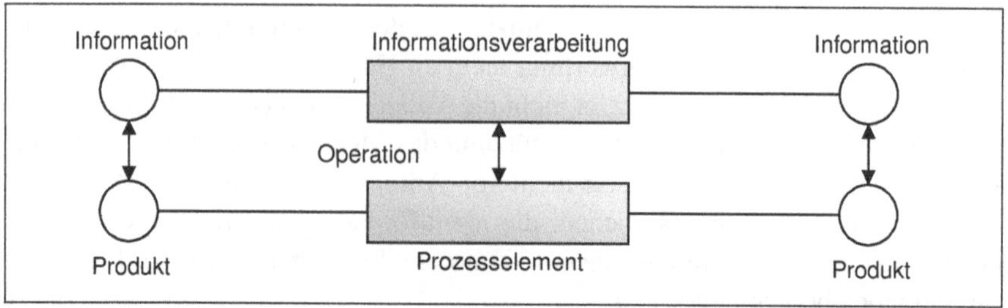


**Abbildung 6.1:** Messstellenmodell nach HARLAND (Quelle: [Krä02, S. 20])

so das Bindeglied zwischen einem Automationssystem und der nicht elektrischen Umwelt.[36] In Software-intensiven Informationssystemen spielen Sensoren nur eine untergeordnete Rolle, da sich Zustände und Bearbeitungsstände an verschiedenen Schnittstellen meist direkt abgreifen lassen. Aktoren steuern auf der Grundlage einer Informationsverarbeitung durch eine gezielte Beeinflussung von Energie-, Masse- oder Informationsströmen aktiv die Prozessparameter.[37]

Automationssysteme arbeiten im Allgemeinen nach dem Wirkungsprinzip der Steuerung oder nach dem Prinzip der Regelung. Bei der *Steuerung* werden die Ausgangsgrößen eines Prozesses durch das planmäßige Verändern von einer oder mehreren Eingangsgrößen entsprechend einer zuvor festgelegten Strategie beeinflusst.[38] Unter *Regelung* versteht man Vorgänge, bei denen kontinuierlich zu regelnde Größen (Regelgröße) erfasst und angepasst werden, um diese mit einem Soll-Wert (Führungsgröße) abzugleichen. Es handelt sich dabei um einen Regelkreis, der sich fortlaufend selbst beeinflusst.[39] Für die Automatisierung im Rundfunkbereich ist primär die Steuerung von Bedeutung. Hierfür existieren drei unterschiedliche Steuerungsansätze, die im Hinblick auf die Anwendung des Referenzmodells der Fernsehproduktion anhand einer Ebenenstruktur in **Abbildung 6.2** dargestellt sind.

- Bei der *zentralen Steuerung* erfolgt die Zielsteuerung durch eine einzige Instanz, bei der alle erforderlichen Daten zentralisiert zusammenlaufen. Die Kommunikation erfolgt in vertikaler Richtung, wobei Material- und Informationsfluss nur physikalisch voneinander getrennt, aber nur indirekt mit-

36 Vgl. [Lan04, S. 110].
37 Vgl. [Krä02, S. 20] und [Lan04, S. 153].
38 Vgl. [DIN94a, S. 7] und [Lan04, S. 171].
39 Vgl. [DIN94a, S. 7] und [Lan04, S. 185*f*].

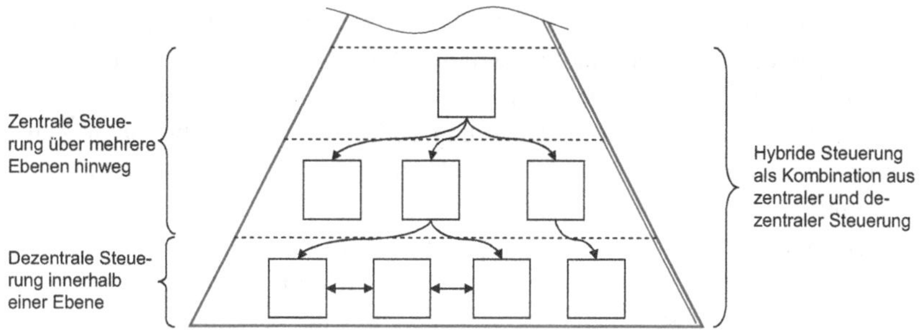


**Abbildung 6.2:** Zentrale, dezentrale und hybride Steuerung

einander gekoppelt sind.[40] Dieser Ansatz ermöglicht eine zentrale Steuerung und Überwachung von Prozessen. Die zeitliche Koppelung zwischen Material- und Informationsfluss sowie die Gewährleistung einer hinreichenden Datensicherheit stellen jedoch meist eine große Herausforderung dar.[41]

- Die *dezentrale Steuerung* sieht vor, dass die Automatisierung vollkommen unabhängig von höheren Ebenen in horizontaler Richtung erfolgt. Voraussetzung dafür ist, dass alle für die Steuerung nötigen Informationen direkt aus dem Materialfluss gewonnen werden können.[42] Der dezentrale Ansatz ermöglicht eine starke Modularisierung und somit hohe Flexibilität bei der Gestaltung und Modifikation von Produktionsanlagen, hat jedoch den Nachteil, dass der Kommunikationsbedarf innerhalb der Anlage stark ansteigt.[43]

- Neben diesen beiden Ansätzen existiert als dritter Ansatz die *hybride Steuerung*, welche die Vorteile beider Lösungen vereint, indem sie in Teilen den dezentralen und in anderen Teilen – meist an Schlüsselpositionen im Produktionsprozess – den zentralen Ansatz verfolgt.

Bei der Automatisierung wird Komplexität, die bislang durch den Menschen bewältigt wurde, mehr und mehr in Maschinen verlagert. Mit der zunehmenden Automatisierung werden Automationssysteme stetig größer und komplexer. Dennoch sollen sie die Anforderungen z. B. an Transparenz, einfache Schnittstellen, Stabilität, Regelgenauigkeit, Reaktionszeiten, Sicherheit und Kompatibilität mit Anlagen

40 Vgl. [Lan04, S. 332*ff*] und [Krä02, S. 23].
41 Vgl. [Krä02, S. 25].
42 Vgl. [Lan04, S. 332*ff*] und [Krä02, S. 23].
43 Vgl. [Lan04, S. 332].

unterschiedlicher Hersteller erfüllen.[44] Daher ist es wichtig, bei der Konzeption automatisierter Systemlandschaften geeignete Modellierungsformen zu finden, die diese Anforderungen berücksichtigen.

Das Ebenenkonzept der Automatisierung nach KRÄMER beschreibt die Makrostruktur von automatisierten industriellen Produktionssystemen.[45] Die Funktionsweise und die Mikrostruktur mehrstufiger Automationssysteme wird durch das in **Abbildung 6.3** gezeigte Modell der Nutzer- und Basismaschine beschrieben. Es definiert für Anwendungssysteme eine Außensicht und eine Innensicht. Indem die Nutzersicht in der sogenannten Nutzermaschine auf externe Datenobjekte und Operatoren reduziert wird, lässt sich die konkrete Umsetzung von Lösungsverfahren abstrahieren. Die automatisierte Bearbeitung der Aufgabe erfolgt durch ein

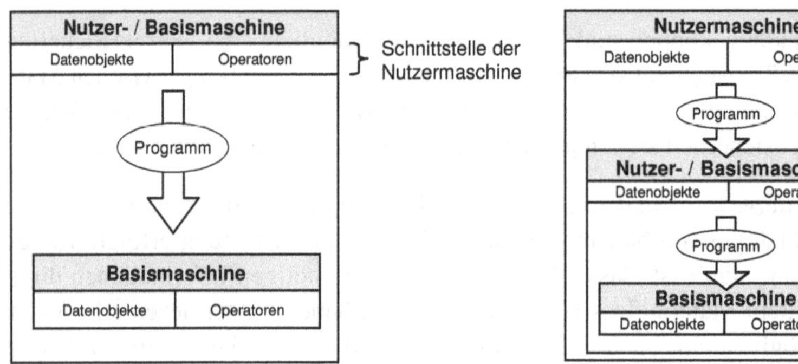


**Abbildung 6.3:** Einstufige und mehrstufige Nutzer-/Basismaschinen (nach [FS98, S. 283*f*])

Programm, das die Basismaschine steuert. Diese repräsentiert die Innensicht des Anwendungssystems und verfügt über interne Datenobjekte und Operatoren, welche der Ausführung aller notwendigen Teilaufgaben dienen.[46] In hierarchisch aufgebauten Automationssystemen, die beispielsweise dem Modell nach KRÄMER folgen, wird dieser Ansatz erweitert, indem die Nutzermaschine einer Ebene für die nächsthöhere Ebene die Funktion einer Basismaschine übernimmt. Auf diese Weise ist es möglich, den Komplexitätsabstand zwischen Nutzer- und Basismaschine und somit die Komplexität des zu implementierenden Programms auf ein handhabbares Maß zu reduzieren.[47] Werden an Nutzer- und Basismaschinen stan-

44 Vgl. [DIN94b, S. 6*f*] und [VDI05a, S. 4*f*].
45 Vgl. Punkt 3.4.4.
46 Vgl. [FS98, S. 283*f*] und [Rob03, S. 30*f*].
47 Vgl. [FS98, S. 283*f*] und [Rob03, S. 31*f*].

dardisierte Schnittstellen verwendet, so erhöht dieses Vorgehen darüber hinaus die Wiederverwendbarkeit und die möglichen Einsatzgebiete von Nutzermaschinen.[48] Das Prinzip der Nutzer- / Basismaschine wird in Punkt 6.3.1 anhand der hierarchischen Automatisierung in der Fernsehproduktion präzisiert.

## 6.2 Automatisierung in der Fernsehproduktion

„Der Erfolg aller Technik hängt [...] von der Kreativität und der Innovationskraft der Programmanbieter ab."[49] Besonders in einem kreativen Umfeld wie der Fernsehproduktion stellt sich daher die Frage, wie weit die Automatisierung gehen kann und soll. Hier stehen sich die widersprüchlichen Forderungen nach einer effizienten und kostensparenden Arbeitsweise auf der einen Seite und nach einer geringstmöglichen Beschränkung der Kreativität auf der anderen Seite gegenüber.[50] Es wird gefordert, dass die Automatisierung das Personal bei seiner kreativen inhaltlichen und organisatorischen Arbeit unterstützen und die Effizienz durch eine Entlastung bei Routineaufgaben steigern soll.[51]

*Kreativität in der Nachrichtenproduktion*

Der kreative Prozess setzt sich im Wesentlichen aus dem Entwickeln vielfältiger Ideen, der Auswahl geeigneter Ideen und der Umsetzung dieser für den Zuschauer zusammen.[52] Nach dieser Definition ist Kreativität nicht nur bei der Herstellung vermeintlich kreativer Sendeformate erforderlich, sondern auch in der Nachrichtenproduktion. Dort besteht die Kreativität darin, eine Vielzahl von Informationen zu interessanten und fesselnden Nachrichtensendungen aufzubereiten, da dies neben der Information an sich entscheidend ist für die erreichbaren Zuschauerzahlen.[53]

### 6.2.1 Entscheidungskriterien für die Automatisierung

Die Autoren Hauss und Timpe definieren sechs Allokationskriterien, anhand derer über die Automatisierung einzelner Aufgaben entschieden werden kann. Liegt der Fokus auf einer technischen Betrachtung, so spielen die *Wirtschaftlichkeit*, die

48 Vgl. [Rob03, S. 32].
49 Quelle: [Bre00, S. 621].
50 Vgl. [Hed04, S. 147], [HT04, S. 177], [Del04, S. 436] und [Dei04, S. 81].
51 Vgl. [UT06, S. 598], [Hah08, S. 253] und [Gen08, S. 94].
52 Vgl. [KS05, S. 247].
53 Vgl. [Sch05a, S. 150*f*].

*maximale Automation* und der *Leistungsvergleich* zwischen Mensch und Maschine eine entscheidende Rolle. In einem menschenzentrierten Systemkonzept steht die Gestaltung *menschengerechter Aufgaben* im Mittelpunkt, und bei einer systemübergreifenden Untersuchung dienen die *situationsangepasste Flexibilität* und die *Verlässlichkeit* des Mensch-Maschine-Systems als Kriterien.[54]

In der Fernsehproduktion sind in erster Linie der Leistungsvergleich, die Verlässlichkeit und die Wirtschaftlichkeit von Bedeutung. CHARWAT vergleicht Stärken von Mensch und Maschine über die in **Tabelle 6.1** zusammengestellten Kriterien. Dieser Ansatz ermöglicht vereinfacht die Entscheidung, für welche Aufgaben eine Automatisierung sinnvoll erscheint.[55] Bei dieser Aufstellung handelt es sich um einen sich dynamisch entwickelnden Kriterienkatalog, wie der Vergleich mit einer Kriterienaufstellung aus dem Jahre 1951 zeigt.[56] Dort wird dem Menschen beispielsweise noch zugeschrieben, besser langfristig Informationen speichern und abfragen zu können. Angesichts der heutigen Speichertechnologien ist dies mittlerweile auch eine Stärke von Maschinen.

| **Fähigkeiten** | **Überlegenheit bei ...** | |
|---|---|---|
| | *Mensch* | *Rechner* |
| Schätzen | X | |
| Vorhersagen | X | |
| Ergänzen unvollständiger Informationen (durch Assoziation) | X | |
| Finden neuer Lösungswege (Kreativität) | X | |
| Situationsangepasstes, flexibles Verhalten | X | |
| Taktisches Entscheidungsvermögen | X | |
| Erfassen mit hoher Datenrate | | X |
| Reduktion erfasster Daten durch schnelle Routineprozeduren | | X |
| Speichern, Ordnen und Zugreifen auf große Datenmengen | | X |
| Präzise Wiederholung von Funktionen (Reproduzierbarkeit) | | X |
| Schnelles Reagieren auf spontane Ereignisse (programmierbare Reaktion) | | X |

**Tabelle 6.1:** Eigenschaften von Mensch und Maschine (nach [Cha94, S. 33])

54 Vgl. [HT00, S. 54].
55 Vgl. [Cha94, S. 33].
56 Vgl. [HT00, S. 55].

Mit der Untersuchung der Zuverlässigkeit wird geprüft, wie durch geschickte Verteilung von Aufgaben an menschliche und maschinelle Aufgabenträger eine möglichst hohe Verfügbarkeit des Gesamtsystems erreicht werden kann.[57] Bei der Betrachtung der Wirtschaftlichkeit wird abgewogen, ob eine Automatisierung kostengünstiger ist als die für die Erledigung erforderlichen personellen Ressourcen.[58]

### 6.2.2 Entwicklungsstand in der Fernsehproduktion

Die Automatisierung spielt seit geraumer Zeit auch eine wichtige Rolle in unterschiedlichen Bereichen der Fernsehproduktion. Ausgangspunkt aller Bestrebungen war die Automatisierung von Tätigkeiten in der Sendeabwicklung und bei Live-Sendungen. Die *Steuerung von Ingest und Playout* gehört zu den ältesten Automatisierungen in der Fernsehproduktion. Beginnend bei einer einfachen Fernsteuerung von MAZ-Maschinen, war es bereits um 1970 möglich, das Abarbeiten von Sendeabläufen über eine Automation[59] zu steuern. Heute erfolgt über solche Automationen die komplexe, synchrone Steuerung einer Vielzahl von Geräten. Die Automation dient dabei als abgesetzte Einheit zur terminierten Steuerung von Ein- oder Ausspielvorgängen.[60] Ausgehend von der Playout-Steuerung, wurde im Studiobereich die Automatisierung weiterer Komponenten vorangetrieben. In Fernsehstudios erfolgt mittlerweile auch die Steuerung von Telepromptern, Grafiksystemen, Lichtanlagen und Kameras automatisiert, sodass eine Live-Nachrichtensendung von ein bis zwei Personen gesteuert werden kann.[61]

Mit der technischen Konvergenz wachsen die Möglichkeiten, und die Automatisierung rückt vermehrt auch in andere Bereiche vor. Neben der klassischen Automation von Hardware-Komponenten wie MAZ-Maschinen spielt zunehmend die *Automatisierung Software-gestützter Prozesse* eine Rolle. Durch die Einführung der File-basierten Produktionsweise wird es beispielsweise möglich, die Essence-Verwaltung weitgehend zu automatisieren. Das reicht vom automatischen File-Transfer von Material[62] bis hin zu komplexen hierarchischen Materialverwaltungskonzepten[63] und zur automatisierten Extraktion von Metadaten aus Videomaterial.[64]

57 Vgl. [GT00, S. 64*ff*], [DIN04a, S. 6] und [VDI95, S. 3].

58 Für die wirtschaftliche Bewertung der Personals sind Kosten für Auswahl, Schulungen, Lohn usw. relevant. Vgl. [HT00, S. 55].

59 Kurzbezeichnung für Automationssystem.

60 Vgl. [HL72, S. 71*f*], [Gen02, S. 186*ff*], [Bla07] und [MW04, S. 572*ff*].

61 Vgl. [Grö02, S. 172*ff*], [Wel02, S. 179*f*], [Blo05, S. 457*f*] und [KM08, S. 72*f*].

62 Vgl. [Gra08, S. 109] und [Hah08, S. 250*ff*].

63 Vgl. [Tho01, S. 659], [Gar06, S. 28*ff*] und [Gen08, S. 94].

64 Vgl. [AFRS01, S. 745].

*Entwicklungsstand in der Nachrichtenproduktion*

Da in der Nachrichtenproduktion die nicht funktionalen Anforderungen Performance und Kosteneffizienz eine entscheidende Rolle spielen, sind hier die Automatisierungsbemühungen im Vergleich zu anderen Bereichen der Fernsehproduktion besonders ausgeprägt. Dies trifft insbesondere auf kommerzielle Fernsehunternehmen zu. So wird versucht, sowohl Aufgaben in der Studioproduktion als auch Essence- und Metadaten-Logistik innerhalb der Nachrichtenproduktion weitestgehend zu automatisieren.[65]

Über die Automatisierung können vor allem für Routineaufgaben die Bearbeitungszeit und die Fehleranfälligkeit reduziert werden. Die Anwender können sich so auf ihre inhaltlichen und organisatorischen Aufgaben konzentrieren. Es zeigt sich dabei, dass sich die Gegenüberstellung der Fähigkeiten von Mensch und Maschine in **Tabelle 6.1** auch auf die Aufgaben der Fernsehproduktion übertragen lässt. Hier wird ebenfalls versucht, die jeweiligen Stärken optimal auszunutzen.

Bislang sind viele Potenziale der Automatisierung in der Fernsehproduktion noch ungenutzt. Insbesondere die Automatisierung von Essence- und Metadaten-Logistik birgt noch viele Möglichkeiten zur Effizienzsteigerung.[66] Grundlage für die Ausnutzung der Optimierungspotenziale und zugleich besondere Herausforderung bei der Automatisierung ist die Vernetzung vieler Teilprozesse zu einem homogenen Gesamtkonzept. Das führt dazu, dass auch die Automatisierung in der Fernsehproduktion nicht mehr nur in kleinen Teilbereichen, sondern in ihrer Gesamtheit untersucht werden muss.

## 6.3 Automatisierungsstrategien für die integrierte Fernsehproduktion

Für die ganzheitliche Untersuchung der Automatisierung in der Fernsehproduktion wird das in Kapitel 4 entwickelte Referenzmodell herangezogen. Die Automatisierung erfolgt, bezogen auf das Referenzmodell, hierarchisch über mehrere Ebenen hinweg.

65 Vgl. [KM08, S. 65*ff*].

66 Beispielsweise hat bislang noch kein Hersteller eine durchgängig automatisierte Erfassung und Auswertung von Rechteinformationen realisiert, was besonders bei Nachrichtenproduktionen z.T. erhebliche Vereinfachungen bringen würde. Vgl. [KM08, S. 67*f*].

### 6.3.1 Hierarchische Automatisierung

Technisch gesehen, geschieht dies durch die hierarchische Orchestrierung[67] von Basisservices aus der untersten Ebene des Referenzmodells.[68] Das Prinzip der hierarchischen Orchestrierung wird deutlich, wenn man das Modell der Nutzer- / Basismaschine[69] auf das Konzept der Service-orientierten Architekturen überträgt. Die Maschinen werden dabei als Services betrachtet, die über einen technischen Workflow von Services der darüberliegenden Ebene gesteuert werden. **Abbildung 6.4** illustriert, wie sich die hierarchische Orchestrierung der Services in das Referenzmodell einfügt. Die Darstellung diese zeigt exemplarisch über drei Ebenen hinweg. Bei Bedarf ist eine weitere Verschachtelung möglich, falls weitere Hierarchieebenen eingezogen werden sollen. Dieses Vorgehen ermöglicht eine prozessorientierte und transparente Gestaltung der Gesamtarchitektur.

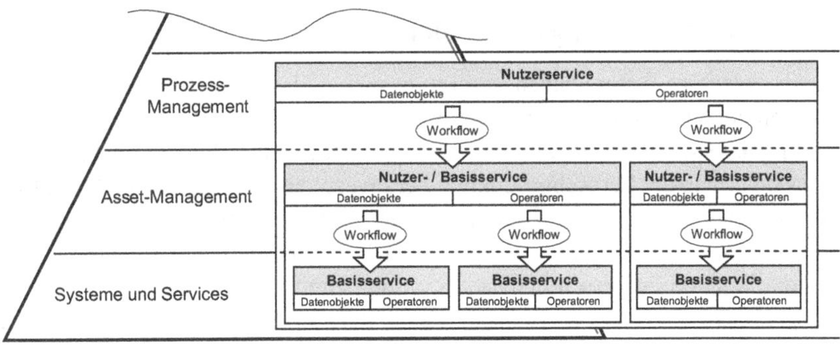


**Abbildung 6.4:** Hierarchische Automatisierung im Referenzmodell

*Hierarchische Automatisierung in der Nachrichtenproduktion*

Im Umfeld der Nachrichtenproduktion ist die hierarchische Automatisierung im Ansatz bereits in verschiedenen Bereichen realisiert worden, wie beispielsweise bei der Beitragserstellung. Fordert ein Redakteur über das auf der Prozess-Management-Ebene liegende Redaktionssystem Material aus dem Archiv an, so sendet das Redaktionssystem unter Angabe der Material-ID und des Zielsystems eine Materialanforderung an das Media-Asset-Management-System. Das MAMS fordert das Material vom HSM-System an, auf der das Essence-File archiviert ist, steuert den File-Transfer auf das Zielsystem, z. B. den Produktionsserver, und in-

67 Fachbegriff aus dem Bereich der SOA für „Kombination“. Vgl. 3.4.2.

68 Vgl. Punkt 4.1.

69 Vgl. **Abbildung 6.3** in Punkt 6.1.3.

formiert das Redaktionssystem über die erfolgreiche Materialbereitstellung. Zum Abschluss erhält der Redakteur vom Redaktionssystem eine Notifikation über den Materialeingang und kann mit dem Schnitt des Beitrags beginnen.[70]

Im beschriebenen Beispiel werden auf der untersten Ebene ein HSM-System, das IT-Netzwerk und ein Produktionsserver mit den von ihnen bereitgestellten Basisservices genutzt. Das MAMS kombiniert die Services zu einem technischen Workflow, der das Essence-File anfordert und den File-Transfer übers Netzwerk auf den Produktionsserver steuert. Das MAMS stellt dazu den Nutzer- / Basisservice „Materialbereitstellung" zur Verfügung. Der Redakteur nutzt diesen Service indirekt über den abstrakten Nutzerservice „Materialrecherche- und anforderung" im Redaktionssystem.

### 6.3.2 Automatisierungsstrategien

Die Analysen des Autors haben gezeigt, dass die Klassifizierung der Prozesse in Management-, Logistik- und Produktionsprozesse geeignet ist, um zur Charakterisierung unterschiedlicher Automatisierungsstrategien und des Automatisierungsgrades innerhalb der Fernsehproduktion herangezogen zu werden.[71] In **Abbildung 6.5** ist zu erkennen, dass der Automatisierungsgrad innerhalb des Referenzmodells von oben nach unten zunimmt. Dies lässt sich damit begründen, dass die Reproduzierbarkeit von Prozessen in dieser Richtung zunimmt. Auf den oberen Ebenen hingegen wird vor allem taktisches Entscheidungsvermögen benötigt.[72] Aus der Prozessklassifizierung lassen sich für die Fernsehproduktion drei übergeordnete Automatisierungsstrategien definieren. Innerhalb der Produktionsprozesse erfolgt die *automatische Ansteuerung von Services*, innerhalb der Logistikprozesse werden in unterschiedlichen Detaillierungsgraden *Prozesse automatisiert*, und für die Managementprozesse erfolgt eine *automatisierte Datenaufbereitung*. Alle drei Automatisierungsstrategien werden im Folgenden im Kontext des Referenzmodells eingehender untersucht.

#### 6.3.2.1 Produktionsprozesse

Zu den Produktionsprozessen gehören alle Prozesse zur Herstellung, Bearbeitung, Kombination oder Umformung von Content.[73] In Produktionsprozessen wie

70 Vereinfachter redaktioneller Workflow in Anlehnung an das Fallbeispiel N24plus (ProSiebenSat.1 Produktion, siehe Punkt 8.2.2).

71 Vgl. Punkt 4.2.1.

72 Vgl. die Stärken von Mensch und Maschine in **Tabelle 6.1**.

73 Vgl. Punkt 4.2.1.1.

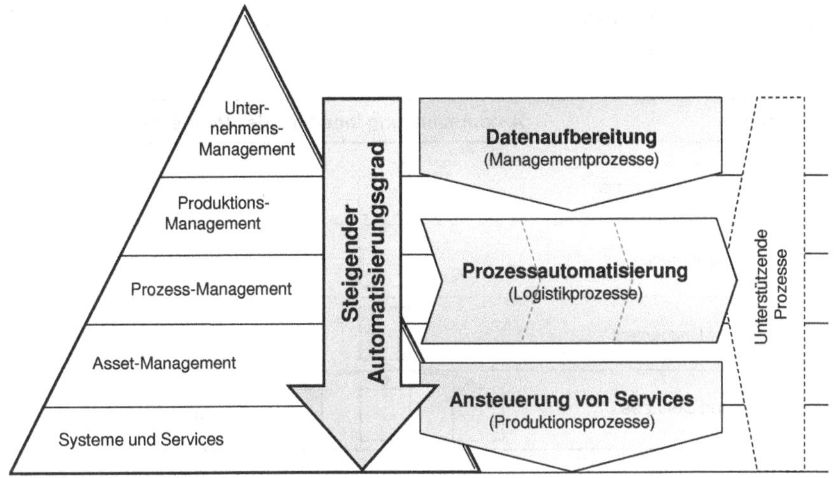


**Abbildung 6.5:** Automatisierungsgrad im Referenzmodell

Schnitt, Grafikerstellung und Studioproduktion sind taktische und kreative Tätigkeiten von besonderer Bedeutung, sodass man nicht von einer Automatisierung von Produktionsprozessen oder -workflows, sondern nur von einer Unterstützung durch Automation, also der gezielten Ansteuerung von Services, sprechen kann. Diese Unterstützung erfolgt punktuell, indem beispielsweise in einem Studio auf Tastendruck automatisch eine bestimmte Kameraposition angefahren wird oder auf Basis einer Schnittliste das Quellmaterial und die Effekte zu einem fertigen Beitrag gerendert[74] werden.

Im Referenzmodell ist die Steuerung der Services im Service-Management, der untersten Subebene des Asset-Managements, zu verorten. Sie greift dabei auf die Ressourcen aus der Ebene der Systeme und Services zu.[75] Die punktuelle Automatisierung auf der Service-Management-Ebene übernehmen beispielsweise Kamerarobotiken im Studiobereich oder klassische Broadcast-Automationen, die eine gleichzeitige und synchrone Steuerung mehrerer Systeme der untersten Ebene ermöglichen.[76] Es handelt sich, wie in **Abbildung 6.6** dargestellt, um eine zentrale Steuerung, die konkrete Aktionen auslöst. Die Bedienung der Systeme auf der Service-Management-Ebene kann sowohl über Systeme, die in der Essence-Ma-

74 Rendering ist ein Fachbegriff aus der Computeranimation und steht für die Visualisierung verschiedener Informationen und Bildbestandteile in einem neuen Bewegtbild. Vgl. [BS99, S. 23].

75 Vgl. Punkt 2.2.3.

76 Vgl. [Rie08, S. 372*f*].

nagement- oder Metadaten-Management-Ebene anzusiedeln sind, als auch direkt durch den Menschen erfolgen.

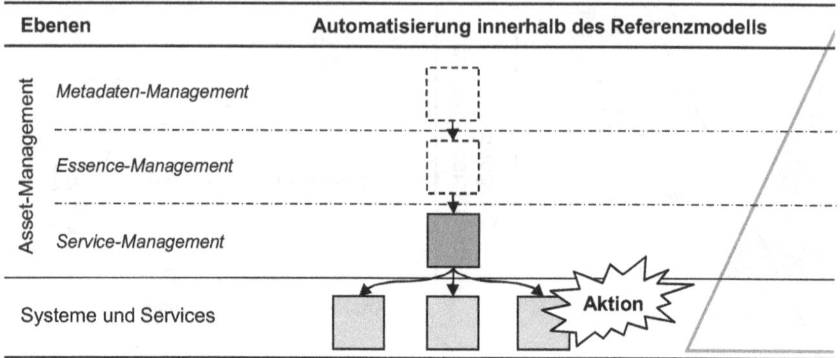


**Abbildung 6.6:** Automatisierung in Produktionsprozessen

### 6.3.2.2 Logistikprozesse

Logistikprozesse dienen dem Beschaffen, Verteilen, Transportieren oder Speichern von Ressourcen.[77] Ziel sowohl von industriellen Unternehmen als auch von Fernsehunternehmen ist es, eine möglichst hohe Logistikeffizienz zu erreichen. Dies erfordert zum einen eine hohe Logistikleistung, d. h. ein hohe Verfügbarkeit, kurze Durchlaufzeiten und einen hohen Lieferservice, und zum anderen niedrige Logistikkosten, d. h. geringe Bestands- und Prozesskosten.[78] Angesichts der großen Mengen an Videomaterial, die ein größeres Fernsehunternehmen täglich zu verarbeiten hat, ist dieses Ziel nur durch eine geeignete Automatisierung der Materiallogistik zu erreichen. Entsprechend hoch ist an dieser Stelle das Optimierungspotenzial.

Aus der Verortung der Logistikprozesse im Referenzmodell ergibt sich eine Differenzierung in eine *Produktionslogistik*, eine *Prozesslogistik* und eine *Asset-Logistik*, wobei sich letztere wiederum in *Metadaten- und Essence-Logistik* unterteilen lässt.[79] Diese Unterteilung berücksichtigt die charakteristischen Unterschiede bei der Planung und Steuerung unterschiedlicher Ressourcen, die verschiedene Anforderungen an die Automationssysteme stellen. Aufgrund des hohen Entwick-

77 Vgl. Punkt 4.2.1.2.
78 Vgl. [VDI04, S. 5] und [Pfo04, S. 237*ff*].
79 Vgl. Punkt 2.2.3.

lungs- und Einsparpotenzials durch die Automatisierung der Logistik werden die verschiedenen Logistikprozesse im Folgenden detaillierter betrachtet.

## Essence-Logistik

Die Essence-Logistik dient der Verwaltung des Rohmaterials und der daraus erzeugten Produkte. Dazu gehören Bild-, Audio- und Videodaten ebenso wie deren Datenträger. Diese Verwaltung erfolgt auf Basis technischer und deskriptiver Metadaten.[80] Generell gilt: je mehr Metadaten in maschinenlesbarer, formalisierter Form als Eingangsgröße für die Steuerung[81] vorliegen, desto umfangreicher kann die Essence-Logistik automatisiert werden. Im Idealfall erfolgt z. B. nach einer Recherche und Anforderung von Material ein vollautomatischer Transfer der Essences auf das gewünschte Zielsystem.

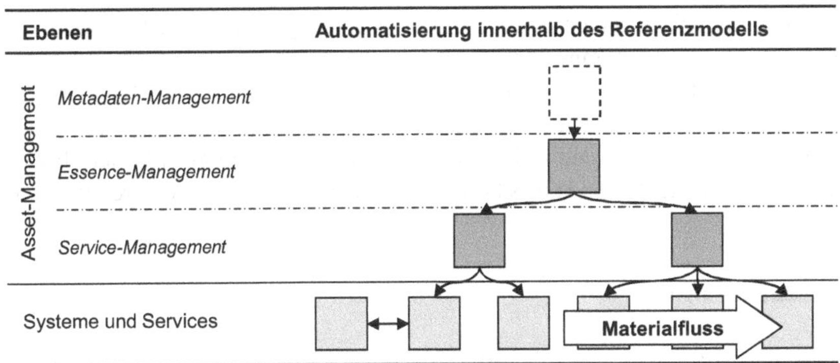


**Abbildung 6.7:** Automatisierung in Logistikprozessen am Beispiel der Essence-Logistik

Bei der Essence-Logistik kommt in der Regel eine hybride Steuerung des Essence-Flusses zum Einsatz, wie in **Abbildung 6.7** schematisch dargestellt wird. Die *zentrale Steuerung* wird beispielsweise durch Essence-Management-Systeme bzw. Media-Asset-Management-Systeme übernommen.[82] Diese verwalten regelbasiert unter anderem Video-Essences auf HSM-Systemen und Browsing-Servern, steuern das Transcoding in die benötigten Videoformate und exportieren Essences

80 Da Essence und Metadaten innerbetrieblich in der Regel getrennt voneinander gespeichert werden – Metadaten in Datenbanken und Essences auf mobilen Datenträgern oder in HSM-Systemen –, erfolgt an dieser Stelle die differenzierte Betrachtung von Essence- und Metadaten-Logistik, auch wenn Essences und Metadaten in der Verwendung nicht losgelöst voneinander betracht werden können.

81 Vgl. [DIN94a, S. 3].

82 Vgl. [Tho01, S. 668], [Wag00, S. 332] und [KZ06].

auf unterschiedliche Zielsysteme. Die Steuerung erfolgt in vielen Systemen über sogenannte Workflow-Engines.[83] Diese arbeiten Workflow-Skripte ab, durch die Services der Service-Management-Ebene zu einem logischen Ablauf orchestriert werden.[84] Eine *dezentrale Steuerung* findet statt, wenn beispielsweise von Agenturen[85] unaufgefordert File-basiertes Material angeliefert wird. Landet ein neues Video-File samt Metadaten-File in einem Watchfolder, so kann dies einen Ingest-Workflow anstoßen, der die Metadaten ausliest, eine Formatwandlung des Video-Files vornimmt und den Content auf den vorab definierten Zielsystemen zur Verfügung stellt.[86] Die dezentrale Steuerung spielt vor allem an den Grenzen von Unternehmen und Unternehmensbereichen eine Rolle, wo eine lose Koppelung technischer Systeme erwünscht ist.

Die Automatisierung der Essence-Logistik ist relativ weit vorangeschritten. Die aktuellen Herausforderungen liegen vor allem in der Gestaltung unternehmensübergreifender Materialverwaltungskonzepte, die insbesondere den zeitlichen Anforderungen in Nachrichten- und Sportproduktionen gerecht werden, sowie in der Integration von Produktionsplattformen, die über keine standardisierten und offenen Schnittstellen verfügen. Soll Archivmaterial, das nur auf Videobändern vorliegt, für eine Nutzung in die File-basierte Welt überführt werden, wird darüber hinaus Handarbeit notwendig. Dies ist zumindest so lange erforderlich, bis der komplette Content-Bestand eines Fernsehunternehmens File-basiert archiviert wurde.[87]

### Metadaten-Logistik

Hinter der Metadaten-Logistik verbirgt sich die systemtechnische Ablösung der früher üblichen MAZ-Karten[88], die zur Dokumentation und Weitergabe von deskriptiven Metadaten und Rechteinformationen den Videobändern beigelegt wurden. Diese Daten ermöglichen das Auffinden von Essences und geben Auskunft darüber, ob und unter welchen vertraglichen Bedingungen diese verarbeitet und

83 An dieser Stelle sind Workflow-Engines gemeint, die ausschließlich die Koordination technischer Workflows vornehmen. In der Fachliteratur erfolgt oft keine klare Abgrenzung zu Workflow-Management-Systemen, die eine Task-basierte Steuerung menschlicher Workflows ermöglichen. Vgl. [PS03, S. 271*ff*].

84 Vgl. [Stü07, S. 253] und [KR05, S. 56].

85 Bildagenturen wie AFP, AP und Reuters liefern via Satellit File-basierte Video-Feeds an ihre Kunden aus. Bei den genannten Agenturen geschieht dies in Form eines MPEG-2-Video-Files und eines XML-Metadaten-Files.

86 Vgl. [Eng07, S. 686*f*] und [KZ06, S. 35].

87 Fallbeispiel N24plus (ProSiebenSat.1 Produktion, siehe Punkt 8.2.2).

88 MAZ-Karten sind i. d. R. Pappkarten, auf denen wesentliche Informationen wie Titel und Timecodes zu Magnetbändern vermerkt werden. Vgl. u. a. [Wel87, S. 11] und [Ebn05, S. 565].

verbreitet werden dürfen. Im Kontext der Metadaten-Logistik beinhaltet Automatisierung die Verwaltung der Metadaten in Datenbanken, das Mitführen und die Verteilung von Metadaten über unterschiedliche Zielsysteme, die automatisierte Metadaten-Extraktion aus Essences und die automatisierte Auswertung von Metadaten bei der Recherche oder um beispielsweise Warnhinweise zu generieren oder technische Workflows auf der Essence-Management-Ebene anzustoßen.

Analog zur Essence-Logistik wird die Metadaten-Logistik in der Regel von Metadaten-Management-Systemen übernommen, die zum Teil Element eines MAMS sind.[89] Es handelt sich hierbei ebenfalls um eine hybride Steuerung,[90] wobei häufig das EMS auf Basis der Steuerbefehle des MMS die Steuerung der Workflows übernimmt.[91] Die Grundfunktionalitäten der Metadaten-Logistik existieren länger als die automatisierte Essence-Logistik. Bei Content-Management-Systemen handelte es sich anfangs um Datenbanksysteme, die ausschließlich Metadaten verwalteten und über eine Bandnummer auf den physikalischen Datenträger referenzierten. Erst in einem späteren Schritt folgte die Anbindung oder Integration einer File-basierten Essence-Verwaltung, zunächst meist nur mit LowRes-, mittlerweile oft auch mit HiRes-Essences.[92] Diese Entwicklung lässt sich auf das jeweils zu verwaltende Datenvolumen und die Weiterentwicklung seitens der Speicherarchitekturen zurückführen.

Aufgrund der komplexen Metadaten-Strukturen, die sich in unterschiedlichen Systemen, Prozessschritten, Funktionsbereichen und Unternehmen zum Teil erheblich unterscheiden, liegen die aktuellen Herausforderungen darin, einen prozess- und unternehmensübergreifenden Metadaten-Fluss zu realisieren. Ziel ist es, Daten nur einmal einzugeben und sie anschließend automatisch und aufgabenspezifisch aufbereitet auf den jeweiligen Systemen zur Verfügung zu stellen.[93] Voraussetzung hierfür ist die Verfügbarkeit eines unternehmensübergreifenden Datenmodells.[94] Bestrebungen, ein standardisiertes Metadaten-Austauschformat einzuführen, waren bislang nicht erfolgreich.[95]

---

89 Einige Fernsehunternehmen, wie auch ProSiebenSat.1, setzen eigene MMS zur Asset-Verwaltung ein. Diese setzen dann i.d.R. auf marktüblichen MAMS auf, welche die Rolle als EMS übernehmen. Vgl. [Klo07].

90 Vgl. **Abbildung 6.7**.

91 In MAMS, welche die Metadaten- und Essence-Verwaltung übernehmen, existiert meist je ein spezialisiertes Software-Modul für die Verwaltung von Metadaten und Essence, sodass die hier getroffenen Aussagen auf die Module zu übertragen sind.

92 Vgl. [Sch95, S. 739] und [HR98, S. 480].

93 Vgl. [KM08, S. 70*f*] und [KZ06, S. 11].

94 Vgl. „(4) Identifikation der Fachbegriffsarchitektur“ in Punkt 5.3.1 und [Cha05, S. 11].

95 Verschiedene Ansätze sind beispielsweise das BMF vom IRT (Vgl. [Ebn05, S. 566*ff*] und [Hof07, S. 230*ff*]), das Schema P / Meta der EBU (Vgl. [Hop02]) und das BXF der SMPTE (Vgl. [SMP07]).

## Prozesslogistik

Die Prozesslogistik übernimmt die übergreifende Koordination personeller und maschineller Workflows. Auf der Prozess-Management-Ebene werden, wie **Abbildung 6.8** verdeutlicht, die Abfolge der einzelnen Workflows und die Übergabe der erforderlichen Daten zwischen den verschiedenen Workflows definiert und gesteuert. Hierfür werden die Vorgaben aus höher liegenden Ebenen und Statusmeldungen aus den darunterliegenden Ebenen ausgewertet, um den weiteren Prozessverlauf zu steuern. Vorgaben aus den höher liegenden Ebenen können z. B. Informationen über die Nutzbarkeit von Ressourcen wie Studios oder Schnittplätzen sein. Aus den Ebenen unterhalb des Prozess-Managements werden beispielsweise Informationen über den Materialstatus für die Prozesssteuerung herangezogen. In umgekehrter Richtung können statistische Daten aus dem Prozess-Management im darüberliegenden Produktions-Management als Grundlage für die Abrechnung oder die weitere Planung dienen.

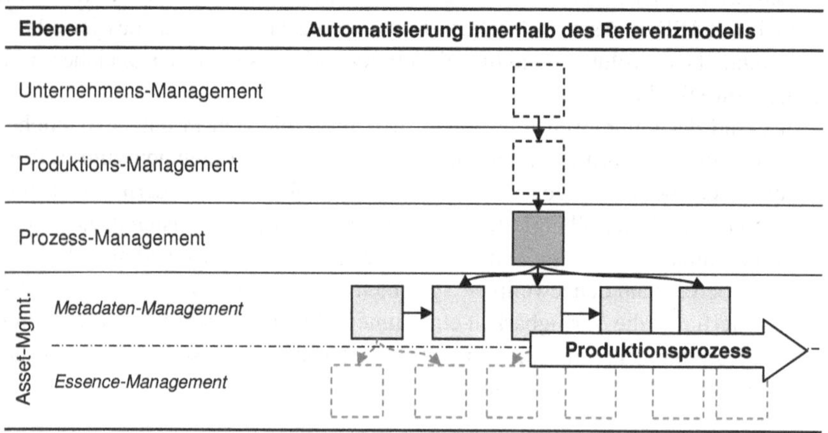


**Abbildung 6.8:** Steuerung des Produktionsprozesses

Die Prozesslogistik nutzt unmittelbar die Essence- und die Metadaten-Logistik und arbeitet ebenfalls mit einem hybriden Steuerungsansatz. An Schlüsselstellen im Prozess erfolgt eine Kontrolle beispielsweise durch einen Chef vom Dienst (CvD), innerhalb des Prozesses wird die Steuerung durch den jeweiligen personellen oder maschinellen Akteur übernommen. Technisch wird die zentrale Steuerung durch Workflow-Management-Systeme über ein sogenanntes Task-Management[96] unterstützt. Viele Hersteller setzen für Asset-Management und Prozess-Management dieselbe Workflow-Engine ein. Im Sinne einer transparenten Gestaltung der Systemarchitektur empfiehlt es sich jedoch, Prozess- und Workflow-Steuerung systemtechnisch in Form unterschiedlicher Module voneinander zu trennen.[97] Über das Task-Management erfolgt eine rollen- oder nutzerbezogene Zuweisung der Aufgaben an die personellen Aufgabenträger, wobei die Tasks im System idealerweise alle für die Erledigung der Aufgabe erforderlichen Informationen enthalten. Die Zuweisung von Tasks an personelle Akteure kann über Task-Listen oder automatische E-Mail-Notifikationen erfolgen. An den Bearbeitungsstatus der Tasks lassen sich maschinelle Workflows knüpfen. Wird beispielsweise ein fertiger Beitrag vom CvD inhaltlich für die Sendung freigegeben, so kann die Freigabe einen Workflow auf der Asset-Management-Ebene auslösen, der wiederum ein Transcoding des Beitrags sowie den Transfer zum Playout-Server auslöst. Ist der Transfer-Workflow ausgeführt, erfolgt eine Rückmeldung an das Workflow-Management, sodass der Beitrag aus dem Rundown heraus abgefahren werden kann.

Das beschriebene Konzept findet in Redaktionssystemen für die Nachrichtenproduktionen Anwendung. Viele Redaktionssysteme[98] integrieren hierfür Systeme der angrenzenden Ebenen, um bestenfalls den Redakteuren sämtliche Funktionalitäten, die zur Erfüllung einer Aufgabe erforderlich sind, über eine einzige intuitiv bedienbare GUI zur Verfügung zu stellen und so einen optimalen, reibungslosen Prozessverlauf zu ermöglichen. Bei der Spezifikation solcher Systeme ist genau abzuwägen, welches Maß an Koordination durch ein System übernommen werden kann. In einem kreativen Arbeitsprozess wird es nicht möglich sein, dass immer alle erforderlichen Informationen im System vorliegen, da sich die menschliche Kommunikation in diesem Prozess nicht vollends formalisieren lässt und häufig nicht widerspruchsfrei ist.[99]

96 Bei einem Task-Management handelt es sich um eine Applikation, die Aufgaben verwaltet, verteilt und deren Bearbeitungstatus überwacht. Das Task-Management ist im Broadcast-Bereich meist direkt in eine andere Applikation wie z. B. ein Redaktionssystem integriert.

97 Vgl. Experteninterview Thomson Systems Germany (Product Management Software Application Systems, 14. 05. 2008, siehe Punkt 8.1.2).

98 Systeme, die eine derartige Integration vornehmen, sind z. B. AP ENPS, Dalet News Suite und NorCom NCPower.

99 Entsprechend wichtig ist es, Informationen über die am Prozess beteiligten Personen mitzuführen, sodass jederzeit gezielt persönliche Rückfragen möglich sind.

## Produktionslogistik

Nach VDI 4400 umfasst die Produktionslogistik die Produktionsplanung und -steuerung sowie den innerbetrieblichen Transport.[100] Im Referenzmodell wird die Teilaufgabe des innerbetrieblichen Transports auf der Asset-Management-Ebene abgewickelt. Die in **Abbildung 6.9** gezeigte Produktionslogistik übernimmt die Produktionsplanung und -steuerung. Dazu gehören Aufgaben wie die Planung von Programmschemata und Sendetagen, die Belegung von Studios und Schnittplätzen, die Festlegung der Produktionsreihenfolge sowie die komplette Auftragsabwicklung und die Buchhaltung.

Zur Unterstützung dieser Aufgaben kommen Enterprise-Ressource-Planning-Systeme zum Einsatz, die sämtliche planungs- und abrechnungsrelevanten Daten verwalten und aufbereiten.[101] Im Kontext der Planung integrierter Systemlandschaften besteht ein Interesse daran, dass die bereits in den Systemen der niedrigeren Ebenen verfügbaren Daten für die ERP-Systeme aufbereitet und über Systemschnittstellen zur Verfügung gestellt werden können, so lassen sich beispielsweise zeitnah Auswertungen der aktuellen Ressourcenauslastung oder der aktuellen Produktionskosten durchführen.

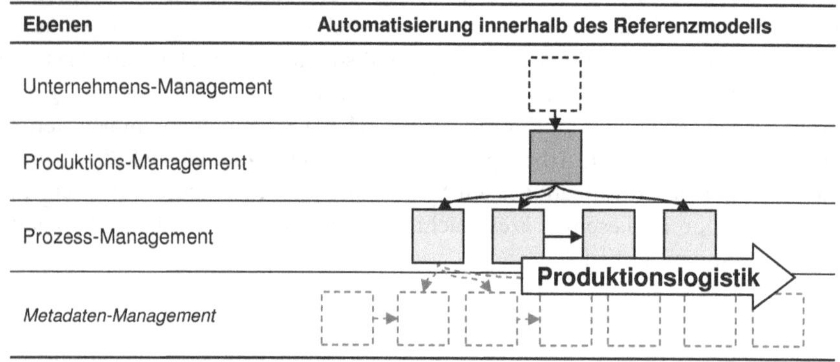


**Abbildung 6.9:** Steuerung der Produktionslogistik

Bislang existieren nur wenige Schnittstellen zwischen ERP-Systemen und produktionsrelevanten Systemen wie z. B. Redaktionssystemen. Datenbasis für die Abrechnung in ERP-Systemen sind meist spezielle Reportings, die zeitversetzt und in Form von Listen ausgegeben werden, aus denen manuell die relevanten Daten

100 Vgl. [VDI04, S. 4].
101 Vgl. Punkt 4.1.4.

ins ERP-System übernommen werden.[102] Dieser Prozess ist zum einen fehleranfällig und ermöglicht zum anderen nur eine zeitversetzte Auswertung und Kostenkontrolle. Zeitnahe Aussagen zur tatsächlichen Budgetsituation können nur auf Erfahrungswerten und Schätzungen der Producer beruhen. Über eine Vernetzung von Redaktionssystem und ERP-System ließe sich beispielsweise eine automatisierte, minutengenaue Auswertung des aktuellen Ressourcenverbrauchs für eine Sendung realisieren, sodass auch sehr kurzfristig vor einer Sendung auf Basis genauer Daten entschieden werden kann, ob die Verwendung von Exklusivmaterial im Budget der Sendung liegt.[103] Bislang existieren nur erste konzeptionelle Ansätze, die erörtern, wie eine systemtechnische Unterstützung durch ein vollständig integriertes Management-Cockpit aussehen könnte.[104]

#### 6.3.2.3 Managementprozesse

Zu den Managementprozessen zählt die Gesamtheit aller für das Unternehmens-Management erforderlichen Tätigkeiten.[105] Für die Ausführung der Managementprozesse bedarf es einer Vielzahl von Informationen, die dem Unternehmens-Management in konsolidierter Form als Grundlage für strategische Entscheidungen dienen.

Die in **Abbildung 6.10** symbolisierten Managementprozesse finden sich im Referenzmodell vorrangig auf der Unternehmens-Management-Ebene wieder und haben direkte Auswirkungen auf die Ebene des Produktions-Managements, wenn beispielsweise eine Investitionsplanung in die Budgetplanung überführt wird. Die Budgetplanung selbst ist als ein konkretes Verteilen finanzieller Ressourcen jedoch der Produktionslogistik zuzuordnen. Bei den Prozessen der Produktions-Management-Ebene handelt es sich um managementnahe Logistikprozesse, die sich nicht immer eindeutig der Produktionslogistik oder den Managementprozessen zuordnen lassen.[106] Betrachtet man die einzelnen Workflows dieser Prozesse, wird eine Differenzierung nach strategischen Entscheidungen und der logistischen Umsetzung der Entscheidungen jedoch möglich. Die Unterscheidung ist nötig, um den diversen Anforderungen an eine geeignete systemtechnische Unterstützung gerecht werden zu können.

---

102 Fallbeispiel N24plus (ProSiebenSat.1 Produktion, siehe Punkt 8.2.2).

103 Bislang können solche Entscheidungen nur „aus dem Bauch heraus" gefällt werden, sodass die Anforderung besteht, diese Integration langfristig zu realisieren. Vgl. [DHK+08, S. 95*f*].

104 Experteninterview IBM Deutschland (Project Manager, 14. 11. 2008, siehe Punkt 8.1.2) und Experteninterview ZDF (Institut of Business Intelligence, 13. 05. 2008, siehe Punkt 8.1.2).

105 Vgl. Punkt 4.2.1.3.

106 Damit weicht die hier verwendete Definition von Managementprozessen von der in der Prozesslandkarte nach NOHR und ROOS verwendeten Zuordnung ab. Vgl. [NRLA05, S. 20] und Punkt 2.2.3.

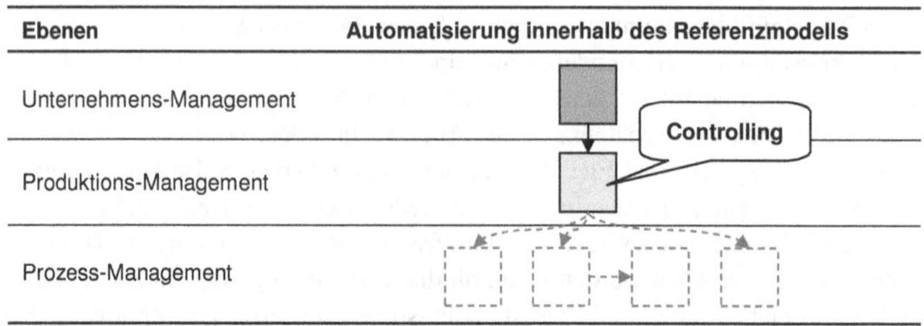


**Abbildung 6.10:** Controlling durch das Unternehmens-Management

Ziel von Fernsehunternehmen ist es, innerhalb der Ebenen des Referenzmodells – möglichst automatisiert – die entstehenden Daten aller Unternehmensbereiche so weit zu verdichten, dass sich daraus die relevanten Kennzahlen bestimmen lassen und diese in einer für das Management geeigneten Form aufbereitet werden können.[107] Die automatisierte Aufbereitung der Daten für die Managementebene erfolgt tagesaktuell und umfasst primär die Ebene des Produktions-Managements sowie unterstützende Prozesse und reicht nur stellenweise in die Prozess-Management-Ebene hinein. Der nächste Schritt ist die konsequente Weiterführung der Integration aus beiden Richtungen. Die aktuellen Herausforderungen sind dabei in der systemtechnischen Vernetzung von Prozess-Management und Produktions-Management zu sehen.[108]

### 6.3.2.4 Unterstützende Prozesse

Den unterstützenden Prozessen werden die Geschäftsprozesse zugeordnet, die nicht unmittelbar für die Produktion erforderlich sind, indirekt jedoch dazu beitragen, diese sicherzustellen.[109] Sie lassen sich größtenteils keiner konkreten Ebene im Referenzmodell zuordnen, sondern stellen Daten, Ressourcen oder Dienstleistungen für andere Ebenen zur Verfügung. Zu den unterstützenden Prozessen gehören beispielsweise Geschäftsprozesse wie Marketing / PR, Honorare / Lizenzen, Einkauf, Reisemanagement, Justiziariat, Gebäudemanagement und IT.[110] Unterstützende Prozesse lassen sich nicht oder nur zu kleinen Teilen automatisieren, sodass an dieser Stelle keine vertiefende Betrachtung dieser Prozesse erfolgt.

107 Für das Management geeignet bedeutet, dass die wesentlichen, für eine Entscheidung relevanten Informationen in einer übersichtlichen, schnell zu erfassenden Form dargeboten werden.

108 Experteninterview IBM Deutschland (Project Manager, 14. 11. 2008, siehe Punkt 8.1.2).

109 Vgl. Punkt 4.2.1.4.

110 Vgl. [NR07, S. 20].

## 6.4 Grenzen der Automatisierung in der Fernsehproduktion

In den vorangegangenen Punkten wurde aufgezeigt, was Automatisierung im Umfeld kreativer Prozesse bedeutet und wie sie sich systemtechnisch auf den Ebenen des Referenzmodells realisieren lässt. Es ist zu erkennen, dass sich die Automatisierung analog zur Systemintegration innerhalb des Modells von unten nach oben weiterentwickelt. Der Schwerpunkt der Entwicklung liegt derzeit noch auf der Vernetzung Asset-Management und Prozess-Management. Der Trend zur Integration des Produktions-Managements ist jedoch schon zu erkennen. Es ist zudem zu erwarten, dass auch die automatisierte Aufbereitung der Daten für das Unternehmens-Management weiter ins Blickfeld der Systemingenieure rücken wird. In klar strukturierten Produktionen, die kosteneffizient und schnell erfolgen sollen, wird sich ein höherer Automatisierungsgrad erreichen lassen als in Produktionen, bei denen die kreative Ausführung im Vordergrund steht. Daher lässt sich keine allgemeingültige Aussage darüber treffen, welches der optimale Automatisierungsgrad ist. Dies ist in Abhängigkeit von Sendeformat, redaktionellen Ansprüchen, verfügbarem Budget und Automatisierbarkeit einzelner Aufgaben für jeden Fall individuell abzuwägen.

*Grenzen der Automatisierung in der Nachrichtenproduktion*

Nachrichten gehören zu den Produktionen, die sich am besten strukturieren lassen. Ein großer Teil des Rohmaterials kommt vorkonfektioniert von externen Anbietern wie Nachrichtenagenturen oder Videojournalisten; die Anzahl der gestalterischen Elemente während der Sendung wie Kamerapositionen, Beleuchtungssituationen und benötigte Grafiken ist überschaubar und der Sendeablauf folgt in der Regel einem klaren Schema. Vor dem Hintergrund, dass Nachrichten besonders kosteneffizient und meist unter Zeitdruck produziert werden, spielt die Automatisierung in der Nachrichtenproduktion eine besonders große Rolle. Entsprechend wird versucht, möglichst viele Aufgaben zu automatisieren.[111]

Doch nicht alle Aufgaben lassen sich sinnvoll automatisieren. In der Nachrichtenproduktion handelt es sich um eine nutzerorientierte Automatisierung, die eine primär unterstützende Funktion bei den Kernaufgaben einnimmt.[112] Zu den nicht zu automatisierenden Aufgaben gehören beispielsweise die inhaltliche Bewertung und Selektion von Themen für eine Sendung oder Content für einen Beitrag, das Schreiben von Beitragstexten, die taktische Anordnung der Beiträge in einer Sendung und die Koordination des Produktionsablaufes. Die Automation stellt hier ge-

111 Vgl. [KM08, S. 66*ff*].
112 Vgl. [TJK00, S. 53].

eignete Werkzeuge für inhaltliche, kreative und organisatorische Arbeitsschritte zur Verfügung, welche die Arbeit effizienter gestalten und vereinfachen.

---

Im Umfeld kreativer Prozesse wird es nie zu einer Vollautomatisierung kommen. Die zentralen Aufgaben bei der Content-Produktion sind durch die Kreativität[113] geprägt und werden daher immer in der Verantwortung menschlicher Aufgabenträger liegen. Die Automation soll den Menschen bei seinen Tätigkeiten unterstützen, sodass er sich auf die Ausführung seiner Aufgaben konzentrieren kann, während ihm die technischen und mechanischen Arbeiten weitestgehend abgenommen werden können.

## 6.5 Bedeutung des Modellierungsansatzes für die Automatisierung

Automatisierung beinhaltet einerseits die Übertragung von Aufgaben an maschinelle Aufgabenträger und andererseits die Abbildung menschlicher Kommunikation durch maschinelle Kommunikation. Grundvoraussetzung für die Automatisierung ist entsprechend die Kenntnis der zu erfüllenden Aufgaben sowie deren Abhängigkeiten untereinander und von angrenzenden Bereichen. Mit der zunehmenden organisatorischen Vernetzung und technischen Integration in der Fernsehproduktion wird dabei ein ganzheitlicher Ansatz erforderlich.

Der in Kapitel 5 erarbeitete Modellierungsansatz überträgt einen solchen ganzheitlichen Ansatz, der sich in der Industrie bewährt hat,[114] auf den Forschungsbereich der Fernsehproduktion. Die Anwendung des Broadcast-spezifischen Modellierungsansatzes trägt dazu bei, in einer hierarchischen Gesamtarchitektur klare Aufgabenbereiche in der Fernsehproduktion abzugrenzen und über die Hierarchie systemübergreifend Steuerungs- und Monitoring-Aufgaben abzuleiten. Sind Prozess- und Fachbegriffsarchitektur modelliert,[115] so kann beim Entwurf der Anwendungsarchitektur auf dieser Basis die Entscheidung gefällt werden, welche Aufgaben jeweils durch menschliche oder maschinelle Aufgabenträger übernommen werden sollen, ohne dass sich grundlegende Änderungen an Prozess- und Fachbegriffsarchitektur ergeben.[116] Auf ähnliche Weise lassen sich bestehende Anwen-

113 Vgl. Punkt 6.2.
114 Vgl. Punkt 3.4.4.
115 Vgl. Punkt 5.3.1.
116 Ähnlich wie sich durch diese Vorgehensweise Anwendungssysteme anhand ihrer Verantwortungsbereiche abgrenzen lassen, ist dieser Ansatz prinzipiell auch auf die Definition und Abgrenzung von Berufsbildern anwendbar.

dungssysteme über die Anwendung des Modellierungsansatzes auf eine weiterführende Automatisierbarkeit hin untersuchen. Der Modellierungsansatz schafft auf diese Weise die nötigen Grundlagen für die Gestaltung einer systemübergreifenden Automation. Darüber hinaus ermöglicht er eine klare Abgrenzung unterschiedlicher Automatisierungsstrategien und deren Einordnung in den Gesamtkontext der Fernsehproduktion.

Mit der umfassenden Systemintegration und der immer weiter fortschreitenden Automatisierung steigt die Abhängigkeit der Fernsehproduktion von der Technik. Um dem entgegenzuwirken, bedarf es ausgefeilter Havariestrategien, die bereits in die Systemgestaltung einfließen müssen. Wie bei der Automatisierung ist auch beim Havariemanagement eine ganzheitliche Betrachtung notwendig. Diese wird im folgenden Kapitel unter Zuhilfenahme des Modellierungsansatzes durchgeführt.

# 7 Konzeption havariesicherer Fernsehproduktionssysteme

*Leitfragen*

- Welche Disziplinen des Havariemanagements helfen bei der Behandlung von Havariefällen?
- Welche Dimensionen sind bei der Planung von Havariekonzepten zu berücksichtigen?
- Welche Strategien existieren für die Havarien in integrierten Fernsehproduktionssystemen?
- In welchem Umfang lassen sich Havariemaßnahmen automatisieren?
- Welche Bedeutung hat der Modellierungsansatz bei der Planung von Havariekonzepten?

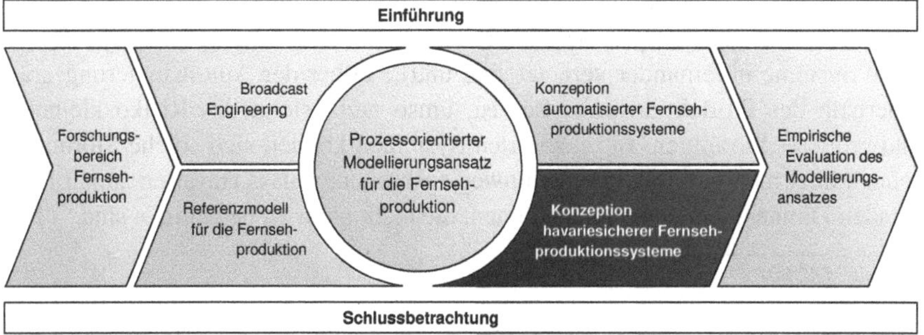

Um eine ausreichende Havariesicherheit gewährleisten zu können, bedarf es ausgefeilter Mechanismen, die das Auftreten von Havarien gänzlich unterbinden oder zumindest dafür sorgen, dass im Havariefall die Fortsetzung der aktuell laufenden Sendung unter allen Umständen garantiert werden kann und die „Probleme der Produktionstechnik [. . . ] am Sendeausgang nicht wahrnehmbar“[1] werden. In integrierten und automatisierten Fernsehproduktionssystemen wird die Herausforderung im Umgang mit Havarien um einiges komplexer, sodass die bisherigen Konzepte allein keinen hinreichenden Schutz bieten. Durch den Einsatz des Modellierungsansatzes lassen sich bereits bei der Konzeption geeignete Havariestrategien planen, die der steigenden Integration und Automatisierung gerecht werden.

Im Folgenden werden die Grundlagen des Havariemanagements zusammengefasst und die bei der Planung von Havariekonzepten zu berücksichtigenden Dimensionen näher erläutert. Darauf aufbauend, werden die Besonderheiten von Havariekonzepten in integrierten Systemlandschaften anhand des in Kapitel 4 vorgestellten Referenzmodells beleuchtet. Abschließend wird die Automatisierbarkeit von Havariestrategien untersucht und die Bedeutung des Modellierungsansatzes für die Planung von Havariekonzepten herausgearbeitet.

## 7.1 Grundlagen des Havariemanagements

Havarien bezeichnen in der Medienbranche Störungen im Sende- und Produktionsbetrieb. Sie gehören zu den Worst-Case-Szenarien eines jeden Senders im laufenden Betrieb. Haben sie einen Sendeausfall zur Folge, werden Havarien für den Zuschauer sichtbar, führen zu fallenden Einschaltquoten und können damit direkte Konsequenzen in Form von Verlusten bei Werbeeinnahmen oder gar Vertragsstrafen zur Folge haben.[2] Eine wesentliche Eigenart von Havarien ist, dass sie in den wenigsten Fällen vorhersehbar sind, die Lösung des Problems im Nachhinein jedoch meist einfach und eindeutig erscheint.[3] Bei der Vorsorge gegen Havarien müssen die Betriebssicherheit wie auch die Datensicherheit berücksichtigt werden.

Je mehr technische Systeme am Produktionsprozess beteiligt sind, je stärker diese Systeme miteinander vernetzt sind und je höher der Automatisierungsgrad innerhalb des Produktionsprozesses ist, umso mehr steigt das Risiko kleinerer und größerer Störungen. In integrierten Systemen können sich solche Störungen schnell über mehrere Teilsysteme hinweg ausbreiten, sodass Havarien „unter Umständen Dimensionen annehmen können, die nicht mehr zu bewältigen sind“[4]. Für

1 Quelle: [ZDF04].
2 Vgl. [Klo09, S. 11 und 23].
3 Vgl. [Wal02, S. 12*f*].
4 Quelle: [HT04, S. 176].

den präventiven und korrektiven Umgang mit Havariefällen hat sich das dreistufige Vorgehen des Havariemanagements bewährt.[5]

- *Risikomanagement*:
  Das Risikomanagement betrachtet Havariefälle als ein mögliches Risiko, dient der Gefahrenvermeidung und der präventiven Verhinderung von Havariefällen bzw. der Reduktion möglicher Schäden. Es umfasst die Analyse und Bewertung der Eintrittswahrscheinlichkeit und der zu erwartenden Schäden von Havariefällen. Für identifizierte und als relevant eingestufte technische Risiken können so präventive und korrektive Gegenmaßnahmen geplant werden.[6]

- *Krisenmanagement*:
  Ist ein Havariefall eingetreten, so handelt es sich meist um einen krisenähnlichen Zustand. Das Krisenmanagement hält Ansätze und Methoden bereit, die beim Erkennen und Bewältigen der Krise helfen.[7]

- *Notfallmanagement*:
  Kann eine Krise nicht bewältigt werden, so existiert als nächste Eskalationsstufe das Notfallmanagement, das zumindest den eingeschränkten Betrieb sicherstellen und den Schaden begrenzen soll.[8]

Während der Systemgestaltung in der Fernsehproduktion ist in erster Linie das Risikomanagement von Bedeutung, da es dazu beiträgt, Havarien von vornherein zu verhindern. Die drei Stufen des Havariemanagements werden im Folgenden kurz näher erläutert. Krisen- und Notfallmanagement werden dabei nur kurz umrissen, um den Rahmen für Havariekonzepte in der Fernsehproduktion aufzuzeigen.[9]

## 7.1.1 Risikomanagement

Bei einer Havarie handelt es sich um ein eingetretenes technisches Risiko im Produktionsbetrieb. Ein solches Risiko lässt sich im Vorfeld durch eine gewisse Eintrittswahrscheinlichkeit und den Schaden, der im Havariefall entsteht, charakterisieren.[10] Es gibt vielfältige Ursachen für technische Risiken.[11]

5 Vgl. [Klo09, S. 25*ff*] und [Som07, S. 85].
6 Vgl. [Ver03].
7 Vgl. [Neu03].
8 Vgl. [Wal02].
9 Eine detaillierte Behandlung aller drei Stufen des Havariemanagements erfolgt in [Klo09].
10 Vgl. [Som07, S. 86], [Ver03, S. 3*ff*] und [SGF02, S. 1].
11 Vgl. [Rin98, S. 12*ff*].

- Technische Risiken können bereits aus der Gestaltung eines Systems resultieren, wenn z. B. Vorschriften, Standards, Normen oder vorgegebene Rahmenbedingungen nicht hinreichend berücksichtigt werden.
- Weitere Ursachen können in der Systementwicklung liegen, wenn beispielsweise Soft- oder Hardware-Fehler auftreten.
- Darüber hinaus existieren gewisse Betriebsrisiken, die durch eine unsachgemäße Bedienung oder unzulässige Betriebsparameter ausgelöst werden können.

Entsprechend wichtig ist es, dass bereits im Vorfeld bei der Systemgestaltung nach Möglichkeit alle Risiken von Havarien identifiziert, dokumentiert und verwaltet werden. Bei der Risikobehandlung lässt sich das iterative Vorgehen nach VERSTEEGEN auf das Havariemanagement übertragen. Danach erfolgt die Festlegung von Strategien basierend auf der Identifikation sowie einer Analyse und Bewertung der Risiken. Alle einmal identifizierten Risiken sollten über den gesamten Projektverlauf hinweg weiter überwacht werden.[12]

### (1) Risikoidentifizierung

Die Identifizierung der technischen Risiken erfolgt in der Regel auf der Grundlage von Erfahrungen, mittels Brainstorming oder durch gedankliche Simulation des Produktionsprozesses.[13] Hilfsmittel sind bespielsweise Checklisten, fachliche Aufstellungen oder Analysemethoden wie die Ausfalleffektanalyse. Letztere untersucht, welche Auswirkungen die Abweichungen verschiedener Betriebsparameter haben können.[14] Einige Risiken werden darüber hinaus oft erst in der Testphase oder bei der Überführung eines Systems in den Regelbetrieb deutlich. Werden Risiken erst im Falle ihres Eintretens erkannt, so lassen sie sich entsprechend schwerer bewältigen.[15] Des Weiteren ist die „Behebung eines bereits eingetretenen Risikos [...] um ein Vielfaches teurer als das vorausschauende Risikomanagement“[16].

12 Vgl. [Ver03, S. 102] und [SGF02, S. 4].
13 Vgl. [Ver03, S. 96*f*].
14 Vgl. [DIN90], [Rin98, S. 62] und [DIN05, S. 18].
15 Vgl. [Bes98, S. 24].
16 Quelle: [Ver03, S. 1].

### (2) Risikoanalyse und -bewertung

Alle identifizierten Risiken sind durch qualifizierte Mitarbeiter aus Planung und Betrieb entsprechend ihrer Eintrittswahrscheinlichkeit ($W$) und dem zu erwartenden Schaden ($S$) zu analysieren und zu bewerten. Aus beiden Werten lässt sich die Risikomaßzahl ($R = W * S$) ermitteln und in der in **Tabelle 7.1** dargestellten Risikomatrix eintragen.[17] Die Ermittlung dieser Werte sollte über eine gemeinsame Bewertung oder die Durchschnittsbildung mehrerer Einzelbewertungen erfolgen, um eine ausgewogene Bewertung zu erhalten.[18]

| | | | Schadensausmaß (S) | | | |
|---|---|---|---|---|---|---|
| | | | *unbedeutend* [1] | *marginal* [2] | *kritisch* [3] | *katastrophal* [4] |
| Wahrscheinlichkeit des Schadens (W) | *häufig* | [5] | unerwünscht | intolerabel | intolerabel | intolerabel |
| | *wahrscheinlich* | [4] | tolerabel | unerwünscht | intolerabel | intolerabel |
| | *gelegentlich* | [3] | tolerabel | unerwünscht | unerwünscht | intolerabel |
| | *selten* | [2] | vernachlässigbar | tolerabel | unerwünscht | unerwünscht |
| | *unwahrscheinlich* | [1] | vernachlässigbar | vernachlässigbar | tolerabel | unerwünscht |
| | *unvorstellbar* | [0] | vernachlässigbar | vernachlässigbar | vernachlässigbar | vernachlässigbar |

**Tabelle 7.1:** Bewertung von Havarien nach DIN IEC 60300-3-9

Die Bewertung von technischen Risiken in der Fernsehproduktion erfolgt in der Regel qualitativ, da meist keine geeigneten Statistiken für eine quantitative Bewertung vorliegen. Dabei ist es wichtig, sich zunächst auf eine gemeinsame Bewertungsskala zu einigen. Bei der Einführung eines standortübergreifenden Essence-Management-Systems in der ProSiebenSat.1 Produktion diente z. B. die in **Tabelle 7.2** gezeigte Skala zur Bewertung des Schadensausmaßes.[19] Die Bewertung der Eintrittswahrscheinlichkeit erfolgt subjektiv anhand der durch die Risikomatrix vorgegebenen Bewertungsskala von unvorstellbar bis häufig.

Durch die technische Konvergenz und den verstärkten Einsatz von IT-Systemen in der Fernsehproduktion wird es möglich, die statistischen Daten der meisten Systeme automatisiert über das Simple Network Management Protocol (SNMP) zu erfassen. Es bleibt zu prüfen, ob diese Daten in der Systemgestaltung künftig eine

17 Hier ist die Abbildung der qualitativen Bewertung auf einer numerischen Skala erforderlich, wie in **Tabelle 7.1** zu sehen.

18 Vgl. [Ver03, S. 102*ff*] und [DIN05, S. 18*ff*].

19 Vgl. Fallbeispiel EMSA (ProSiebenSat.1 Produktion, siehe Punkt 8.2.1).

20 Zulässige Wiederherstellungszeit, nach der Havarieszenario aktiviert werden muss.

| Bewertung des Ausfalls | | Zulässige Wiederherstellungszeit[20] |
|---|---|---|
| Unbedeutend | [1] | Mehr als 24 Stunden |
| Marginal | [2] | Max. 24 Stunden |
| Kritisch | [3] | Max. 60 Minuten |
| Katastrophal | [4] | Max. 10 Minuten |

**Tabelle 7.2:** Exemplarische Bewertung von Systemausfällen (Quelle: [KZ06, S. 110])

geeignete Basis für eine objektivierte Bewertung von technischen Risiken bilden können.[21]

### (3) Festlegung Risikostrategien

Technische Risiken, die in der Risikomatrix mit *vernachlässigbar* oder *tolerabel* bewertet werden, können im Planungsprozess weniger Beachtung finden oder vernachlässigt werden. Wird das Risiko einer Havarie jedoch mit *unerwünscht* oder *intolerabel* bewertet, so sollten geeignete organisatorische und technische Maßnahmen ergriffen werden. Die zu treffenden Maßnahmen können den Strategien der Vermeidung, Akzeptanz, Minimierung oder des Transfers von Risiken folgen.[22] Bei der Planung von komplexen Fernsehproduktionssystemen wird in der Regel die Risikominimierung zum Einsatz kommen, da sich nie alle Havariefälle vermeiden lassen. Dabei wird versucht, bereits im Vorfeld passende Lösungen für eventuelle Havariefälle zu erarbeiten. Welche der Strategien jeweils gewählt wird und in welcher Form die Absicherung gegen bestimmte Havariefälle erfolgt, hängt wesentlich davon ab, ob die Verluste und Kosten im Havariefall die Investition für eine Absicherung rechtfertigen.[23]

### (4) Risikomonitoring

Die entwickelten Havariestrategien sind in regelmäßigen Abständen auf den Prüfstand zu stellen, da sich die Produktionsprozesse im Laufe der Zeit verändern und neue Workflows oder technische Systeme eingeführt werden können.[24]

21 Vgl. [EK05], [KE06, S. 187] und [Klo09, S. 116].
22 Vgl. [Ver03, S. 167*ff*].
23 Vgl. [Neu03, S. 9] und [DIN05, S. 21].
24 Vgl. [Ver03, S. 147].

## 7.1.2 Krisenmanagement

In der Fernsehproduktion spielt aufgrund fest definierter Sendezeiten und von Live-Sendungen besonders der Zeitfaktor eine entscheidende Rolle, sodass Störungen schnell zu krisenähnlichen Situationen führen. Ein geeignetes Krisenmanagement kann jedoch dazu beitragen, solche Situationen zu bewältigen.

Um eine Krise handelt es sich, wenn die Lösung des Problems unmöglich erscheint – sei es, dass keine Lösung existiert oder diese nicht erkannt wird.[25] Das Krisenmanagement ist die erste Eskalationsstufe des Havariemanagements, die bei der Lösung einer Krise methodisch unterstützen soll. Hierfür existieren unterschiedliche Ansätze wie beispielweise die „Kommunikationsorientierte Problemverlagerung" nach NEUBAUER.[26] Diese Methode sieht im ersten Schritt die Analyse der Krisensituation vor. Anschließend wird der zu erwartende Schaden untersucht und durch die Verlagerung des Problems geprüft, welche Lösungsalternativen bestehen. Dabei ist prüfen, ob der Nutzen den Aufwand rechtfertigt, bevor die Entscheidung beispielsweise für oder gegen die Aktivierung eines Havarie-Workflows getroffen wird.

Damit es nicht zu Fehlentscheidungen kommt, müssen Havarieszenarien ein paar wesentliche Anforderungen erfüllen. Sie müssen schnell und unkompliziert zu aktivieren sein, sodass das Betriebspersonal in der Lage ist, den gewohnten Workflow kurzfristig und effektiv durch einen Havarie-Workflow[27] zu ersetzen.[28] Das bedeutet auch, dass die Anzahl der Havarie-Workflows je nach Funktionsbereich in einem überschaubaren Maß und die Komplexität der Workflows möglichst gering gehalten werden. Des Weiteren müssen klare Kriterien und Indikatoren definiert werden, ab wann eine Störung als derart kritisch zu bewerten ist, dass das Havarieszenario aktiviert werden muss.

## 7.1.3 Notfallmanagement

Kann auch der Einsatz von Havarieszenarien beispielsweise die Gefahr eines Sendeausfalles nicht bannen, so folgt in der nächsten Eskalationsstufe das Notfallmanagement. Dieses hält über das Krisenmanagement hinaus weitere Methoden bereit. In solchen Fällen rückt die Systemwiederherstellung in den Hintergrund und die Sicherung der Sendung wird das zentrale Ziel.[29]

25 Vgl. [Neu03, S. 12*f*].
26 Vgl. [Neu03, S. 41*ff*].
27 Vgl. Punkt 7.2.1.3.
28 Vgl. [Alt01, S. 432] und [WS03, S. 392].
29 Vgl. [HT04, S. 176].

Wesentliches Merkmal von Notfällen ist, dass die Prioritäten verlagert und bei Bedarf auch Abstriche an der Qualität einer Sendung gemacht werden müssen, um die Sendung selbst zu retten. Wichtiges Hilfsmittel in Notfällen sind sogenannte Notfallhandbücher, die in strukturierter Form beschreiben, welche Maßnahmen in bestimmten Notfällen zu ergreifen sind und wer informiert werden muss. Die Dokumentation hat in der Form zu erfolgen, dass auch ein sachverständiger Dritter in der Lage ist, die Schritte durchzuführen.[30] Zusätzliche Sicherheit lässt sich durch regelmäßige Havarieübungen erreichen.[31]

## 7.2 Havariekonzepte in der Fernsehproduktion

Primäre Ziele von Havariekonzepten sind die „Absicherung des Programmauftrages in hoher technischer Qualität“[32] und die „schnelle und problemlose Herstellung und störungsfreie Aussendung (attraktiven) Contents“[33]. Den Havariestrategien ist darüber hinaus im Rahmen von Wartungsarbeiten an wichtigen Produktionssystemen eine besondere Rolle beizumessen, da die geforderten Betriebszeiten oft kaum noch Raum für Ausfallzeiten bieten.[34] Kann kein hinreichend großes Wartungsfenster gefunden werden, so muss für eine Übergangszeit auf Havariestrategien zurückgegriffen werden.

Bei der Entwicklung von Havariekonzepten hat sich, basierend auf den Komplexitätsebenen der Rundfunkproduktion nach ERDMANN und KRÖMKER,[35] die Gliederung der Thematik in die in **Abbildung 7.1** visualisierten Dimensionen bewährt.[36]

- *Interne Redundanzen* tragen dazu bei, Störungen von Komponenten und Komponententeilen abzufangen.
- Durch den Einsatz von *Failover-Systemen* können Havarien von Anlagen oder Anlageteilen abgesichert werden.
- Über *Havarie-Workflows* kann der Betrieb bei Störungen organisatorischer Natur oder Störungen ganzer (Haupt-)Funktionsbereiche aufrechterhalten werden.

30 Vgl. [Wal02, S. 193].
31 Eine detaillierte Behandlung aller drei Stufen des Havariemanagements erfolgt in [Klo09].
32 Vgl. [Alt01, S. 432].
33 Vgl. [WS03, S. 392].
34 Vgl. [Kuh07, S. 663], [Mer05, S. 519] und [WG06, S. 54].
35 Vgl. 3.3.3.1 und [EK04, S. 563].
36 Vgl. [EK04, S. 563], [KE06, S. 186*f*] und [Klo09, S. 64*ff*].

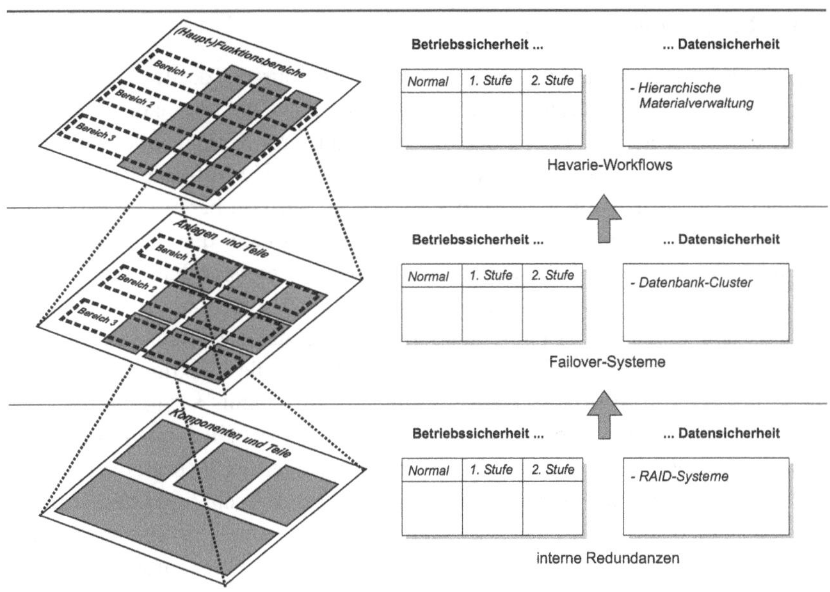


**Abbildung 7.1:** Dimensionen bei der Planung von Havariekonzepten

Diese drei Dimensionen dienen als Grundlage für die Betrachtung von Betriebs- und Datensicherheit. Die *Betriebssicherheit* wird darin jeweils durch ein mehrstufiges Havariekonzept abgesichert. Greifen die Maßnahmen einer Ebene nicht, so werden die Havariemaßnahmen der nächsthöheren Ebene aktiviert. Jede dieser Ebenen bietet darüber hinaus geeignete Mechanismen, um die *Datensicherheit* zu gewährleisten. Beide Bereiche werden im Folgenden ausführlicher beleuchtet.

## 7.2.1 Betriebssicherheit

Bei der Absicherung des Betriebes geht es darum, dass die Produktion trotz einer Havarie fortgeführt werden kann, ohne dass ein Schaden entsteht.[37] Im Folgenden werden die Strategien in allen drei Dimensionen genauer beschrieben.

37 Vgl. [Som07, S. 84] und [ONW07, S. 602].

#### 7.2.1.1 Interne Redundanzen

Redundanzen sind zusätzliche funktionsfähige Ressourcen, die für die Erfüllung einer Aufgabe unbedingt erforderlich sind.[38] Interne Redundanzen dienen der Havarieabsicherung auf der Ebene der Komponenten und Komponententeile. Dazu gehören beispielsweise kritische Systemkomponenten wie Netzteile, Lüfter, Netzwerkkarten und Prozessoren.[39] Diese Absicherung wird oft bereits herstellerseitig berücksichtigt. Fällt eine Systemkomponente aus, so kann die zweite die Funktion übernehmen. Diese Umschaltung erfolgt in den meisten Fällen in Echtzeit, damit die Funktion des Systems nicht gefährdet wird.[40] Alternativ können die redundanten Komponenten für ein Load-Balancing[41] genutzt werden. Im Falle einer Störung übernehmen die verbleibenden Komponenten die Funktion der ausgefallenen, sodass es lediglich zu einem Leistungsabfall kommt.[42] Damit das System nach dem Ausfall einer Komponente nicht ungeschützt bleibt, muss der Ausfall an ein Überwachungssystem gemeldet werden, welcher dafür sorgt, dass das fehlerhafte Element umgehend ausgetauscht und der Havarieschutz wiederhergestellt wird. Zusätzlich sollte eine ständige zentrale Überwachung aller Hardware-Funktionen inklusive der Temperatur möglich sein, sodass Probleme frühzeitig lokalisiert werden können.[43]

#### 7.2.1.2 Failover-Systeme

Auf Anlagenebene erfolgt die Havarieabsicherung mithilfe sogenannter Failover-Systeme.[44] Diese entsprechen in Funktions- und Leistungsumfang den aktiven Produktionssystemen. In der Fernsehproduktion wird diese Art der Reservekapazitätsvorhaltung in der Regel für alle sendewichtigen Systeme im Hauptkanal eingesetzt und gewinnt auf vernetzten, IT-basierten Produktionsplattformen zunehmend an Bedeutung.[45] An besonders wichtigen Punkten werden auch ganze Systemgruppen wie eine komplette Sendeabwicklung, Regien oder Studios redundant ausgelegt.[46] Failover-Systeme lassen sich in zwei Typen unterteilen:

---

38 Vgl. [VDI95, S. 2].
39 Vgl. [SS02, S. 262] und [FG04, S. 181].
40 Vgl. [HT04, S. 176*f*].
41 Load-Balancing beinhaltet die gezielte Verteilung der Rechenlast auf vorhandene technische Ressourcen wie z. B. Prozessoren.
42 Vgl. [Sch06a, S. 176] und [HHRS01, S. 121].
43 Vgl. [Pau06, S. 677*ff*] und [LG05, S. 216*ff*].
44 Stellenweise wird auch der Terminus „Backup-System“ verwendet (Vgl. [BS99, S. 59]). Um Verwechslungen mit Datensicherungssystemen zu vermeiden, findet diese Bezeichung im Rahmen dieser Arbeit keine Verwendung.
45 Vgl. [HT04, S. 176] und [Kuh07, S. 663].
46 Vgl. [KM08, S. 78] und [Alt01, S. 433].

- Die Systeme im *Hot Standby* laufen parallel zum aktiven System und übernehmen im Havariefall alle Funktionen. Dadurch ist eine quasi unterbrechungsfreie Umschaltung oder, bei IT-basierten Systemen, auch die Verteilung der Rechenlast im Produktivbetrieb auf alle Systeme möglich. Voraussetzung hierfür ist eine redundante Datenhaltung auf den Failover-Systemen.
- Systeme im *Cold Standby* werden in weniger kritischen Bereichen eingesetzt. Es muss jedoch sichergestellt sein, dass die Failover-Systeme innerhalb kürzester Zeit einsatzbereit sind. Derartige Reservekapazitäten stehen während des Normalbetriebes z. B. für Schulungen oder Tests zur Verfügung.

Der steigende Automatisierungsgrad, der vermehrte Einsatz von IT-Systemen und die zunehmende Vernetzung machen den Entwurf von Failover-Mechanismen für Systeme im Hot Standby zu einer besonderen Herausforderung. Eine für die Gestaltung der Gesamtarchitektur relativ einfache und stabile Lösung stellt die Nutzung von Cluster-Systemen dar. Dabei werden mehrere Server mit denselben Funktionen in einem Netzwerk zusammengeschlossen und nach außen hin virtuell als ein Server dem Gesamtsystem zur Verfügung gestellt. Im Falle einer Störung erfolgt eine automatische Umverteilung der Rechenlast auf die verbleibenden Server.[47]

Einige der einzusetzenden IT-Systeme und ein Großteil der klassischen Broadcast-Systeme lassen sich jedoch nicht clustern. Sollen derartige Systeme mit Failover-Systemen im Hot Standby abgesichert werden, so müssen sie über einen Failover-Mechanismus angebunden werden, der im steuernden System implementiert ist. Ein solcher Mechnismus hat die Aufgabe, auf ein Failover-System umzuschwenken und die Systemadministratoren zu informieren, falls das angesteuerte System nicht erreichbar ist oder einen Fehler meldet.[48] Beim Einsatz solcher Failover-Mechanismen ist besondere Vorsicht geboten: Falls die Störung durch einen Software-Fehler oder korrupte Daten hervorgerufen wurde, besteht die Gefahr, dass im Failover-System genau dieselbe Störung hervorgerufen oder die Stabilität angrenzender Systeme gefährdet wird. Unter Umständen ist daher eine kontrollierte manuelle Havarieumschaltung vorzuziehen. Dazu sind z. B. leere Failover-Systeme vorzuhalten, die im Falle einer Havarie händisch mit den dann gerade

47 Vgl. [BS99, S. 139*f*], [Sch06a, S. 95] und [Dwy04, S. 238].

48 In der ProSiebenSat.1 Produktion kommen solche Failover-Mechanismen beispielsweise bei der Ansteuerung einer Transcodingfarm durch das Essence-Management-System und der Einbindung File-basierter Agenturserver zum Einsatz. Vgl. [KZBB07, S. 51*ff*].

erforderlichen Daten bestückt werden, um auf einem stabilen System arbeiten zu können.[49]

#### 7.2.1.3 Havarie-Workflows

Den Havarie-Workflows fällt im Havariefall die größte Bedeutung zu. Sie müssen auch dann greifen, wenn die Maßnahmen der darunterliegenden Ebenen versagt haben. Der Grundgedanke dabei ist, dass es bei „der Bearbeitung eines Problems [...] nicht darauf [ankommt,] ein gegebenes Problem zu lösen, sondern ein bestimmtes Ziel zu erreichen“[50]. Das Ziel bleibt auch im Havariefall die störungs- und unterbrechungsfreie Programmausstrahlung.[51] Welchen Weg das Material dabei nimmt und wie die Verarbeitung stattfindet, ist zweitrangig. In solchen Fällen werden gegebenenfalls auch Einschränkungen in Kauf genommen.[52] Daher kommen Havarie-Workflows vor allem dann zum Einsatz, wenn ganze Funktionsbereiche, komplette Ebenen aus dem Referenzmodell, Netzwerke oder wichtige Knotenpunkte in Netzwerken wegbrechen und deren Funktionen nicht durch Failover-Systeme übernommen werden können.

Havarie-Workflows werden aktiviert, wenn Störungen nicht innerhalb einer definierten Zeit behoben werden können und andere Maßnahmen nicht mehr greifen.[53] Während die Havariemaßnahmen auf den Ebenen der internen Redundanzen und der Failover-Systeme meist nur eine zweistufige Absicherung der Funktionalität vorsehen, besteht in Fernsehproduktionssystemen die Anforderung, die wichtigsten Workflows mindestens über ein Drei-Stufen-Modell abzusichern.[54] Beispielsweise ist es eine gängige Vorgehensweise, den File-basierten Materialtransfer auf der ersten Havariestufe durch einen Transfer via SDI zu garantieren. Dabei wird statt des File-Transfers über eine Kreuzschienenschaltung eine Verbindung zwischen Quelle und Senke hergestellt und anschließend die Quelle in „Play“ und die Senke in „Record“ versetzt. Ist ein Materialtransfer über diesen Weg nicht möglich, bleiben das Ausspielen des Materials auf Videobänder, der manuelle Transport und das anschließende Wiedereinspielen als zweite Havariestufe. Dieses Beispiel ist charakteristisch für das heutige Vorgehen beim Entwurf von Havariestrategien, wo im Havariefall gern auf die herkömmlichen Broadcast-Technologien und lineare Workflows zurückgegriffen wird. Langfristig müssen jedoch Strategi-

49 Diese Strategie wird z. B. beim ZDF in Mainz im Digitalen Produktionssystem Aktuelles (DPA) mit der Avid Unity verfolgt (Stand 2005, Vgl. [Klo09, S. 112]).
50 Quelle: [Neu03, S. 42].
51 Vgl. [HT04, S. 176].
52 Vgl. [ONW07, S. 602].
53 Vgl. die Wiederherstellungszeiten in **Tabelle 7.2.**
54 Vgl. [Alt01, S. 436].

en entwickelt und eingesetzt werden, die auch in einer rein IT-basierten Produktionsumgebung einsetzbar sind.[55]

Eine besondere Herausforderung ergibt sich aus der zunehmenden Automatisierung. Sind in einer klassischen Sendeabwicklung in der Regel bis zu sechs Personen beschäftigt, so werden im Nachrichtenbereich inzwischen vermehrt Ein- oder Zwei-Mann-Regien eingesetzt,[56] sodass Havariefälle nicht mehr durch ausreichend „Menpower" abgefangen werden können. Falls sich nicht kurzfristig Personal aus anderen Produktionsbereichen abziehen lässt, muss gegebenenfalls auf einige Sendeelemente verzichtet werden, um die Sendung an sich zu retten. Ähnlich kritisch sind die Auswirkungen, wenn ein unternehmensübergreifendes System wie ein zentrales Essence-Management-System ausfällt, das sämtliche File-Transfers innerhalb der Produktion steuert. Der Krisencharakter von Havarien steigt durch die Automatisierung erheblich. Umso wichtiger werden präzise geplante und überprüfte Havariestrategien.

*Betriebssicherheit in der Nachrichtenproduktion*

Die hohe Relevanz der Havarieabsicherung im Nachrichtenbereich lässt sich durch dessen Live-Charakter und hohe Anforderungen an die Aktualität begründen. So werden Beiträge beispielsweise oft erst kurz vor ihrer Austrahlung finalisiert. Auch wenn kurz vor oder während einer Nachrichtensendung ein System ausfällt, soll die Durchführung der Sendung nicht gefährdet werden. Um dies sicherzustellen, werden in allen wichtigen Bereichen hinreichend viele Failover-Systeme und Havarie-Workflows vorgesehen. So werden z. B. Playout-Server sowie Regieautomationen redundant ausgelegt, und die Studios lassen sich variabel mit unterschiedlichen Regien steuern, sodass beim Ausfall einer Regie eine andere genutzt werden kann. Im Bereich der Havarie-Workflows ist es beispielsweise üblich, am HiRes-Schnittplatz fertige Beiträge auf ein Videoband auszuspielen, falls der Transfer auf den Playout-Server nicht funktioniert, damit die Beiträge während der Sendung über eine MAZ-Maschine eingespielt werden können. Ein anderer typischer Havarie-Workflow lässt sich bei Live-Übertragungen aus Krisengebieten beobachten. So haben die Korrespondenten häufig ein Mobiltelefon am Ohr; bricht die Satellitenverbindung aus irgendwelchen Gründen zusammen, so fällt zwar das Bild aus, aber der Ton kann dank der Telefonverbindung weiter gesendet werden.

55 Vgl. [HT04, S. 176].
56 Vgl. [KM08, S. 70*ff*], [Wel02, S. 179*f*] und [Blo05, S. 462].

### 7.2.2 Datensicherheit

Neben der organisatorischen und der technischen Gewährleistung der Betriebssicherheit muss für einen reibungslosen Ablauf auch sichergestellt sein, dass sämtliche Daten zuverlässig gespeichert sind und der Zugriff auf die relevanten Daten auch im Havariefall möglich ist. Datensicherheit umfasst den Schutz von Daten vor Missbrauch, Verlust oder Verfälschung.[57] Im Havariemanagement liegt der Fokus auf dem Schutz vor Datenverlust. Dabei sind Essences, Metadaten und Konfigurationsdaten für Systeme und Workflows zu berücksichtigen. Die Sicherung erfolgt über ein gestaffeltes Datenverwaltungskonzept auf allen drei Ebenen.

- Auf der Ebene der *internen Redundanzen* wird die Datensicherheit durch den Einsatz von RAID-Systemen[58] erhöht.
- Auf der Ebene der *Failover-Systeme* kommen in der Regel geclusterte Datenbanken zum Einsatz, um einen unterbrechungsfreien Zugriff auf die Daten zu gewährleisten.[59]
- Darüber hinaus existieren je nach Art und Umfang der Daten verschiedene hierarchische Materialverwaltungskonzepte zur Datensicherung, die den *Havarie-Workflows* zuzurechnen sind.

Die Sicherungsstrategien für Essences, Metadaten und Konfigurationsdaten unterscheiden sich aufgrund ihrer verschiedenen Datenvolumina. Bei der Sicherung von Metadaten und Konfigurationsdaten kommen erprobte Mechanismen aus der IT zum Einsatz, die in regelmäßigen Abständen inkrementelle und in etwas größeren Abständen komplette Backups auf Datenbändern in einer Bandrobotik sichern.

Die Sicherheit und der Zugriff auf Essences wird in der Regel über ein gestaffeltes Materialverwaltungskonzept mit Online-, Nearline-, Archiv- und Offline-Speicherung gewährleistet, das in Abhängigkeit von Relevanz, Alter und Zugriffshäufigkeit Kopien der Essences auf unterschiedliche Speichersysteme und Standorte verteilt.[60] Im Bereich File-basierter Archive kommen darüber hinaus HSM-Systeme zum Einsatz, die Teile des Materials für einen schnellen Zugriff auf Festplatten vorhalten und das gesamte andere Material auf mindestens zwei Datenbändern in

57 Vgl. [MBB+01, S. 148].

58 RAID steht für „Redundant Array of Independent Disks“. Diese Art der Speicherung stellt durch redundante Speicherung bzw. die separate Speicherung von Paritätsdaten sicher, dass der Ausfall einzelner Festplatten oder einzelner Systeme im laufenden Betrieb kompensiert werden kann. Vgl. [Sch06a, S. 109*ff*], [BS99, S. 571*f*] und [Sch00, S. 508].

59 Vgl. [BS99, S. 139*f*], [Sch06a, S. 95] und [WG06, S. 751].

60 Vgl. [WG06, S. 750] und [HL05, S. 306].

einer Bandrobotik auslagern.[61] In der Fernsehproduktion wird des Weiteren auch die Sicherung auf (digitalen) Videobändern noch einige Zeit eine wichtige Rolle spielen.[62] Die genaue Ausgestaltung der Sicherungsstrategien ist wesentlich von den Anforderungen an Datenverfügbarkeit und Wiederherstellungszeiten abhängig.[63]

Diese Strategien der Datensicherung sind den Havarie-Workflows zuzuordnen, weil im Havariefall immer erst eine Materialbereitstellung erfolgen muss, die vom Standard-Workflow abweicht.

---

*Datensicherheit in der Nachrichtenproduktion*

---

Die Absicherung und die ständige Verfügbarkeit der Essences und Metadaten ist in der Nachrichtenproduktion von großer Bedeutung. Dies äußert sich insbesondere in der spezifischen Ausgestaltung hierarchischer Materialverwaltungskonzepte. Ein große Herausforderung besteht in der verhältnismäßig großen Menge von Videomaterial, die täglich von Agenturen, Videojournalisten und anderen eingeht. Dies führt dazu, dass nicht dauerhaft sämtliches Material archiviert oder gar online vorgehalten werden kann. Materialverwaltungskonzepte im Nachrichtenbereich sehen deshalb beispielweise vor, dass sämtliches eingehendes Material zwei bis drei Tage online auf dem Produktionsserver gespeichert wird. Über die Zeitdauer von etwa einer Woche wird das Material komplett nearline auf anderen Servern gelagert, so dass es in relativ kurzer Zeit wieder auf den Produktionsserver transferiert werden kann. Innerhalb dieser Woche werden produzierte Beiträge und eine Auswahl des besten Rohmaterials archiviert. Das archivierte Material wird dann mindestens ein Jahr lang im Archiv auf einer Bandrobotik gelagert. Videomaterial, das regelmäßig benötigt wird oder aufgrund der aktuellen Nachrichtenlage über längere Zeit hinweg einen hohen Nachrichtenwert behält, wird entsprechend länger online auf dem Produktionsserver vorgehalten.[64]

---

61 Vgl. [Sau05, S. 273], [Gen08, S. 93*ff*] und [Tho01, S. 662].

62 Vgl. [LN07, S. 46].

63 Vgl. [Sch06a, S. 175*f*], [BS99, S. 172] und [Zim08, S. 316].

64 Diese Beispiel beschreibt das Grobkonzept der Materialverwaltung im Fallbeispiel EMSA (ProSiebenSat.1 Produktion, siehe Punkt 8.2.1).

## 7.3 Havariestrategien für integrierte Fernsehproduktionssysteme

Für die Absicherung über interne Redundanzen oder Failover-Systeme existieren bei den Sendern, den planenden Systemhäusern oder den Systemherstellern in der Regel klare Vorgaben, welche Komponenten wie einzusetzen sind. Mit der starken Vernetzung der Systeme und der großen Integrationstiefe nimmt jedoch die Gefahr zu, dass der Ausfall eines einzelnen Systems auch das Gesamtsystem lahmlegen kann.[65] Daher müssen organisatorische und technische Regelungen gefunden werden, wie bei Ausfall einer kompletten Ebene oder einer Subebene innerhalb einer Anwendungsarchitektur[66] verfahren werden kann und welche Vorkehrungen bei dem Entwurf von Havariekonzepten hierfür zu treffen sind.

Gemäß dem Grundsatz, dass nicht der Weg, sondern das Ziel entscheidend ist,[67] lassen sich Havariefälle dadurch bewältigen, dass die Anwendungsarchitektur unter besonderen Umständen Abweichungen von der in Punkt 4.2.2 beschriebenen Ebenenkommunikation unterstützt oder zumindest zulässt.[68] Bei der Planung von Havariestrategien für den Ausfall einer Hierarchieebene in einer integrierten Systemarchitektur können die folgenden drei in **Abbildung 7.2** illustrieren Konzepte zum Einsatz kommen.

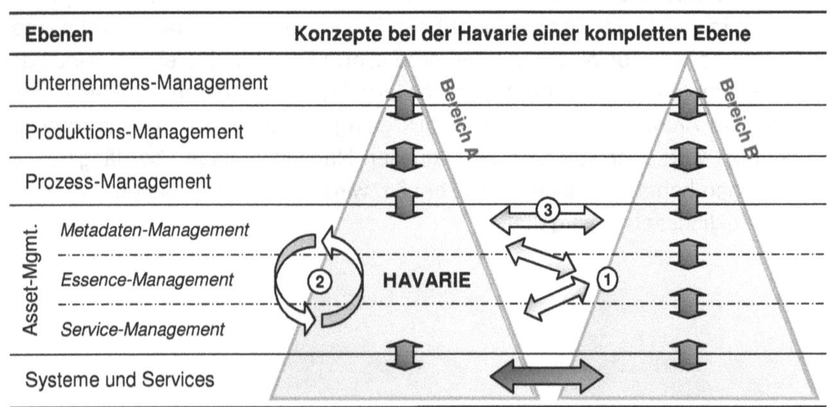


**Abbildung 7.2:** Havarien im hierarchischen Ebenenmodell

65 Vgl. [HT04, S. 233], [Dwy04, S. 237] und [Pis08, S. 663].

66 Vgl. Punkt 5.2.2.

67 Vgl. [Neu03, S. 42].

68 Vgl. Punkt 5.3.4.

1. *Ersatz fehlerhafter Ebenen:*
   Beim Ausfall einer hierarchischen Ebene wird auf ein adäquates System aus einem anderen Funktionsbereich zurückgegriffen, das über die notwendigen Funktionalitäten verfügt.

2. *Überspringen von Ebenen:*
   Beim Ausfall einer hierarchischen Ebene erfolgen die Steuerungen und der Zugriff auf die Daten über die ausgefallene Ebene hinweg. Das Überspringen ist in der Regel ein manueller Vorgang.

3. *Direkte Kommunikation auf einer Ebene:*
   Im Havariefall wird unter bestimmten Bedingungen die direkte Kommunikation zweier Systeme der gleichen Hierarchieebene zugelassen.

Bei den im Folgenden tiefergehend beschriebenen Strategien handelt es sich bislang um theoretische Betrachtungen, die zum Zeitpunkt der Untersuchung mit einer Reihe von Experten diskutiert wurden[69] und in die Anforderungen zweier großer Projekte bei der ProSiebenSat.1 Produktion Einzug gehalten haben.[70] Die Detailspezifikation und ein „Proof of Concept" stehen noch aus.

## 7.3.1 Ersatz fehlerhafter Ebenen

Existieren in angrenzenden Funktionsbereichen adäquate Systeme mit dem gleichen oder einem ähnlichen Funktionsumfang und hinreichend freien Produktionskapazitäten, so kann im Havariefall ein Umschalten auf das System des anderen Funktionsbereichs erfolgen. Voraussetzung hierfür ist, dass der angrenzende Funktionsbereich nicht beeinträchtigt wird und Schnittstellen aller im Havariefall erforderlichen Systeme zum benachbarten System existieren bzw. mit geringem Aufwand hergestellt werden können. Die Vorgehensweise ähnelt dem Einsatz von Failover-Systemen, setzt aber nicht das Vorhandensein eines identischen Failover-Systems voraus.

Fällt beispielsweise das Essence-Management-System innerhalb eines Funktionsbereiches aus, so ist denkbar, dass das EMS eines angrenzenden Funktionsbereiches die Funktionen des ausgefallenen Systems übernimmt. Voraussetzung dafür ist, dass das angrenzende EMS über Schnittstellen zur Metadaten-Management-Ebene und zur Service-Management-Ebene des defekten Systems verfügt

69 Vgl. Workshop ProSiebenSat.1 Produktion (16. 04. 2007, siehe Punkt 8.1.2).

70 Fallbeispiel EMSA (ProSiebenSat.1 Produktion, siehe Punkt 8.2.1) und Fallbeispiel N24plus (ProSiebenSat.1 Produktion, siehe Punkt 8.2.2).

und in der Metadaten-Management-Ebene ausreichend Informationen zur Steuerung des Ersatzsystems zur Verfügung stehen. So könnte ein Metadaten-Management-System über ein alternatives EMS die Bereitstellung einer Essence auf einem frei zugänglichen File-Server beauftragen, sofern Quellsystem[71] und Material-ID[72] bzw. Dateiname bekannt sind. Von dort aus ließe sich die Essence anschließend manuell ins HiRes-Schnittsystem importieren.

Der Ersatz fehlerhafter Ebenen bietet sich in Kombination mit Havarie-Workflows an, falls geeignete Systeme und Schnittstellen zur Verfügung stehen und sich die rein manuelle Überbrückung der fehlerhaften Ebene für einen Havariefall als zu komplex darstellt.

## 7.3.2 Überspringen von Ebenen

Ist der Ersatz einer Ebene durch Systeme aus einem angrenzenden Funktionsbereich nicht möglich, so kann es ein geeigneter Weg sein, die havarierte Ebene zu überspringen. Dazu muss sichergestellt sein, dass auf der darüberliegenden Ebene alle Daten vorliegen, die erforderlich sind, um die unterhalb der gestörten Ebene liegenden Systeme zu steuern oder zu bedienen.

Am Beispiel eines defekten EMS verdeutlicht bedeutet dies, dass auf der Metadaten-Management-Ebene alle Informationen vorliegen müssen, die den Zugriff auf das Material sicherstellen, auch wenn das EMS nicht arbeitet. Im einfachsten Fall können das beispielsweise genaue Informationen über den Speicherort der HiRes-Essence z. B. in Form eines Servernamens und des Speicherpfades sein. Derartige Informationen werden im Regelbetrieb zwar nicht benötigt, da das EMS die Verwaltung der Essences übernimmt und für die Steuerung nur die Material-ID einer Essence benötigt. Sie können jedoch sicherstellen, dass im Havariefall ein manueller Zugriff auf das Material möglich ist.[73] In umgekehrter Richtung ist es denkbar, Informationen aus höheren Ebenen auf darunterliegenden Ebenen vorzuhalten, um einen manuellen Direktzugriff zu ermöglichen. Am beschriebenen Beispiel würde dies bedeuten, dass die deskriptiven Metadaten redundant im MXF-Container[74] gespeichert werden, sodass eine Materialrecherche über eine geeignete Applikation direkt auf der Ebene des Dateisystems möglich wird. Zwar besteht

71 Zum Beispiel ein File-basiertes Archiv in Form eines HSM.

72 Eine Material-ID dient der eineindeutigen Identifizierung von Material und der Referenzierung zwischen Essence und sämtlichen dazugehörigen Metadaten.

73 Hierbei handelt es sich um ein konkretes Szenario, welches bei der ProSiebenSat.1 Produktion im Projekt EMSA zur Einführung eines Essence-Management-Systems als Anforderung definiert wurde. Vgl. Punkt 8.2.1 und [KZ06, S. 86 und 149].

74 MXF – Material Exchange Format. Bei MXF handelt es sich um ein für den Broadcast-Bereich optimiertes, standardisiertes Austauschformat (vgl. SMPTE 377M), das Essences und Metadaten als Container in einem File zusammenfasst. Sh. auch [Sch06b, S. 253*ff*] und [Röd07, S. 23*ff*].

in diesem Fall die Gefahr nicht ganz aktueller und nicht ganz so umfangreicher Metadaten und die Suche ist nicht so performant wie die Suche über eine Datenbank, der Zugriff auf das Material bleibt jedoch grundsätzlich weiter gewährleistet.

Diese Strategie ist in allen Anwendungsfällen sinnvoll, in denen der Ausfall einer Ebene z. B. wegen der fehlenden Zugriffsmöglichkeit auf bestimmte Daten einen erheblichen Schaden verursachen würde, eine gezielte redundante Vorhaltung von Metadaten auf mehreren Ebenen aber einen praktikablen Havarie-Workflow ermöglicht.

### 7.3.3 Direkte Kommunikation auf einer Ebene

Die dritte Möglichkeit, im Havariefall die Aufrechterhaltung des Produktionsprozesses zu gewährleisten, ist die direkte Kommunikation von Systemen einer Hierarchieebene miteinander. Diese bedeutet, dass kein System existiert, welches koordinierend eingreift und Aufgaben bzw. Verantwortlichkeiten verteilt.[75] Soll im Havariefall temporär eine direkte Kommunikation stattfinden, erfordert das entweder eine dritte Instanz wie beispielsweise einen Administrator, der die Koordination der Systemkommunikation mit einer entsprechenden Applikation übernimmt, oder es muss für die Dauer der Havarie eine temporäre Hierarchie zwischen den eigentlich gleichberechtigten Systemen eingeführt werden, sodass ein System das andere steuert.

Laufen beispielsweise mehrere Produktionsserver parallel für unterschiedliche Anwendungsbereiche, ohne dass die Systeme synchron mit demselben Material bespielt werden, so handelt es sich um zwei Systeme, die auf derselben Hierarchiestufe arbeiten, aber nicht direkt miteinander kommunizieren. Muss aufgrund einer Havarie Material zwischen beiden Systemen ausgetauscht werden, so ist das temporär steuernde System zu bestimmen oder der Transfer muss über eine dritte Applikation gesteuert werden.[76]

Dieser Fall ist nur für unterschiedliche Instanzen eines Systems relevant, da ansonsten davon auszugehen ist, dass alle anderen Systeme bzw. Systemmodule von vornherein auf jeweils unterschiedlichen Hierarchieebenen laufen und die Verantwortlichkeiten zwischen den Systemen klar definiert sind.

75 Vgl. Punkt 4.2.

76 Vgl. das in Punkt 7.2.1.2 beschriebene Beispiel der DPA-Produktionsserver beim ZDF.

## 7.4 Automatisierung von Havariemaßnahmen

Vor dem Hintergrund der hohen Anforderungen an die Produktion, die in vielen Fällen keine Ausfallzeiten zulässt,[77] stellt sich die Frage, ob und in welchem Umfang sich Havariekonzepte automatisieren lassen. Ausgehend von den Betrachtungen in Kapitel 6, erfolgt an dieser Stelle eine zusammenfassende Betrachtung der Automatisierbarkeit von Havariemaßnahmen.

Automatisierte Havariemaßnahmen sind überall dort angebracht, wo Maschinen dem Menschen überlegen sind und der Nutzen die Kosten für die Automatisierung rechtfertigt.[78] Bei Havarien handelt es sich um Vorkommnisse, deren Eintreten meist nicht vorhersagbar ist.[79] Die Stärken von Maschinen liegen in solche Fällen im „schnellen Reagieren auf spontane Ereignisse, sofern die Reaktion vorprogrammierbar ist“[80]. Sobald eine Situation taktisches Entscheidungsvermögen erfordert, ist der Eingriff des Menschen erforderlich. Überträgt man diese Grundaussage auf die Automatisierung von Havariemaßnahmen, so lassen sich folgende Aussagen treffen:[81]

1. Auf der Ebene der *internen Redundanzen* werden ausschließlich Störungen von Hardware behandelt, sodass die Umschaltung immer automatisch erfolgen kann. Auf diese Weise lassen sich kurze Ausfallzeiten garantieren und die Nutzer bekommen die Auswirkungen des Ausfalls einer Komponente im Regelfall nicht zu spüren. Wichtig ist, dass Ausfall und Umschaltung automatisch an ein Monitoring-System gemeldet werden, damit die fehlerhafte Komponente umgehend ausgetauscht werden kann und die Absicherung schnellstmöglich wiederhergestellt wird.[82]

2. Das Umschwenken auf ein *Failover-System* beim Ausfall eines Systems kann in vielen Fällen ebenfalls automatisch erfolgen. Beim Entwurf von Failover-Mechanismen ist jedoch zu prüfen, welche Ursachen die Havarie hat und welche Schritte im Anschluss gegebenenfalls zu unternehmen sind, wenn die Havarie behoben wurde. Es macht daher keinen Sinn, alle Fälle zu automatisieren. Failover-Mechnismen werden ansonsten schnell zu komplex und können nicht mehr alle Eventualitäten abfangen. Werden automatische Failover-Mechanismen eingesetzt, so sind bei bestimmten Fehlerursachen

77 Vgl. [Kuh07, S. 663], [Mer05, S. 519] und [WG06, S. 54].
78 Vgl. Punkt 6.2.
79 Vgl. [Klo09, S. 26].
80 Quelle: [Cha94, S. 33].
81 Vgl. Punkt 7.2.
82 Vgl. Punkt 7.2.1.1.

und bei einer definierten Anzahl von Versuchen, auf ein Failover-System umzusteigen, feste Ausstiegspunkte zu bestimmen, an denen der Mensch übernimmt und ein Havarie-Workflow aktiviert wird. In einer stark integrierten Systemlandschaft besteht ansonsten die Gefahr, dass beispielsweise korrupte Daten weitere Systeme in Mitleidenschaft ziehen und die Stabilität des Gesamtsystems gefährdet wird.[83]

3. *Havarie-Workflows* kommen immer dann zum Einsatz, wenn taktisches Entscheidungsvermögen gefragt ist, weil beispielsweise automatisierte Havariemechanismen nicht gegriffen haben oder inhaltiche Entscheidungen zu fällen sind. Automatisierung kann unterstützend eingesetzt werden, indem komplexere Vorgänge innerhalb eines Havarie-Workflows, wie etwa die Aktivierung eines Systems, durch ein Skript ausgeführt werden. Die Aktivierung und Überwachung solcher Skripte erfolgt jedoch durch den Menschen, damit dieser gegebenenfalls schnell reagieren kann, falls bei der Ausführung ein Fehler auftritt.[84]

Betrachtet man *Havarien in integrierten Systemlandschaften*,[85] so erfordert der Ausfall einer Hierarchieebene meist eine Reihe komplexer Tätigkeiten zur Reaktivierung des Gesamt-Workflows, die oft auch Auswirkungen auf angrenzende Workflows oder Produktionsbereiche haben. Dies verlangt neben der technischen Wiederherstellung oft auch eine Priorisierung der durchzuführenden Aufgaben. Daher ist eine vollständige Automatisierung der Havarieumschaltung nicht sinnvoll. Stattdessen ist zu prüfen, welche Teilschritte maschinell unterstützt werden können und welche Daten gegebenenfalls in einem System zusätzlich vorzuhalten sind, damit alle relevanten Informationen für die Aktivierung eines Havarie-Workflows vorliegen.

## 7.5 Bedeutung des Modellierungsansatzes für das Havariemanagement

Durch die konvergenten Entwicklungen in Organisation und Technik sowie die zunehmende Automatisierung wird der Umgang mit Havarien erheblich komplexer. Einerseits besteht die Gefahr, dass Störungen sich aufgrund der starken Integration schnell über das gesamte Fernsehproduktionssystem fortpflanzen, andererseits lassen sich in einem vernetzten System die Ursachen einer Störung schwieriger

83 Vgl. Punkt 7.2.1.2.
84 Vgl. Punkt 7.2.1.3.
85 Vgl. Punkt 7.3.

lokalisieren.[86] Durch die starke Automatisierung besteht zudem die Gefahr, dass im Havariefall nicht ausreichend Menpower zur Verfügung steht, um die Auswirkungen einer Havarie abzufangen.

Bisherige Strategien setzen den Fokus auf einzelne Anlagen oder Funktionsbereiche. Durch die Berücksichtigung des Modellierungsansatzes bei der Konzeption von Havariestrategien ergeben sich zusätzlich Ansätze für neue Havariestrategien im Bereich der Failover-Systeme und der Havarie-Workflows. Diese werden der fortgeschrittenen organisatorischen Vernetzung und technischen Integration gerecht und berücksichtigen den Ausfall kompletter Systemebenen. Die transparente und vollständige Dokumentation des Gesamtsystems über den Modellierungsansatz kann darüber hinaus helfen, komplexe Zusammenhänge bei der Analyse möglicher oder eingetretener Havariefälle aufzudecken.

Nachdem in diesem Kapitel die Modellierung automatisierter, havariesicherer Fernsehproduktionssysteme untersucht wurde, werden im folgenden Kapitel abschließend die der Arbeit zugrunde liegende Untersuchungsmethodik sowie mehrere Fallstudien vorgestellt.

86 Vgl. [HT04, S. 176].

# 8 Empirische Evaluation des Modellierungsansatzes

*Leitfragen*

- Welche wissenschaftliche Methodik liegt dieser Arbeit zugrunde?
- In welchem Umfang kommen Referenzmodell und Modellierungsansatz bereits zum Einsatz?
- Wie bewerten Experten die Methodik im Kontext ihrer konkreten Aufgaben?

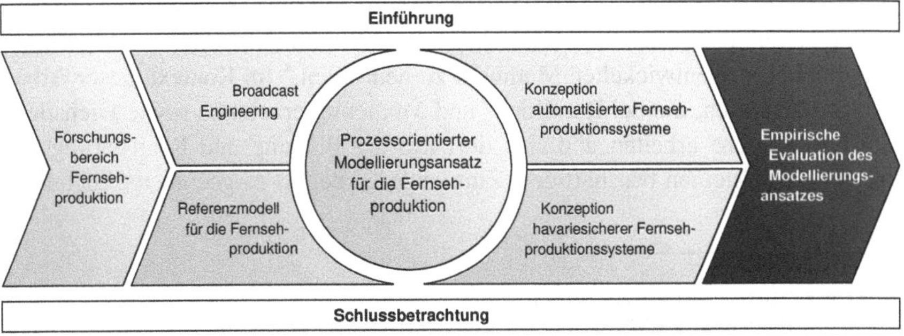

Die in den vorangegangenen Kapiteln herausgearbeitete Methodik zur prozessorientierten Projektierung integrierter, automatisierter Fernsehproduktionssysteme entstand auf Basis der Erkenntnisse mehrerer Fallstudien, Workshops und Experteninterviews. Abschließend soll nun ein genauerer Blick auf die empirischen Untersuchungen und auf vier Fallstudien zur Anwendung von Referenzmodell und Modellierungsansatz geworfen werden.

## 8.1 Untersuchungsmethodik

Das entwickelte Referenzmodell und der Modellierungsansatz tragen dazu bei, die Komplexität bei der Gestaltung integrierter, automatisierter Fernsehproduktionssysteme zu reduzieren. Es bleibt zu untersuchen, welche Relevanz die Forschungsergebnisse branchenübergreifend für die Projektierung haben und inwieweit diese Methodik tatsächlich eine Erleichterung darstellen und für eine erhöhte Transparenz sorgen kann.[1]

Die Gestaltung integrierter, automatisierter Fernsehproduktionssysteme ist ein relativ junges Forschungsfeld, das mit den fortgeschrittenen konvergenten Entwicklungen in der Branche entstanden ist. Entsprechend sind bislang in der wissenschaftlichen Fachliteratur nur wenige Forschungsergebnisse zu finden. Die existierenden Untersuchungen beschäftigen sich primär mit der Entwicklung einzelner Managementapplikationen.[2] Die aktuelle Fachliteratur zu Integrationsthemen legt den Fokus meist auf bestimmte Ansätze wie das Business Process Management und Technologien wie die SOA.[3] Konkrete Betrachtungen, wie aus der abstrakten Idee eines Geschäftsmodells ein funktionierendes Produktionssystem entstehen kann, sind nicht zu finden. Diese Situation macht neben der Literaturrecherche empirische Untersuchungen erforderlich, um einerseits die aus der Literatur ermittelten Anforderungen zu verfeinern und andererseits Relevanz und Praxistauglichkeit der entwickelten Methodik zu überprüfen.

Grundlage der empirischen Untersuchungen sind zum einen fachlich kompetente Quellen, die in der Lage sind, Anforderungen zu definieren oder die Praxistauglichkeit der entwickelten Methodik zu beurteilen.[4] Im Kontext dieser Arbeit sind das Experten, die bei Rundfunk- und Medienunternehmen sowie Dienstleistern der Branche arbeiten und sich dort mit der Planung und Realisierung von Produktionssystemen beschäftigen. Zum anderen bedarf es geeigneter Techniken

1 Vgl. Punkt 2.6.
2 Vgl. u. a. [Pag03], [MT04] und [Aus06].
3 Vgl. u. a. [FF08] und [AWH+07].
4 Vgl. [Rup07a, S. 108].

der Informationsbeschaffung, um die Anforderungen zu ermitteln.[5] Dabei wird im Wesentlichen unterschieden zwischen Kreativitäts-, Beobachtungs- und Befragungstechniken sowie vergangenheitsorientierten Techniken.[6] Für die Anforderungsermittlung und die Validierung der Ergebnisse standen Beobachtungs- und Befragungstechniken im Vordergrund. Diese Arbeit stützt sich im Wesentlichen auf drei Säulen empirischer Forschungsmethoden:

- Im Kontext mehrerer Fallstudien bei der ProSiebenSat.1 Produktion ermittelte der Autor mittels *teilnehmender Beobachtung* den konkreten Optimierungsbedarf in der Systemgestaltung. Anhand der gewonnenen Erkenntnisse entwickelte er das vorgestellte Referenzmodell sowie den dazugehörigen Modellierungsansatz und optimierte deren Einsatz anhand realer Anwendungsfälle.
- Über mehrere nicht formalisierte *Experteninterviews* erörterte der Autor im Verlauf der Forschungsarbeit unterschiedliche Fragestellungen zu Referenzmodell und Modellierungsansatz qualitativ mit Experten der Branche, um den branchenübergreifenden Bedarf zu evaluieren. Neben diese Einzelinterviews erarbeitete der Verfasser darüber hinaus in moderierten *Workshops* jeweils mit mehreren Experten anhand von Szenarien weitere Fallstudien.
- In Ergänzung der genannten Vorgehensweisen nahm der Autor eine statistische Erhebung in Form eines *formalisierten Fragebogens* vor, der im Ergebnis Trends der aktuellen Entwicklungen im Broadcast-Bereich aufzeigt und die Relevanz der Modellierung für den Broadcast-Bereich quantitativ bewertet.

Bezogen auf den Problemlösungszyklus des Systems Engineerings,[7] der dem Verfasser bei seinen Untersuchungen als Orientierung diente, übernahmen diese drei Methoden der empirischen Evaluation im Verlauf der Untersuchungen unterschiedliche Funktionen (vgl. **Abbildung 8.1**). Primäres Werkzeug der Evaluation war die teilnehmende Beobachtung. Als Untersuchungsobjekte dienten mehrere technische Projekte bei der ProSiebenSat.1 Produktion, wobei die den Fallstudien zugrunde liegenden Projekte EMSA und N24plus schwerpunktmäßig in unterschiedlichen Teilen des Problemlösungszyklus von Bedeutung waren.[8]

---

5 Vgl. [HNB+99, S. 123*f*] und [Rup07a, S. 108*f*].

6 Vgl. [Rup07a, S. 137].

7 Vgl. [HNB+99, S. 47].

8 Neben den beiden großen Projekten flossen auch Erkenntnisse aus vier kleineren Projekten mit in die Problemlösung ein, die in dieser Arbeit jedoch nicht gesondert in Fallstudien behandelt werden.

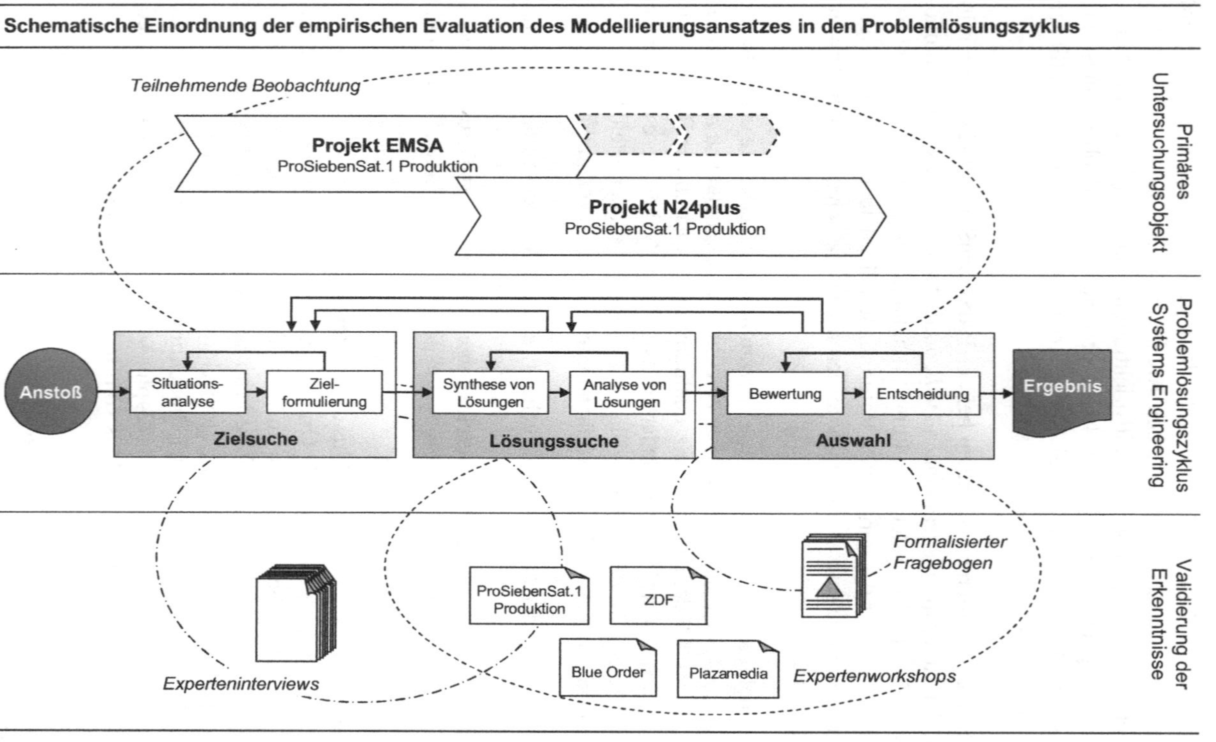


**Abbildung 8.1:** Einordnung der empirischen Evaluation

Zur Validierung der über die teilnehmende Beobachtung gewonnenen Erkenntnisse wurden Experteninterviews und -workshops sowie der formalisierte Fragebogen herangezogen. Die Experteninterviews dienten vor allem der Situationsanalyse und der Zielformulierung sowie in Teilen auch der Identifizierung von Lösungsansätzen, wohingegen die Expertenworkshops primär die Analyse und Bewertung von Lösungen zum Ziel hatten. Die formalisierte Umfrage hatte primär den Zweck, die Relevanz ausgewählter Themen zu bewerten und aufgestellte Thesen zu validieren. Die Vorgehensweise, die Auswahlkriterien für Gesprächspartner und die Ergebnisse der Anwendung dieser Methoden werden im Folgenden näher erläutert.

### 8.1.1 Teilnehmende Beobachtung

Bei der teilnehmenden Beobachtung, auch Apprenticing genannt, nimmt der Analytiker aktiv am Geschehen teil und erlernt „die Tätigkeiten der Stakeholder[9] unter deren Anleitung“[10], um sich ein genaues Bild von der Problemstellung zu machen und aus den Beobachtungen detaillierte Anforderungen ableiten zu können.[11] Es handelt sich um „eine effektive Technik, um auch bei schwer beobachtbaren Arbeitsabläufen detailliertes Know-how zu erlangen“[12], insbesondere wenn die Stakeholder Wissen und Probleme sprachlich nicht konkret ausdrücken können.[13]

Der Autor hatte im Zeitraum von Anfang 2006 bis Ende 2008 bei der ProSiebenSat.1 Produktion die Gelegenheit, in zwei großen Projekten und einer Reihe weiterer kleinerer Projekte an Projektmanagement, Analyse sowie Prozess- und Systemgestaltung mitzuwirken. Diese Tätigkeit bot die Möglichkeit, die Anforderungen und Schwächen bestehender Methoden zu identifizieren. Darüber hinaus war es auf diese Weise möglich, das Referenzmodell und den Modellierungsansansatz in der Praxis zu erproben, mit Kollegen aus unterschiedlichsten Fachbereichen und Herstellern zu diskutieren sowie das Modell und den Ansatz den Anforderungen entsprechend zu optimieren. Die zentralen Erkenntnisse werden in Punkt 8.2 als Fallstudien zu den beiden Projekten aufbereitet.

9 Der Begriff „Stakeholder“ ist an dieser Stelle mit der vorangestellten Expertendefinition gleichzusetzen: Sie sind Personen, die bei Rundfunk- und Medienunternehmen sowie bei Dienstleistern der Branche arbeiten und sich dort mit Planung und Realisierung von Produktionssystemen beschäftigen.

10 Quelle: [Rup07a, S. 122].

11 Vgl. [HNB+99, S. 441], [Rup07a, S. 122] und [AMBD04, S. 2-5].

12 Quelle: [Rup07a, S. 122].

13 Vgl. [AMBD04, S. 2-5] und [Rup07a, S. 122].

### 8.1.2 Experteninterviews und -workshops

Interviews sind ein effektives Mittel, um durch die persönliche Befragung von Experten Anforderungen zu ermitteln oder zu überprüfen. Sie bieten die Möglichkeit, neue und implizite Anforderungen zu identifizieren sowie auftretende Fragen oder Missverständnisse unmittelbar zu klären.[14] Je nach Grad der Formalisierung wird zwischen offenen und geschlossenen Interviews unterschieden.[15] Zu den offenen Interviews gehören Gespräche, die durch ein paar generelle Fragen gelenkt werden. Sie eignen sich zum Ergründen von Ansichten, Ziel- und Wertvorstellungen. Die geschlossenen Interviews lassen sich unterteilen Interviews im engeren Sinne, die auf einem Fragenkatalog aufsetzen und dem detaillierten Erfassen und Überprüfen von Aussagen dienen, sowie standardisierte Interviews mit offenen wie vorgegebenen Antworten.[16] Als unterstützendes Hilfsmittel für die Interviewsituation mit mehreren Experten eignen sich Workshops, die einen vorher festgelegten Ablauf haben und klaren Regeln unterliegen. Diese moderierte Vorgehensweise hat das Ziel, mit mehreren Personen gemeinsame Anforderungen zu erarbeiten und dadurch deren Qualität zu erhöhen.[17]

Zur Ermittlung von Anforderungen und zur Validierung der Forschungsergebnisse dieser Arbeit kamen mehrere offene Interviews und fünf Workshops zum Einsatz. Bei der Auswahl geeigneter Gesprächspartner wurde Wert darauf gelegt, dass möglichst vielfältige Blickwinkel möglicher Anwender des Modellierungsansatzes vertreten sind. Im Rahmen der Interviews und Workshops wurden folgende Expertengruppen befragt.

| **Expertengruppe** | **Vertretene Unternehmen** |
|---|---|
| *Sender und Content-Produzenten* | Plazamedia, ProSiebenSat.1 Produktion, ZDF |
| *Software- und Systemhersteller* | Blue Order, IBM Deutschland, Quantel, Thomson Systems Germany |
| *Systemhäuser* | Studio Hamburg MCI |
| *Berater und Projektmanager* | MediaCon, Vision 5 Media |
| *Forschung* | Europeen Broadcasting Union |

**Tabelle 8.1:** Bei der Evaluation über Interviews und Workshops vertretene Unternehmen

14 Vgl. [HNB+99, S. 482], [Rup07a, S. 124], [Som07, S. 184*f*] und [AMBD04, S. 2-5].
15 Vgl. [Som07, S. 184*f*].
16 Vgl. [HNB+99, S. 484].
17 Vgl. [Rup07a, S. 128].

Alle befragten Experten dieser Unternehmen beschäftigen sich direkt oder indirekt mit der Gestaltung und Projektierung von Fernsehproduktionssystemen. Unter den Befragten waren *Lösungsarchitekten und Software-Ingenieure*, deren operatives Geschäft die Systemgestaltung ist, *Unternehmensberater und Projektmanager*, die sich mit der Koordination der Systemgestaltung beschäftigen, *Vertriebsmanager*, welche die ersten Anforderungen der Kunden aufnehmen und Systemlösungen anbieten, sowie *Bereichs- und Abteilungsleiter*, deren Fokus auf der strategischen Planung von Systemlösungen für die Fernsehproduktion liegt. Durch die Auswahl von Experten verschiedenen Unternehmensgruppen und unterschiedlicher Rollen sind Anforderungen aller primär relevanten Zielgruppen in die Entwicklung des Modellierungsansatzes eingeflossen.

Die neun durchgeführten Interviews wurden entsprechend des jeweils aktuellen Erkenntnisstandes zu unterschiedlichen Fragestellungen rund um das Referenzmodell und den Modellierungsansatz geführt. Sie dienten dazu, den Bedarf sowie konkrete Anforderungen für beide Werkzeuge jenseits der aus der teilnehmenden Beobachtung gewonnenen Erkenntnisse zu ermitteln. Die durchgeführten Workshops verfolgten darüber hinaus das Ziel, konkrete Ergebnisse der Forschungsarbeit zu validieren.

### 16. 04. 2007 – Workshop ProSiebenSat.1 Produktion

Die ProSiebenSat.1 Produktion GmbH ist Dienstleister und hundertprozentige Tochterfirma der ProSiebenSat.1 Media AG. Als solche ist sie mit dem Bereich Technology unter anderem für Betrieb und Planung der technischen Produktionsplattformen verantwortlich.[18] An dem Workshop nahmen vier Kollegen aus den Abteilungen „Project Management" und „Media Base Systems" teil. Ziele waren die Validierung des Referenzmodells und die Diskussion der Anforderungen an die Modellierung integrierter Fernsehproduktionssysteme. Diesbezüglich wurden zum einen die Ebenendefinition diskutiert und Beispiele erarbeitet, zum anderen die Systemkommunikation über Ebenengrenzen hinweg im Normalbetrieb und im Havariefall erörtert.[19] Kernergebnisse waren eine abgestimmte Ebenendefinition für das Referenzmodell sowie konkretisierte Konzepte für die Systemkommunikation.

18 Vgl. http://www.prosiebensat1produktion.de/. Zuletzt abgerufen: 01. 12. 2008.

19 Vgl. Punkte 4.2 und 7.3.

## 14. 11. 2007 – Workshop Blue Order

Die Blue Order AG ist ein deutscher Entwickler und Anbieter für Media-Asset-Management-Lösungen und ist mit ihrem Produkt Media Archive bei zahlreichen nationalen und internationalen Sendern im Einsatz.[20] Ziel des Workshops, an dem fünf Kollegen aus dem Produktmanagent, der Projektentwicklung, dem Vertrieb und der Lösungsarchitektur teilnahmen, war die Überprüfung des Referenzmodells, des ersten Entwurfs des Modellierungsansatzes und der im ersten Workshop erarbeiteten Konzepte zur Systemkommunikation. Im Ergebnis wurden die Konzepte bestätigt und die besondere Relevanz von Systemhierarchien in integrierten Systemlandschaften herausgearbeitet. Bis zu einer gewissen Detailtiefe eignen sich Referenzmodell und Modellierungsansatz für eine prozess- und anwendungsbezogene Systemgestaltung. In bestimmten Fällen muss jedoch auch eine Abweichung von den geforderten Kommunikationskonzepten zwischen den Ebenen möglich sein.[21] Über die Unterstützung der Systemgestaltung hinaus eignet sich das Referenzmodell auch als Hilfsmittel im Requirements Engineering, um die identifizierten Anforderungen im Ausschreibungsprozess zu strukturieren und über eine Klassifizierung existierender Lösungen aus dem Broadcast-Umfeld die Systemauswahl zu vereinfachen.[22] Der Modellierungsansatz kann als klare Planungsmethodik außerdem dazu beitragen, die Planungssicherheit zu erhöhen, die Risikobetrachtung zu systematisieren und auf diese Weise letzten Endes auch die finanzielle Sicherheit in Projekten zu verbessern.

## 13. 05. 2008 – Workshop ZDF

Das ZDF ist neben der ARD die wichtigste öffentlich-rechtliche Sendeanstalt in Deutschland. „Das ZDF bietet ein Vollprogramm aus Information, Bildung, Kultur und Unterhaltung."[23] Im Workshop mit den Kollegen des ZDF ging es nach einem zuvor geführten Experteninterview darum, die Anwendung des Modellierungsansatzes anhand eines konkreten Fallbeispiels zu überprüfen. An dem Termin waren fünf Kollegen aus den Abteilungen „Redaktions- und Programminformationssysteme", „Archiv, Bibliothek, Dokumentation" und „Produktionstechnische Grundsatzangelegenheiten" sowie aus dem „Institut of Business Intelligence" beteiligt. Die Ergebnisse der Analyse des Digitalen Produktionssystems Aktuelles (DPA) sind als Fallstudie in Punkt 8.2.3 dokumentiert.

20 Vgl. http://www.blue-order.com/. Zuletzt abgerufen: 01. 12. 2008.
21 Vgl. Punkt 5.3.4.
22 Vgl. Punkt 5.3.3.
23 Quelle: http://www.unternehmen.zdf.de/. Zuletzt abgerufen: 01. 12. 2008.

### 30. 09. 2008 – Workshop Plazamedia

Die Plazamedia GmbH ist ein deutscher „Full-Service-Provider für TV und Neue Medien und ist der größte deutsche Sport-TV-Produzent“[24]. Zu den Kunden gehören Sender wie DSF, Premiere, ARD, ZDF, Sat. 1, ProSieben und RTL. An dem vierten Workshop nahmen neun Kollegen von Plazamedia aus den Abteilungen „Planung und Projektmanagement“, „Broadcast / IT“ und „Post Produktion“, den Bereichen „Technologie“, „Programmentwicklung“ und „Neue Medien“ sowie ein Unternehmensberater von Vision 5 Media teil. Der Workshop diente im Wesentlichen der Validierung der Ergebnisse aus dem vorangegangenen Workshop mit dem ZDF. Zentrales Auswahlkriterium für Plazamedia als Gesprächspartner war die starke Ausrichtung des Unternehmens auf Sportproduktionen. Diese stellen zusammen mit der Nachrichtenproduktion in der Fernsehproduktion die höchsten Anforderungen an die Systemgestaltung. Die Ergebnisse der Analyse des eCenters, der zentralen Produktionsplattform von Plazamedia, sind als Fallstudie in Punkt 8.2.4 zusammengefasst.

### 14. 11. 2008 – Workshop ProSiebenSat.1 Produktion

Der zweite Workshop mit den Kollegen von der ProSiebenSat. 1 Produktion[25] hatte zum Ziel, die Anwendung des Modellierungsansatzes im Kontext der strategischen Planung von Systemen zu untersuchen. Soll der Modellierungsansatz in der strategischen Planung verwendet werden, so geschieht dies auf einem relativ hohen Abstraktionsniveau. Für die Analyse des Ist-Zustandes bedeutet dies, dass anhand des Geschäftsprozesses und der existenten, in die Ebenen des Referenzmodells unterteilten Anwendungsarchitektur untersucht wird, welche Services von den eingesetzten Anwendungen erbracht werden. Anhand der geplanten strategischen Entwicklung lassen sich dann die auf jeder Ebene zukünftig erforderlichen Services definieren und die Auswirkungen auf die Anwendungsarchitektur diskutieren. Dazu gehören Fragen wie: Können die geforderten Services mit den vorhandenen Anwendungen abgedeckt werden? Werden zusätzliche Anwendungen benötigt? Welche Auswirkungen hat der Austausch von Anwendungen? Diese Betrachtung zeigt, dass sich der Modellierungsansatz prinzipiell auch bei abstrakten strategischen Fragestellungen nutzbringend einsetzen lässt. Er hilft den hinreichenden Bezug zwischen Geschäftsprozessen und Anwendungsarchitektur sicherzustellen.

---

24 Quelle: http://www.plazamedia.de/. Zuletzt abgerufen: 01. 12. 2008.

25 Leicht veränderte Besetzung gegenüber dem ersten Workshop, d. h. eine andere Kollegin aus der Abteilung „Project Management“.

### 8.1.3 Formalisierter Fragebogen

Die Fragebogentechnik dient der Informationsbeschaffung mittels schriftlich gestellter Fragen. Das Ziel von Fragebögen ist es, eine sehr große Anzahl von Experten bezüglich bestimmter Sachverhalte oder Problemstellungen zu befragen. Diese Befragungstechnik entspricht vom Charakter her standardisierten Interviews mit offenen wie vorgegebenen Antworten.[26]

Die im Rahmen der Evaluation durchgeführte Befragung mittels eines Fragebogens[27] hatte zum Ziel, die über Literaturanalyse, Beobachtung und Experteninterviews identifizierten Herausforderungen im Broadcast-Bereich und der Projektierung sowie die Modellierung als Methode für unterschiedliche Anwendungsfälle und Zielgruppen durch eine größere Gruppe von Experten in ihrer Relevanz bewerten und gewichten zu lassen. Die standardisierte Form der Fragen und Anworten ließ eine breiter gefächerte Auswahl von Experten zu, die grundsätzlich nach den gleichen Kriterien wie die Auswahl der Interviewpartner erfolgte.

| **Expertengruppe** | **Vertretene Unternehmen** |
|---|---|
| *Sender und Content-Produzenten* | Hessischer Rundfunk, Plazamedia, ProSieben-Sat.1 Produktion, Red Bull Media House, SKAI TV, Universal Music, ZDF |
| *Software- und Systemhersteller* | Blue Order, Flow Works, IBM Deutschland, Microsoft Corporation, ProConsultant Informatique, S4M, Sony Professional Solutions Europe, Sony United Kingdom Limited, Thomson Systems Germany, Quantel |
| *Systemhäuser* | Alcatel Lucent, Dimetis, Silex Media, Studio Hamburg MCI |
| *Berater und Projektmanager* | Flying Eye, MediaCon, Vision 5 Media |
| *Forschung* | Europeen Broadcasting Union |

**Tabelle 8.2:** Bei der Evaluation über den Fragebogen vertretene Unternehmen

Bei der Auswahl der Umfrageteilnehmer lag ein zusätzliches Augenmerk darauf, dass auch Mitarbeiter internationaler Unternehmen und nationaler Unternehmen, die im Ausland tätig sind, vertreten sind, um eine größere Aussagekraft der Umfrageergebnisse zu erreichen. Neben den Teilnehmern aus Deutschland sind unter den

26 Vgl. [HNB+99, S. 472] und [Rup07a, S. 123].

27 Vgl. die deutsche Fassung des Fragebogens in Anhang A.4.

insgesamt 35 Befragten Experten aus Großbritannien, Frankreich, der Schweiz, Österreich und Griechenland vertreten. **Abbildung 8.2** zeigt, wie viele der durch die Experten vertretenen 24 Unternehmen über Europa hinaus global tätig sind.

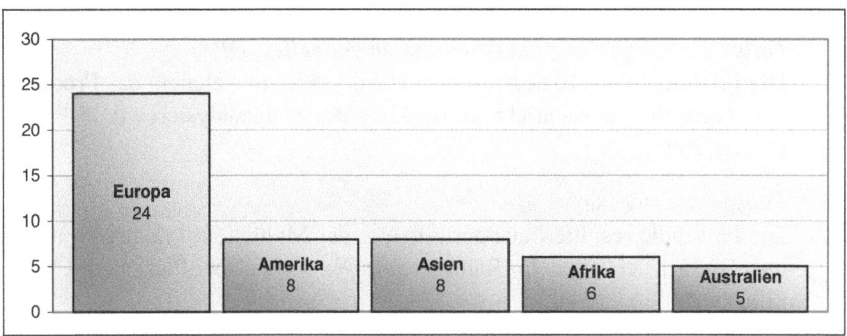


**Abbildung 8.2:** Globale Betätigung der befragten Unternehmen

Angesichts der relativ kleinen Menge von Teilnehmern haben die Ergebnisse des Fragebogens keinen allgemeingültigen Charakter. Sie lassen jedoch aktuelle Trends in Form eines exemplarischen Stimmungsbildes erkennen.

## 8.2 Fallstudien

Im Folgenden werden die Erkenntnisse aus vier Fallstudien jeweils mit einigen Beispielmodellierungen vorgestellt. Hierbei handelt es sich um zwei Projekte, die im Zeitraum von 2006 bis 2008 bei der ProSiebenSat.1 Produktion durchgeführt wurden, und um zwei Fallbeispiele, die in Workshops erarbeitet wurden.[28]

- *Fallstudie „Essence Management & Storage Aktuelles (EMSA)“:*
  Das standortübergreifende Projekt EMSA hatte die sukzessive Umstellung der aktuellen Produktion bei den Sendern Sat.1, ProSieben, kabel eins und N24 auf eine File-basierte Produktionsweise zum Ziel.[29] (Dezember 2005 – Oktober 2007)

28 Vgl. Ergebnis der durchgeführten Workshops (siehe Punkt 8.1.2).
29 Vgl. [Gar06] und [Klo07].

- *Fallstudie „N24plus“:*
  Ziel des Projektes N24plus war der Umzug von N24plus innerhalb Berlins. Dies war verbunden mit einer umfangreichen organisatorischen und technologischen Modernisierung.[30] (Oktober 2007 – Oktober 2008)

- *Fallstudie „Digitales Produktionssystem Aktuelles (DPA)“:*
  Die Fallstudie DPA basiert auf einem Workshop, in welchem das Produktionssystem für die Nachrichtenproduktion des ZDF analysiert wurde.[31] (13. 05. 2008)

- *Fallstudie „eCenter“:*
  Die Fallstudie resultiert aus der Analyse der Multiclient-fähigen Produktionsplattform „eCenter“ im Rahmen eines Workshops bei Plazamedia.[32] (30. 09. 2008)

### 8.2.1 EMSA – Essence Management & Storage Aktuelles (ProSiebenSat.1 Produktion)

Ausgangspunkt des Projektes EMSA waren mehrere Entwicklungen, die sich bereits vor Projektbeginn abzeichneten. Da die meisten Unternehmen intern bereits File-basiert produzierten, war bei Agenturen, externen Mitarbeitern und freien Anbietern eine zunehmende File-basierte Anlieferung von Videomaterial zu erwarten. Die zu verarbeitende und zu verwaltende Menge des Material stieg stetig an, sodass die Prozesse rund um die Materialverwaltung zu überdenken waren. Ziel des Projektes war die Einführung eines standortübergreifenden, File-basierten Hi-Res-Archives für die „Aktuelle Produktion“, die File-basierte Abwicklung unternehmensinterner Videotransfers sowie die Integration der File-basierten Materialanlieferung. Hierfür wurde zunächst eine umfangreiche Analyse der Ist-Situation durchgeführt. Auf dieser Basis wurden anschließend optimierte Soll-Prozesse für Ingest, Materialtransfer und Archivierung definiert. „Optimierung“ bedeutet in diesem Zusammenhang eine weitgehende Automatisierung File-basierter Workflows durch den Einsatz eines Essence-Management-Systems.[33]

30 Vgl. [KM08].
31 Vgl. [HT04].
32 Vgl. [Zim08].
33 Vgl. [Gar05, S. 56*ff*], [Gar06, S. 28*ff*], [Klo07] und [KZ06].

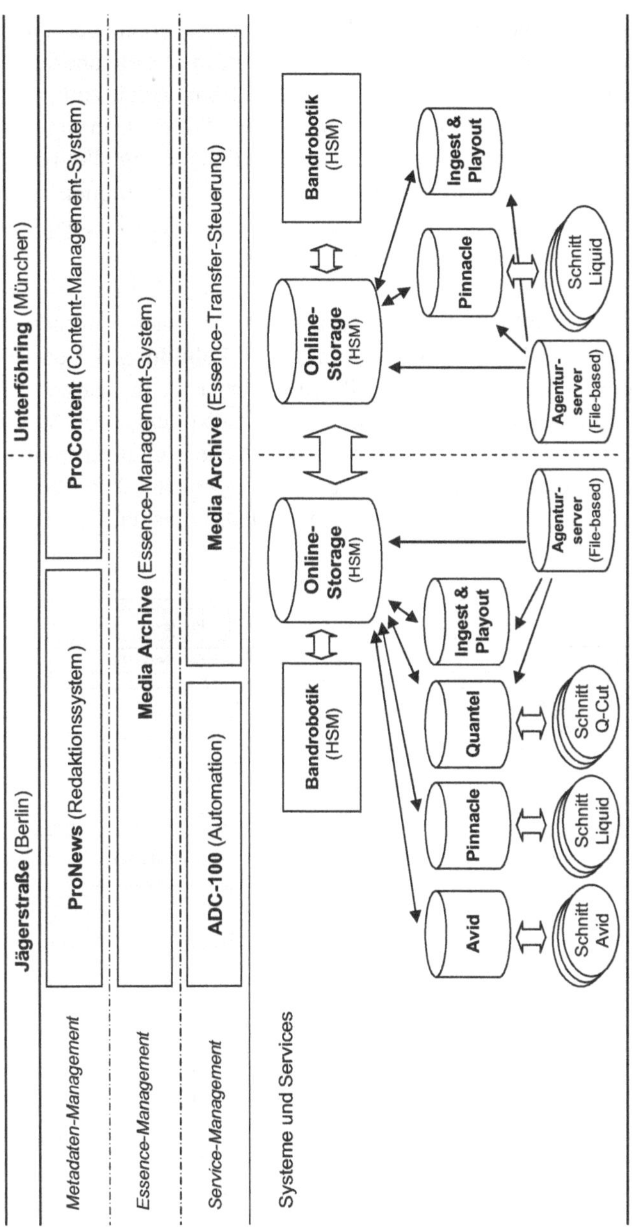


**Abbildung 8.3:** Schematischer Projektumfang des Projektes EMSA

In der Analysephase des Projektes EMSA nahm die Problemstellung der durch Integration und Automatisierung immer komplexer werdenden Systemlandschaften in Fernsehunternehmen konkret Gestalt an. Um diese Komplexität zu bewältigen, waren geeignete Darstellungen erforderlich, die eine Differenzierung und Ordnung der beteiligten Systeme vornehmen und den Zusammenhang aller beteiligten Systeme abbilden. Zunächst kamen hierfür einfache Blockschaltbilder zum Einsatz, die sich jedoch als nicht geeignet erwiesen, um bestimmte Abhängigkeiten zwischen den beteiligten Systemen darzustellen.[34]

Im Laufe der Analysen während des Projektes kristallisierte sich eine hierarchische Abhängigkeit der beteiligten Systeme heraus, die sich unter Anwendung des industriellen Ebenenmodells von KRÄMER in das in **Abbildung 8.3** dargestellte Modell überführen ließen. Dieses Modell zeigt in einer für Fachanwender und Management verständlichen Sichtweise die beteiligten Systeme, den Materialfluss sowie die darüberliegenden, standort- und systemübergreifenden Managementsysteme. Für eine bessere Orientierung wurden die hierarchischen Ebenen zur Gliederung der funktionalen Anforderungen innerhalb des Leistungsverzeichnisses herangezogen.

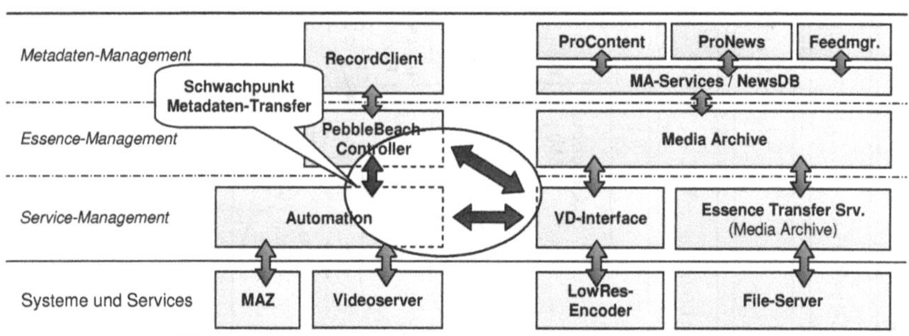


**Abbildung 8.4:** Visualisierung von Schwachstellen in der Systemkommunikation

Ein weiteres Anwendungsfeld für das Referenzmodell bilden die Identifikation und Visualisierung von Schwachstellen in der Systemkommunikation. **Abbildung 8.4** zeigt ein Beispiel aus der Ingeststeuerung, bei der parallel über mehrere Schnittstellen Metadaten zu aufgezeichneten Essences an das Essence-Management-System übergeben werden, was zu einer höheren Fehleranfälligkeit und Ausfallwahrscheinlichkeit führt. Auf Basis dieser Analyseergebnisse wurden in

34 Vgl. hierzu eine Modellierung aus der Anfangsphase des Projektes, die eine erste Bestandsaufnahme darstellt: **Abbildung A.2** in Anhang A.2.1.

der Folge Lösungsansätze erarbeitet, die eine optimierte Systemkommunikation vorsehen.

### 8.2.2 N24plus (ProSiebenSat.1 Produktion)

Im Rahmen des Projektes N24plus ist der Sender N24 nach etwa einem Jahr Planung und Vorbereitung im Herbst 2008 innerhalb Berlins an den Potsdamer Platz umgezogen worden.[35]

Wesentliche Bestandteile des Umzugs waren die Optimierung bestehender Prozesse sowie die Planung und die Realisierung einer komplett neuen integrierten, IT-basierten Produktionslandschaft. Die besonderen Herausforderungen des Projektes lagen in der kurzen Realisierungszeit, der Vielzahl der beteiligten Fachabteilungen und externen Unternehmen sowie in der Auswahl und Integration geeigneter Systemkomponenten. Ursprünglich war geplant, sich bei der Auswahl für die Lösung eines Anbieterkonsortiums zu entscheiden und das Projekt von einem Generalunternehmer realisieren zu lassen. Aufgrund der unterschiedlichen Abdeckung der funktionalen Anforderungen in den Kernbereichen Newsroom, Media-Asset-Management, Produktion und Regieautomation fiel die Entscheidung jedoch auf Teillösungen unterschiedlicher Anbieterkonsortien. Das Projekt hatte in weiten Teilen den Charakter eines Greenfield-Projektes,[36] d. h. die Entwicklung der neuen Workflows erfolgte relativ unabhängig von bestehenden Workflows. Im Mittelpunkt der Entwicklung stand die Frage, welche Aufgabe mit den Workflows zu erfüllen sei. Orientierungshilfe bei der Gestaltung der neuen Workflows boten Arbeitsweisen anderer internationaler Nachrichtensender. An den Systemgrenzen wurde ein Re-Engineering erforderlich, um N24 in die gruppenweit eingesetzte Systemlandschaft aus Archiv, Planungs- und Abbrechnungssystemen sowie weiteren Applikationen zu integrieren.[37]

Durch die methodische Anwendung des vorgestellten Modellierungsansatzes auf unterschiedliche Aufgaben ließen sich viele Schritte im Konstruktionsprozess systematisieren und vereinfachen. Beispielsweise kam der Modellierungsansatz bei der Gestaltung der in **Abbildung 8.5** dargestellten Prozessarchitektur, beim Entwurf der in **Abbildung 8.6** gezeigten Anwendungsarchitektur und bei der Spezifikation von Schnittstellen zum Einsatz.[38]

---

35 Die hiesige Betrachtung erfolgt aus dem Blickwinkel der ProSiebenSat.1 Produktion, die als Dienstleister von N24 neben IBM wesentlich an der Projektierung beteiligt war. Die Projektleitung lag bei N24 und Flying Eye.

36 Vgl. Punkt 3.1.1.1.

37 Vgl. [KM08, S. 65*ff*], [KK08a] und [DHK+08].

38 Diese Modellierung der Anwendungsarchitektur verzichtet auf die Darstellung des Materialflusses. Eine vergleichende Darstellung der Standorte inkl. Materialfluss findet sich in Anhang A.2.2. Des Weiteren findet sich eine alternative Darstellung der Prozessarchitektur in Anhang A.2.3.

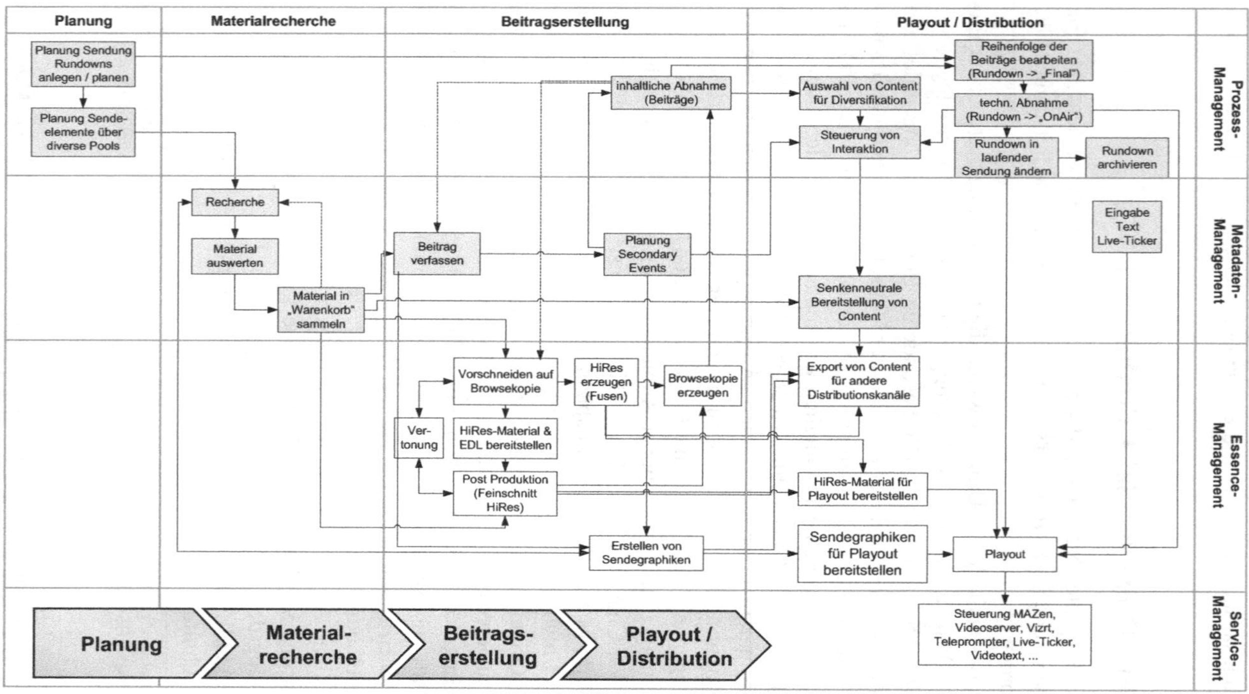


**Abbildung 8.5:** Vereinfachter Studioproduktionsprozess von N24

Mit der prozessorientierter Vorgehensweise entsprechend des Leitfadens[39] war es möglich, aus den prozessbezogenen funktionalen Anforderungen zunächst eine herstellerunabhängige Systemarchitektur abzuleiten. Anhand der Anforderungen wurden zunächst die von unterschiedlichen Konsortien angebotenen Systemlösungen auf ihre Tauglichkeit hin überprüft. Nach der Systementscheidung erfolgte auf dieser Grundlage eine klare Abgrenzung der Aufgabenbereiche einzelner Systeme. Dies war umso wichtiger, als sich die möglichen Funktionsbereiche der eingesetzten Systeme an mehreren Stellen überschnitten.

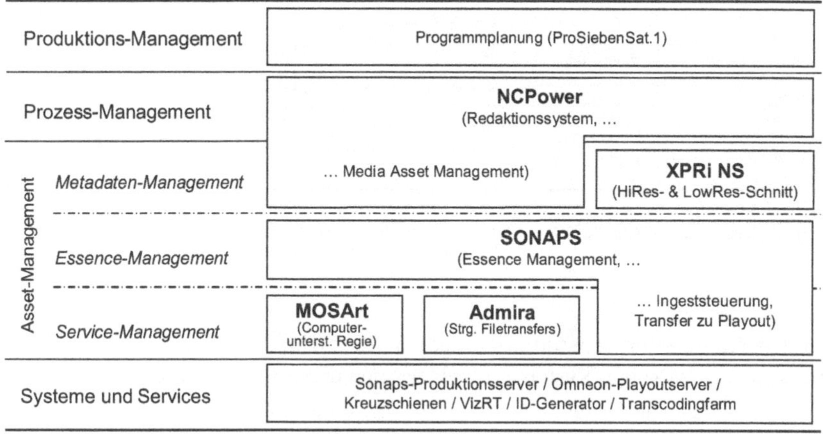


**Abbildung 8.6:** Vereinfachte Anwendungsarchitektur von N24

Bei der Systemgestaltung konnte auf die Erkenntnisse und Modellierungen aus dem vorangegangenen Projekt EMSA zurückgegriffen werden. Im Vergleich zu diesem Projekt, in dem die Betrachtungsgrenze oberhalb des Asset-Managements gezogen wurde, war im Projekt N24plus auch eine genauere Betrachtung der Prozess- und der Produktions-Management-Ebene erforderlich. Hierbei erfolgte neben der Modellierung von Systemen auch die Modellierung von Workflows innerhalb der Ebenen des Referenzmodells, wie **Abbildung 8.7** exemplarisch zeigt.[40] Diese Modellierung diente der Spezifikation der Schnittstelle zwischen dem Produktionssystem Sonaps und dem Newsroomsystem NCPower sowie dem File-basierten Archiv, bestehend aus dem Essence-Management-System Media Archive und dem Metadaten-Management-System ProContent. Anhand dieser Darstellung

39 Vgl. Punkt 5.3.1.
40 Vgl. hierzu auch die vereinfachte Modellierung des Newsroom-Workflows in Anhang A.2.3.

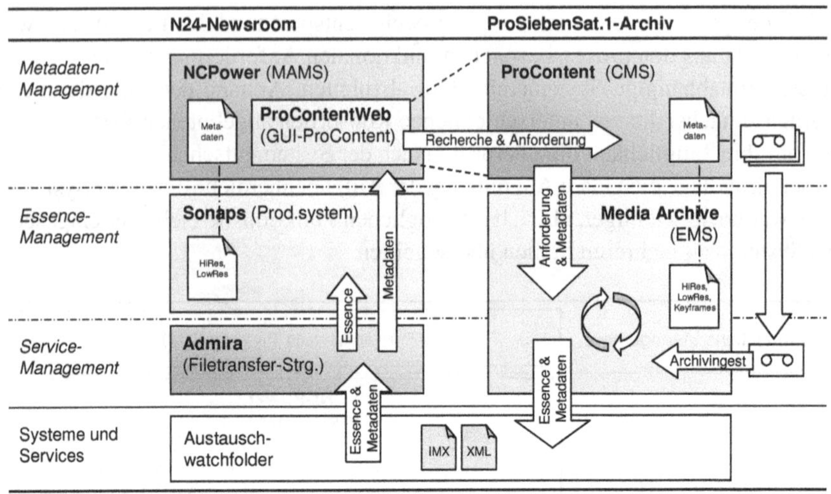


**Abbildung 8.7:** Funktionale Beschreibung der Schnittstelle N24 – ProSiebenSat.1 Archiv

wurden die funktionalen Anforderungen an die Schnittstelle mit Projektarchitekten, Anwendern sowie Systementwicklern diskutiert und dokumentiert. Die Modellierung legte die Grundlage für ein gemeinsames Grundverständnis der Workflows und der Aufgabenverteilung aller beteiligten Systeme, von dem aus in der Folge eine Detailspezifikation erarbeitet werden konnte. Es wurde beispielsweise festgelegt, welche Metadaten zu einer Essence an der Schnittstelle übertragen und den einzelnen Systemen zur Verfügung gestellt werden müssen, um die aus den gewünschten Workflows resultierenden funktionalen Anforderungen erfüllen zu können.

Eine zentrale Erkenntnis aus der Anwendung des Modellierungsansatzes in dieser Fallstudie ist, dass einfache grafische und allgemeinverständliche Modellierungen maßgeblich dazu beitragen können, Sprachbarrieren beispielsweise zwischen Anwendern und Entwicklern, aber auch zwischen Projektbeteiligten unterschiedlicher Nationen einfacher zu überwinden. In der Diskussion mit Anwendern ist es darüber hinaus wichtig, die Darstellungen einfach, übersichtlich und nicht zu technisch aufzubauen, da die Anwender bei der Planung von Prozessen eher mit assoziativen und sprachlichen Modellen arbeiten. Das Referenzmodell bietet hierfür ein geeignetes Abstraktionsniveau.

### 8.2.3 Digitales Produktionssystem Aktuelles (ZDF)

In einem Workshop mit Kollegen des ZDF wurde überprüft, inwieweit sich der Modellierungsansatz auch auf andere Systemlandschaften anwenden lässt.[41] Als Fallbeispiel diente das Digitale Produktionssystem Aktuelles, das beim ZDF als Produktionssystem für aktuelle Formate wie „heute“ dient und im Aufgabenbereich mit der vorgestellten Systemlandschaft von N24 vergleichbar ist.[42] Im Gegensatz zur Anwendungsarchitektur von N24 handelt es sich bei Produktions- und Redaktionssystem des ZDF um eine vertikale Herstellerintegration auf Basis einer homogenen Avid-Architektur.[43] Die Lösung für das File-basierte Archiv ist mit dem System von N24 vergleichbar.

Im Workshop wurde zunächst ein systemorientierter Versuch der Modellierung unternommen, um die Anwendungsarchitektur innerhalb des Ebenenmodells abzubilden. Hierfür wurde erfasst, welche konkreten Systeme für die aktuelle Produktion im DPA relevant sind und welche Funktionalitäten sie aufweisen. Es wurde schnell deutlich, dass mehrere Systeme sogenannte Silos bilden und sich in ihren verfügbaren Funktionalitäten überschneiden. Die resultierende Modellierung der Anwendungsarchitektur in **Abbildung 8.8** hat nur eine begrenzte Aussagekraft, da der Zusammenhang zwischen den einzelnen Applikationen offen bleibt.

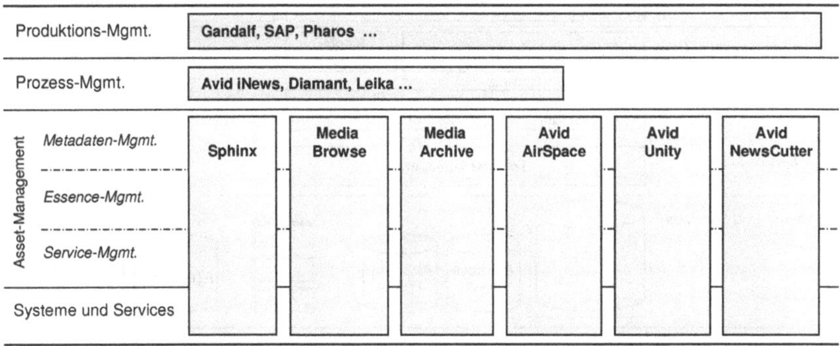


**Abbildung 8.8:** Systemorientierte Modellierung der DPA-Systemarchitektur

In einem zweiten Anlauf wurde die Anwendungsarchitektur in einer prozessorientierten Herangehensweise modelliert. Hierfür wurden zunächst die Workflows zur Materialanlieferung (vgl. **Abbildung 8.9**) und zur Recherche exempla-

41 Vgl. Punkt 8.1.2.

42 Vgl. [HT04, S. 174*ff*].

43 Vgl. Punkt 5.3.1.

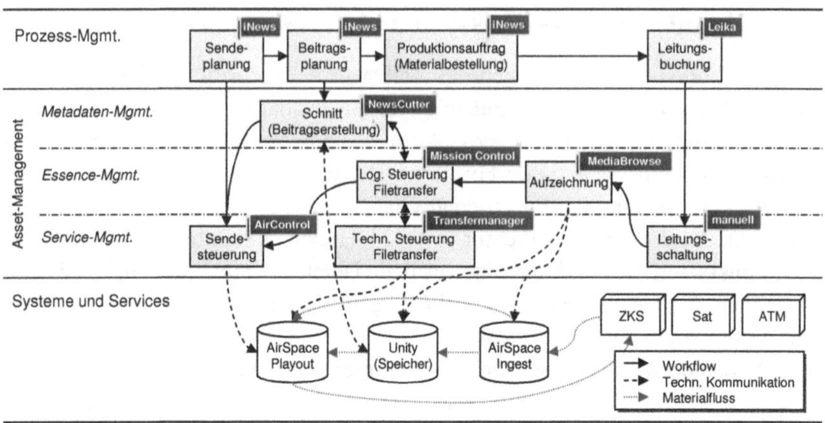


**Abbildung 8.9:** Exemplarische Modellierung der Materialanlieferung im DPA mit Systemzuordnung

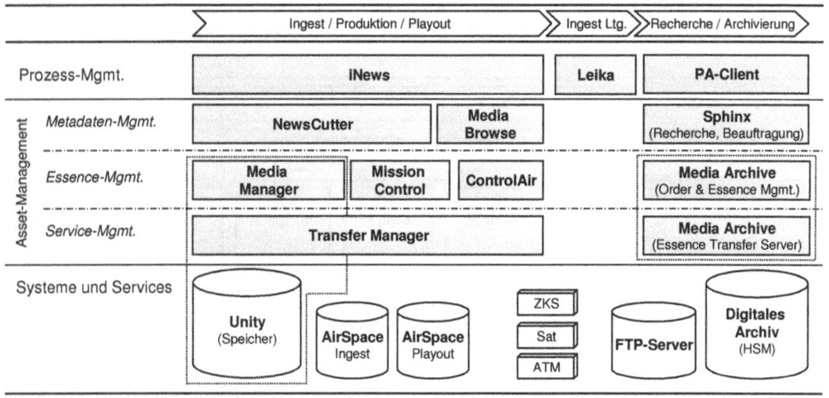


**Abbildung 8.10:** Prozessorientierte Modellierung der DPA-Systemarchitektur

risch analysiert und innerhalb der Ebenen des Referenzmodells modelliert. Durch die Zuordnung der je Arbeitsschritt benötigten Systeme ließen sich den Systemen des DPA klare Verantwortungsbereiche definieren. Bei bestimmten Systemen, wie in diesem Fall der Avid Unity, ist es hilfreich, das Gesamtsystem für die Modellierung in größere Module zu zerlegen. Resultat ist die in **Abbildung 8.10** dargestellte hierarchische Systemarchitektur.

Für die Planung komplexer Systemlandschaften bedeutet dies, dass ein System unter Umständen in unterschiedlichen Systemlandschaften unterschiedlichen Ebenen zugeordnet werden kann.[44] Beispielsweise verfügt Media Archive über Metadaten-Management-Funktionalitäten, die sowohl beim ZDF als auch bei N24 nur eine untergeordnete Rolle spielen, bei Plazamedia hingegen gezielt genutzt werden. Vor jeder Modellierung ist es notwendig, den Analysekontext z. B. durch die zu betrachtenden Workflows und eine definierte Aufgabenstellung klar abzugrenzen. Dann kann die Anwendung des Modellierungsansatzes dazu beitragen, abstrakte Systemzusammenhänge schneller zu erfassen und durch eine Erweiterung des Blickwinkels die Problemlösung zu beleben. Dies geschieht, indem beispielsweise der Projektauftrag neu definiert wird. Die Fragestellung lautet dabei nicht, was das Problem, sondern was das zu erreichende Ziel ist.

## 8.2.4 eCenter (Plazamedia)

Die aus den vorangegangenen Workshops und Projekten gewonnenen Erkenntnisse wurden in einem Workshop mit Projektplanern und Abteilungsleitern aus verschiedenen Fachbereichen sowie Bereichsleitern von Plazamedia[45] erneut auf den Prüfstand gestellt. Im Gegensatz zu N24 und ZDF handelt es sich bei Plazamedia um einen Service-Provider mit dem Schwerpunkt Sportproduktion. Das eCenter ist eine File-basierte Produktions- und Distributionsplattform, welche Plazamedia verschiedenen Kunden zur Verfügung stellt, die keine eigene Plattform betreiben oder Teilleistungen wie die File-basierte Archivierung auslagern wollen.[46] Herzstück des eCenters ist Media Archive als MAMS, welches mit einem HSM sowie dem Ingestserver und dem Produktionsnetzwerk gekoppelt ist. Im Vergleich zu den anderen beiden vorgestellten Anwendungsarchitekturen wurden in das eCenter gleich mehrere Produktionsplattformen für den File-basierten Materialaustausch integriert, um den Bedürfnissen der verschiedenen Kunden gerecht werden zu können.

Die Ergebnisse des Workshops mit dem ZDF konnten mit Plazamedia in ähnlicher Form reproduziert werden (vgl. **Abbildung 8.11** und **Abbildung 8.12**). Neben der strukturierten Herangehensweise an Analyse- und Konstruktionsaufgaben wurde zudem besonders auf die Kommunikation mit den Kunden Wert gelegt. Die vereinfachte Sichtweise mit einer klaren Abgrenzung von Funktionsbereichen eignet sich gut als Grundlage, um dem Kunden präzise zu vermitteln, welche Dienstleistungen angeboten werden können. Hierbei stehen das gemeinsame marketing-

44 Vgl. Punkt 5.3.3.
45 Vgl. Punkt 8.1.2.
46 Vgl. [Zim08, S. 314*ff*].

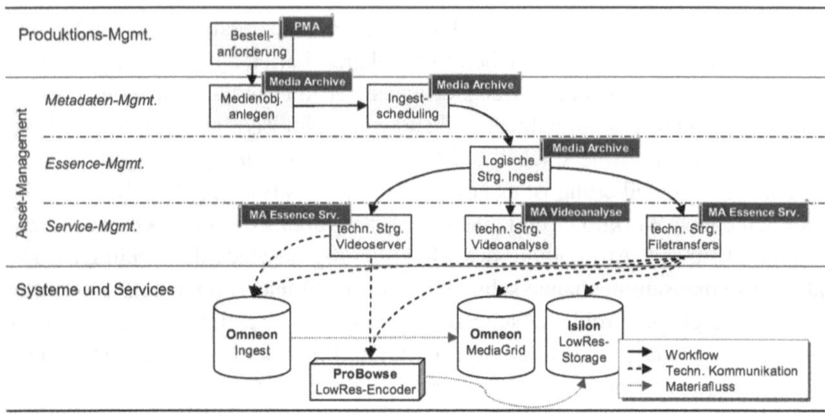


**Abbildung 8.11:** Exemplarische Modellierung der Materialanlieferung im eCenter mit Systemzuordnung

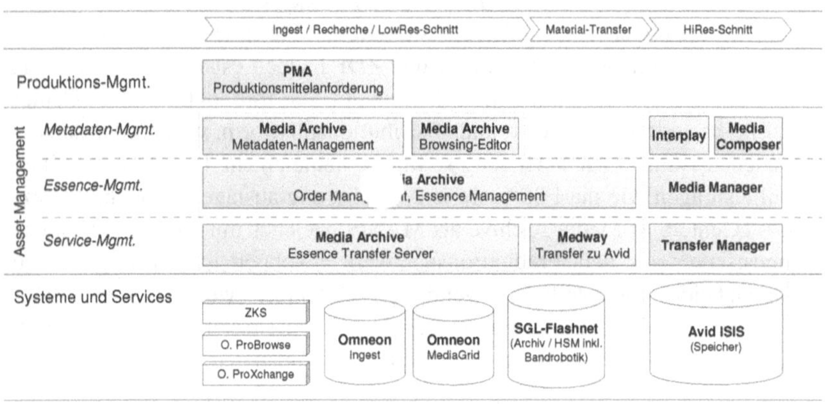


**Abbildung 8.12:** Prozessorientierte Modellierung der eCenter-Systemarchitektur

unabhängige Begriffsverständnis und die Reduktion auf die wesentlichen Informationen im Vordergrund. Eine im Referenzmodell modellierte Anwendungsarchitektur eignet sich als kleinster gemeinsamer Nenner für die Kommunikation unterschiedlicher Parteien – vom Kunden über Berater und Projektarchitekten bis hin zum Programmierer. Ausgehend von einer solchen Modellierung lassen sich dann in einem jeweils angepassten Detaillierungsgrad die unterschiedlichsten Fragestellungen derart erörtern, dass im besten Falle auch Kunden und Programmierer einander verstehen und der Berater dem Kunden nicht mehr verspricht, als der Programmierer innerhalb der vorgegebenen Systemarchitektur umsetzen kann.

## 8.3 Auswertung der Fallstudien

Während kurz nach der Jahrtausendwende in der Fachliteratur und -presse die Probleme und Herausforderungen bei der Einführung von MAMS und, damit verbunden, die Integration der IT-basierten Inseln verstärkt thematisiert wurden, treten die Probleme bei Projektierung und Integration mittlerweile in den Hintergrund.[47] Die Gespräche mit den Experten haben jedoch gezeigt, dass die Tücke im Detail liegt. Für die Planung und Umsetzung vollständig integrierter Systemlandschaften fehlen bislang noch geeignete, realisierbare Konzepte. Das Konzept der Middleware[48] legt den Fokus auf die technische Vernetzung,[49] und Konzepte wie die SOA[50] sind im Broadcast-Bereich noch nicht hinreichend erprobt.[51] Insbesondere in der Vernetzung der vielen Teilprozesse zu einem durchgehend technisch unterstützten Geschäftsprozess sehen viele Experten eine große Herausforderung.[52]

Der Modellierungsansatz hat sich in den Fallstudien als Methodik zur strukturierten, prozessorientierten Planung integrierter Fernsehproduktionssysteme bewährt und ist bei den Experten auf ein breites Interesse gestoßen. Der Ansatz vereinfacht zum einen den Prozess der Systemgestaltung. Zum anderen trägt er dazu bei, Anwendungsarchitekturen transparenter zu gestalten, indem für alle beteiligten Systeme klare Verantwortungsbereiche abgegrenzt werden und eine hierarchische Systemstruktur definiert wird (vgl. **Abbildung 8.13**). Auf diese Weise lassen sich auch die technischen Möglichkeiten besser ausschöpfen und der Betrieb sowie die Wartung integrierter Systemlandschaften werden vereinfacht.

---

47 Vgl. beispielsweise Fachartikel zu den Themen MAMS, CMS und Integration in der FKT von 1998 bis 2008 unter http://www.fktg.de/fkt.asp, zuletzt abgerufen: 26. 11. 2008.

48 Vgl. [LM05] und [HS04].

49 Bislang fehlt eine herstellerunabhängige Integrationsplattform, stattdessen setzen viele Hersteller auf ihre eigene, problemspezifische Lösung. Damit fehlt die Grundlage für eine Geschäftsprozess-übergreifende Integration.

50 Vgl. Punkt 3.4.2.

51 Dies betrifft vor allem zeitkritische, sendenahe Anwendungsbereiche.

52 Vgl. Punkt 2.6.

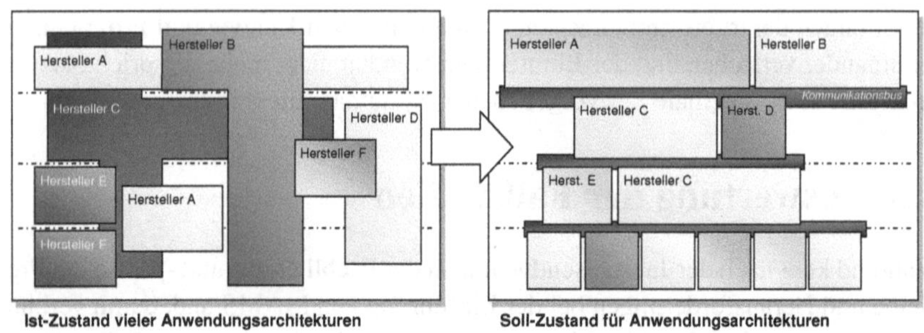


**Abbildung 8.13:** Erhöhung der Transparenz durch den Einsatz des Modellierungsansatzes

Die Fallstudien zeigen, bei welchen vielfältigen Fragestellungen die Modellierung mit dieser Methodik den Konstruktionsprozess unterstützen kann. Sie hat dabei nicht den Anspruch, bestehende Modellierungen von Netzplänen und Blockschaltbildern bis zu Use-Case-Diagrammen zu ersetzen. Vielmehr trägt der Modellierungsansatz dazu bei, durch eher abstrakte Modellierungen die Vorgehensweise bei einer prozessorientierten Systemgestaltung zu systematisieren und eine Kommunikationsgrundlage für Projektbeteiligte unterschiedlicher Zielgruppen oder Nationalitäten zu bilden. Zudem trägt der Ansatz mit seiner starken Abstraktion dazu bei, die Problemlösung zu beleben. So sehen Experten ein großes Potenzial des Modellierungsansatzes darin, dass bestehende Anwendungsarchitekturen, die über Jahre gewachsen sind, neu geordnet und optimiert werden können.

Häufig scheuen sich Mitarbeiter davor, in laufenden – aber auch in neuen – Projekten unbekannte Methoden einzusetzen, da sie den durch das Erlernen der Methodik entstehenden Mehraufwand fürchten. Dieser Effekt wird durch die Belastung der täglichen Arbeit und des meist zeitkritischen Projektgeschäfts verstärkt. In solchen Fällen bietet es sich an, zunächst nur auf Teile des Modellierungsansatzes zurückzugreifen, indem beispielweise die Ebenen des Referenzmodells in bestehenden Modellierungsformen eingeführt werden. Auf diese Weise lässt sich im ersten Schritt durch eine klar definierte Systemhierarchie ein Mehrwert generieren, ohne dass sich andere Projektbeteiligte an völlig neue Darstellungsformen gewöhnen müssen.

Modellierungsansatz und Referenzmodell sind als Werkzeuge zu verstehen, deren Einsatz im Ganzen oder in Teilen je nach Bedarf und Projektsituation erfolgen sollte. Wichtig für die Einführung dieser Methodik ist, dass dieser Schritt zumindest von der Projektleitung und dem dokumentierenden Projektmitarbeiter mit getragen wird.

# 9 Schlussbetrachtung

Die Gestaltung von Fernsehproduktionssystemen ist komplexer denn je. Die Gründe hierfür liegen in erster Linie in einer zunehmenden organisatorischen Vernetzung, einer tieferen technischen Integration und einem steigenden Automatisierungsgrad. Methoden, die bislang bei der Planung herkömmlicher Produktionslandschaften zum Einsatz kamen, reichen allein nicht mehr aus, um integrierte und automatisierte Systeme für die Fernsehproduktion zu planen.

Der Autor hat sich mit dieser Arbeit das Ziel gesetzt, Transparenz in die Komplexität zu bringen und ein methodisches Werkzeug zu entwickeln, das die Systemgestaltung für die Fernsehproduktion vereinfacht. Die Arbeit konzentriert dabei auf die Modellierung integrierter Systemlandschaften. Hierzu wurden zunächst die im Broadcast-Bereich verwendeten Modelle und Modellierungsansätze analysiert und auf ihre Stärken und Schwächen hin untersucht. Zur Kompensation der Schwächen wurden drei bewährte Lösungsansätze aus der Industrie dahin gehend geprüft, inwieweit sie sich für eine Nutzung im Umfeld der Fernsehproduktion eignen.

---

Im Ergebnis entsteht aus der Übertragung diverser industrieller Ansätze auf die Fernsehproduktion ein neues Referenzmodell, der die Struktur und das Verhalten integrierter, automatisierter Produktionssysteme beschreibt und so für die gewünschte Transparenz in komplexen Systemlandschaften sorgt. Dieses Referenzmodell dient als Grundlage für die Entwicklung des prozessorientierten Modellierungsansatzes. Dieser wird in Form eines Leitfadens für den systematischen Entwurf bzw. für die Optimierung von integrierten Fernsehproduktionssystemen aufbereitet und sorgt so für eine wesentliche Vereinfachung bei der Systemgestaltung.

---

Die Untersuchungen haben damit das gesetzte Ziel erreicht. Im übertragenen Sinne definiert der Modellierungsansatz über Empfehlungen für Struktur und Verhalten ein einheitliches Gerüst für integrierte Fernsehproduktionssysteme, in das im Idealfall „einfach nur“ die gewünschten Elemente eingesetzt und entsprechend der Anforderungen miteinander verbunden werden müssen. Der Ansatz ergänzt damit die aktuellen Bemühungen, Systeme, Services, Schnittstellen und Datenmodelle im Broadcast-Bereich weiter zu standardisieren. Solange es in der Realität noch an geeigneten Standards fehlt, kann der Modellierungsansatz herangezogen werden, um sich, ausgehend von einem idealen Soll-Zustand, iterativ an den realisierbaren Zustand anzunähern. In Ergänzung dazu wird erörtert, wie sich die an Bedeutung gewinnenden Forderungen nach Automatisierung und Havariesicherheit in integrierten Systemlandschaften durch den Einsatz des Modellierungsansatzes effektiver erfüllen lassen.

Das Referenzmodell und der Modellierungsansatz sind auf die spezifischen Anforderungen der Systemgestaltung für die Fernsehproduktion zugeschnitten. Sie basieren einerseits auf den Ergebnissen theoretischer Untersuchungen und andererseits auf einer vom Verfasser dieser Arbeit durchgeführten empirischen Evaluation. Während die theoretischen Analysen ein valides Fundament für die entwickelte Methodik bilden, trägt der empirische Teil wesentlich dazu bei, ein konsensfähiges Begriffssystem zu definieren und den Modellierungsansatz anhand der branchenspezifischen Anforderungen möglichst praxisnah zu gestalten.

Der Modellierungsansatz ist bei den befragten Experten auf ein breites Interesse gestoßen. Dabei wurde hervorgehoben, dass die durch den Modellierungsansatz generierten Modelle die Kommunikation zwischen allen Beteiligten erheblich verbessern können, indem sie ein gemeinsames Systemverständnis generieren und den kleinsten gemeinsamen Nenner für die Projektkommunikation und -dokumentation bilden. Der relativ hohe Abstraktionsgrad des Modellierungsansatzes belebt zudem die Kreativität bei der Systemgestaltung, indem dieser nicht danach fragt, was das Problem ist, sondern welche Aufgabe mit dem System gelöst werden soll. Es hat sich als hilfreich und akzeptanzfördernd erwiesen, dass der Modellierungsansatz sich sukzessive einführen lässt und die in einem Unternehmen bewährten Modellierungswerkzeuge und -sprachen weiter genutzt werden können.

Im Rahmen der Forschungsarbeit sind rund um die Ergebnisse dieser Arbeit eine Reihe von Themenfeldern aufgedeckt geworden, deren weitere Untersuchung lohnenswert erscheint. So nimmt das Referenzmodell eine übergeordnete Klassifikation von Prozesstypen und Systemen anhand von Kernaufgaben vor; im Modellierungsansatz wird jedoch vorerst Abstand davon genommen, die Prozessdimension weiter in vordefinierte Geschäftsprozesse zu unterteilen.[1] Hierfür wäre eine branchenübergreifend konsensfähige Prozesslandkarte der Fernsehproduktion erforderlich, die allgemeingültige Geschäftsprozesse benennt und diese anhand ihrer Funktionen und der Beziehungen zu anderen Geschäftsprozessen beschreibt.

Zwei weitere interessante Fragen, die diese Arbeit offen lassen muss, ergeben sich aus der Konvergenz in den Medienbranchen. Die zentrale Kernaufgabe aller Medienbranchen besteht in der Produktion und Distribution von Content. Durch

1 Vgl. Punkt 4.2.1.

die Konvergenz bewegen sich die verschiedenen Medienbranchen inhaltlich, aber vor allem auch organisatorisch und technisch immer weiter aufeinander zu.[2] Daher liegt es nahe zu erforschen, inwieweit sich Referenzmodell und Modellierungsansatz auch auf den Hörfunk sowie auf andere Medienbranchen übertragen lassen. Durch die organisatorischen Veränderungen ergeben sich darüber hinaus, wie auch in den andere Medienbranchen, veränderte Anforderungen an die Berufsbilder in der Fernsehproduktion. Das stark aufgabenbezogene und prozessorientierte Vorgehen des Modellierungsansatzes könnte dazu beitragen, analog zur Definition von Verantwortungsbereichen für maschinelle Aufgabenträger[3] die Verantwortungsbereiche und Aufgaben für personelle Aufgabenträger über Berufsprofile abzugrenzen.

Abschließend bleibt festzuhalten, dass die aktuellen Konvergenzentwicklungen in der Fernsehbranche wie in den anderen Medienbranchen in den nächsten Jahren weiter fortschreiten werden. Unabhängig davon, ob es letzten Endes zu einer „Abschaffung vom Wort Rundfunk“[4] kommt, werden die Anforderungen an Content, Organisation und Technik in der Fernsehproduktion bzw. in der Content-Produktion weiter steigen, sodass auch die branchenspezifischen Vorgehensmodelle und Werkzeuge für die Systemgestaltung stetig angepasst und weiterentwickelt werden müssen.

2 Vgl. Punkt 2.1.

3 Vgl. Punkt 5.3.

4 Antwort eines Teilnehmers auf die Frage 3.2 im Fragebogen: „Was sind Ihrer Meinung nach die nächsten (erforderlichen) Entwicklungsschritte im Rundfunk?“ (siehe Punkt 8.1.3).

# Anhang

## A.1 Ergänzende Informationen

### A.1.1 Prozesslandkarte nach NOHR / ROOS

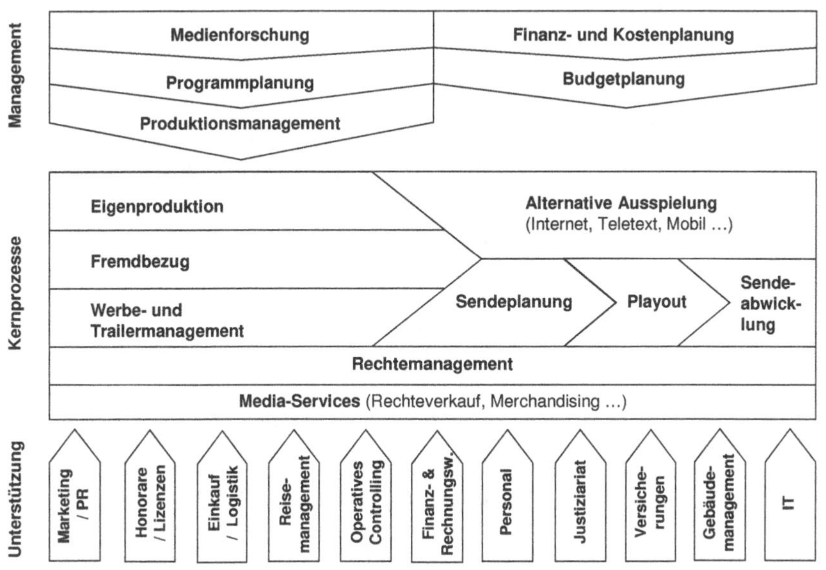


**Abbildung A.1:** Prozesslandkarte der Fernsehproduktion (Quelle: [NR07, S. 20])

## A.1.2 ISO / OSI-Referenzmodell

| Nr. | OSI-Schicht | Funktion |
|---|---|---|
| 7 | Application Layer | *Anwendungsebene:* Bereitstellung anwendungsbezogener Dienste wie Dateitransfer oder eMail |
| 6 | Presentation Layer | *Darstellungsebene:* Vom Endsystem unabhängige Darstellung der Daten über ein einheitliches Datenstrukturzwischenformat |
| 5 | Session Layer | *Steuerungsebene:* Unterstützen von längeren „Kommunikationssitzungen" durch Wiederaufsetzen von Transportverbindungen |
| 4 | Transport Layer | *Transportebene:* Bidirektionale Kommunikation zwischen Anwendung und Prozess inklusive Adressierung, Verbindungsverwaltung, Flusssteuerung etc. |
| 3 | Network Layer | *Netzwerkebene:* Kommunikation zwischen Endsystemen mit Aufgaben wie Leitwegbestimmung, Überlastkontrolle, Adressierung |
| 2 | Data Link Layer | *Sicherungsebene:* Sicherung der Datenübertragung zwischen benachbarten Endsystemen z.B. durch Fehlererkennung und -beseitigung, Zugangsregelung etc. |
| 1 | Physical Layer | *Bitübertragungsebene:* Senden und Empfangen von Daten auf Bitebene |

**Tabelle A.1:** Ebenen des OSI-Referenzmodells nach [ISO94] und [RP06].

# A.2 Fallstudien

## A.2.1 EMSA – Modellierung zur Bestandsaufnahme

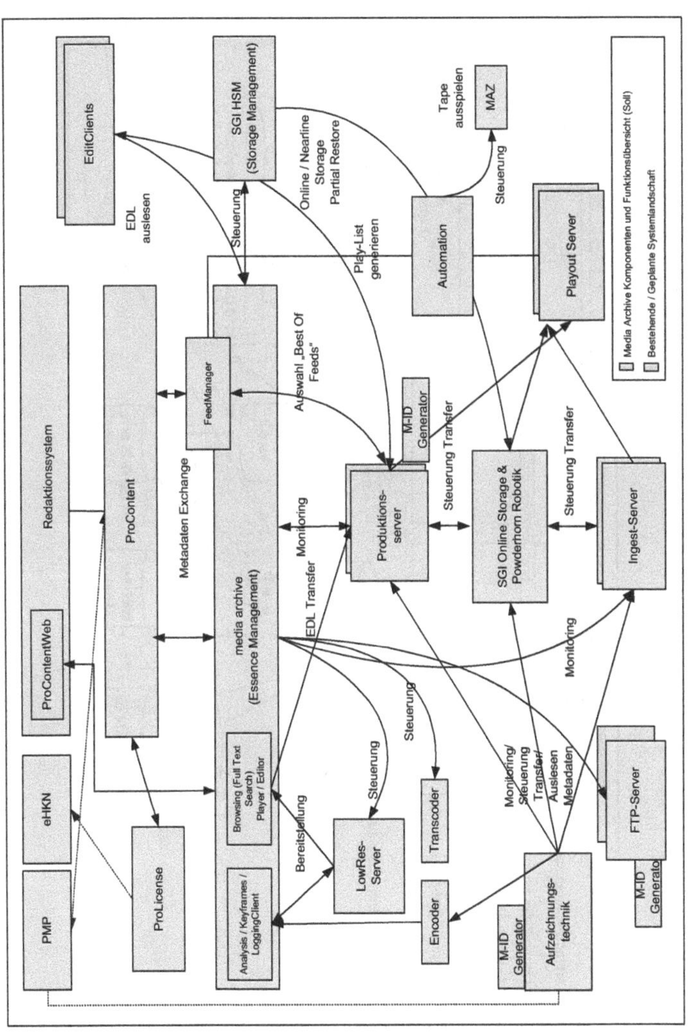


**Abbildung A.2:** Erste Modellierung schematischer Projektumfang des Projektes EMSA

## A.2.2 N24plus – Modellierung Materialfluss

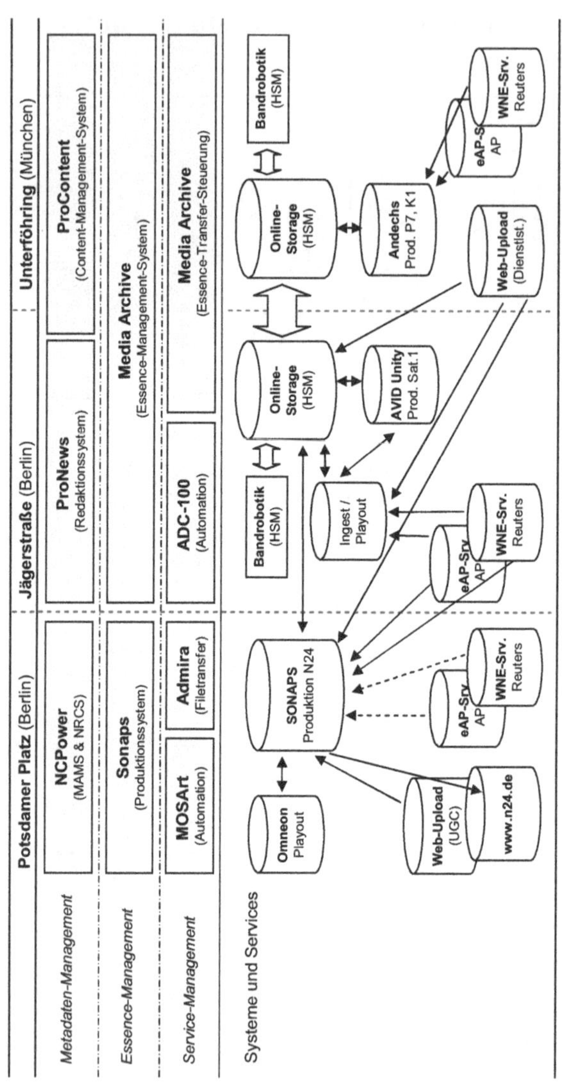


**Abbildung A.3:** Systemarchitektur und vereinfachter Materialfluss von N24

## A.2.3 N24plus – Modellierung Newsroomworkflow

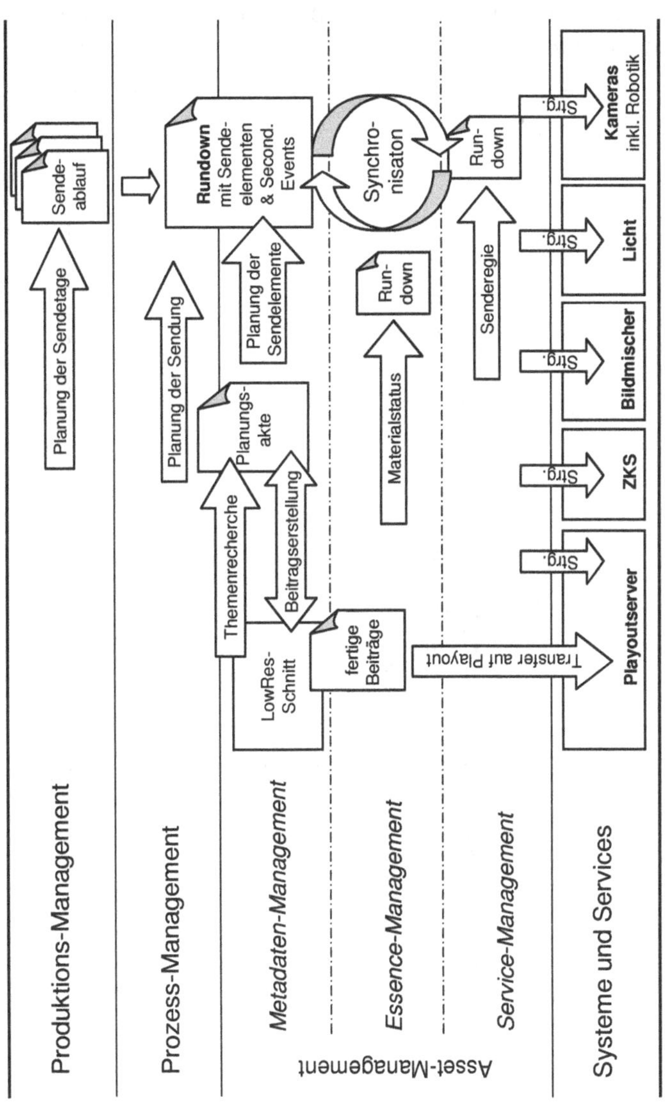


**Abbildung A.4:** Vereinfachter Studioproduktionsprozess von N24

# A.3 Workshop

Die folgenden Folien dienten als Grundlage für die Durchführung des Workshops mit Plazamedia am 30.09.2008 (leicht gekürzt).

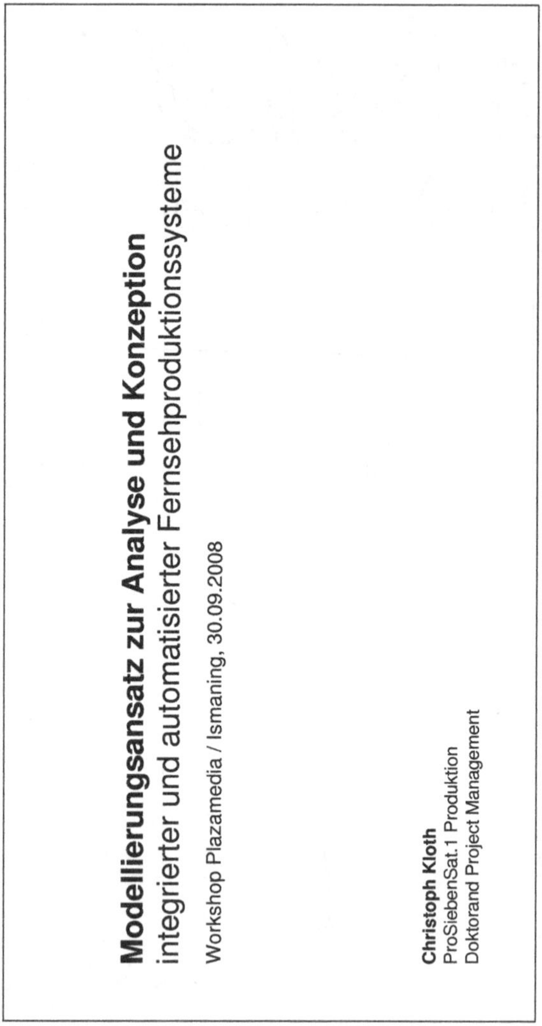

**Modellierungsansatz zur Analyse und Konzeption**
integrierter und automatisierter Fernsehproduktionssysteme

Workshop Plazamedia / Ismaning, 30.09.2008

**Christoph Kloth**
ProSiebenSat.1 Produktion
Doktorand Project Management

**Abbildung A.5:** Workshop Plazamedia – Folie 01 (30.09.2008)

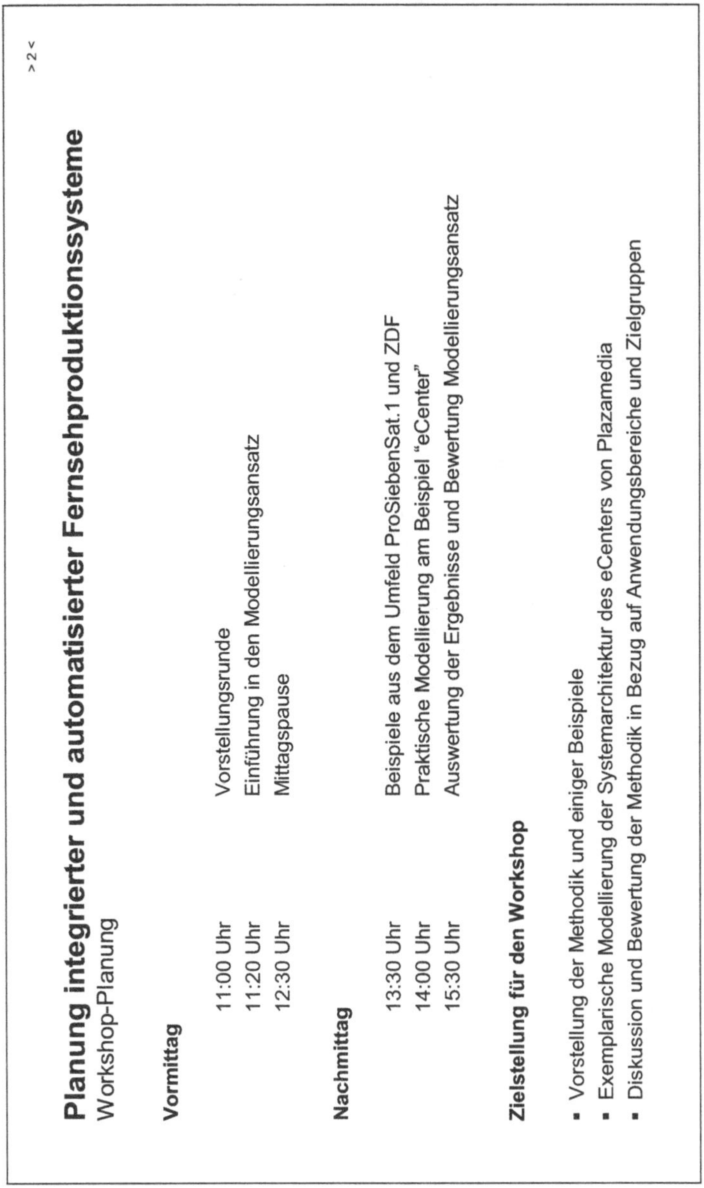

> 2 <

**Planung integrierter und automatisierter Fernsehproduktionssysteme**
Workshop-Planung

**Vormittag**

11:00 Uhr Vorstellungsrunde
11:20 Uhr Einführung in den Modellierungsansatz
12:30 Uhr Mittagspause

**Nachmittag**

13:30 Uhr Beispiele aus dem Umfeld ProSiebenSat.1 und ZDF
14:00 Uhr Praktische Modellierung am Beispiel "eCenter"
15:30 Uhr Auswertung der Ergebnisse und Bewertung Modellierungsansatz

**Zielstellung für den Workshop**

- Vorstellung der Methodik und einiger Beispiele
- Exemplarische Modellierung der Systemarchitektur des eCenters von Plazamedia
- Diskussion und Bewertung der Methodik in Bezug auf Anwendungsbereiche und Zielgruppen

**Abbildung A.6:** Workshop Plazamedia – Folie 02 (30.09.2008)

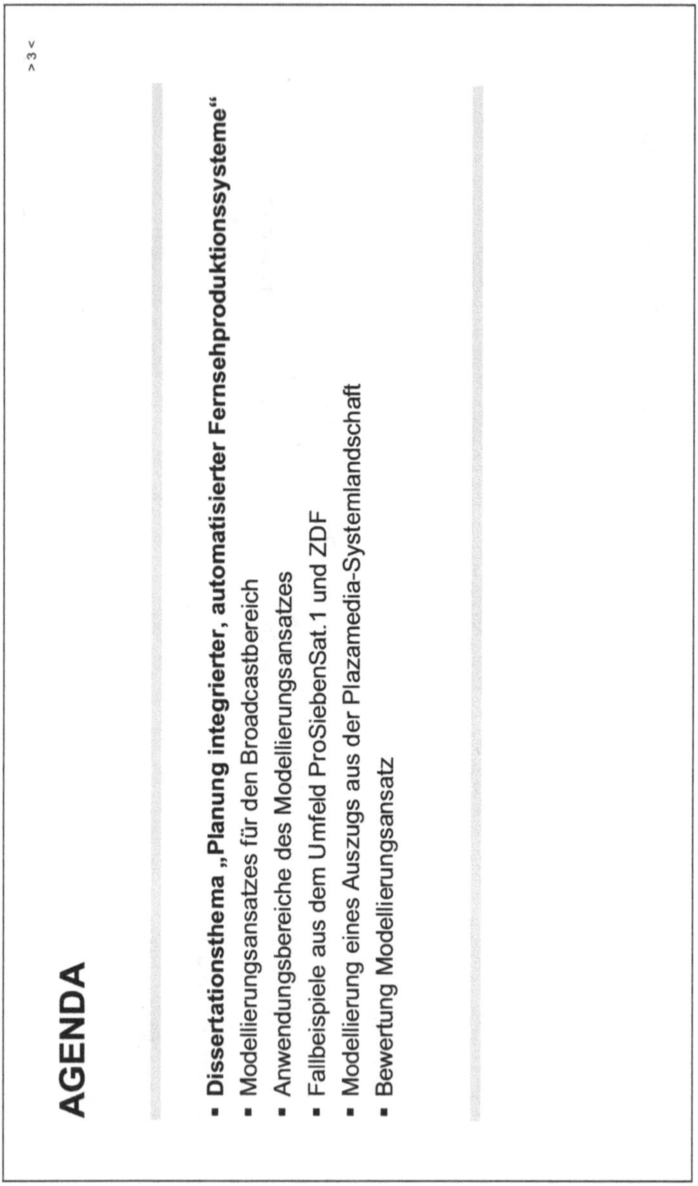

> 3 <

## AGENDA

- **Dissertationsthema „Planung integrierter, automatisierter Fernsehproduktionssysteme"**
- Modellierungsansatzes für den Broadcastbereich
- Anwendungsbereiche des Modellierungsansatzes
- Fallbeispiele aus dem Umfeld ProSiebenSat.1 und ZDF
- Modellierung eines Auszugs aus der Plazamedia-Systemlandschaft
- Bewertung Modellierungsansatz

**Abbildung A.7:** Workshop Plazamedia – Folie 03 (30.09.2008)

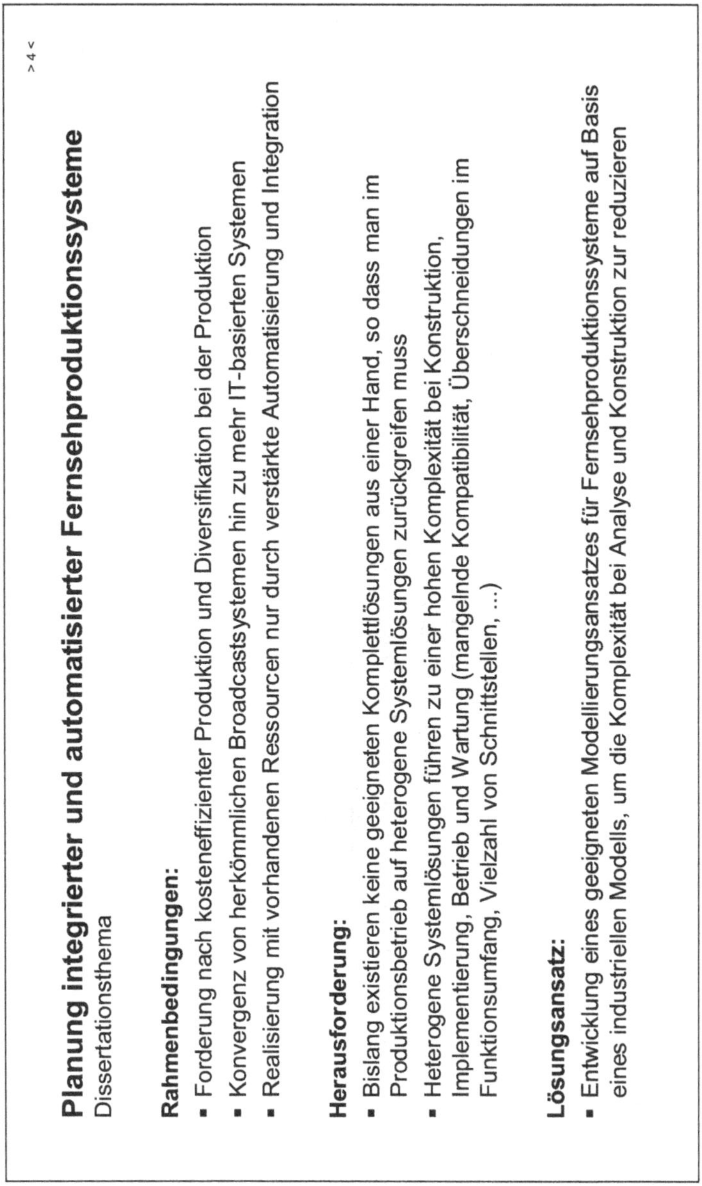

> 4 <

**Planung integrierter und automatisierter Fernsehproduktionssysteme**
Dissertationsthema

**Rahmenbedingungen:**
- Forderung nach kosteneffizienter Produktion und Diversifikation bei der Produktion
- Konvergenz von herkömmlichen Broadcastsystemen hin zu mehr IT-basierten Systemen
- Realisierung mit vorhandenen Ressourcen nur durch verstärkte Automatisierung und Integration

**Herausforderung:**
- Bislang existieren keine geeigneten Komplettlösungen aus einer Hand, so dass man im Produktionsbetrieb auf heterogene Systemlösungen zurückgreifen muss
- Heterogene Systemlösungen führen zu einer hohen Komplexität bei Konstruktion, Implementierung, Betrieb und Wartung (mangelnde Kompatibilität, Überschneidungen im Funktionsumfang, Vielzahl von Schnittstellen, ...)

**Lösungsansatz:**
- Entwicklung eines geeigneten Modellierungsansatzes für Fernsehproduktionssysteme auf Basis eines industriellen Modells, um die Komplexität bei Analyse und Konstruktion zur reduzieren

**Abbildung A.8:** Workshop Plazamedia – Folie 04 (30.09.2008)

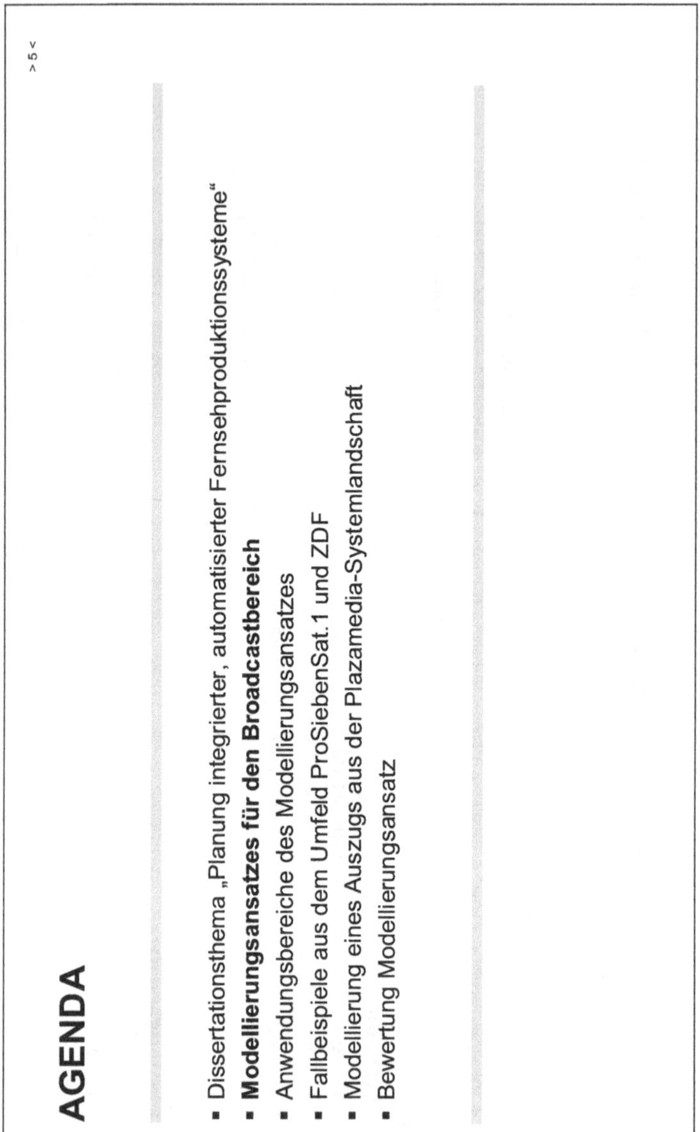

## AGENDA

- Dissertationsthema „Planung integrierter, automatisierter Fernsehproduktionssysteme“
- **Modellierungsansatzes für den Broadcastbereich**
- Anwendungsbereiche des Modellierungsansatzes
- Fallbeispiele aus dem Umfeld ProSiebenSat.1 und ZDF
- Modellierung eines Auszugs aus der Plazamedia-Systemlandschaft
- Bewertung Modellierungsansatz

> 5 <

**Abbildung A.9:** Workshop Plazamedia – Folie 05 (30.09.2008)

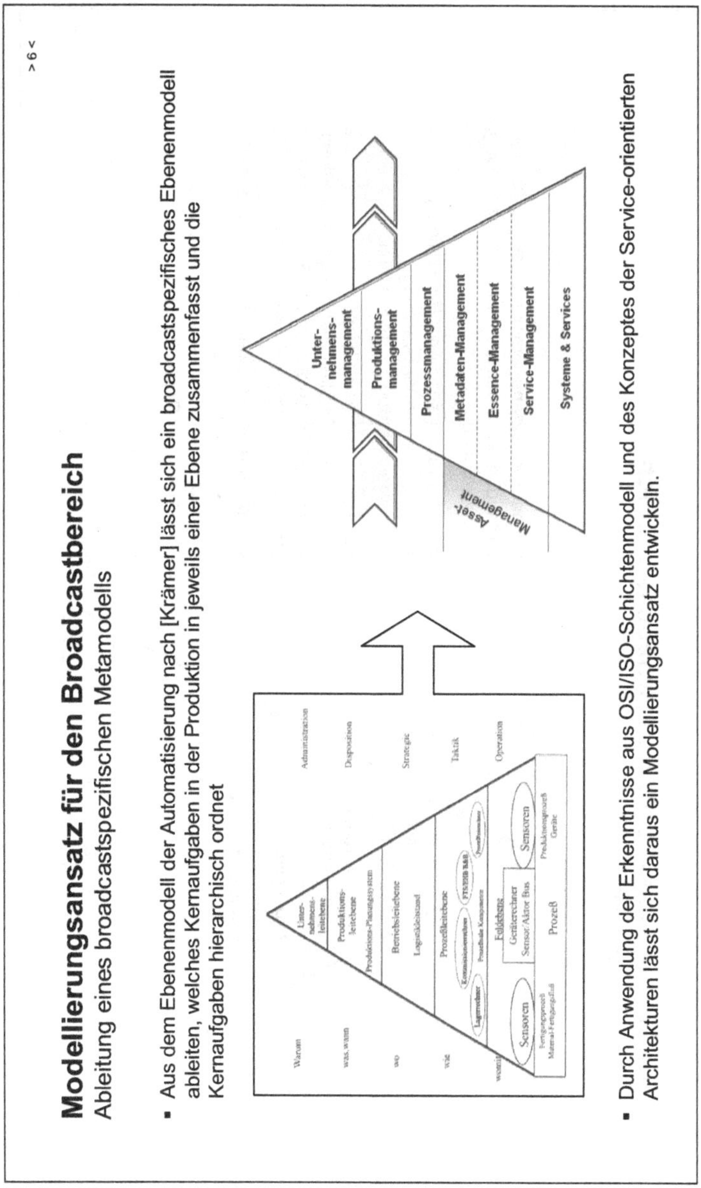

## Modellierungsansatz für den Broadcastbereich

Ableitung eines broadcastspezifischen Metamodells

- Aus dem Ebenenmodell der Automatisierung nach [Krämer] lässt sich ein broadcastspezifisches Ebenenmodell ableiten, welches Kernaufgaben in der Produktion in jeweils einer Ebene zusammenfasst und die Kernaufgaben hierarchisch ordnet

Warum
was, wann
wo
wie
womit
Unter-nehmens-leitebene
Produktions-leitebene
Produktions-Planungssystem
Betriebsleitebene
Logistikleitstand
Prozeßleitebene
Feldebene
Gerätrechner
Sensor/Aktor Bus
Prozeß
Sensoren
Sensoren
Administration
Disposition
Strategie
Taktik
Operation

Unter-nehmens-management
Produktions-management
Prozessmanagement
Metadaten-Management
Essence-Management
Service-Management
Systeme & Services
Asset-Management

- Durch Anwendung der Erkenntnisse aus OSI/ISO-Schichtenmodell und des Konzeptes der Service-orientierten Architekturen lässt sich daraus ein Modellierungsansatz entwickeln.

> 6 <

**Abbildung A.10:** Workshop Plazamedia – Folie 06 (30.09.2008)

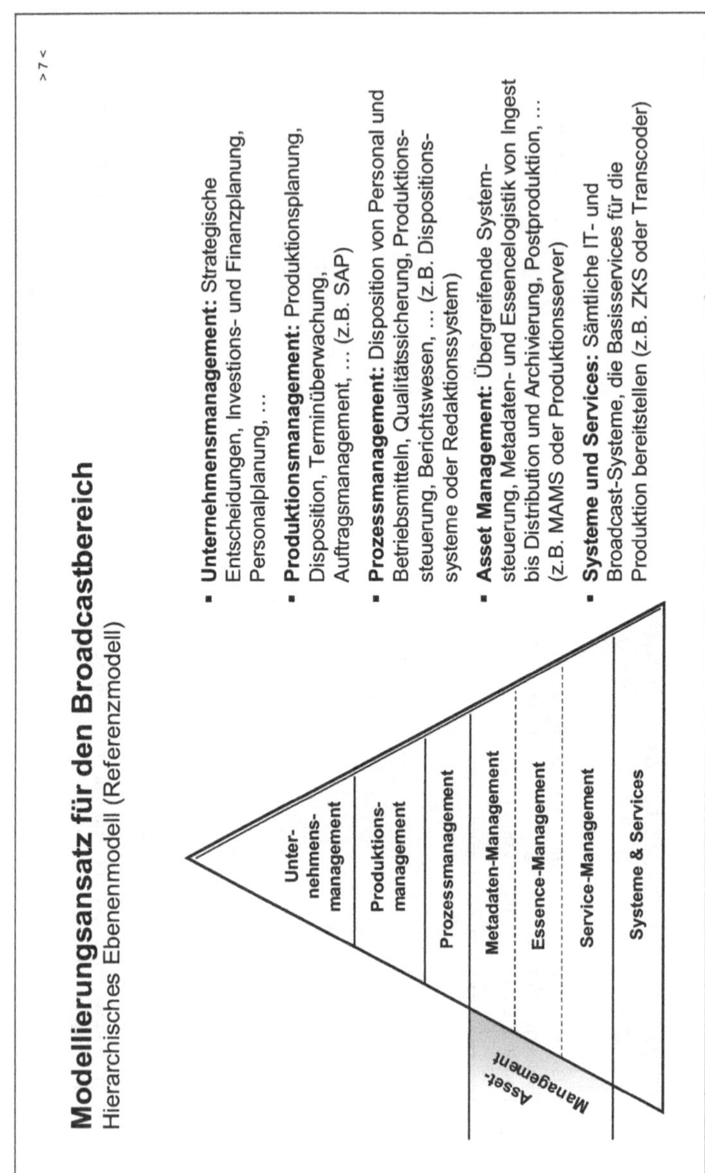


**Abbildung A.11:** Workshop Plazamedia – Folie 07 (30.09.2008)

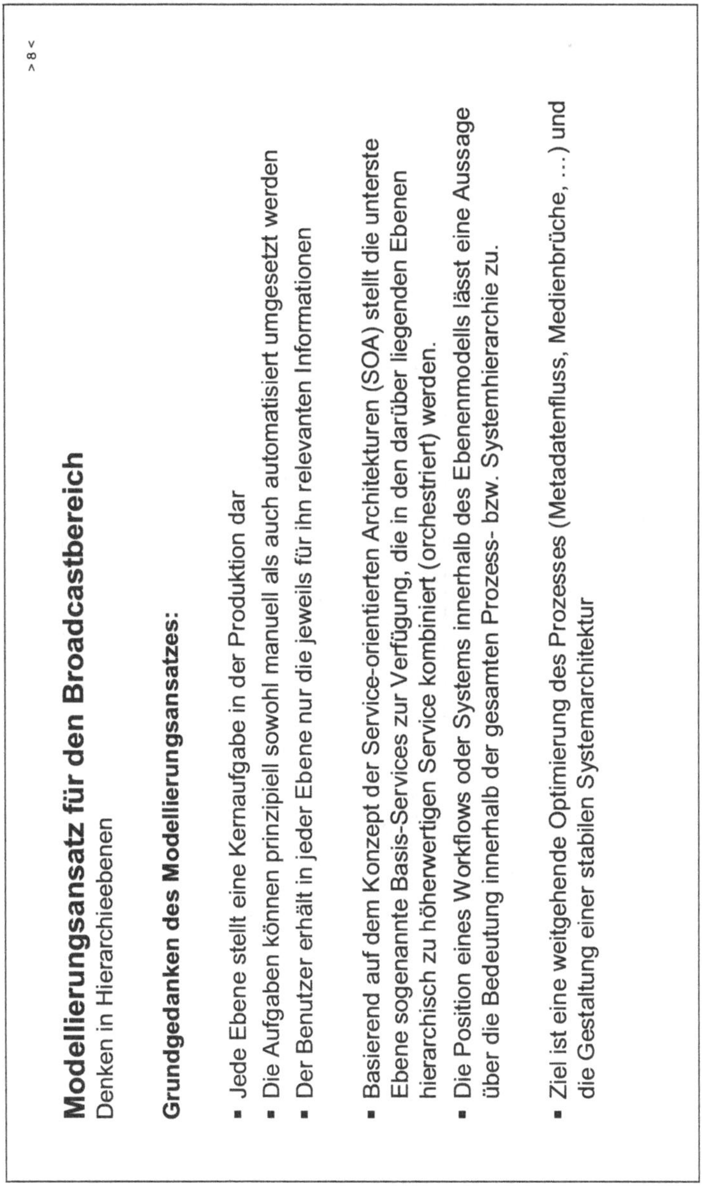

> 8 <

**Modellierungsansatz für den Broadcastbereich**
Denken in Hierarchieebenen

**Grundgedanken des Modellierungsansatzes:**

- Jede Ebene stellt eine Kernaufgabe in der Produktion dar
- Die Aufgaben können prinzipiell sowohl manuell als auch automatisiert umgesetzt werden
- Der Benutzer erhält in jeder Ebene nur die jeweils für ihn relevanten Informationen

- Basierend auf dem Konzept der Service-orientierten Architekturen (SOA) stellt die unterste Ebene sogenannte Basis-Services zur Verfügung, die in den darüber liegenden Ebenen hierarchisch zu höherwertigen Service kombiniert (orchestriert) werden.
- Die Position eines Workflows oder Systems innerhalb des Ebenenmodells lässt eine Aussage über die Bedeutung innerhalb der gesamten Prozess- bzw. Systemhierarchie zu.

- Ziel ist eine weitgehende Optimierung des Prozesses (Metadatenfluss, Medienbrüche, ...) und die Gestaltung einer stabilen Systemarchitektur

**Abbildung A.12:** Workshop Plazamedia – Folie 08 (30.09.2008)

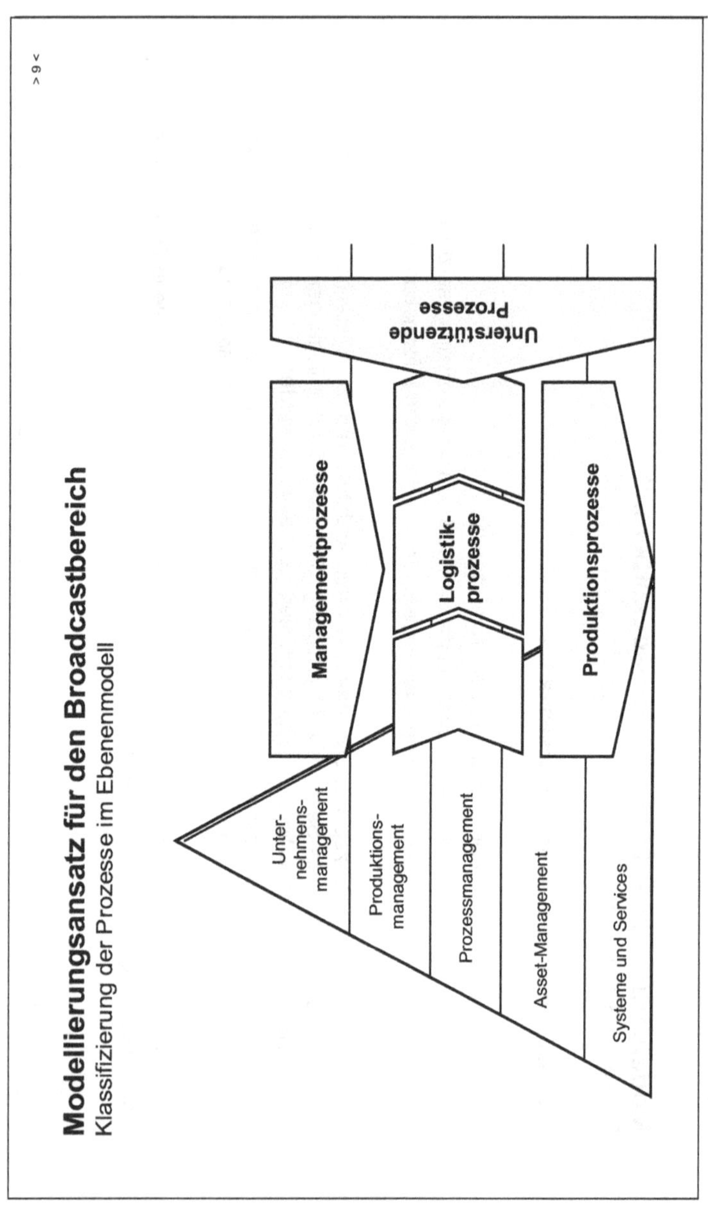


**Abbildung A.13:** Workshop Plazamedia – Folie 09 (30.09.2008)

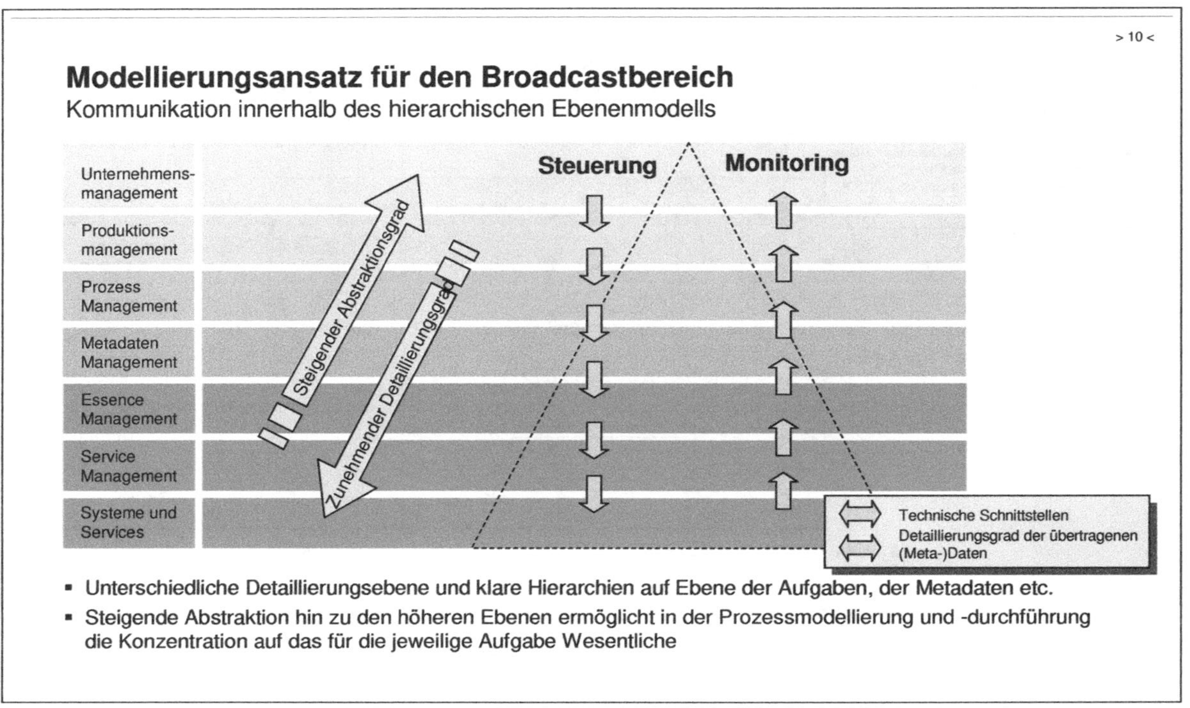


**Abbildung A.14:** Workshop Plazamedia – Folie 10 (30.09.2008)

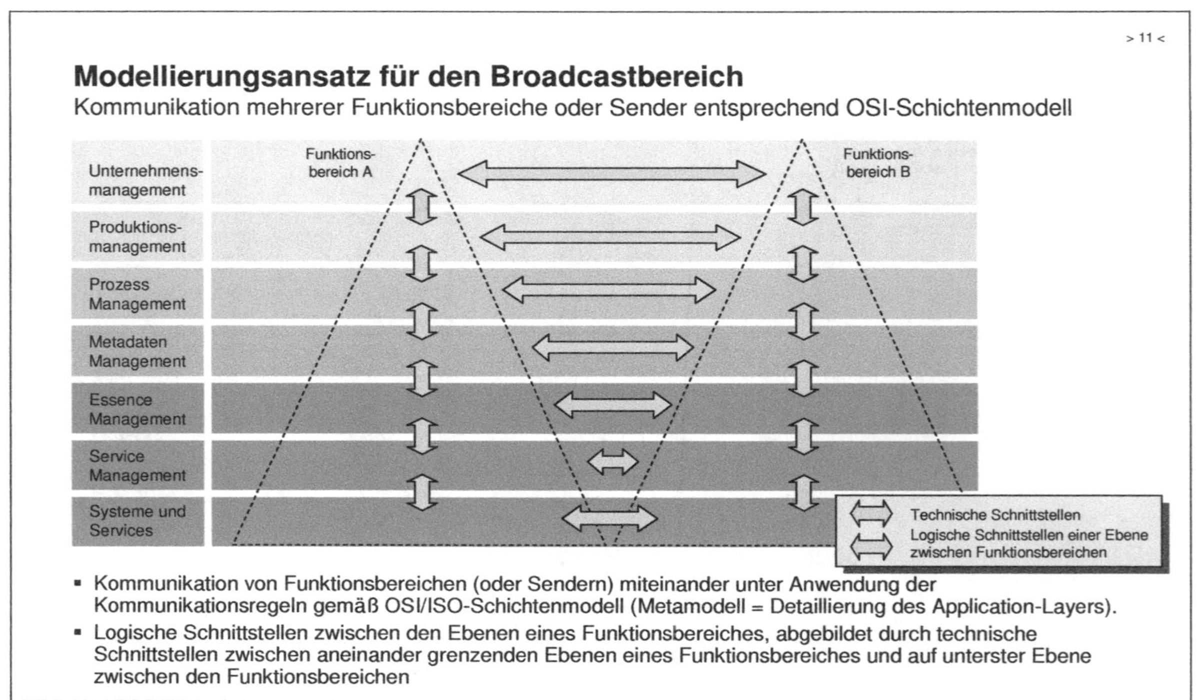


**Abbildung A.15:** Workshop Plazamedia – Folie 11 (30.09.2008)

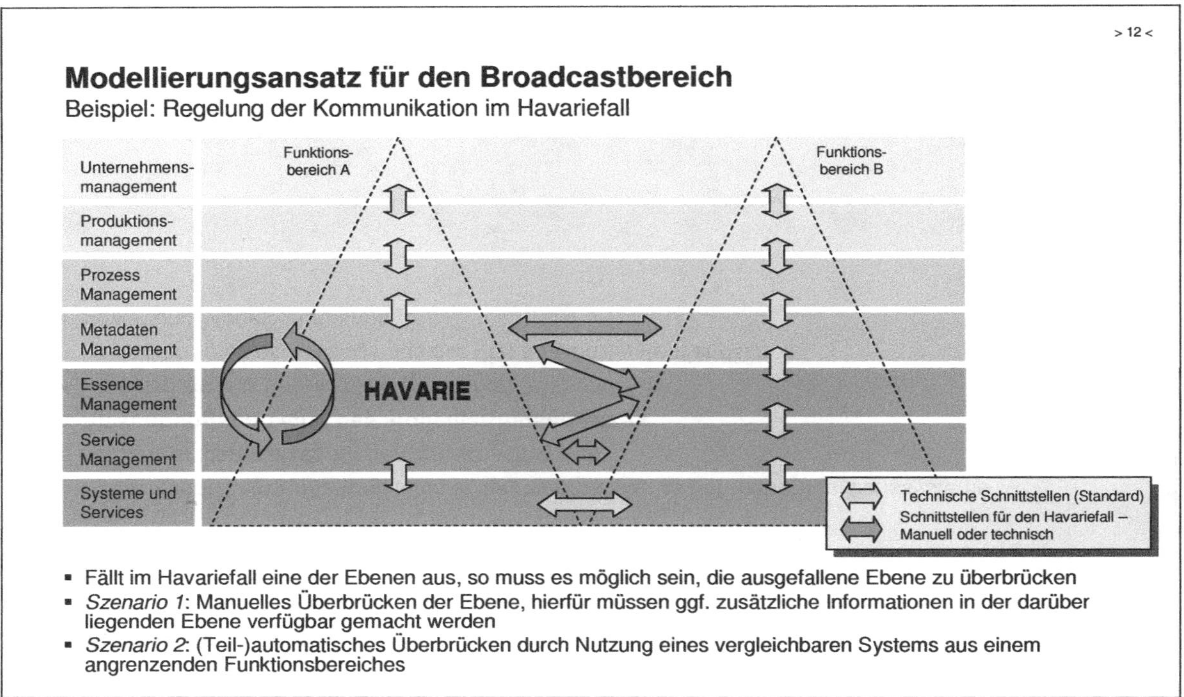


**Abbildung A.16:** Workshop Plazamedia – Folie 12 (30.09.2008)

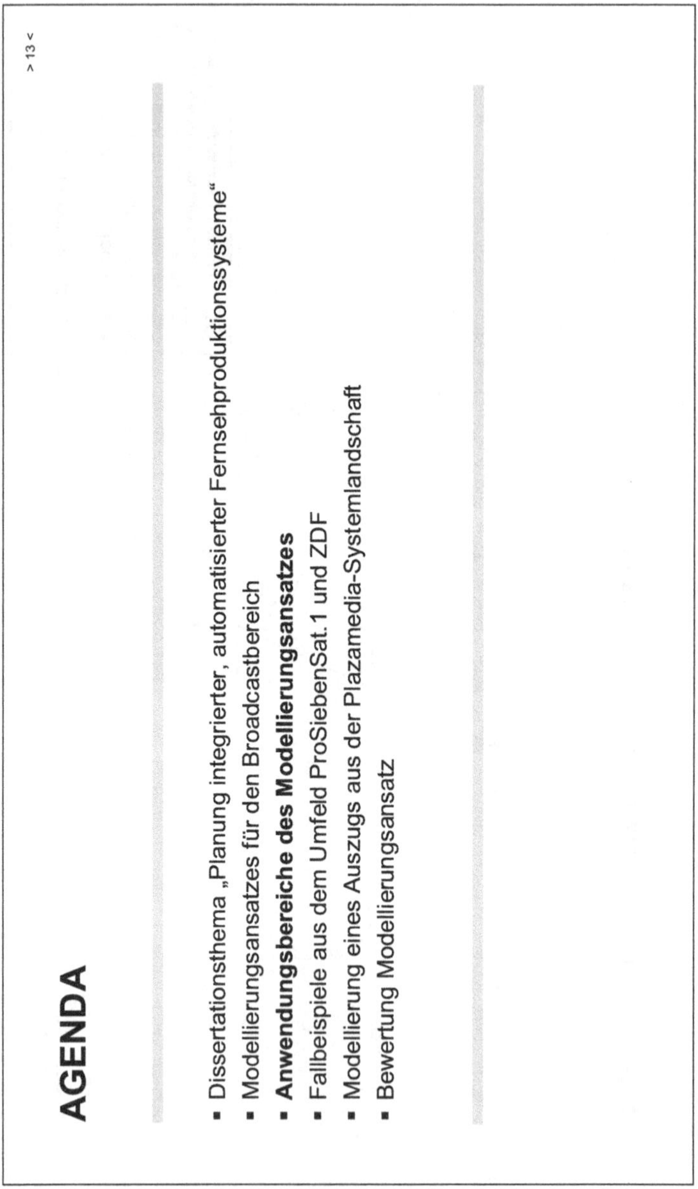

> 13 <

## AGENDA

- Dissertationsthema „Planung integrierter, automatisierter Fernsehproduktionssysteme“
- Modellierungsansatzes für den Broadcastbereich
- **Anwendungsbereiche des Modellierungsansatzes**
- Fallbeispiele aus dem Umfeld ProSiebenSat.1 und ZDF
- Modellierung eines Auszugs aus der Plazamedia-Systemlandschaft
- Bewertung Modellierungsansatz

**Abbildung A.17:** Workshop Plazamedia – Folie 13 (30.09.2008)

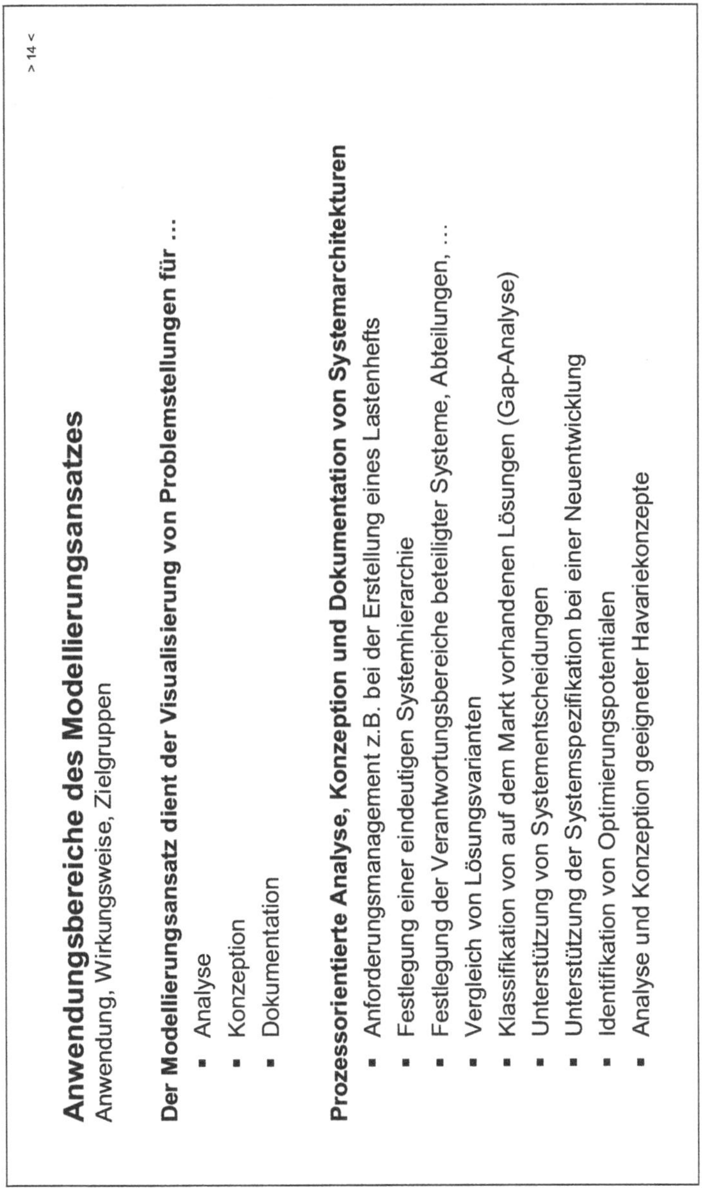

**Anwendungsbereiche des Modellierungsansatzes**
Anwendung, Wirkungsweise, Zielgruppen

> 14 <

**Der Modellierungsansatz dient der Visualisierung von Problemstellungen für ...**

- Analyse
- Konzeption
- Dokumentation

**Prozessorientierte Analyse, Konzeption und Dokumentation von Systemarchitekturen**

- Anforderungsmanagement z.B. bei der Erstellung eines Lastenhefts
- Festlegung einer eindeutigen Systemhierarchie
- Festlegung der Verantwortungsbereiche beteiligter Systeme, Abteilungen, ...
- Vergleich von Lösungsvarianten
- Klassifikation von auf dem Markt vorhandenen Lösungen (Gap-Analyse)
- Unterstützung von Systementscheidungen
- Unterstützung der Systemspezifikation bei einer Neuentwicklung
- Identifikation von Optimierungspotentialen
- Analyse und Konzeption geeigneter Havariekonzepte

**Abbildung A.18:** Workshop Plazamedia – Folie 14 (30.09.2008)

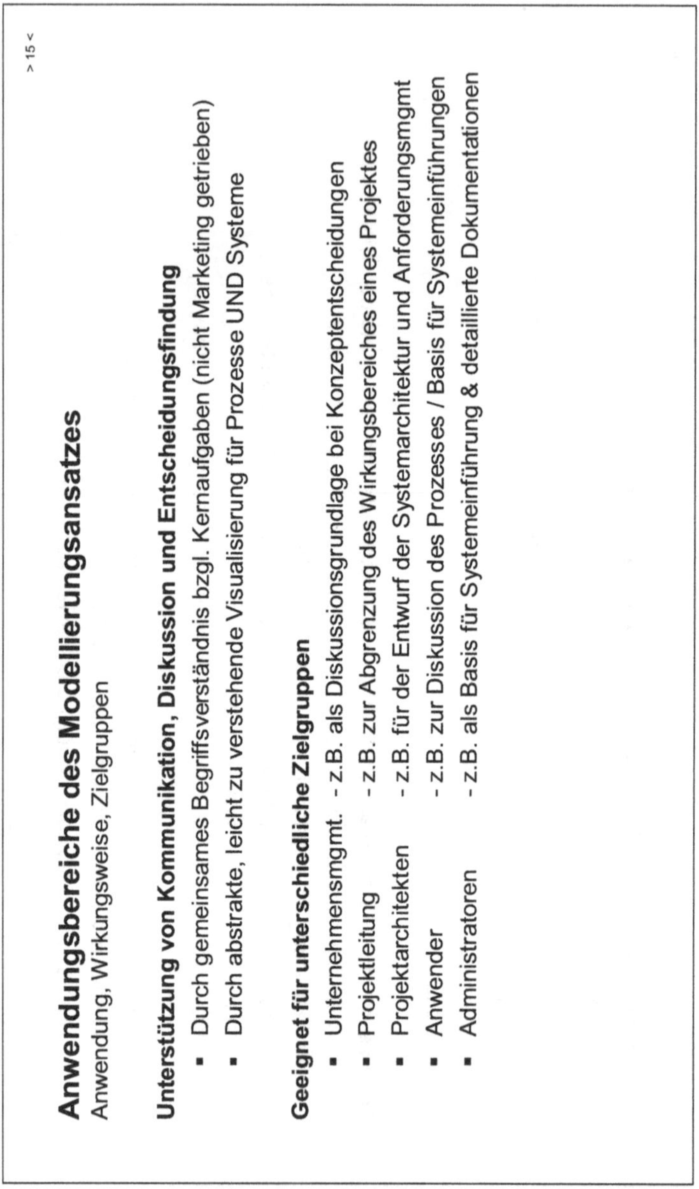

> 15 <

## Anwendungsbereiche des Modellierungsansatzes

Anwendung, Wirkungsweise, Zielgruppen

**Unterstützung von Kommunikation, Diskussion und Entscheidungsfindung**

- Durch gemeinsames Begriffsverständnis bzgl. Kernaufgaben (nicht Marketing getrieben)
- Durch abstrakte, leicht zu verstehende Visualisierung für Prozesse UND Systeme

**Geeignet für unterschiedliche Zielgruppen**

- Unternehmensmgmt. - z.B. als Diskussionsgrundlage bei Konzeptentscheidungen
- Projektleitung - z.B. zur Abgrenzung des Wirkungsbereiches eines Projektes
- Projektarchitekten - z.B. für der Entwurf der Systemarchitektur und Anforderungsmgmt
- Anwender - z.B. zur Diskussion des Prozesses / Basis für Systemeinführungen
- Administratoren - z.B. als Basis für Systemeinführung & detaillierte Dokumentationen

**Abbildung A.19:** Workshop Plazamedia – Folie 15 (30.09.2008)

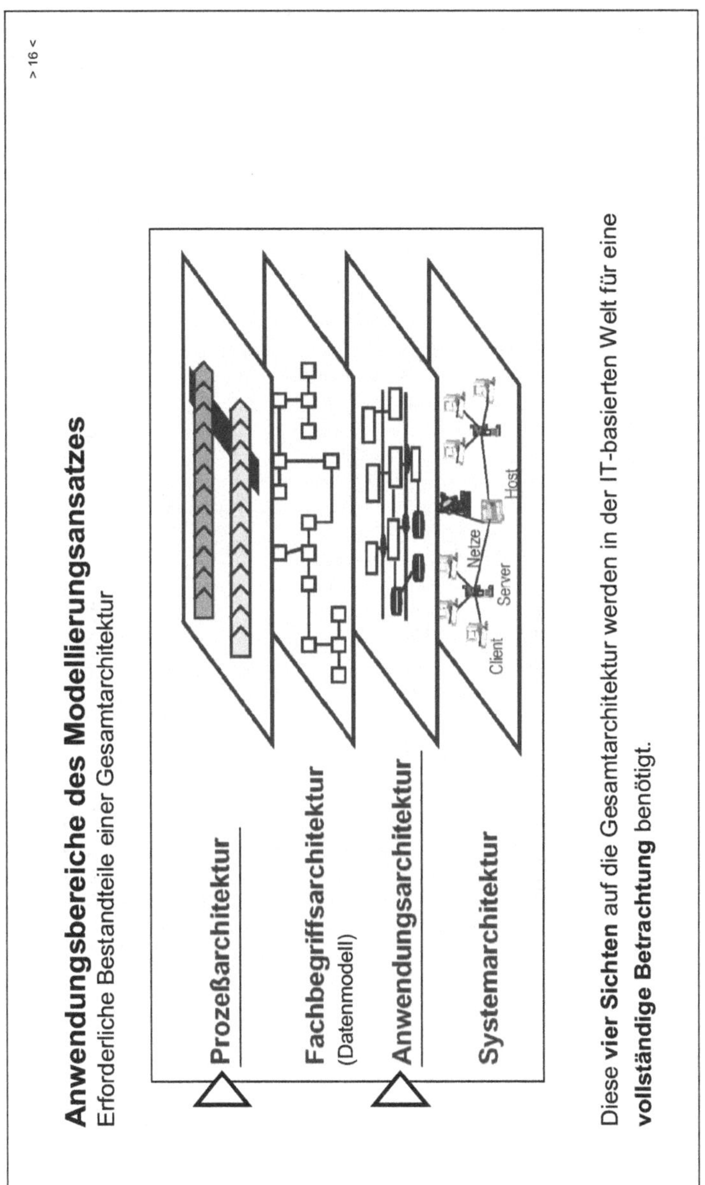


**Abbildung A.20:** Workshop Plazamedia – Folie 16 (30.09.2008)

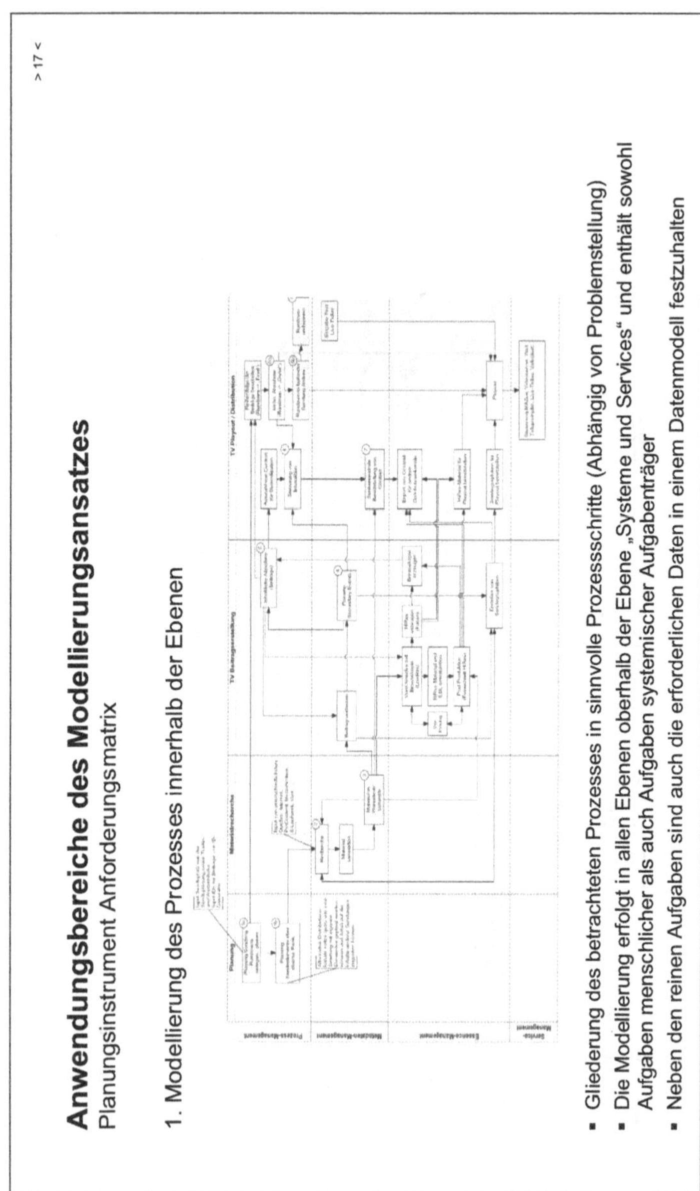


**Abbildung A.21:** Workshop Plazamedia – Folie 17 (30.09.2008)

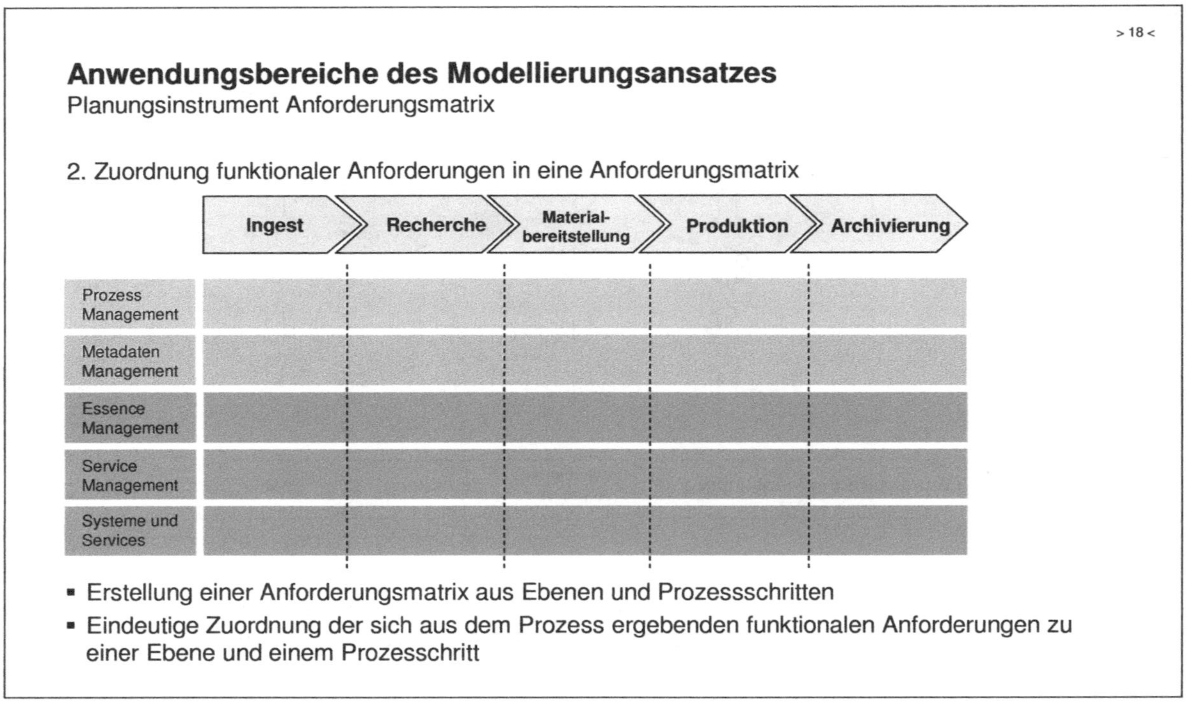


**Abbildung A.22:** Workshop Plazamedia – Folie 18 (30.09.2008)

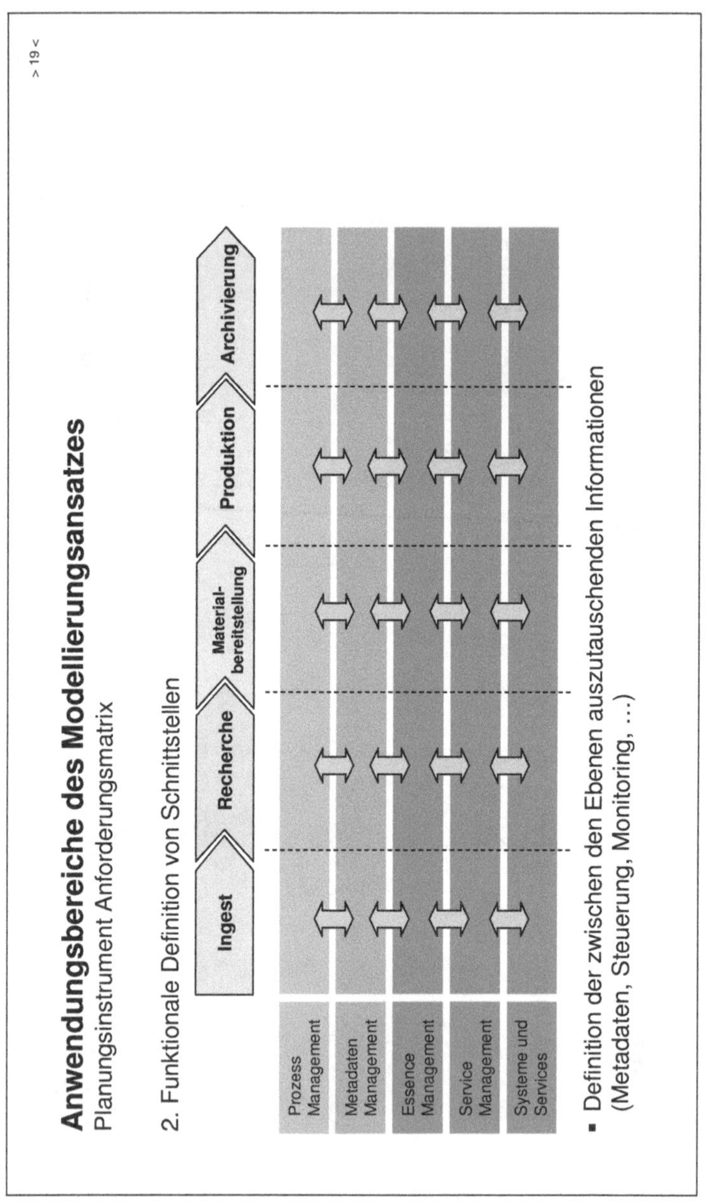


**Abbildung A.23:** Workshop Plazamedia – Folie 19 (30.09.2008)

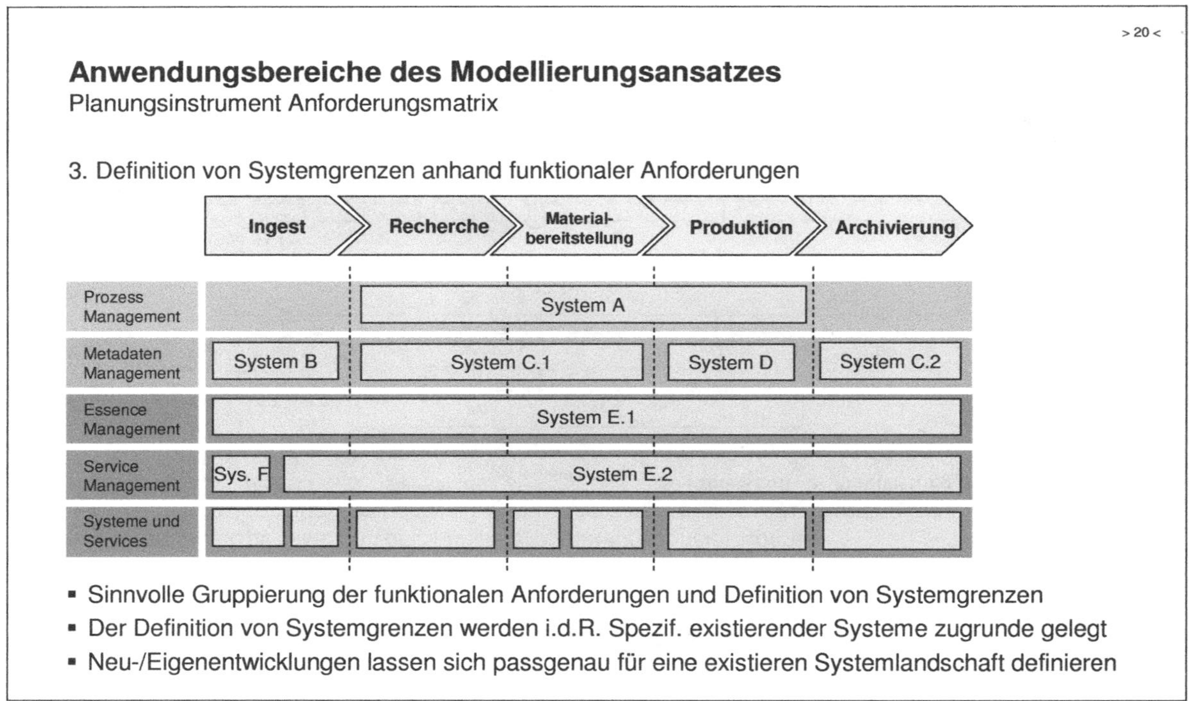


**Abbildung A.24:** Workshop Plazamedia – Folie 20 (30.09.2008)

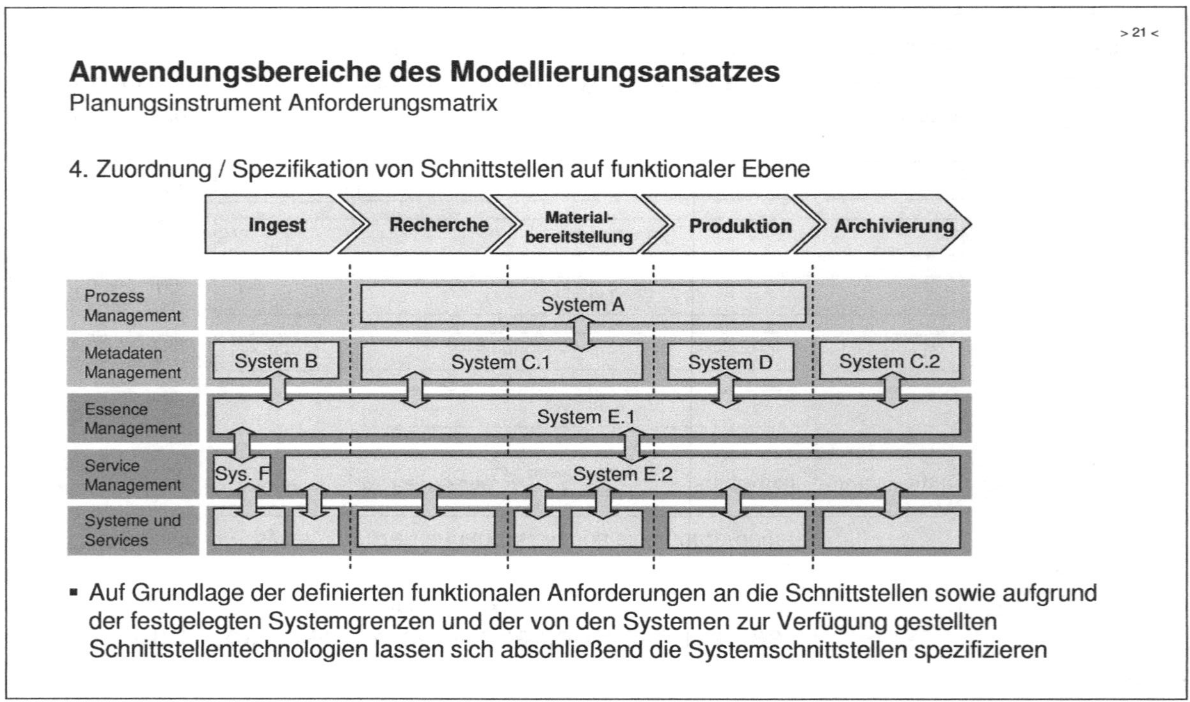


**Abbildung A.25:** Workshop Plazamedia – Folie 21 (30.09.2008)

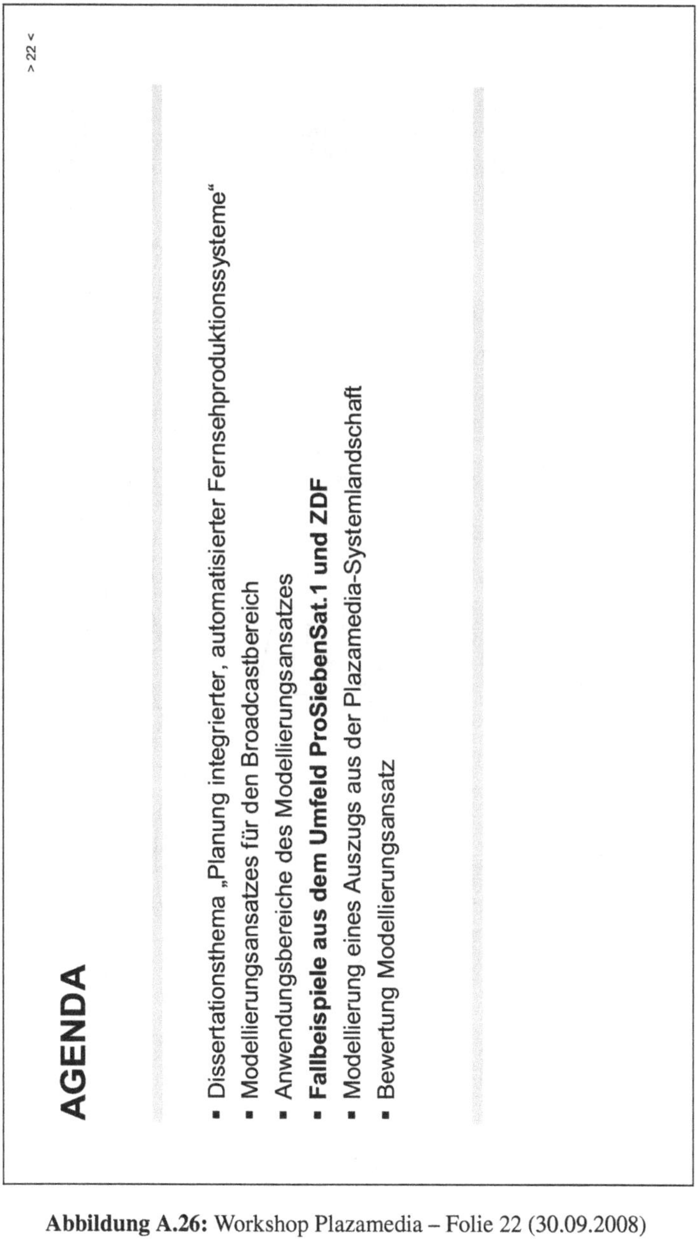

> 22 <

**AGENDA**

- Dissertationsthema „Planung integrierter, automatisierter Fernsehproduktionssysteme“
- Modellierungsansatzes für den Broadcastbereich
- Anwendungsbereiche des Modellierungsansatzes
- **Fallbeispiele aus dem Umfeld ProSiebenSat.1 und ZDF**
- Modellierung eines Auszugs aus der Plazamedia-Systemlandschaft
- Bewertung Modellierungsansatz

**Abbildung A.26:** Workshop Plazamedia – Folie 22 (30.09.2008)

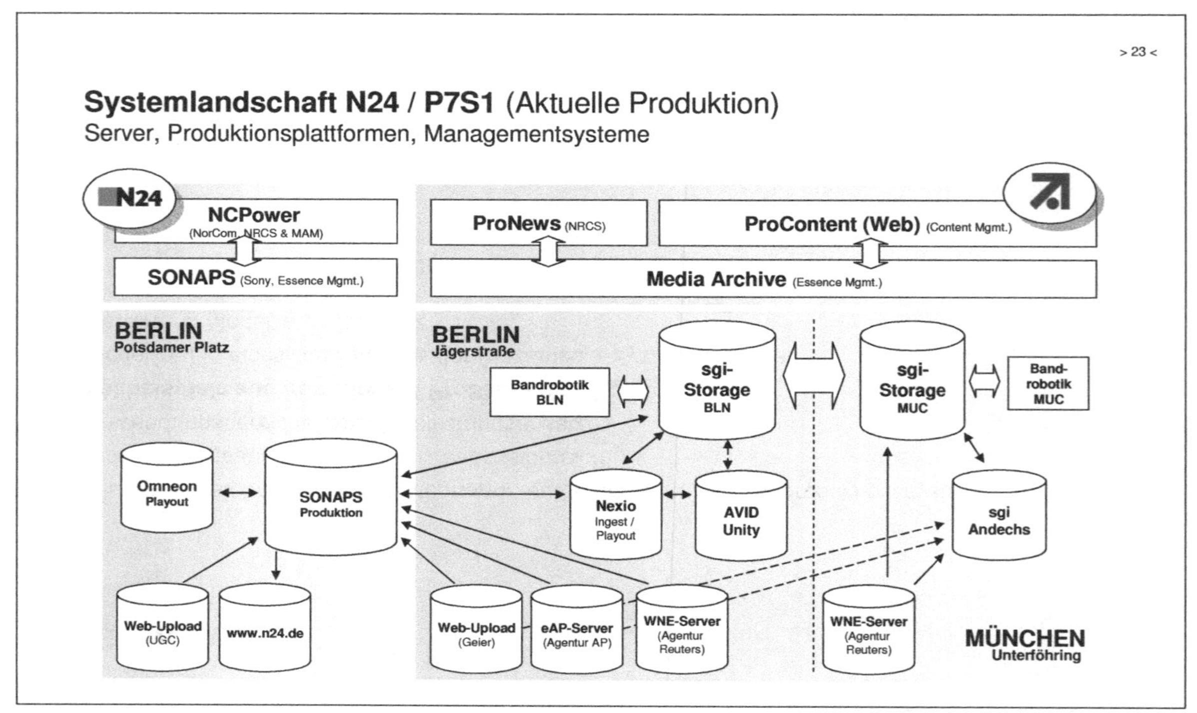


**Abbildung A.27:** Workshop Plazamedia – Folie 23 (30.09.2008)

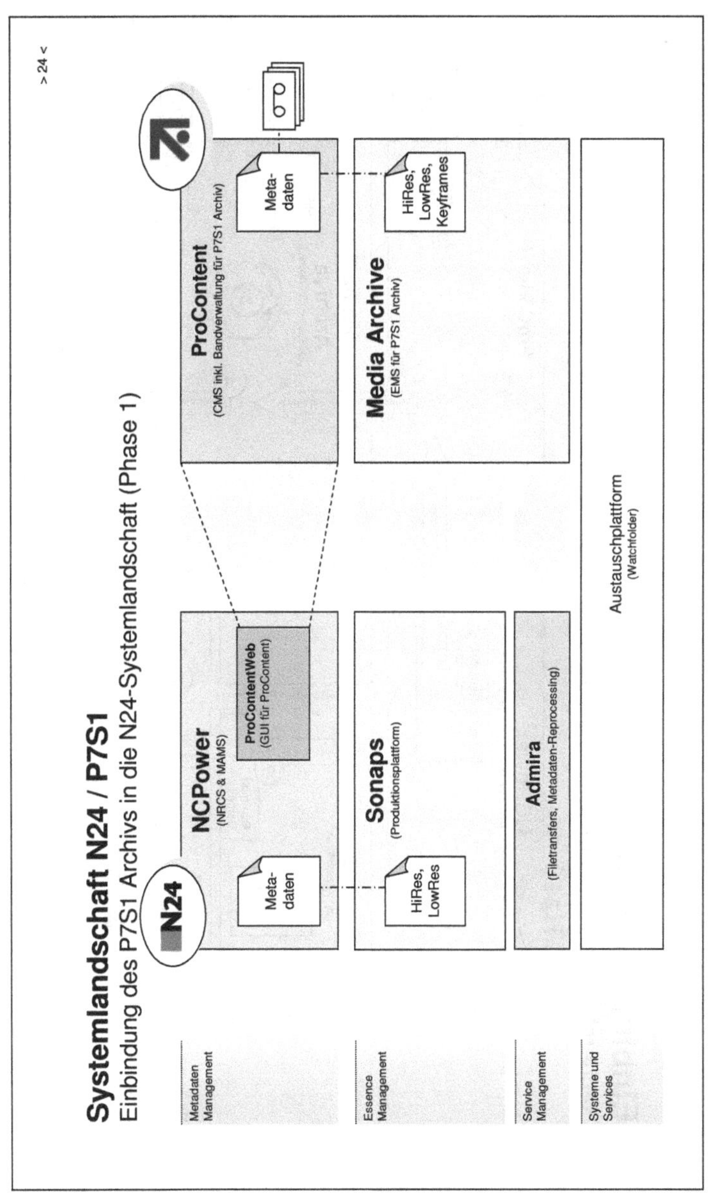


**Abbildung A.28:** Workshop Plazamedia – Folie 24 (30.09.2008)

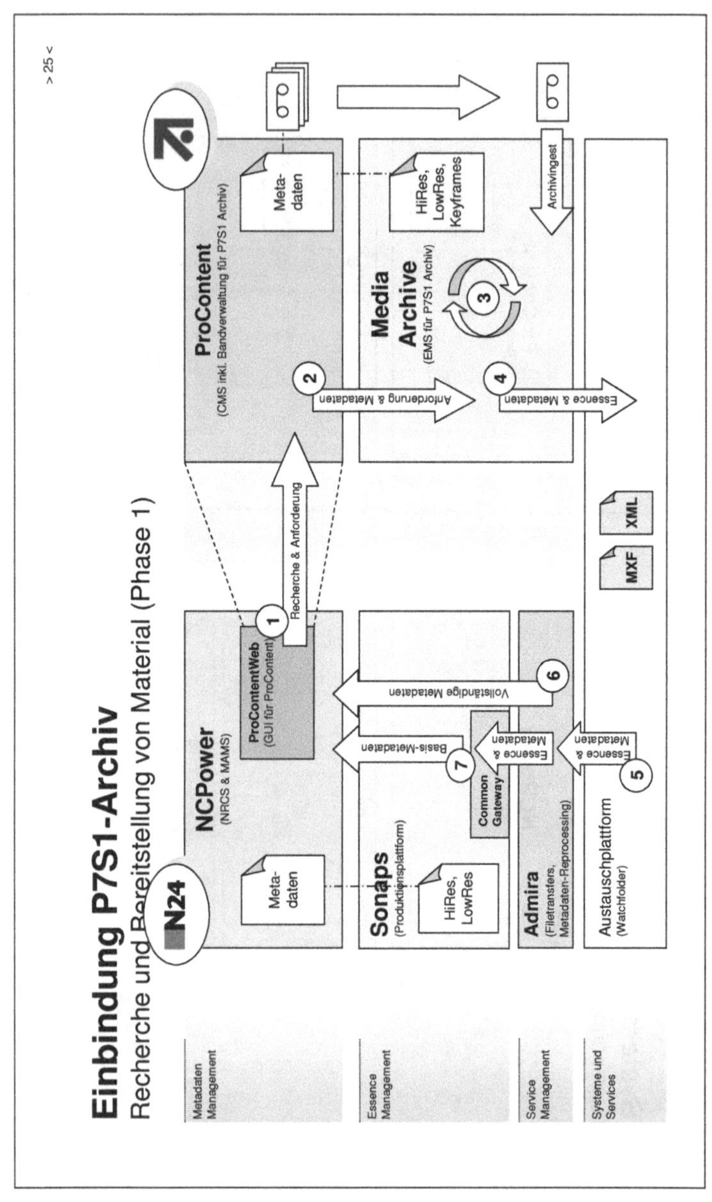


**Abbildung A.29:** Workshop Plazamedia – Folie 25 (30.09.2008)

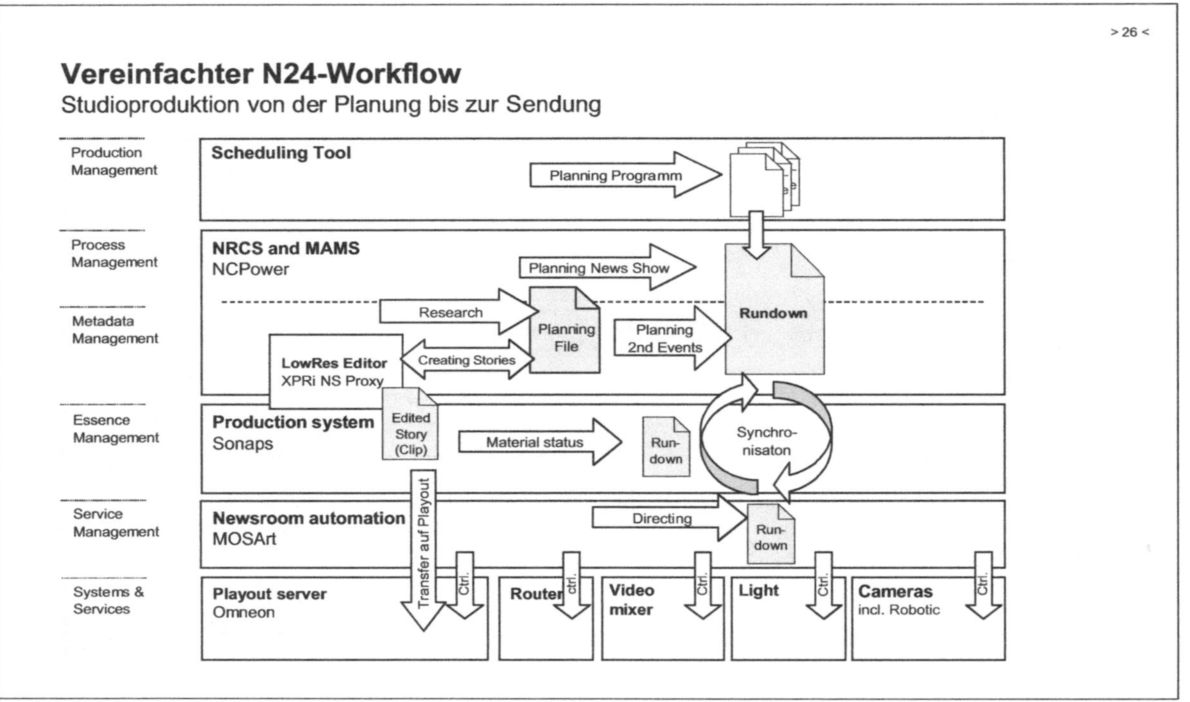


**Abbildung A.30:** Workshop Plazamedia – Folie 26 (30.09.2008)

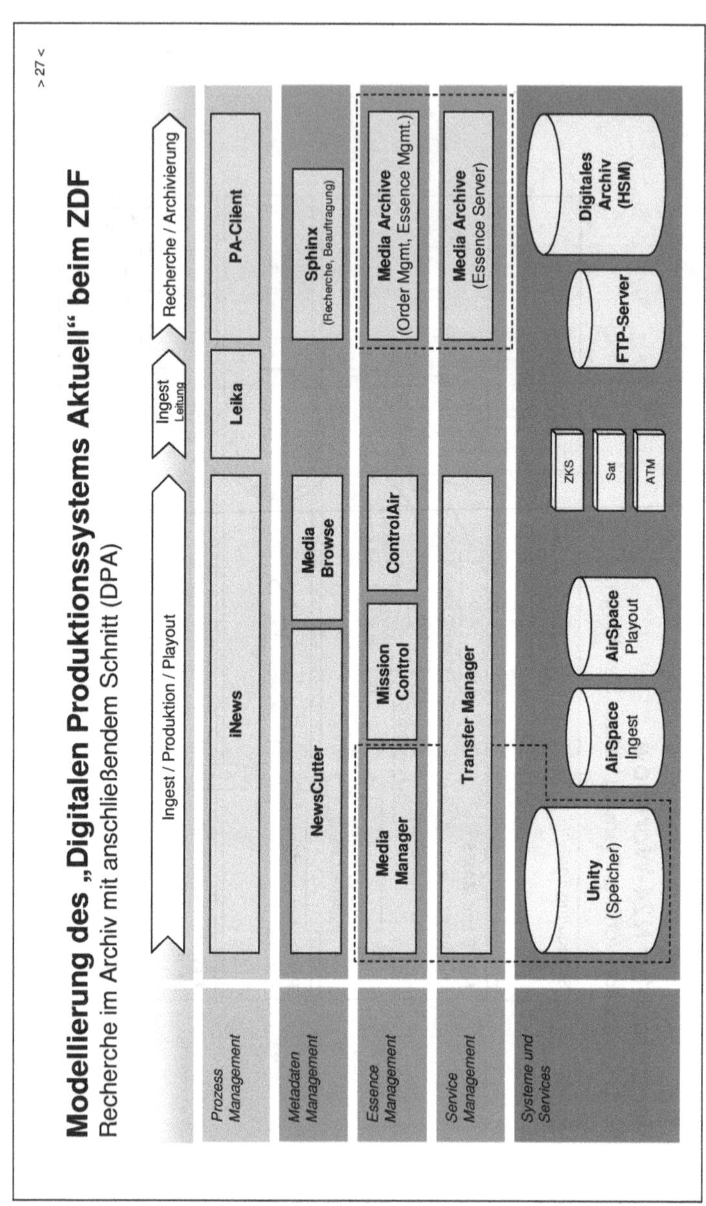


**Abbildung A.31:** Workshop Plazamedia – Folie 27 (30.09.2008)

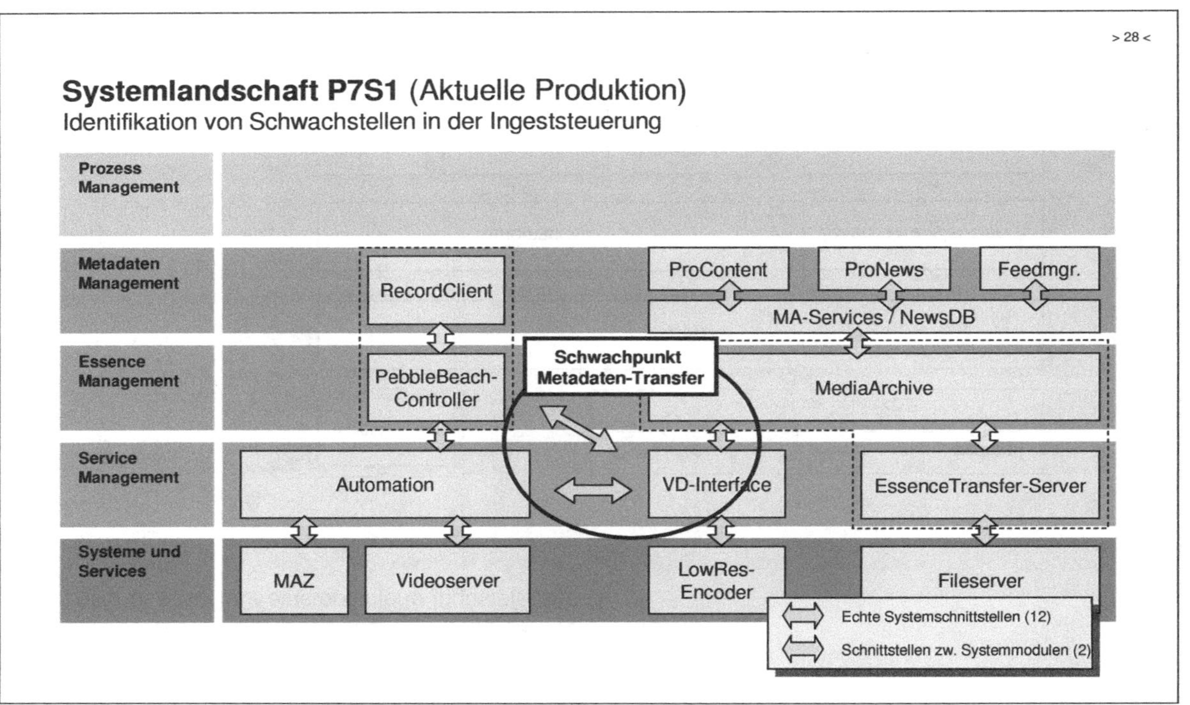


**Abbildung A.32:** Workshop Plazamedia – Folie 28 (30.09.2008)

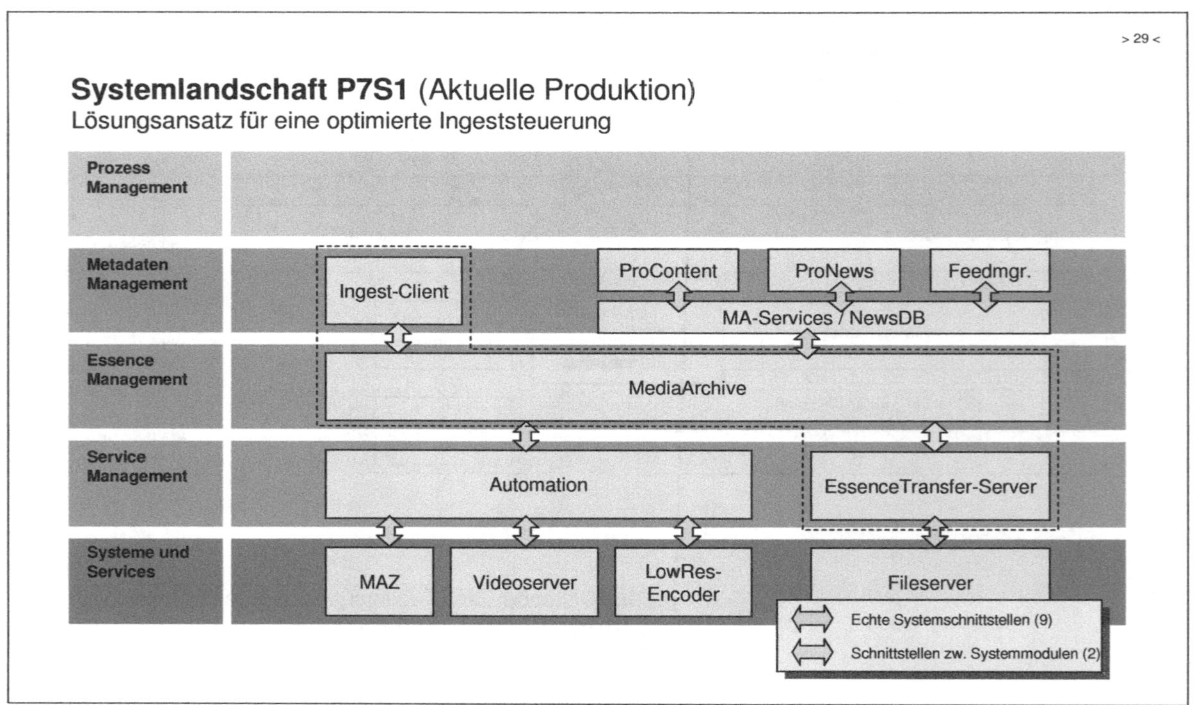


**Abbildung A.33:** Workshop Plazamedia – Folie 29 (30.09.2008)

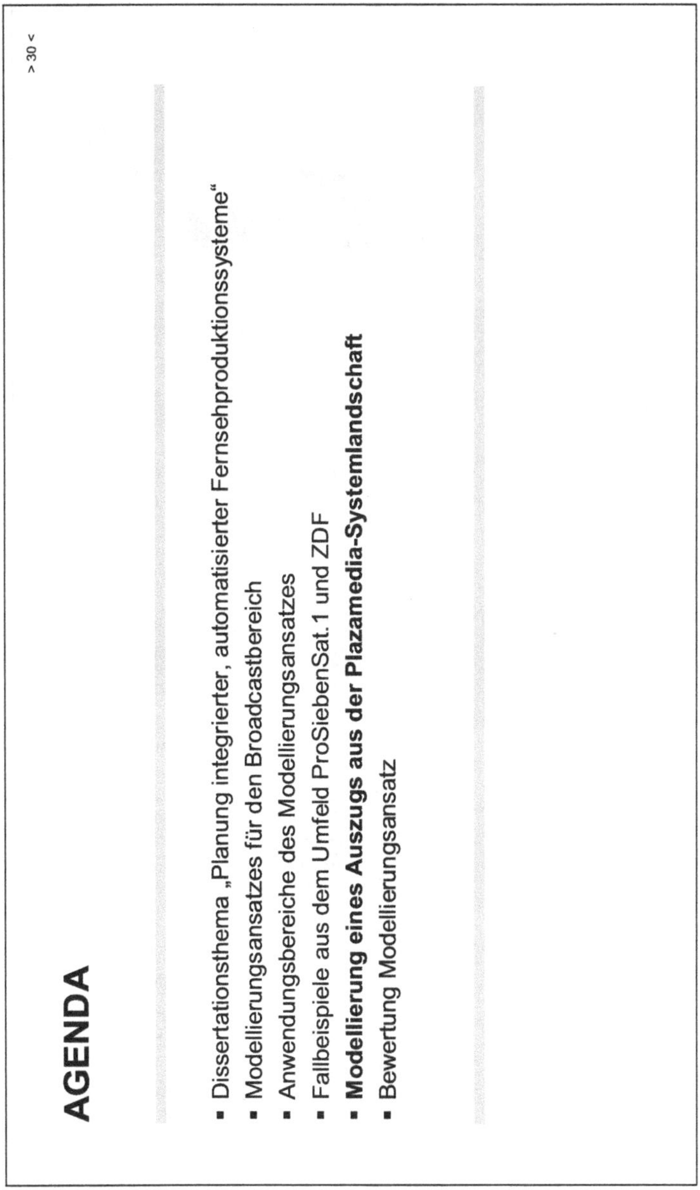

> 30 <

**AGENDA**

- Dissertationsthema „Planung integrierter, automatisierter Fernsehproduktionssysteme“
- Modellierungsansatzes für den Broadcastbereich
- Anwendungsbereiche des Modellierungsansatzes
- Fallbeispiele aus dem Umfeld ProSiebenSat.1 und ZDF
- **Modellierung eines Auszugs aus der Plazamedia-Systemlandschaft**
- Bewertung Modellierungsansatz

**Abbildung A.34:** Workshop Plazamedia – Folie 30 (30.09.2008)

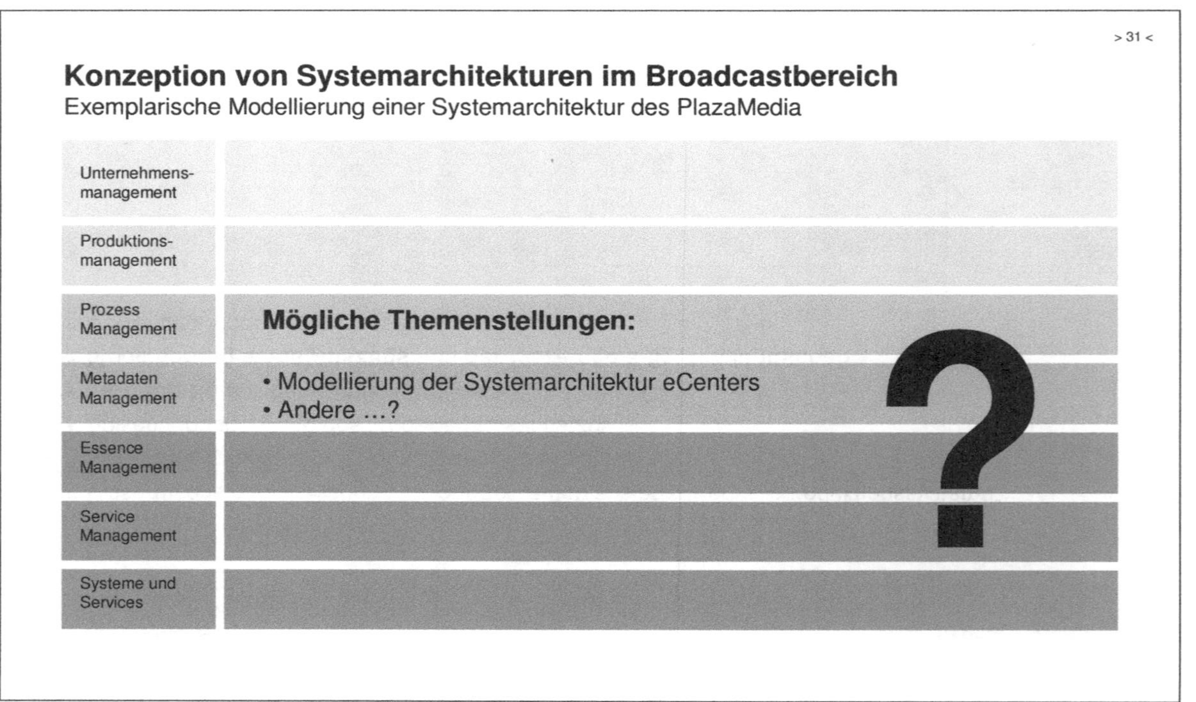


**Abbildung A.35:** Workshop Plazamedia – Folie 31 (30.09.2008)

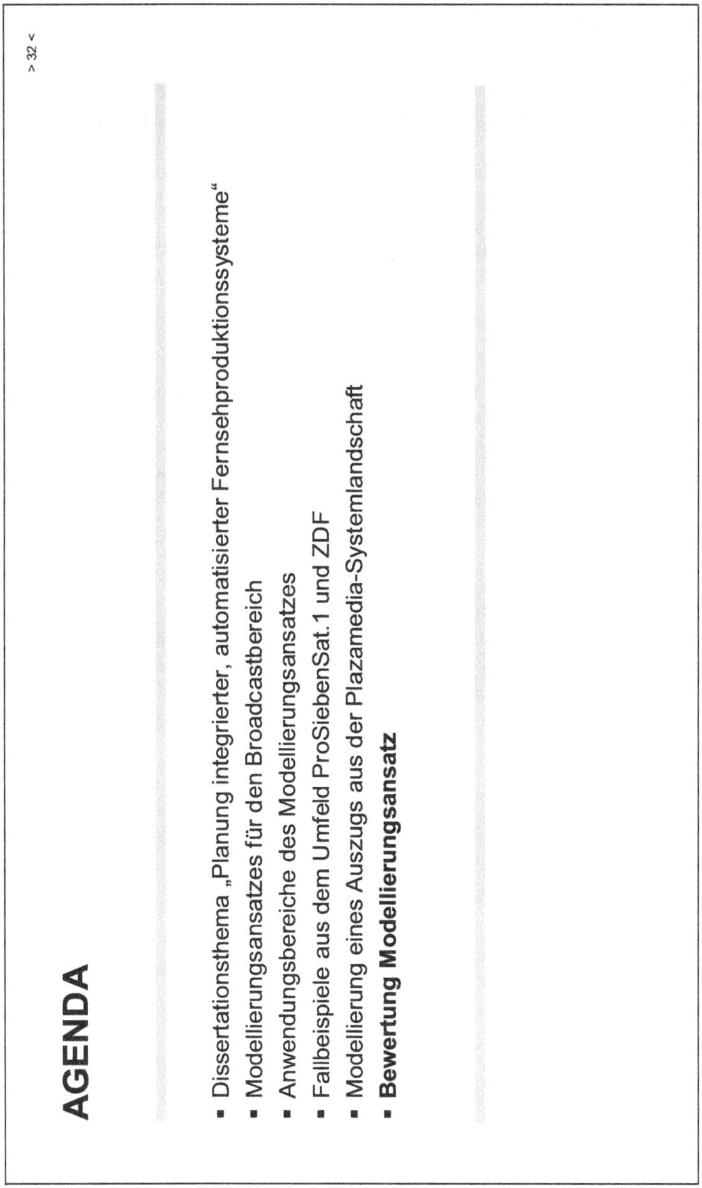

> 32 <

**AGENDA**

- Dissertationsthema „Planung integrierter, automatisierter Fernsehproduktionssysteme“
- Modellierungsansatzes für den Broadcastbereich
- Anwendungsbereiche des Modellierungsansatzes
- Fallbeispiele aus dem Umfeld ProSiebenSat.1 und ZDF
- Modellierung eines Auszugs aus der Plazamedia-Systemlandschaft
- **Bewertung Modellierungsansatz**

**Abbildung A.36:** Workshop Plazamedia – Folie 32 (30.09.2008)

# A.4 Fragebogen

Der Fragebogen wurde in einer englischen und einer deutschen Fassung erstellt. Von den inhaltlich identischen Fassungen ist im Folgenden die deutsche Variante komplett abgedruckt.

## Planung integrierter und automatisierter Fernsehproduktionssysteme

### Einleitung

Ausgehend von den technologischen Entwicklungen in den Branchen Rundfunk, Telekommunikation und Informationstechnologie spielt seit einigen Jahren der Gedanke der Konvergenz eine bedeutende Rolle in der Fernsehproduktion. Die damit verbundene zunehmende Vernetzung, die steigende Integration und eine höhere Automatisierung sollen innerhalb der Fernsehproduktion dazu beitragen, die Komplexität für die Anwender zu reduzieren und ihnen gleichzeitig mehr Handlungsmöglichkeiten einzuräumen.

*Dadurch verlagert sich die Komplexität aus der Anwendung in die Projektierung der Fernsehproduktionssysteme.*

Diese steigende Projektierungskomplexität erfordert eine neue Sichtweise auf das Gesamtsystem Fernsehproduktion. Zu diesem Zweck entstand in Anlehnung an ein Modell aus der industriellen Automatisierung und das Konzept der Service-orientierten Architekturen ein neues, prozessorientiertes Referenzmodell für die Fernsehproduktion, das dazu beitragen soll, Produktionsprozesse zu optimieren und stabile Systemarchitekturen zu entwerfen.

### 1 Persönliche Daten

- Name
- Unternehmen
- Abteilung
- Funktion
- E-Mail
- Telefon
- Themenschwerpunkte
- aktuelle Projekte

## 2 Fragen zu Ihrem Unternehmen

*2.1 Wo liegen die primären Arbeitsgebiete Ihres Unternehmens?*

- Rundfunk / Contentproduktion
- Entwicklung klassischer Broadcastsysteme (primär Hardware)
- Entwicklung IT-basierter Produktionssysteme (primär Software)
- Projektmanagement
- Systemintegration
- Beratung
- Andere: ...

*2.2 Wo liegen die thematischen Schwerpunkte in Ihrem Unternehmen?*

- Programmplanung
- Media Asset Management
- Workflow Management
- Automation / Automatisierung
- Systemintegration
- Andere: ...

*2.3 In welchen Regionen führen Sie Projekte durch / kommen Ihre Produkte zum Einsatz?*

- Europa
- Amerika
- Australien
- Asien
- Afrika

*2.4 Welche Regionen sind für Ihr Unternehmen von besonderer Bedeutung?*

- Europa
- Amerika
- Australien
- Asien
- Afrika

## 3 Aktuelle Entwicklungen in der Broadcast-Industrie

*3.1 Was sind Ihrer Meinung nach die größten Herausforderungen in der Fernsehproduktion?*

- Migration von SD zu HD
- Performance file-basierter Workflows (Stichwort: faster than realtime)
- Automatisierung des Produktionsprozesses (bzw. Teile davon)
- Technische Integration des gesamten Prozesses von der Planung bis zur Distribution
- Workflow Management – Steuerung technischer Workflows
- Prozess / Task Management – Koordination menschlicher Workflows
- Betrieb und Steuerung komplexer, integrierter und IT-basierter Produktionssysteme

- Umgang mit Havarien in komplexen, integrierten Produktionssystemen
- Weitere: ...

*3.2 Was sind Ihrer Meinung nach die nächsten (erforderlichen) Entwicklungsschritte im Rundfunk? (offene Frage)*

- ...

*3.3 Sehen Sie dabei große regionale Unterschiede, z.B. zwischen Europa und Amerika? (offene Frage)*

- Ja
- Nein
- keine Angabe

*3.4 Falls ja, welche Unterschiede sehen Sie? (offene Frage)*

- ...

*3.5 Was ist in Ihren Augen für die Kunden wichtiger?*

- Individuell angepasste Workflows
- Konfigurierbare "Best practice" Workflows (mit Standardsoftware)
- Beides, je nach Anwendungsfall

*3.6 Glauben Sie, dass sich dies in den nächsten Jahren ändern wird?*

- Ja
- Nein
- keine Angabe

## 4 Systemgestaltung und -integration im Broadcastbereich

*4.1 Was sind die größten Herausforderungen bei der Systemgestaltung und -integration?*

- Fehlende Standards für die Systemkommunikation
- Fehlende Standards für den Metadatenaustausch
- Fehlende Standards für den Essenceaustausch
- Fehlende offene Systemschnittstellen
- Komplexität integrierter Workflows
- Komplexität integrierter Systemlandschaften
- Analyse und Spezifikation von Workflows
- Analyse und Spezifikation weiterer Benutzeranforderungen
- Umsetzung der Workflows und Benutzeranforderungen
- Klassifikation und Vergleich existierender Systemlösungen

- Weitere: ...

*4.2 Falls Komplexität zu den großen Herausforderungen gehört, was kann Ihrer Meinung nach dazu beitragen, um die Komplexität im Planungsprozess zu reduzieren (z. B. Tools, Methoden ...)? (offene Frage)*

- ...

*4.3 Existieren regionale Unterschiede bei der Planung und Realisierung integrierter Produktionssysteme, beispielsweise im Projektmanagement, verwendeten Planungsmethoden, Benutzeranforderungen etc.?*

- Ja
- Nein
- keine Angabe

*4.4 Falls ja, worin sehen Sie die Hauptunterschiede? (offene Frage)*

- ...

*4.5 Fragen zur graphischen Modellierung als Methode für die Planung integrierter Systeme (fünfstufige Bewertung der folgende Fragen von „nicht wichtig" bis „sehr wichtig"):*

- Wie wichtig ist die Modellierung von Workflows für die Systemintegration?
- Wie wichtig ist die Modellierung von Systemarchitekturen für die Systemintegration?
- Wie wichtig sind Modelle für das Unternehmensmanagement, um Entscheidungen beispielweise über Systemkonzepte zu entscheiden?
- Wie wichtig sind Modelle für die Anwender um Workflows und Anforderungen zu diskutieren bzw. zu spezifizieren?
- Wie wichtig sind Modelle für Techniker bzw. Administratoren, um die Arbeitsweise des Produktionssystems zu verstehen?
- Wie wichtig sind einfach verständliche Modelle für die gemeinsame Diskussion von Anwendern, Techniker und Management?
- Wie wichtig ist die Vergleichbarkeit verschiedener Modelle? (z.B. durch dieselbe Wortwahl, wiederkehrende Ebenen oder Farben etc.)
- Wie wichtig ist die Visualisierung der Zusammenhänge zwischen Workflows und Systemen in Modellen?
- Wie wichtig ist die Modellierung in unterschiedlichen Detaillierungsgraden?
- Wie wichtig ist bei der Systemintegration die Definition und die Modellierung von Hierarchien zwischen unterschiedlichen Workflows und Systemen?
- Wie wichtig ist die Nutzung standardisierter Modellierungssprachen?

*4.6 Nutzen Sie in Ihrem Unternehmen standardisierter Modellierungssprachen oder Modelltypen?*

- Ja
- Nein
- keine Angabe

*4.7 Service-orientierte Architekturen (fünf-stufige Bewertung der folgende Fragen von „nicht wichtig" bis „sehr wichtig"):*

- Wie wichtig ist für Ihr Unternehmen das Konzept der Service-orientierten Architekturen?

*4.8 Was sind in Ihren Augen die wichtigsten Argumente für die Verwendung von service-orientierten Architekturen in Fernsehproduktionssystemen? (offene Frage)*

- ...

## 5 Weitere Anmerkungen oder Fragen

---

*5.1 Sollten Sie weitere Fragen oder Anmerkungen zum Fragebogen oder Dissertationsthema haben, lassen Sie es mich bitte wissen. (offene Frage)*

- ...

# Glossar

**Anforderung**
Anforderungen sind dokumentierte Darstellungen einer Bedingung oder Fähigkeit, die von einem Benutzer zur Problemlösung oder Zielerreichung benötigt wird. Es handelt sich dabei um Eigenschaften oder Leistungen eines Produktes, eines Prozesses oder der am Prozess beteiligten Personen. Anforderungen bilden die Basis für Projektplanung, Risikomanagement, Akzeptanztests sowie Änderungsmanagement und werden beispielsweise in Verträgen, Normen oder Spezifikationen festgelegt. *(Vgl. Punkt 2.4)*

**Anforderungs-Dreieck**
Das Anforderungsdreieck beschreibt die → *Anforderungen* an → *Content*, → *Organisation* und → *Technik* sowie deren Abhängigkeiten untereinander bei der Planung von Fernsehproduktionssystemen. *(Vgl. Punkt 2.4.1)*

**Asset**
Aus technischer Sicht besteht Asset (oder auch Media-Asset) in der Fernsehproduktion aus → *Content*, der sich wiederum aus → *Essences* und → *Metadaten* zusammensetzt, und den dazugehörigen Rechten. *(Vgl. Punkt 2.2.2)*

**Asset-Management**
Das Asset-Management umfasst die Verwaltung, Modifikation und → *Logistik* von → *Assets* in der Fernsehproduktion. Im Kontext dieser Arbeit übernimmt das Asset-Management als zweite Ebene von unten im → *Referenzmodell* damit eine zentrale Funktion. Diese Ebene wird in die drei Subebenen → *Service-Management*, → *Essence-Management* und → *Metadaten-Management* unterteilt. *(Vgl. Punkt 4.1.2)*

**Aufgabe**
Eine Aufgabe wird als Zielsetzung definiert, welche durch zweckbezogenes menschliches Handeln erreicht wird. In dieser Arbeit werden Aufgaben im Kontext der → *Systemgestaltung* und der → *Automatisierung* näher beleuchtet. *(Vgl. Punkte 3.1.1 und 6.1.2)*

**Automation**
Die Automation beschreibt das Resultat der → *Automatisierung*, d.h. ein automatisiertes System. Darüber hinaus werden in der Fernsehproduktion Automationssysteme als Automation bezeichnet. *(Vgl. Punkt 6.1)*

**Automatisierung**
Automatisierung bezeichnet einen Entwicklungsprozess, bei dem technische Mittel derart eingesetzt werden, dass Vorgänge und Prozesse weitgehend ohne menschliches Zutun ablaufen. *(Vgl. Punkt 6.1)*

**Automatisierungsgrad**
Der Automatisierungsgrad quantifiziert das Ausmaß der → *Automatisierung* und macht eine Aussage über das Maß der Funktionsteilung zwischen Mensch und Maschine. Es wird unterschieden zwischen (voll-)automatisiert bei vollständig maschineller Ausführung, nicht automatisiert und teilautomatisiert bei einem kombinierten Einsatz maschineller und personeller Aufgabenträger. *(Vgl. Punkt 6.1.1)*

**Basisservice**
Hinter einem Basisservice verbirgt sich ein → *Service*, der die Funktionen der untersten Ebene des → *Referenzmodells* über eine Schnittstelle den Anwendungen auf den darüberliegenden Ebenen zur Verfügung stellt. *(Vgl. Punkt 4.1.1)*

**Broadcast Engineering**
In dieser Arbeit werden unter Broadcast Engineering die ingenieurwissenschaftliche Vorgehens-

weise sowie die dazugehörige Methodik zusammengefasst, die bei der Planung von Systemlandschaften für den Rundfunkbereich zum Einsatz kommen. Die Besonderheit des Broadcast Engineerings besteht darin, dass je nach der Aufgabenstellung → *Vorgehensmodelle* und Methodiken unterschiedlicher Ingenieursdisziplinen zum Einsatz kommen. *(Vgl. Kapitel 3)*

**Content**

Der Begriff Content beschreibt in dieser Arbeit einerseits die inhaltliche Dimension der Fernsehproduktion und stellt eine Abgrenzung zu → *Technik* und → *Organisation* dar. Auf der anderen Seite steht Content aus technischer Sicht für ein Medienobjekt, das sich aus → *Essences* und → *Metadaten* zusammensetzt. *(Vgl. Punkt 2.2.2)*

**Diversifikation**

Diversifikation beschreibt die cross-mediale Vermarktung von → *Content*, bei der eine differenzierte Aufbereitung der Inhalte entsprechend der Nutzungsgewohnheiten der Konsumenten und der verwendeten Endgeräte erfolgt. Die Diversifikation ist ein charakteristisches Merkmal der inhaltlichen → *Konvergenz*. *(Vgl. Punkt 2.3.2)*

**Essence**

Aus technischer Sicht ist eine Essence in der Fernsehproduktion neben → *Metadaten* ein Bestandteil von → *Content*. Bei den Essences wird im Wesentlichen zwischen Audio, Video und Daten differenziert. *(Vgl. Punkt 2.2.2)*

**Essence-Management**

Das Essence-Management umfasst die Verwaltung, Modifikation und → *Logistik* von → *Essences* in der Fernsehproduktion und bildet die mittlere Subebene des → *Asset-Managements*. *(Vgl. Punkt 4.1.2.2)*

**Havariemanagement**

Das Havariemanagement stellt eine dreistufiges Vorgehensweise für den präventiven und reaktiven Umgang mit Havarien in der Fernsehproduktion zur Verfügung. Es besteht aus drei Teildisziplinen: dem → *Risikomanagement* für die präventive Maßnahmenplanung, dem → *Krisenmanagement* als erste Eskalationsstufe und dem → *Notfallmanagement* als zweite Eskalationsstufe. *(Vgl. Punkt 7.1)*

**Konvergenz**

Der Begriff Konvergenz beschreibt grundsätzlich die Annäherung verschiedener Bereiche aneinander. Im Broadcast-Bereich wird der Begriff im Kontext der Annäherung der Branchen Telekommunikation, Informationstechnik, Medien und Entertainment zur sogenannten „TIME-Branche“ verwendet. Diese Entwicklung äußert sich in einer Konvergenz von Märkten und Industrien sowie in einer angebots- und einer nachfrageseitigen Konvergenz. Diese Arbeit legt den Fokus auf die angebotsseitige Konvergenz, d.h. die Konvergenz in der Produktion von Content (→ *Konvergenz-Dreieck*). *(Vgl. Punkt 2.3)*

**Konvergenz-Dreieck**

Das Konvergenz-Dreieck beschreibt die konvergenten Entwicklungen der drei Dimensionen → *Content*, → *Organisation* und → *Technik* innerhalb der angebotsseitigen → *Konvergenz* sowie die Abhängigkeiten zwischen den drei Dimensionen. *(Vgl. Punkt 2.3.1)*

**Krisenmanagement**

Das Krisenmanagement ist die erste Eskalationsstufe des → *Havariemanagements* und behandelt den Umgang mit eingetretenen Störungen, deren Lösung schwierig oder unmöglich erscheint. *(Vgl. Punkt 7.1.2)*

**Logistik**

In der flussorientierten Definition bezeichnet Logistik den Güterfluss in einem Unternehmen. Diese Arbeit konzentriert sich auf die innerbetriebliche Logistik und unterschiedet zwischen der Produktionslogistik, der Prozesslogistik, der Metadaten-Logistik sowie der Essence-Logistik. *(Vgl. Punkte 4.2.1.2 und 6.3.2.2)*

**Logistikprozess**

Prozesse, die dem Beschaffen, Verteilen, Transportieren oder Speichern von Inhalten dienen, werden als Logistikprozesse bezeichnet. Innerhalb des → *Referenzmodells* für die Fernsehproduktion wird anhand der Ebenenstruktur zwischen Produktions-, Prozess-, Metadaten- und Essence-Logistik unterschieden. *(Vgl. Punkt 4.2.1.2)*

**Managementprozess**

Zu den Managementprozessen gehört die Gesamtheit aller für das Unternehmens-Management erforderlichen Tätigkeiten, d.h. im Wesentlichen das Controlling des Unternehmens anhand der definierten strategischen Ziele mit Aufgaben wie der Investitions-, Finanz- und Personalbedarfsplanung. Innerhalb des →*Referenzmodells* decken die Managementprozesse die Ebene des Unternehmens-Managements ab und reichen bis in die Ebene des Produktions-Managements hinein. *(Vgl. Punkt 4.2.1.3)*

**Metadaten**
Metadaten sind textuelle Informationen, die den Inhalt von →*Essences* beschreiben. Es wird unterschieden zwischen administrativen Metadaten, die der Steuerung z. B. von Transcodern dienen, und deskriptiven Metadaten, die den Inhalt in menschenlesbarer Form beschreiben. *(Vgl. Punkt 2.2.2)*

**Metadaten-Management**
Das Metadaten-Management umfasst die Verwaltung, Modifikation und →*Logistik* von →*Metadaten* in der Fernsehproduktion und bildet die obere Subebene des →*Asset-Managements*. Abweichend von der EBU-Definition, umfasst das Metadaten-Management auch die Verwaltung von Rechten, da diese technisch in Form von Metadaten verwaltet werden. *(Vgl. Punkt 4.1.2.3)*

**Metamodell**
Ein Metamodell ist auf einer Hierarchiestufe über den Modellen angesiedelt und definiert das Begriffssystem sowie den Umfang der Darstellungsmöglichkeiten, den für die Modellierung zur Verfügung stehen. Metamodelle sind neben →*Metaphern* Bestandteil von →*Modellierungsansätzen*. *(Vgl. Punkt 3.2.3)*

**Metapher**
Die Metapher eines →*Modellierungsansatzes* beschreibt die Sichtweise, die der Erfassung des zu modellierenden Sachverhaltes zugrunde gelegt wird, und stellt auf diese Weise den Bedeutungszusammenhang zwischen Modell und Original her. *(Vgl. Punkt 3.2.3)*

**Middleware**
Bei Middleware handelt es sich in der Regel Software-Systeme um, die über eine Vielzahl von Schnittstellen verfügen und eine interoperable Kommunikation zwischen verschiedensten Anwendungen ermöglichen. Im Kontext dieser Arbeit ist diese Begrifflichkeit von untergeordneter Bedeutung, da keine exakte Definition für Middleware existiert. Prinzipiell stellt jede Ebene des →*Referenzmodells* für die angrenzenden Ebenen eine Art Middleware dar. *(Vgl. Punkt 2.3.4)*

**Modellbildung**
Das Erstellen eines Modells wird als Modellbildung bezeichnet. Sie ist gekennzeichnet durch Auswahl und Entscheidung für bestimmte Aspekte, d.h. durch Abstraktion und somit Vereinfachung der Realität. *(Vgl. Punkt 3.2)*

**Modellierungsansatz**
Ein Modellierungsansatz bildet den Rahmen für die konstruktion bestimmter Modelle, indem er Regeln in Form von Strukturierungsprinzipien definiert und so eine gewisse Qualität bei der →*Modellbildung* gewährleistet. Er setzt sich aus →*Metaphern* und →*Metamodellen* zusammen. *(Vgl. Punkt 3.2.3)*

**Notfallmanagement**
Das Notfallmanagement ist die zweite Eskalationsstufe des →*Havariemanagements*. Es dient dem Umgang mit Situationen, in denen die aus einer Störung resultierenden Gefahren nicht gebannt werden konnten. In solchen Fällen rückt die Systemwiederherstellung in den Hintergrund und die Sicherung der Sendung wird das zentrale Ziel. *(Vgl. Punkt 7.1.3)*

**Nutzerservice**
Ein Nutzerservice ist ein →*Service*, der dem Anwender seine Funktionen über eine GUI direkt zur Verfügung stellt. Er ist in der Regel das Resultat der →*Orchestrierung* mehrerer →*Basisservices* oder Nutzer- / Basisservices. *(Vgl. Punkt 6.3)*

**Orchestrierung**
Orchestrierung ist ein Fachbegriff aus dem Umfeld der →*Service-orientierten Architekturen*. Er steht für die Kombination mehrerer →*Services* zu einem Workflow über sogenannte →*Workflow-Description-Languages*. *(Vgl. Punkt 3.4.2)*

**Organisation**
Unter dem Begriff „Organisation“ wird in dieser Arbeit die prozessbezogene Dimension

(→ *Prozess*) der Fernsehproduktion zusammengefasst. *(Vgl. Punkt 2.2.3)*

**Produktions-Management**

Das Produktions-Management ist die zweite Ebene von oben im → *Referenzmodells* der Fernsehproduktion. Auf dieser Ebene erfolgen neben dem Auftragsmanagement im Wesentlichen die Planung von Produktionen, die Terminüberwachung sowie die Disposition von Ressourcen wie Budget, Räumlichkeiten und Mitarbeitern. Im Vergleich zum → *Prozess-Management* erfolgt auf dieser Ebene die Grobplanung für die Produktion. *(Vgl. Punkt 4.1.4)*

**Produktionsprozess**

Alle verfahrenstechnischen → *Prozesse* zur Umformung von Material sowie fertigungstechnische Prozesse zur Bearbeitung und Kombination von Material werden als Produktionsprozesse bezeichnet. Bezogen auf das → *Referenzmodell* sind die Produktionsprozesse auf der → *Asset-Managements*-Ebene anzusiedeln. *(Vgl. Punkt 4.2.1.1)*

**Projektmanagement**

Das Projektmanagement beschreibt das organisatorische Vorgehen bei der Lösung von Problemen. Es ist neben der → *Systemgestaltung* Bestandteil des Problemlösungsprozesses. *(Vgl. Punkt 3.1)*

**Prozess**

Ein Prozess definiert über eine strukturierte zeitliche und logische Abfolge von Aktivitäten, wie und mithilfe welcher Ressourcen die Erfüllung der → *Aufgaben* organisatorisch und technisch erreicht werden kann. *(Vgl. Punkt 2.2.3)*

**Prozess-Management**

Die Ebene des Prozess-Managements im → *Referenzmodell* übernimmt die Koordination aller prozessbezogenen, menschlichen und technischen Aktivitäten und somit zur Verbesserung von Workflows in Bezug auf Qualität, Zeit, Kosten und Kundenzufriedenheit. Dies erfolgt im Wesentlichen über Steuerung und Monitoring der innerbetrieblichen Prozesse. Im Vergleich zum → *Produktions-Management* erfolgt in dieser Ebene die Feinplanung für die Produktion. *(Vgl. Punkt 4.1.3)*

**Prozess-Management-System**

Prozess-Management-Systeme dienen der systemtechnischen Unterstützung des → *Prozess-Managements*. Sie verwalten Aufgaben für menschliche und technische Aufgabenträger und koordinieren deren Ausführung. In Abgrenzung dazu sind → *Workflow-Management-Systeme* technische Aufgabenträger, die technische Workflows steuern. *(Vgl. Punkt 4.1.3)*

**Referenzmodell**

Ein Referenzmodell ist ein Modell, das Struktur und Verhalten eines Fachgebietes erklärt. Das in dieser Arbeit hergeleitete Referenzmodell für die Fernsehproduktion beschreibt diese über fünf Hierarchieebenen, welche die zentralen Kernaufgaben der Fernsehproduktion repräsentieren: das → *Unternehmens-Management*, das → *Produktions-Management*, das → *Prozess-Management*, das → *Asset-Management* und die → *Systeme und Services*. *(Vgl. Punkt 4.1)*

**Risikomanagement**

Das Risikomanagement behandelt den Umgang mit möglichen, noch nicht eingetretenen Störungen und dient der Gefahrenvermeidung. Es ist die präventive Stufe des → *Havariemanagements*. *(Vgl. Punkt 7.1.1)*

**Service**

Services im Kontext der → *Service-orientierten Archikturen* sind Software-Komponenten, die ein abstraktes Business-Konzept oder eine Dienstleistung kapseln und diese über eine Schnittstelle als ein Set von Operationen zur Verfügung stellen. Im Kontext dieser Arbeit wird eine weiter gefasste Service-Definition verwendet. Demnach sind Services Funktionalitäten, die sowohl herkömmliche Broadcast-Systeme als auch IT-basierte Systeme Anwendern oder anderen Systemen über eine Schnittstelle zur Verfügung stellen. Sie werden innerhalb des → *Referenzmodells* in der Ebene der → *Systeme und Services* verortet. *(Vgl. Punkt 3.4.2)*

**Service-Management**

Die Ebene des Service-Managements ist eine Subebene des → *Asset-Managements*. Sie übernimmt über Protokolle Steuerung und Monitoring der → *Services* aus der untersten Ebene. Zudem bildet sie eine Vermittlungsschicht (→ *Middleware*) hin zum → *Essence-Manage-*

*ment*, indem sie im Idealfall eine einheitliche Schnittstelle zur Steuerung aller notwendigen Services bereitstellt. *(Vgl. Punkt 4.1.2.1)*

**Service-orientierte Architekturen**

Hinter dem Begriff „Service-orientierten Architekturen“ verbirgt sich ein Konzept zur prozessorientierten Gestaltung von Business-Infrastrukturen in Form von Software-Architekturen. Es beschreibt Software-Komponenten (→ *Services*), deren Funktionen und Schnittstellen sowie die technische Struktur des Gesamtsystems. Ein zentrales Entwurfsparadigma besteht darin, dass einzelne → *Services* über eine → *Workflow-Description-Language* zu Workflows orchestriert (→ *Orchestrierung*) werden. *(Vgl. Punkt 3.4.2)*

**Stakeholder**

Unter dem Begriff „Stakeholder“ werden diejenigen Personen zusammengefasst, die direkt oder indirekt Anforderungen z. B. an einen Prozess oder ein System stellen. Im Rahmen der → *Systemgestaltung* gehören dazu beispielsweise Auftraggeber, Anwender, Entwickler, Marketingleiter, Servicepersonal, Projektleiter und Gesetzgeber. Die Stakeholder bestimmen u. a. den Modellierungskontext des → *Modellierungsansatzes*. *(Vgl. Punkt 2.4.1)*

**System**

Als System wird in dieser Arbeit die Summe aller technisch-organisatorischen Mittel verstanden, die der Erfüllung einer → *Aufgabe* dienen. Es handelt sich um eine meist komplexe Gruppe unterschiedlicher Elemente (z. B. Objekte, Daten oder Subsysteme), die Relationen zueinander eingehen und miteinander interagieren. Kennzeichnend für jedes System ist, dass es sich zu seiner Umwelt hin durch eine Systemgrenze abgrenzen lässt. *(Vgl. Punkt 2.2.4)*

**Systeme und Services**

Die unterste Ebene des → *Referenzmodells* beherbergt Broadcast- und IT-Systeme, die ihre → *Services* als → *Basisservices* den darüberliegenden Ebenen zur Verfügung stellen. *(Vgl. Punkt 4.1.1)*

**Systemgestaltung**

Die Systemgestaltung hat zum Ziel, eine Systemstruktur zu schaffen, die zu einem geforderten Verhalten führt, und ist neben dem → *Projektmanagement* Bestandteil des Problemlösungsprozesses. Sie beschreibt das methodische Vorgehen im Konstruktionsprozess. *(Vgl. Punkt 3.1)*

**Technik**

Technik beschreibt in dieser Arbeit die systemtechnische Dimension (→ *System*) der Fernsehproduktion. *(Vgl. Punkt 2.2.4)*

**Unternehmens-Management**

Die Unternehmens-Management-Ebene beinhaltet das Controlling des Unternehmens anhand der definierten strategischen Ziele. Dazu gehören im Wesentlichen → *Aufgaben* wie die Investitions-, Finanz- und Personalbedarfsplanung. *(Vgl. Punkt 4.1.5)*

**Unterstützender Prozess**

Unter die unterstützenden Prozesse fallen alle Prozesse, die nicht unmittelbar für die Produktion erforderlich sind, indirekt jedoch zur Durchführung der → *Produktionsprozesse*, → *Logistikprozesse* und → *Managementprozesse* beitragen. *(Vgl. Punkt 4.2.1.4)*

**Vorgehensmodell**

Über Vorgehensmodelle werden Handlungs- und Organisationsrichtlinen, die sich in der Praxis bewährt haben, in Form von Grundsätzen und Ausprägungen für einen zeitlichen Ablauf innerhalb eines Projektes definiert. Sie finden ihre Anwendung bei der Planung, Steuerung und Kontrolle von Systementwicklungen und sollen den Entwicklungsprozess vereinfachen und stabilisieren. *(Vgl. Punkt 3.1.2)*

**Workflow-Description-Language**

Eine Workflow-Description-Language ist eine skriptbasierte Sprache, die für die → *Orchestrierung* von → *Services* zu Workflows und bei der Steuerung der Workflows genutzt wird. *(Vgl. Punkt 4.1.2.2)*

**Workflow-Management-System**

Workflow-Management-Systeme übernehmen die technische Steuerung von Workflows, die über → *Workflow-Description-Languages* definiert werden. Workflow-Management-Systeme sind häufig Bestandteile von Media-Asset-Management-Systemen (→ *Asset-Management*). *(Vgl. Punkt 4.1.2.2)*

# Literaturverzeichnis


[AA06] AULICH, André ; ADAMSKI, Björn: Formel 1 bei RTL: Produktions-Workflows vom Ingest bis zum Playout. In: *FKT – Fachzeitschrift für Fernsehen, Film und elektronische Medien.* 60. Jahrgang (2006), Nr. 12 / 2006, S. 745–749

[AFRS01] ALBRECHT, D. ; FIEDLER, M. ; RATHGEN, T. ; SCHELLER, G.: Automatische Metadatenextraktion im Studio. In: *FKT – Fachzeitschrift für Fernsehen, Film und elektronische Medien.* 55. Jahrgang (2001), Nr. 12 / 2001, S. 745–748

[Alt00] ALTRICHTER, Rainer: MDR Leipzig Neubau des Landfunkhauses. In: *FKT – Fachzeitschrift für Fernsehen, Film und elektronische Medien.* 54. Jahrgang (2000), Nr. 12 / 2000, S. 737–751

[Alt01] ALTRICHTER, Rainer: Havariesysteme in der Fernsehproduktion. In: *FKT – Fachzeitschrift für Fernsehen, Film und elektronische Medien.* 55. Jahrgang (2001), Nr. 7 / 2001, S. 432–437

[Aßm04] ASSMUS, Ulf: Grundlagen der Netzwerktechnik (6) – ATM-Technik. In: *FKT – Fachzeitschrift für Fernsehen, Film und elektronische Medien.* 58. Jahrgang (2004), Nr. 3 / 2006, S. 113–119

[AMBD04] ABRAN, Alain (Hrsg.) ; MOORE, James W. (Hrsg.) ; BOURQUE, Pierre (Hrsg.) ; DUPUIS, Robert (Hrsg.): *SWEBOK – Guide to the Software Engineering.* IEEE – Computer Society, 2004

[Ang05] ANGERMEIER, Georg: *Projektmanagement-Lexikon.* Projekt Magazin, 2005. – ISBN 3–00–018114–8

[Arn05] ARNDT: *Prozessmanagement: Definition.* Otto-von-Guericke Universität Magdeburg – Institut für Informatik, 2005. – Zuletzt abgerufen: 05.07.2007

[Aul08] AULICH, André: Postproduktion bei CBC. In: *FKT – Fachzeitschrift für Fernsehen, Film und elektronische Medien.* 62. Jahrgang (2008), Nr. 1-2 / 2008, S. 34–36

[Aun04] AUNE, Frank: *Cross Layer Design Tutorial.* Norwegian University of Science and Technology, 2004 http://www.iet.ntnu.no/projects/cuban/archive/1812041.pdf

[Aus06] AUSTERBERRY, David: *Digital Asset Management – Professional Video and Television File-based Libraries.* 2. Auflage. Amsterdam [u.a.] : Elsevier, Focal Press, 2006. – ISBN 0–240–80868–1

[AWH+07] ARMBRUSTER, Susanne ; WIDMANN, Julia C. ; HACK, Dieter ; HEPPERLE, Susanne ; MESSERSCHMIDT, Elisabeth ; NOHR, Holger ; PABST, Oliver ; ROOS, Alexander W. ; STILLHAMMER, Jan ; VÖHRINGER, Annika ; NOHR, Holger (Hrsg.) ; ROOS, Alexander W. (Hrsg.): *Prozess- und IT-Management in der Broadcast-Industrie.* Berlin : Logos Verlag, 2007. – ISBN 978–3–8325–1714–4

[Bau03] BAUMGART, Jörg: *Analyse, Entwurf und Generierung von Rollen- und Variantenmodellen*, Technischen Universität Darmstadt, Diss., 2003

[BD04] BRUEGGE, Bernd (Hrsg.) ; DUTOIT, Allen H. (Hrsg.): *Object-Oriented Software Engineering.* 2. Ausgabe. Upper Saddle River : Pearson Prentice Hall, 2004. – ISBN 0–13–0471100

[BE06] BEISCH, Natalie ; ENGEL, Bernhard: Wie viele Programme nutzen die Fernsehzuschauer? – Analysen zum Relevant Set. In: *Media Perspektiven* (2006), Nr. 7 / 2006, S. 374–379

[Bec06] BECK, Hanno: Medienökonomie – Märkte, Besonderheiten und Wettbewerb. In: SCHOLZ, Christian (Hrsg.): *Handbuch Medienmanagement.* Berlin Heidelberg : Springer Verlag, 2006, S. 223–237

[Bes98] BESSIS: *Risk Management in Banking.* Chichester : John Wiley & Sons, 1998. – ISBN 978–0471893363

[BH04] BERG, Markus ; HAMMER, Matthias: IT und Netzwerktechnik in der TV-Produktion: Stand der Technik – Marktbetrachtungen. In: *FKT – Fachzeitschrift für Fernsehen, Film und elektronische Medien.* 58. Jahrgang (2004), Nr. 4 / 2004, S. 166–169

[BK05] BECKER, Jörg ; KAHN, Dieter: Der Prozess im Fokus. In: BECKER, Jörg (Hrsg.) ; KUGELER, Martin (Hrsg.) ; ROSEMANN, Michael (Hrsg.): *Prozessmanagement.* Berlin [u.a.] : Springer Verlag, 2005, S. 3–16

[BKR05] BECKER, Jörg (Hrsg.) ; KUGLER, Martin (Hrsg.) ; ROSEMANN, Michael (Hrsg.): *Prozessmanagement – Ein Leitfaden zur prozessorientierten Organisationsgestaltung.* 5. Auflage. Berlin [u.a.] : Springer Verlag, 2005. – ISBN 3–540–23493–4

[Bla07] BLAIR, Scott: 11 questions to ask before investing in news automation. In: *Broadcast Engineering* 2007-08 (2007). http://www.broadcastengineering.com/automation/11-questions-ask-investing/index.html

[Blo05] BLOHMER, Helge: Fernsehen im Selbstfahrerbetrieb? Ein Lösungsweg für regionale und aktuelle Produktionen. In: *FKT – Fachzeitschrift für Fernsehen, Film und elektronische Medien.* 59. Jahrgang (2005), Nr. 8-9 / 2005, S. 457–462

[BMS06] BERNUS, Peter (Hrsg.) ; MERTINS, Kai (Hrsg.) ; SCHMIDT, Günter (Hrsg.): *Handbook on Architectures of Information Systems.* 2. Auflage. Berlin Heidelberg : Springer Verlag, 2006. – ISBN 3–540–25472–2

[Boe88] BOEHM, Barry W.: A Spiral Model of Software Development and Enhancement. In: *IEEE Computer* 21 (1988), S. 61–72

[Boe08] BOETZKES, Claus-Erich: *Organisation als Nachrichtenfaktor – Wie das Organisatorische den Content von Fernsehnachrichten beeinflusst.* Wiesbaden : VS Verlag, 2008. – ISBN 978–3–531–15489–3

[Bon07] BONSACK, Stefanie: *Intelligente Ressourcenverwaltung in vernetzten, IT-basierte Fernsehproduktionssystemen,* Technische Universität Ilmenau, Fachgebiet Medienproduktion, Diplomarbeit, 2007

[Bos92] BOSSEL, Hartmut: *Modellbildung und Simulation.* 2. Auflage. Braunschweig; Wiesbaden : Vieweg Verlag, 1992. – ISBN 3–528–15242–7

[Brö06] BRÖSEL, Gerrit: Programmplanung – Steuerung und Gestaltung des Programms von Fernsehanbietern. In: SCHOLZ, Christian (Hrsg.): *Handbuch Medienmanagement.* Berlin Heidelberg : Springer Verlag, 2006, S. 621–638

[Bra03] BRAGG, Ray: Komplexes Produktions- und Playoutsystem bei The Seven Network in Australien. In: *FKT – Fachzeitschrift für Fernsehen, Film und elektronische Medien.* 57. Jahrgang (2003), Nr. 6 / 2003, S. 266–270

[Bre00] BREUNIG, Gerald: ARD interaktiv – In der Medienwerkstatt der ARD. In: *FKT – Fachzeitschrift für Fernsehen, Film und elektronische Medien.* 54. Jahrgang (2000), Nr. 10 / 2000, S. 618–621

[BS99] BROY, Manfred (Hrsg.) ; SPANIOL, Otto (Hrsg.): *Informatik und Kommunikationtechnik.* 2. Auflage. Berlin Heidelberg : Springer Verlag, 1999

[Cha94] CHARWAT, Hans J.: *Lexikon der Mensch-Maschine-Kommunikation.* 2. Auflage. München; Wien : Oldenbourg Verlag, 1994. – ISBN 3–486–22618–5

[Cha05] CHAMBERS, Chris: Architectures for system integration / EBU Project Group P/MDP. 2005. – Forschungsbericht

[CKM+99] CAUPIN, Gilles (Hrsg.) ; KNÖPFEL, Hans (Hrsg.) ; MORRIS, Peter (Hrsg.) ; MOTZEL, Erhard (Hrsg.) ; PANNENBÄCKER, Olaf (Hrsg.): *ICB – IPMA Competence Baseline.* 2. Auflage. Bremen : International Project Management Association, 1999 http://www.gpm-ipma.de/docs/fdownload.php?download=33R09_ICB20DL.pdf. – ISBN 3–00–004057–9

[Czi07] CZIHARZ, Thorsten: Der Requirements-Management Prozess. In: RUPP, Chris (Hrsg.): *Requirements-Engineering und Management.* Hanser Verlag, 2007, S. 369–382

[DAJ98] DAJ: EBU Reply to the Convergence Green Paper / EBU. 1998. – Forschungsbericht

[DE03] DELP, Martin ; ENGELBACH, Wolfgang: Kontextbezogene Informationsversorgung: Anwenderanforderungen und Granularität der Modellierung. In: *Content- und Wissensmanagement – Beiträge auf den LIT'03* (2003), S. 17–26

[Dei03] DEITERS, Heinz: VPSM – Vernetzte Produktions- und Speicherumgebung für das ARD Morgenmagazin. In: *FKT – Fachzeitschrift für Fernsehen, Film und elektronische Medien.* 57. Jahrgang (2003), Nr. 11 / 2003, S. 519–519

[Dei04] DEITERS, Heinz: IT- und Netzwerktechnik in der Fernsehproduktion – Anforderungen der Nutzer in den Fernsehanstalten. In: *FKT – Fachzeitschrift für Fernsehen, Film und elektronische Medien.* 58. Jahrgang (2004), Nr. 3 / 2004, S. 81–84

[Del04] DELVIN, Bruce: Übergang zu IT- Entscheidungen und neue Möglichkeiten in Funk und Fernsehen. In: *FKT – Fachzeitschrift für Fernsehen, Film und elektronische Medien.* 58. Jahrgang (2004), Nr. 8-9 / 2004, S. 435–437

[DHK+08] DIRK, Michael ; HOLZMANN, Thomas ; KLIMMER, Maria ; KLOTH, Christoph ; MELCHERT, Rainer ; MERTEN, Christian ; THEISSEN, Sabine: *N24plus – Leistungsverzeichnis v2.30.* 2008. – (internes Dokument von N24, unveröffentlicht)

[Die07] DIE SOPHISTEN: Von der Idee zum System. In: RUPP, Chris (Hrsg.): *Requirements-Engineering und Management.* München Wien : Hanser Verlag, 2007, S. 45–82

[DIN81] Norm DIN 25424 Teil 1 1981. *DIN 25424 Teil 1 – Fehlerbaumanalyse - Methode und Bildzeichen*

[DIN83] DIN DEUTSCHES INSTITUT FÜR NORMUNG E.V. (Hrsg.): *DIN 66001 – Informationsverarbeitung: Sinnbilder und ihre Anwendung.* 1983

[DIN87] Norm DIN 69901 1987. *DIN 69901 – Projektwirtschaft - Projektmanagement - Begriffe*

[DIN90] Norm DIN 25448 1990. *DIN 25448 – Ausfalleffektanalyse (Fehler-Möglichkeits- und -Einfluß-Analyse)*

[DIN94a] DIN DEUTSCHES INSTITUT FÜR NORMUNG E.V. (Hrsg.): *DIN 19226 Blatt 1 – Leittechnik, Regelungs- und Steuertechnik, Allgemeine Grundbegriffe.* 1994

[DIN94b] DIN DEUTSCHES INSTITUT FÜR NORMUNG E.V. (Hrsg.): *DIN 19226 Blatt 4 – Leittechnik, Regelungs- und Steuertechnik,Begriffe für Regelungs- und Steuerungssysteme.* 1994

[DIN98a] Norm DIN 19233 (Vornorm) 1998. *DIN 19233 (Vornorm) – Prozessautomatisierung, Begriffe*

[DIN98b] Norm DIN EN ISO 19439 1998. *DIN EN ISO 19439 – Unternehmensintegration - Rahmenwerk für Unternehmensmodellierung*

[DIN04a] Norm DIN EN 60300-1 2004. *DIN EN 60300 Teil 1 – Zuverlässigkeitsmanagement - Zuverlässigkeitsmanagementsysteme*

[DIN04b] Norm DIN EN 60300-2 2004. *DIN EN 60300 Teil 2 – Zuverlässigkeitsmanagement - Leitfaden zum Zuverlässigkeitsmanagement*

[DIN05] DIN DEUTSCHES INSTITUT FÜR NORMUNG E.V. (Hrsg.): *DIN-Fachbericht 144 – Sicherheit, Vorsorge und Meidung in der Technik.* 2005

[DIN07] Norm DIN EN 62261 Teil 1 2007. *DIN EN 62261 Teil 1 – Fernseh-Metadaten - Metadaten-Verzeichnisstruktur*

[DR02] DICKS-REICH, Andrew: Broadcast-Content-Management durch Integration - der Geräteschicht in einem Schichtenmodell. In: *FKT – Fachzeitschrift für Fernsehen, Film und elektronische Medien.* 56. Jahrgang (2002), Nr. 8-9 / 2002, S. 476–483

[Dwy04] DWYER, Craig: BBC News – Jupiter-Projekt. In: *FKT – Fachzeitschrift für Fernsehen, Film und elektronische Medien.* 58. Jahrgang (2004), Nr. 5 / 2004, S. 236–238

[Ebn05] EBNER, Andreas: Austausch von Metadaten - Das „Broadcast Metadata Exchange"-Format. In: *FKT – Fachzeitschrift für Fernsehen, Film und elektronische Medien.* 59. Jahrgang (2005), Nr. 11 / 2005, S. 566–572

[EBU07] EBU P/CP: *Common High-Level Process Model – Description.* 2007

[Eck03] ECKSTEIN, Eckhard: Das Beste aus zwei Welten. In: *Medien Bulletin* 05 (2003), S. 46

[EK04] ERDMANN, Matthias ; KRÖMKER, Heidi: Analyse und Modellierung von IT-basierten Fernsehproduktionssystemen – Ein Konzept zur Projektierung. In: *FKT – Fachzeitschrift für Fernsehen, Film und elektronische Medien.* 58. Jahrgang (2004), Nr. 11 / 2004, S. 561–565

[EK05] ERDMANN, Matthias ; KLOTH, Christoph: Die Fehlerbaumanalyse zur Evaluation von Havariekonzepten in der Fernsehproduktion. In: *Elektronische Medien – ITG Fachbericht 188, 11. Dortmunder Fernsehseminar vom 26. bis 28. September 2005.* (2005)

[Eng06] ENGLMAIER, Wolfgang: Digitales Archivsystem beim BR. In: *FKT – Fachzeitschrift für Fernsehen, Film und elektronische Medien.* 60. Jahrgang (2006), Nr. 08-09/2006, S. 531–534

[Eng07] ENGLMAIER, Wolfgang: BR-Sendezentrum Freimann: Teil III – CMS für Redaktion und Archiv. In: *FKT – Fachzeitschrift für Fernsehen, Film und elektronische Medien.* 61. Jahrgang (2007), Nr. 12 / 2007, S. 683–687

[ENR06] ERDMANN, Matthias ; NOWAK, Arne ; RÖDER, Jan: Broadcast Systems Engineering: Ein Planungskonzept zur HDTV-Integration. In: *51. Internationales Wissenschaftliches Kolloquium vom 11. bis 15. September 2006.* (2006)

[Erl07] ERL, Thomas ; TAUB, Mark L. (Hrsg.): *SOA - Principles of Service Design.* Boston : Prentice Hall, 2007. – ISBN 978–0–13–234482–1

[Eva08a] EVAIN, Jean-Piere: Service Oriented Architectures (SOA) and Workflows – Need for Standardisation? In: *IBC 2008* (2008). http://tech.ebu.ch/docs/soa/IBC_2008_JPEvain_MAM_SOA-paper.pdf

[Eva08b] EVAIN, Jean-Pierre: *Asset Management and SOA EBU*. http://tech.ebu.ch/docs/soa/IBC_2008_JPEvain_MAM_SOA-PPT.pdf. Version: 2008

[Fac95] FACCHI, Christian: *Methodik zur formalen Spezifikation des ISO / OSI Schichtenmodells*, Technische Universität München, Fakultät Informatik, Diss., 1995

[FF08] FOOTEN, John ; FAUST, Joey ; WEISS, Merrill S. (Hrsg.): *The Service-Oriented Media Enterprise – SOA, BPM, and Web Services in Professional Media Systems*. Burlington : Focal Press, 2008. – ISBN 978–0–240–80977–9

[FG04] FETTIG, Udo ; GA, Gerhard: Erfahrungen mit dem SWR-Newsroom. In: *FKT – Fachzeitschrift für Fernsehen, Film und elektronische Medien*. 58. Jahrgang (2004), Nr. 4 / 2004, S. 179–182

[Fle08] FLESCHNER, Frank: Rundfunkstaatsvertrag – Neue Internetregeln für ARD und ZDF. In: *Focus online* (2008)

[Foo07] FOOTEN, John: Service Oriented Architecture. In: *Broadcast Engineering* 2007-09 (2007). http://www.broadcastengineering.com/infrastructure/service_architecture/index.html

[FS98] FERSTL, Otto K. ; SINZ, Elmar J.: *Grundlagen der Wirtschaftsinformatik*. 3. Auflage. München Wien : Oldenbourg Verlag, 1998. – ISBN 3–486–24623–2

[FSF08] FSF – FREIWILLIGE SELBSTKONTROLLE FERNSEHEN E.V. (Hrsg.): *FSF Jahresbericht 2007*. Berlin, 2008

[Gar05] GARRELS, Christian: Mission Tapeless für N24. In: *DIGITAL PRODUCTION* (2005), Nr. 1 / 2005, S. 56–61

[Gar06] GARRELS, Christian: EMSA: Der Anfang vom Ende der band-basierten Produktion. In: *Schulterblick. Mitarbeitermagazin ProSiebenSat.1 Produktion* (2006), Nr. 2 / 2006, 28-31. http://www.prosiebensat1produktion.de/incl/files/060701_emsa.pdf

[Geh01] GEHRAU, Volker: *Fernsehgenres und Fernsehgattungen*. München : Verlag Reinhard Fischer, 2001. – ISBN 3–88927–285–1

[Gen02] GENZEL, Ulf: Automationssysteme in der Fernsehproduktion. In: *FKT – Fachzeitschrift für Fernsehen, Film und elektronische Medien*. 56. Jahrgang (2002), Nr. 4 / 2002, S. 186–189

[Gen08] GENZEL, Ulf: MAM und Archivierung im Broadcast- und Medienumfeld. In: *FKT – Fachzeitschrift für Fernsehen, Film und elektronische Medien*. 62. Jahrgang (2008), Nr. 3 / 2008, S. 93–99

[Ger07] GERSTMAYR, Herbert: BR-Sendezentrum Freimann: Teil I – Konzeption und Aufbau des SZFM. In: *FKT – Fachzeitschrift für Fernsehen, Film und elektronische Medien*. 61. Jahrgang (2007), Nr. 10 / 2007, S. 543–549

[GEZ08] GEZ – GEBÜHRENEINZUGSZENTRALE DER ÖFFENTLICHRECHTLICHEN RUNDFUNKANSTALTEN IN DER BUNDESREPUBLIK DEUTSCHLAND (Hrsg.): *GEZ Geschäftsbericht 2007*. Köln, 2008

[Glä06] GLÄSER, Martin: Projektleitung – Leitung und Koordination von Medienprojekten. In: SCHOLZ, Christian (Hrsg.): *Handbuch Medienmanagement*. Berlin Heidelberg : Springer Verlag, 2006, S. 581–598

[Glä08] GLÄSER, Martin: *Medienmanagement.* München : Vahlen Verlag, 2008. – ISBN 978-3-8006-2988-6

[Gli05] GLINZ, Martin: Rethinking the Notion of Non-Functional Requirements. In: *Proceedings of the Third World Congress for Software Quality.* Vol. II (2005), S. 55–64

[Gli08] GLINZ, Martin: On Non-Functional Requirements. In: *Proceedings of the 15th IEEE International Requirements Engineering Conference.* (2008), S. 21–26

[Gom05] GOMOLKA, Martin: *Content Management im öffentlich-rechtlichen Rundfunk – Grundlagen, rundfunkökonomische Einordnung und Fallbeispiel.* Universität Köln, Institut für Rundfunkökonomie, 2005. – ISBN 3-934156-88-6

[Grö02] GRÖGER, Harald: Newsroom-Automation. In: *FKT – Fachzeitschrift für Fernsehen, Film und elektronische Medien.* 56. Jahrgang (2002), Nr. 4 / 2002, S. 172–175

[Gra00] GRAUMANN: Konvergieren die Medien. In: *FKT – Fachzeitschrift für Fernsehen, Film und elektronische Medien.* 54. Jahrgang (2000), Nr. 12 / 2000, S. 786–789

[Gra08] GRANBY, Patrick: Lösung für eine automatisierte Datenübertragung. In: *FKT – Fachzeitschrift für Fernsehen, Film und elektronische Medien.* 62. Jahrgang (2008), Nr. 3/2008, S. 109–112

[GT00] GIESA, Hans G. ; TIMPE, Klaus-Peter: Technisches Versagen und menschliche Zuverlässigkeit: Bewertung der Verläßlichkeit in Mensch-Maschine-Systemen. In: TIMPE, Klaus-Peter (Hrsg.) ; JÜRGENSOHN, Thomas (Hrsg.) ; KOLREP, Harald (Hrsg.): *Mensch-Maschine-Systemtechnik.* Düsseldorf : Symposion Publishing, 2000, S. 63–106

[Hah08] HAHN, Ingo: ARD VFT-System im Regelbetrieb. In: *FKT – Fachzeitschrift für Fernsehen, Film und elektronische Medien.* 62. Jahrgang (2008), Nr. 5 / 2008, S. 250–253

[Heb99] HEBER, Hans K.: Task Force for Harmonized Standards for the Exchange of Program Materials as Bitstreams – Beschreibung und Kommentierung des Final Reports, Teil 1. Systembetrachtungen. In: *FKT – Fachzeitschrift für Fernsehen, Film und elektronische Medien.* 53. Jahrgang (1999), Nr. 4 / 1999, S. 168–175

[Hed04] HEDTKE, Rolf: Grundlagen der Netzwerktechnik (7): Fileformate für die vernetzte Fernsehproduktion. In: *FKT – Fachzeitschrift für Fernsehen, Film und elektronische Medien.* 58. Jahrgang (2004), Nr. 4 / 2004, S. 147–154

[Hei04] HEINATH, Marcus: *Entwicklung eines systemtechnischen Vorgehensmodells für die Projektierung von IT-basierten Rundfunksystemen*, Technische Universität Ilmenau, Fachgebiet Medienproduktion, Diplomarbeit, 2004

[Hei07] HEIN, David: Medien 2.1 – TV im Dschungel der Digitalisierung. In: *Horizont* (2007), Nr. 15 / 2007, S. 034

[HF06] HENNECKE, Stefan ; FOSTER, Tony: Satellitenanbieter und Automation. In: *FKT – Fachzeitschrift für Fernsehen, Film und elektronische Medien.* 60. Jahrgang (2006), Nr. 8-9 / 2006, S. 539–546

[HHRS01] HAAS, Dieter ; HERMANN, Richard ; RICHTER, Jochen ; SCHUWIRTH, Anne: Speicherarchitekturen und -konzepte. In: *FKT – Fachzeitschrift für Fernsehen, Film und elektronische Medien.* 55. Jahrgang (2001), Nr. 3 / 2001, S. 111–121

[HJ07] HAUPT, Annette ; JOPPICH, Rainer: Nicht-funktionale Anforderungen – der Blick über den Tellerand. In: RUPP, Chris (Hrsg.): *Requirements-Engineering und Management.* München Wien : Hanser Verlag, 2007, S. 255–290

[HJD05] HULL, Elizabeth ; JACKSON, Kenneth ; DICK, Jeremy: *Requirements Engineering*. 2. Auflage. Springer Verlag, 2005. – ISBN 1–85233–879–2

[HJTT99] HERMANNS, Jörg ; JÄNSCH, Christian ; TENSI, Thomas ; TOENISSEN, Fridtjof: Architekturmanagement im Großunternehmen – Modellierung einer Anwendungslandschaft. In: *OBJEKTspektrum* (1999), Nr. 4 / 1999

[HK01] HEITMANN, Jürgen ; KELLERHALS, Rainer A.: Enterprise Content Management. In: *FKT – Fachzeitschrift für Fernsehen, Film und elektronische Medien*. 55. Jahrgang (2001), Nr. 10 / 2001, S. 607–611

[HL72] HARMUTH, Horst ; LEGLER, Ernst: Zwei Beispiele für die Automation von Fernsehstudios. In: *Fernseh- und Kinotechnik* 24. Jahrgang (1972), Nr. 3 / 1972, S. 71–74

[HL05] HEINRICH, Lutz J. ; LEHNER, Franz: *Informationsmanagement*. 8. Auflage. München Wien : Oldenburg Verlag, 2005. – ISBN 3–486–57772–7

[HNB+99] HABERFELLNER, Reinhard ; NAGEL, Peter ; BECKER, Mario ; BÜCHEL, Alfred ; VON MASSOW, Heinrich ; DAENZER, Walter F. (Hrsg.) ; HUBER, F. (Hrsg.): *Systems engineering – Methodik und Praxis*. 10. Auflage. Zürich : Verlag Industrielle Organisation, 1999. – ISBN 3–85743–998–X

[HOA95] *HOAI – Honorarverordnung für Architekten und Ingenieure*. 1995

[Hof97] HOFMANN, Herbert: Neue Anforderungen an die Netztechnik im Umfeld Rundfunk. In: *Fernseh- und Kinotechnik* 51. Jahrgang (1997), Nr. 6 / 1997, S. 323–334

[Hof01] HOFF, Dieter: *Technische Konvergenz – Fakten und Perspektiven*. Universität Köln, Institut für Rundfunkökonomie, 2001. – ISBN 3–934156–37–1

[Hof03] HOFMANN, Stefan: Bandlose und IT-basierende Systeme in der TV-Produktion – Wegbereitende Techniken. In: *FKT – Fachzeitschrift für Fernsehen, Film und elektronische Medien*. 57. Jahrgang (2003), Nr. 8-9 / 2003, S. 396–397

[Hof07] HOFMEISTER, Markus: BMF im Praxiseinsatz – Entwicklung einer Integrationsschnittstelle für Content-Management-Systeme. In: *FKT – Fachzeitschrift für Fernsehen, Film und elektronische Medien*. 61. Jahrgang (2007), Nr. 5 / 2007, S. 230–236

[Hof08] HOFFMANN, Tabea: *Sendervielfalt – Sendernutzung*. Unternehmensinterne Präsentation SevenOne Media GmbH, 2008

[Hop02] HOPPER, Richard: EBU Project Group P/Meta - Metadata Exchange Scheme, V1.0 / EBU. 2002. – Forschungsbericht

[HR98] HEINEMANN, Sandra ; RICHTER, Hans-Peter: Asset-Management-Systeme für den Broadcastbereich. In: *FKT – Fachzeitschrift für Fernsehen, Film und elektronische Medien*. 52. Jahrgang (1998), Nr. 8-9 / 1998, S. 478–485

[HS04] HUBBES, Hubert ; SAUTER, Dietrich: Middleware im Rundfunk. In: *FKT – Fachzeitschrift für Fernsehen, Film und elektronische Medien*. 58. Jahrgang (2004), Nr. 6 / 2004, S. 280–284

[HSW98] HAMMEL, Christoph ; SCHLITT, Michael ; WOLF, Stefan: Wiederverwendung in der Unternehmensmodellierung. In: *Rundbrief des FA 5.2 Informationssystem-Architekturen* Heft 2 / 98 (1998). http://www.wi-inf.uni-duisburg-essen.de/MobisPortal/pages/rundbrief/pdf/HaSW98.pdf

[HT00] HAUSS, York ; TIMPE, Klaus-Peter: Automatisierung und Unterstützung im Mensch-Maschine-System. In: TIMPE, Klaus-Peter (Hrsg.) ; JÜRGENSOHN, Thomas (Hrsg.) ; KOLREP, Harald (Hrsg.): *Mensch-Maschine-Systemtechnik*. Düsseldorf : Symposion Publishing, 2000, S. 41–62

[HT04] HARDT, Peter ; TITZE, Hans: IT-basierte Fernsehproduktion im ZDF. In: *FKT – Fachzeitschrift für Fernsehen, Film und elektronische Medien.* 58. Jahrgang (2004), Nr. 4 / 2004, S. 174–178

[IAB08] IABM: IABM Media and Entertainment Industry Model – Broadcast Sector View. In: *Broadcast & Media Technology Guide – an IABM Sourcebook 2008* (2008), 12-13. http://www.e-pages.dk/gmaflex/1/

[IBM06] IBM DEUTSCHLAND GMBH (Hrsg.): *Konvergenz oder Divergenz? Erwartungen und Präferenzen der Konsumenten an die Telekommunikations- und Medienangebote von morgen.* Stuttgart, 2006 http://www-935.ibm.com/services/de/bcs/pdf/2006/konvergenz_divergenz_062006.pdf

[IEE90] IEEE STANDARDS BOARDS: *IEEE 610.12-1990 – Standard Glossary of Software Engineering Terminology.* IEEE Press. http://www.scribd.com/word/full/2893755?access_key=key-1tfpofihzjvihqit8a95. Version: 1990

[IEE98] IEEE STANDARDS BOARDS: *IEEE 830-1998 – Recommended Practice for Software Requirements Specifications.* IEEE Press. http://www.scribd.com/word/full/2744453?access_key=key-9l4jww9obfuft9j6efk. Version: 1998

[IF06] ILLGNER-FEHNS, Klaus: *Paradigmenwechsel in der Technik des Fernsehens.* FKTG-Jahrestagung Potsdam, 2006

[IP 08] IP DEUTSCHLAND: *Viewing Time per Individual.* 2008

[Ira08] IRABI, Hanna: Fernsehen 3.0. In: *Berliner Zeitung.* 13. März 2008 (2008)

[ISO94] Norm ISO / IEC 7498-1 1994. *ISO / IEC 7498-1 – Information Processing Systems - OSI Reference Model - The Basic Model*

[Jäg03] JÄGER, Stefanie: *Ursachen veränderter Mediennutzung.* Universität Köln, Institut für Rundfunkökonomie, 2003. – ISBN 3–934156–55–X

[Jür00] JÜRGENSOHN, Thomas: Bedienermodellierung. In: TIMPE, Klaus-Peter (Hrsg.) ; JÜRGENSOHN, Thomas (Hrsg.) ; KOLREP, Harald (Hrsg.): *Mensch-Maschine-Systemtechnik.* Düsseldorf : Symposion Publishing, 2000, S. 107–148

[Kar06] KARSTENS, Eric: *Fernsehen digital – Eine Einführung.* 1. Auflage. Wiesbaden : VS Verlag für Sozialwissenschaften, 2006. – ISBN 3–531–14864–8

[Kay04] KAYSER, Irene: Das Projekt „hr Newsroom". In: *FKT – Fachzeitschrift für Fernsehen, Film und elektronische Medien.* 58. Jahrgang (2004), Nr. 12 / 2004, S. 597–603

[Kay05] KAYSER, Irene: Managementsysteme im Broadcastumfeld. In: *FKT – Fachzeitschrift für Fernsehen, Film und elektronische Medien.* 59. Jahrgang (2005), Nr. 5 / 2005, S. 209–212

[KBS07] KRAFZIG, Dirk ; BANKE, Karl ; SLAMA, Dirk ; O'HAGEN, Don (Hrsg.): *Enterprise SOA – Service Oriented Architecture Best Practices.* New Jersey : Prentice Hall, 2007. – ISBN 0–13–146575–9

[KE06] KLOTH, Christoph ; ERDMANN, Matthias: Havariesichere Systemplanung IT-basierter Fernsehproduktionssysteme. In: *FKT – Fachzeitschrift für Fernsehen, Film und elektronische Medien.* 60. Jahrgang (2006), Nr. 4 / 2006, S. 185–189

[KGF08] KORS, Johannes ; GRIGOLETT, Dagmar ; FREUND, Cornelia ; LANGHEINRICH, Thomas (Hrsg.) ; ALBERT, Reinhold (Hrsg.): *ALM Jahrbuch 2007 – Landesmedienanstalten und privater Rundfunk in Deutschland.* Berlin : Vistas Verlag, 2008. – ISBN 978–3–89158–478–1

[Küh00] KÜHLING, Martin: *Gestaltung der Produktionsorganisation mit Modell- und Methodenbausteinen*, Universität Dortmund, Fakultät Maschinenbau, Diss., 2000. https://eldorado.uni-dortmund.de/dspace/bitstream/2003/2805/1/Kuehling.pdf

[KK05a] KRÖMKER, Heidi ; KLIMSA, Paul: Einführung: Fernseh-Produktion. In: KRÖMKER, Heidi (Hrsg.) ; KLIMSA, Paul (Hrsg.): *Handbuch Medienproduktion*. Wiesbaden : VS Verlag, 2005, S. 103–108

[KK05b] KRÖMKER, Heidi (Hrsg.) ; KLIMSA, Paul (Hrsg.): *Handbuch Medienproduktion – Produktion von Film, Fernsehen, Hörfunk, Print, Internet, Mobilfunk und Musik*. 1. Auflage. Wiesbaden : VS Verlag für Sozialwissenschaften, 2005. – ISBN 3–531–14031–0

[KK08a] KLOTH, Christoph ; KRÖMKER, Heidi: Referenzmodell für die Projektierung integrierter Fernsehproduktionen. In: *FKT – Fachzeitschrift für Fernsehen, Film und elektronische Medien*. 62. Jahrgang (2008), Nr. 12 / 2008, S. 695–700

[KK08b] KRÖMKER, Heidi ; KLOTH, Christoph: Prozesse in der Fernsehproduktion - Modelle und Trends. In: *Tagungsband „Studioproduktion 3.0“* (2008), S. 11–19. ISBN 978–3–939473–32–9

[Kli06] KLIMSA, Paul: Produktionssteuerung – Grundlagen der Medienproduktion. In: SCHOLZ, Christian (Hrsg.): *Handbuch Medienmanagement*. Berlin Heidelberg : Springer Verlag, 2006, S. 603–617

[Klo06] KLOTH, Christoph: Systemtechnisches Modell für die Automatisierung in der Fernsehproduktion. In: *51. Internationales Wissenschaftliches Kolloquium vom 11. bis 15. September 2006*. (2006)

[Klo07] KLOTH, Christoph: Modellbasiertes Verfahren zur ganzheitlichen Prozessoptimierung in der Fernsehproduktion. In: *Elektronische Medien – ITG Fachbericht 199, 12. Dortmunder Fernsehseminar vom 20. - 21. März 2007*. (2007)

[Klo09] KLOTH, Christoph ; KRÖMKER, Heidi (Hrsg.) ; KLIMSA, Paul (Hrsg.): *Havariemanagement – Planung und Analyse von Havariekonzepten für die Fernsehproduktion*. Ilmenau, 2009. – (in Vorbereitung)

[KM08] KLOTH, Christoph ; MERTEN, Christian: Neue integrierte und automatisierte Nachrichtenproduktion bei N24. In: *Tagungsband „Live-Studioproduktion 3.0“* (2008), S. 65–79. ISBN 978–3–939473–32–9

[KMTW05] KEMPA, Martin ; MANN, Zoltán ; TENSI, Thomas ; WITTEK, Angelika: *Model Driven Architecture – Kundendokument*. http://www.sdm.de/web4archiv/objects/download/pdf/1/mda_technologyguide.pdf. http://www.sdm.de/web4archiv/objects/download/pdf/1/mda_technologyguide.pdf. Version: 2005

[Kov06] KOVALICK, Al: *Video Systems in an IT Environment – The Essentials of Professional Networked Media*. Focal Press, 2006. – ISBN 978–0–240–80627–3

[Krä02] KRÄMER, Klaus: *Automatisierung in Materialfluss und Logistik - Ebenen, Informationslogistik, Identifikationssysteme, intelligente Geräte*. 1. Auflage. Wiesbaden : Deutscher Universitäts-Verlag, 2002 (Informatik). – ISBN 3–8244–2152–6

[KR05] KAISER, Alexander ; RITTER, Uwe: Workflow-Management-System. In: *FKT – Fachzeitschrift für Fernsehen, Film und elektronische Medien*. 59. Jahrgang (2005), Nr. 1-2 / 2005, S. 53–57

[KS05] KARSTENS, Eric ; SCHÜTTE, Jörg: *Praxishandbuch Fernsehen – wie TV-Sender arbeiten*. 1. Auflage. Wiesbaden : VS Verlag für Sozialwissenschaften, 2005. – ISBN 3–531–14505–3

[Kug05] KUGELER, Martin: Supply Chain Management und Customer Relationship Management – Prozessmodellierung für Extended Enterprises. In: BECKER, Jörg (Hrsg.) ; KUGELER, Martin (Hrsg.) ; ROSEMANN, Michael (Hrsg.): *Prozessmanagement.* Berlin [u.a.] : Springer Verlag, 2005, S. 455–490

[Kuh07] KUHLMANN, Wolfgang: Vernetzte Produktionstechnik bei ARD-aktuell. In: *FKT – Fachzeitschrift für Fernsehen, Film und elektronische Medien.* 61. Jahrgang (2007), Nr. 12 / 2007, S. 659–664

[KV07] KLIMSA, Paul ; VOGT, Sebastian: Technik, Organisation und Content – Element der Medienproduktion. In: KLIMSA, Paul (Hrsg.) ; VOGT, Sebastian (Hrsg.): *Europäische Tagung zur Medienproduktion.* Universitätsverlag Ilmenau, 2007, S. 7–14

[KZ06] KLOTH, Christoph ; ZOCH, Ramona: *Essence Management & Storage Aktuelles – Leistungsverzeichnis.* v0.30. 2006. – (internes Dokument der ProSiebenSat.1 Produktion, unveröffentlicht)

[KZBB07] KLOTH, Christoph ; ZOCH, Ramona ; BONSACK, Stefanie ; BROSCHE, Dirk: *Essence Management & Storage Aktuelles – Abschlussdokumentation Realisierungsphase 1.* v2.1. 2007. – (internes Dokument der ProSiebenSat.1 Produktion, unveröffentlicht)

[Lan04] LANGMANN, Reinhard: *Taschenbuch der Automatisierung.* Wien : Fachbuchverlag Leipzig im Carl-Hanser-Verlag, 2004. – ISBN 3–446–21793–2

[Lan05] LANYI, Johannes: Serverbasierte Fernsehproduktion im Wandel der Zeit. In: *FKT – Fachzeitschrift für Fernsehen, Film und elektronische Medien.* 50. Jahrgang (2005), Nr. 12 / 2005, S. 661–672

[LG05] LAUSBERG, Tobias ; GIERLINGER, Friedrich: Integration von Kontroll- und Monitoringsystemen in das TV-Produktionsumfeld. In: *FKT – Fachzeitschrift für Fernsehen, Film und elektronische Medien.* 59. Jahrgang (2005), Nr. 5 / 2005, S. 213–218

[LM98] LAVEN, P. A. ; MEYER, M. R.: EBU / SMPTE Task Force for Harmonized Standards for the Exchange of Programme Material as Bitstreams. Version: 1998. http://www.ebu.ch/en/technical/trev/trev_tf-final-report.pdf. EBU / SMPTE, 1998. – EBU Technical Review

[LM05] LAVEN, P.A. ; MEYER, M.R. ; EBU P/MDP PROJECT GROUP (Hrsg.): The Middleware Report – System integration in broadcast environments. Version: 2005. http://www.ebu.ch/en/technical/trev/trev_tf-final-report.pdf. EBU-UER, 2005. – EBU Technical Report

[LN07] LEISTEN, Norbert ; NIEPELT, Uwe: VPS-Sport beim WDR: Einsatz vernetzter Produktions- und Speicherumgebung. In: *FKT – Fachzeitschrift für Fernsehen, Film und elektronische Medien.* 61. Jahrgang (2007), Nr. 1-2 / 2007, S. 45–53

[LNR05] LEHMANN, Peter ; NOHR, Holger ; ROOS, Alexander W.: *Informationstechnische Integration in der Broadcast-Industrie - eine Studie der Hochschule der Medien.* Stuttgart : Hochschulverlag Stuttgart, 2005. – ISBN 3–938887–00–1

[MBB+01] MERTENS, Peter (Hrsg.) ; BACK, Andrea (Hrsg.) ; BECKER, Jörg (Hrsg.) ; KÖNIG, Wolfgang (Hrsg.) ; KRALLMANN, Hermann (Hrsg.) ; RIEGER, Bodo (Hrsg.) ; SCHEER, August-Wilhelm (Hrsg.) ; SEIBT, Dietrich (Hrsg.) ; STAHLKNECHT, Peter (Hrsg.) ; STRUNZ, Horst (Hrsg.) ; THOME, Rainer (Hrsg.) ; WEDEKIND, Hartmut (Hrsg.): *Lexikon der Wirtschaftsinformatik.* 4. Auflage. Berlin Heidelberg : Springer Verlag, 2001. – ISBN 3–540–42339–7

[Men07] MENSEL, Götz: Digital Media Center. In: *FKT – Fachzeitschrift für Fernsehen, Film und elektronische Medien.* 61. Jahrgang (2007), Nr. 11 / 2007, S. 613–619

[Mer05] MERCER, Alan: EuroNews: Digitaler Arbeitsablauf bei einem mehrsprachigen Sender. In: *FKT – Fachzeitschrift für Fernsehen, Film und elektronische Medien.* 59. Jahrgang (2005), Nr. 10 / 2005, S. 519–525

[Müh05a] MÜHLEN, Michael zur: Workflow- und Prozessmodellierung bei einem Energieversorgungsunternehmen. In: BECKER, Jörg (Hrsg.) ; KUGELER, Martin (Hrsg.) ; ROSEMANN, Michael (Hrsg.): *Prozessmanagement.* Berlin [u.a.] : Springer Verlag, 2005, S. 511–532

[MH05b] MÜHLEN, Michael zur ; HANSMANN, Holger: Workflowmanagement. In: BECKER, Jörg (Hrsg.) ; KUGELER, Martin (Hrsg.) ; ROSEMANN, Michael (Hrsg.): *Prozessmanagement.* Berlin [u.a.] : Springer Verlag, 2005, S. 373–407

[Mül05] MÜLLER, Joachim: *Workflow-based Integration.* Berlin Heidelberg : Springer Verlag, 2005. – ISBN 3–540–20439–3

[MT04] MAUTHE, Andreas ; THOMAS, Peter: *Professional content management systems - handling digital media assets.* Chichester : Wiley, 2004. – ISBN 0–470–85542–8

[MW04] MOLANDER, P. ; WOLF, S.: Case Study: Automation of the BBC's interactive TV playout system. In: *International Broadcast Convention* (2004), Nr. IBC 2003, S. 572–579

[Neu03] NEUBAUER, Michael (Hrsg.): *Krisenmanagement in Projekten.* 2. Auflage. Berlin [u.a.] : Springer Verlag, 2003. – ISBN 3–540–65771–1

[Noh07] NOHR, Holger: Business Process Management. In: NOHR, Holger (Hrsg.) ; ROOS, Alexander W. (Hrsg.): *Prozess- und IT-Management in der Broadcast-Industrie.* Logos Verlag, 2007, S. 47–80

[NPW05] NEUMANN, Stefan ; PROBST, Christian ; WERNSMANN, Clemens: Kontinuierliches Prozessmanagement. In: BECKER, Jörg (Hrsg.) ; KUGLER, Martin (Hrsg.) ; ROSEMANN, Michael (Hrsg.): *Prozessmanagement.* Berlin [u.a.] : Springer Verlag, 2005, S. 299–325

[NR07] NOHR, Holger ; ROOS, Alexander W.: Informationstechnik und Prozessmanagement – Integration im Broadcast. In: NOHR, Holger (Hrsg.) ; ROOS, Alexander W. (Hrsg.): *Prozess- und IT-Management in der Broadcast-Industrie.* Berlin [u.a.] : Logos Verlag, 2007, S. 13–34

[NRLA05] NOHR, H. ; ROOS, A. ; LEHMANN, Peter ; ADE, Melanie: „Information Technology" – Integration in Broadcasting. In: *FKT – Fachzeitschrift für Fernsehen, Film und elektronische Medien.* 59. Jahrgang (2005), Nr. 11 / 2005, S. 601–606

[NT06] NIKOLOV, T. ; TSENOV, A.: Models of Alternative Management Architectures. In: *51. Internationales Wissenschaftliches Kolloquium vom 11. bis 15. September 2006.* (2006)

[Obj06] OBJECT MANAGEMENT GROUP (OMG) (Hrsg.): *OMG Systems Modeling Language (SysML) Specification.* Final Adopted Specification. Object Management Group (OMG), 2006

[OKK97] OLIVER, David W. ; KELLIHER, Timothy P. ; KEEGAN, Jr. James G.: *Engineering Complex Systems with Models and Objects.* New York [u.a.] : McGraw-Hill, 1997

[OMG05] OMG (Hrsg.): *Unified Modeling Language Specification – Version 1.4.2.* OMG, 2005. – ISO/IEC 19501:2005

[ONW07] OBERBECKMANN, Thorsten ; NIEHAUS, Birgit ; WOLF, Holger: BR-Sendezentrum Freimann: Teil II – Systemarchitektur und Prozessintegration. In: *FKT – Fachzeitschrift für Fernsehen, Film und elektronische Medien.* 61. Jahrgang (2007), Nr. 11 / 2007, S. 601–611

[Ott05] OTTO, Benedikt: Format im Fernsehen. In: KRÖMKER, Heidi (Hrsg.) ; KLIMSA, Paul (Hrsg.): *Handbuch Medienproduktion.* Wiesbaden : VS Verlag, 2005, S. 165–170

[Owe08] OWEN, Steve: Teamwork in der Postproduktion – Kostensenkung und Produktivität. In: *FKT – Fachzeitschrift für Fernsehen, Film und elektronische Medien.* 62. Jahrgang (2008), Nr. 3 / 2008, S. 113–118

[Pag03] PAGEL, Sven: *Integriertes Content-Management in Fernsehunternehmen.* 1. Auflage. Wiesbaden : Deutscher Universitäts-Verlag, 2003 (Wirtschaftswissenschaft). – ISBN 3–8244–0682–9

[Pau06] PAULSEN, Arnd: Integratives Facility-Monitoring – ein pro-aktives Verfahren für Betrieb, Messtechnik und (System-)Administration. In: *FKT – Fachzeitschrift für Fernsehen, Film und elektronische Medien.* 60. Jahrgang (2006), Nr. 11 / 2006, S. 677–682

[Pfo04] PFOHL, Hans-Christian: *Logistikmanagement - Konzeption und Funktionen.* 2. Auflage. Berlin [u.a.] : Springer Verlag, 2004. – ISBN 3–540–00468–8

[Pis08] PISTOR, Martin: WDR Düsseldorf: Dateibasiertes Arbeiten im Studio DX. In: *FKT – Fachzeitschrift für Fernsehen, Film und elektronische Medien.* 62. Jahrgang (2008), Nr. 1-2 / 2008, S. 27–30

[Pla04] PLAKE, Klaus: *Handbuch Fernsehforschung – Befunde und Perspektiven.* VS Verlag für Sozialwissenschaften, 2004. – ISBN 3–531–14153–8

[PS03] PAECH, J. ; SOPPA, T.: Workflow-Management in Medienproduktionen. In: *FKT – Fachzeitschrift für Fernsehen, Film und elektronische Medien.* 57. Jahrgang (2003), Nr. 6 / 2003, S. 271–275

[QB76] QUAAL, Ward L. ; BROWN, James A.: *Broadcast Management.* 2. Auflage. Hasting House, 1976. – ISBN 0–8038–0763–5

[Röd07] RÖDER, Jan: Das Material Exchange Format (MXF) im netzwerkbasierten TV-Studio. In: *FKT – Fachzeitschrift für Fernsehen, Film und elektronische Medien.* 61. Jahrgang (2007), Nr. 1-2 / 2007, S. 23–27

[Rei07] REITZE, Helmut (Hrsg.): *Media Perspektiven Basisdaten – Daten zur Mediensituation in Deutschland 2007.* Frankfurt : Arbeitsgemeinschaft der ARD-Werbegesellschaften, 2007. – ISBN 0942–072X

[Ren03] RENZ, Harald: Integriertes Produktionskonzept für News – SigiStudio, vom Archiv bis zum Playout. In: *FKT – Fachzeitschrift für Fernsehen, Film und elektronische Medien.* 57. Jahrgang (2003), Nr. 12 / 2003, S. 585–589

[Res06] RESCH, Christiane: *Strategische Planung der Reinvestion von digitalen Produktionssystemen*, Technische Universität Ilmenau, Fachgebiet Medienproduktion, Diplomarbeit, 2006

[Rie94] RIEGER, Bodo: *Der rechnerunterstützte Arbeitsplatz für Führungskräfte*, Technische Universität Berlin, Lehrgebiet Wirtschaftsinformatik, Habilitation, 1994. http://sansibar.oec.uni-osnabrueck.de/uwdwi2/publicat/HabilRieger.pdf

[Rie08] RIESNER, Stefan: Robotertechnik im Studio – Stand der Technik. In: *FKT – Fachzeitschrift für Fernsehen, Film und elektronische Medien.* (2008), Nr. 7 / 2008, S. 372–376

[Rin98] RINZA, P.: *Projektmanagement – Planung, Überwachung und Steuerung von technischen und nichttechnischen Vorhaben.* 4. Auflage. Berlin Heidelberg : Springer Verlag, 1998. – ISBN 978–3184008857

[Riz08] RIZZO, Lucia: *WerbemarktReport – Analyse des deutschen Brutto-Werbemarktes 2007*. Unterföhring : SevenOne Media GmbH, 2008

[RK03] RITTER, Uwe ; KAISER, Alexander: Effizienzsteigerung bei der Nachrichtenproduktion durch vernetzte Lösungen. In: *FKT – Fachzeitschrift für Fernsehen, Film und elektronische Medien*. 57. Jahrgang (2003), Nr. 8-9 / 2003, S. 406–410

[Rob03] ROBRA, Christian: *Ein komponentenbasiertes Software-Architekturmodell zur Entwicklung betrieblicher Anwendungssysteme*, Universität Bamberg, Fakultät Wirtschaftsinformatik und Angewandte Informatik, Diss., 2003. http://www.opus-bayern.de/uni-bamberg/volltexte/2005/61/pdf/1GesamtV7_2.pdf

[RP06] RECHENBERG, Peter (Hrsg.) ; POMBERGER, Gustav (Hrsg.): *Informatik-Handbuch*. 4. Auflage. München Wien : Hanser Verlag, 2006. – ISBN 978–3–446–40185–3

[RSD05] ROSEMANN, Michael ; SCHWEGMANN, Ansgar ; DELFMANN, Patrick: Vorbereitung der Prozessmodellierung. In: BECKER, Jörg (Hrsg.) ; KUGELER, Martin (Hrsg.) ; ROSEMANN, Michael (Hrsg.): *Prozessmanagement*. Berlin [u.a.] : Springer Verlag, 2005, S. 45–104

[Rup07a] RUPP, Chris: Anforderungsermittlung – Hellsehen für Fortgeschrittene. In: RUPP, Chris (Hrsg.): *Requirements-Engineering und -Management*. München Wien : Hanser Verlag, 2007, S. 107–138

[Rup07b] RUPP, Chris: Anforderungsqualität – dem Erfolgsgeheimnis auf der Spur. In: RUPP, Chris (Hrsg.): *Requirements-Engineering und Management*. München Wien : Hanser Verlag, 2007, S. 11–40

[Rup07c] RUPP, Chris (Hrsg.): *Requirements-Engineering und Management*. 4. Auflage. München Wien : Hanser Verlag, 2007. – ISBN 3–446–40509–7

[Rup07d] RUPP, Chris: Von der Idee zum System. In: RUPP, Chris (Hrsg.): *Requirements-Engineering und Management*. München Wien : Hanser Verlag, 2007, S. 45–81

[San05] SANDIG, Klaus: Fernsehtechnik Gestern und Heute. In: KRÖMKER, Heidi (Hrsg.) ; KLIMSA, Paul (Hrsg.): *Handbuch Medienproduktion*. Wiesbaden : VS Verlag, 2005, S. 109–126

[Sar06] SARCINELLI, Ulrich: Medienpolitik – Meinungsvielfalt, Demokratie und Markt. In: SCHOLZ, Christian (Hrsg.): *Handbuch Medienmanagement*. Berlin Heidelberg : Springer Verlag, 2006, S. 197–215

[Sau05] SAUTER, Dietrich: Speichertechniken im Rundfunk. In: *FKT – Fachzeitschrift für Fernsehen, Film und elektronische Medien*. 59. Jahrgang (2005), Nr. 6 / 2005, S. 273

[Sch95] SCHINDLER, Stephan: Medienverwaltung als Grundlage moderner Server-Philosophie. In: *Fernseh- und Kinotechnik* 49. Jahrgang (1995), Nr. 12 / 1995, S. 738–740

[Sch96] SCHÖNFELDER, Helmut: *Fernsehtechnik im Wandel – Technologische Fortschritte verändern die Fernsehwelt*. Springer Verlag, 1996. – ISBN 3–540–58556–7

[Sch98] SCHÄFFNER, Gerhard: Fernsehen. In: FAULSTICH, Werner (Hrsg.): *Grundwissen Medien*. Wilhelm Fink Verlag, 1998, S. 174–200

[Sch00] SCHULTHEISS, Michael: Serverbasierte Produktionssystme in der TV-Umgebung. In: *FKT – Fachzeitschrift für Fernsehen, Film und elektronische Medien*. 54. Jahrgang (2000), Nr. 8-9 / 2000, S. 506–510

[Sch01a] SCHEER, August-Wilhelm: *ARIS – Modellierungsmethoden, Metamodell, Anwendungen*. 3. Auflage. Berlin [u.a.] : Springer Verlag, 2001. – ISBN 3–540–64050–9

[Sch01b] SCHULTE, Gerd: *Material- und Logistikmanagement.* 2. Auflage. München ; Wien : Oldenbourg, 2001. – ISBN 3–486–25458–8

[Sch03a] SCHLEICH, Michael: Crossmediale Arbeitsmöglichkeiten in Rundfunkanstalten. In: *FKT – Fachzeitschrift für Fernsehen, Film und elektronische Medien.* 57. Jahrgang (2003), Nr. 11 / 2003, S. 514–518

[Sch03b] SCHMIDT, Ulrich: *Professionelle Videotechnik – analoge und digitale Grundlagen, Signalformen, Bildaufnahme, Wiedergabe, Speicherung, Filmtechnik, Fernsehtechnik, Signalverarbeitung, Studiotechnik.* 3. Auflage. Berlin [u.a.] : Springer, 2003. – ISBN 3–540–43974–9

[Sch05a] SCHULTZ, Brad: *Broadcast News Production.* Thousand Oaks, London, New Delhi : Sage Publications, 2005. – ISBN 1–4129–0671–7

[Sch05b] SCHUNKE, Klaus-Dieter: Betreiben und Überwachen von vernetzten Produktionssystemen im Rundfunk. In: *FKT – Fachzeitschrift für Fernsehen, Film und elektronische Medien.* 59. Jahrgang (2005), Nr. 6 / 2005, S. 303–307

[Sch06a] SCHMIDT, Klaus: *High Availability and Disaster Recovery – Concepts, Design, Implementation.* 1. Auflage. Berlin [u.a.] : Springer Verlag, 2006. – ISBN 3–540–24460–3

[Sch06b] SCHNÖLL, Matthias: Austauschformate für die vernetzte Poduktionumgebung. In: *FKT – Fachzeitschrift für Fernsehen, Film und elektronische Medien.* 60. Jahrgang (2006), Nr. 5 / 2006, S. 253–258

[SD06] SCHENK, Michael ; DÖBLER, Thomas: Marktforschung – Reichweite, Zielgruppe und Image. In: SCHOLZ, Christian (Hrsg.): *Handbuch Medienmanagement.* Berlin Heidelberg : Springer Verlag, 2006, S. 763–787

[Seu07] SEUFERT, Wolfgang (Hrsg.): *Wirtschaftliche Lage des Rundfunks in Deutschland 2006 – Zusammenfassung der wichtigsten Ergebnisse.* Jena : Friedrich-Schiller-Universität, 2007

[SG00] SCHRÖDER, Karsten ; GEBHARD, Harald: Audio-/Video-Streaming über IP. In: *FKT – Fernseh- und Kinotechnik* 54. Jahrgang (2000), Nr. 1-2 / 2000, S. 23–34

[SGF02] STONEBURNER, Gary ; GOGUEN, Alice ; FERINGA, Alexis: *Risk Management Guide for Information Technology Systems.* Gaithersburg : National Institute of Standards and Technology (NIST), 2002 http://csrc.nist.gov/publications/nistpubs/800-30/sp800-30.pdf

[SGF06] SWOBODA, Bernhard ; GIERSCH, Judith ; FOSCHT, Thomas: Markenmanagement – Markenbildung in der Medienbranche. In: SCHOLZ, Christian (Hrsg.): *Handbuch Medienmanagement.* Berlin Heidelberg : Springer Verlag, 2006, S. 791–813

[SHT04] SNEED, Harry ; HASITSCHKA, Martin ; TEICHMANN, Maria-Therese: *Software-Produktmanagement – Wartung und Weiterentwicklung bestehender Anwendungssysteme.* dpunkt.verlag, 2004. – ISBN 3–89864–274–7

[SHV+06] SCHEMM, Jan W. ; HEUTSCHIE, Roger ; VOGEL, Tobias ; WENDE, Kristin ; LEGNER, Christine: Serviceorientierte Architekturen: Einordnung im Business Engineering / Universität St. Gallen, Institut für Wirtschaftsinformatik. 2006. – Forschungsbericht

[Sim08] SIMPSON, Wes: Erweiterte Übertragungstechniken auf Standardnetzwerken. In: *FKT – Fachzeitschrift für Fernsehen, Film und elektronische Medien.* 62. Jahrgang (2008), Nr. 4 / 2008, S. 201–205

[Sju02] SJURTS, Insa: Cross-Media Strategien in der deutschen Medienbranche. In: MÜLLER-KALTHOFF, Björn (Hrsg.): *Cross-Media Management.* Springer Verlag, 2002, S. 3–18

[Sju04] SJURTS, Insa: Organisation der Contentproduktion: Stragische Alternativen aus ökonomischer Sicht. In: SYDOW, Jörg (Hrsg.) ; WINDELER, Arnold (Hrsg.): *Organisation der Content-Produktion*. Wiesbaden : VS Verlag, 2004, S. 18–36

[SMP07] Norm WD SMPTE 2021-200x 2007. *SMPTE 2021 (DRAFT) – Broadcast Exchange Format (BXF)*

[SMV07] SCHWARZ, Ulrike ; MCNAMARA, Philip ; VOIGT, Ulrich: ARTE-Neubau in Straßburg – Fernsehtechnik und IT-Infrastruktur. In: *FKT – Fachzeitschrift für Fernsehen, Film und elektronische Medien*. 61. Jahrgang (2007), Nr. 3 / 2007, S. 119–122

[Som98] SOMMERVILLE, Ian: Systems Engineering for Software Engineers. In: *Annals of Software Engineering* 6 (1998), 111-129. http://citeseer.ist.psu.edu/336783.html

[Som07] SOMMERVILLE, Ian: *Software Engineering*. 8. Auflage. Addion Wesley / Pearson Education, 2007. – ISBN 978-3-8273-7257-4

[Spi07] SPIEGEL ONLINE: *Privatsender drohen ARD und ZDF mit Brüssel*. http://www.spiegel.de/kultur/gesellschaft/0,1518,502660,00.html. Version: August 2007. – Abgerufen: 14.08.2008

[SS02] SONNTAG, Torsten ; SCHUBERT, Andreas: Einführung konvergenter Technik im Broadcastbereich. In: *FKT – Fachzeitschrift für Fernsehen, Film und elektronische Medien*. 56. Jahrgang (2002), Nr. 5 / 2002, S. 259–262

[SS06] SEIDEL, Norbert ; SCHWERZEL, Uwe: Finanzierung – Formen, Modelle und Perspektiven. In: SCHOLZ, Christian (Hrsg.): *Handbuch Medienmanagement*. Berlin Heidelberg : Springer Verlag, 2006, S. 859–878

[SSE01] SCHOLZ, Christian ; STEIN, Volker ; EISENBEIS, Uwe ; SCHOLZ, Christian (Hrsg.): *Die TIME-Branche: Konzepte, Entwicklungen, Standorte*. München Mering : Rainer Hampp Verlag, 2001. – ISBN 3-87988-633-4

[Stü07] STÜVEN, Arne: Workflow-Management in MAM-Systemen. In: *FKT – Fachzeitschrift für Fernsehen, Film und elektronische Medien*. 61. Jahrgang (2007), Nr. 5 / 2007, S. 252–255

[Ste04a] STEINMETZ, Tammo: *Projektierung IT-basierter Fernsehproduktionssystem in der Praxis*, Technische Universität Ilmenau, Fachgebiet Medienproduktion, Diplomarbeit, 2004

[Ste04b] STELAND, Frank: Integrated News Editing System – INES bei RTL. In: *FKT – Fachzeitschrift für Fernsehen, Film und elektronische Medien*. 58. Jahrgang (2004), Nr. 4 / 2004, S. 170–173

[Sti04] STIPP, Horst: Die Fernsehentwicklung in den USA – 10 Jahre danach. In: *Media Perspektiven* (2004), Nr. 12 / 2004, S. 569–575

[Str08] STRAUCH, Nicole: *Prozessmanagement im digitalen Workflow des Fernsehens*, Technische Universität Ilmenau, Diplomarbeit, 2008

[Sun03] SUN MICROSYSTEMS: DAM Infrastructure Reference Architecture: Architeture Guide / Sun Microsystems. Version: 2003. http://www.sun.com/products-n-solutions/edu/whitepapers/pdf/wgbh_dam.pdf. 2003. – Forschungsbericht

[Tha02] THAYER, Richard H.: Software Systems Engineering: A Tutorial. In: *Computer* 04-2002 (2002), S. 68–73

[Tho01] THOMAS, Peter: „Enterprise Content Management"-Systeme in Broadcast und Postproduction – Anforderungen, Konzepte, Benutzer, Arbeitsabläufe, Architekturen. In: *FKT – Fachzeitschrift für Fernsehen, Film und elektronische Medien*. 55. Jahrgang (2001), Nr. 11 / 2001, S. 629–669

[Tho08] THOMAS, Peter: Dateiformate für Archivierung und Programmaustausch. In: *FKT – Fachzeitschrift für Fernsehen, Film und elektronische Medien.* 62. Jahrgang (2008), Nr. 4 / 2008, S. 196–200

[TJK00] TIMPE, Klaus-Peter (Hrsg.) ; JÜRGENSOHN, Thomas (Hrsg.) ; KOLREP, Harlad (Hrsg.): *Mensch-Maschine-Systemtechnik – Konzepte, Modellierung, Gestaltung, Evaluation.* 1. Auflage. Düsseldorf : Symposion Publishing, 2000. – ISBN 3–933814–20–0

[TK00] TIMPE, Klaus-Peter ; KOLREP, Harald: Das Mensch-Maschine-System als interdisziplinärer Gegenstand. In: TIMPE, Klaus-Peter (Hrsg.) ; JÜRGENSOHN, Thomas (Hrsg.) ; KOLREP, Harald (Hrsg.): *Mensch-Maschine-Systemtechnik.* Düsseldorf : Symposion Publishing, 2000, S. 9–40

[TM08] THOMAS, Peter ; MAUTHE, Andreas U.: SOA für Media-Asset-Managementsysteme. In: *FKT – Fachzeitschrift für Fernsehen, Film und elektronische Medien.* 62. Jahrgang (2008), Nr. 8-9 / 2008, S. 490–494

[Toz04] TOZER, E. P. J.: *Broadcast engineer's reference book.* Amsterdam [u.a.] : Focal Press, 2004. – ISBN 0–2405–1908–6

[Ung06] UNGER, Fritz: Mediaplanung – Voraussetzungen, Auswahlkriterien und Entscheidungslogik. In: SCHOLZ, Christian (Hrsg.): *Handbuch Medienmanagement.* Berlin Heidelberg : Springer Verlag, 2006, S. 737–760

[UT06] URBAN, Thomas ; TRIEDER, Ralf: Workflowautomation der Nachrichtenproduktion – Projekt „Newsregie K" beim HR. In: *FKT – Fachzeitschrift für Fernsehen, Film und elektronische Medien.* 60. Jahrgang (2006), Nr. 10 / 2006, S. 593–599

[VDI93] Norm VDI 2221 1993. *VDI 2221 – Methodik zum Entwicklen und Konstruieren technischer Systeme und Produkte*

[VDI95] Norm VDI/VDE 3698 1995. *VDI/VDE 3698 – Konzepte fehlertolerierender Automatisierungssysteme*

[VDI01] Norm VDI 3600 2001. *VDI 3600 – Prozess und Prozessorientierung in der Produktionslogistik am Beispiel der Automobilindustrie*

[VDI04] Norm VDI 4400 Blatt 2 2004. *VDI 4400 Blatt 2 – Logistikkennzahlen für die Produktion*

[VDI05a] Norm VDI/VDE 3628 (Entwurf) 2005. *VDI/VDE 3628 (Entwurf) – Automatisierte Materialflußsysteme - Schnittstellen zwischen den Funktionsebenen im Automatisierungsmodell*

[VDI05b] Norm VDI/VDE 3682 2005. *VDI/VDE 3682 – Formalisierte Prozessbeschreibungen*

[Ver03] VERSTEEGEN, Gerhard: *Risikomanagement in IT-Projekten.* 1. Auflage. Berlin Heidelberg : Springer Verlag, 2003. – ISBN 3–540–44175–1

[VH03] VOGEL-HEUSER, Birgit: *Systems Software Engineering – Angewandte Methoden des Systementwurfs für Ingenieure.* München : Oldenbourg Industrieverlag, 2003. – ISBN 3–48–27035–4

[VPR08] VPRT – VERBAND PRIVATER RUNDFUNK UND TELEMEDIEN E.V.: *Zur Wettbewerbssituation der privaten Sparten- und Zielgruppensender im dualen Rundfunksystem.* http://www.vprt.de/index.html/de/positions/article/id/59/. http://www.vprt.de/index.html/de/positions/article/id/59/. Version: Mai 2008. – Abgerufen: 11.08.2008

[Wag00] WAGNER, Reinhard E.: „Technik" und Einsatz von Content-Management-Systemen. In: *FKT – Fachzeitschrift für Fernsehen, Film und elektronische Medien.* 54. Jahrgang (2000), Nr. 6 / 2000, S. 332–336

[Wag05a] WAGNER, Reinhard E.: „Jeder Content auf jedem Display" – Technische Aspekte der Mehrfachverwertung digitaler Inhalte. In: *FKT – Fachzeitschrift für Fernsehen, Film und elektronische Medien.* 59. Jahrgang (2005), Nr. 10 / 2005, S. 539–546

[Wag05b] WAGNER, Reinhard E.: Symposium „Management und Control" beim MDR. In: *FKT – Fachzeitschrift für Fernsehen, Film und elektronische Medien.* 59. Jahrgang (2005), Nr. 5 / 2005, S. 242–252

[Wal02] WALD, Egbert: *Backup and Disaster Recovery.* Bonn : mitp Verlag, 2002. – ISBN 3826605853

[Wel87] WELZ, Gerhard: Zur Problematik der Lagerung von Videomagnetbändern. In: *Fernseh- und Kinotechnik* 41. Jahrgang (1987), Nr. 1-2 / 1987, S. 5–14

[Wel02] WELLERDICK, Mark: Das „Selbstfahrer-Konzept" Automation in der Fernsehregie- und Studiotechnik. In: *FKT – Fachzeitschrift für Fernsehen, Film und elektronische Medien.* 56. Jahrgang (2002), Nr. 4 / 2002, S. 179–180

[WG06] WALSH, Bernie ; GEPPERT, Thomas: Storage Managemet – digitale Inseln verbinden. In: *FKT – Fachzeitschrift für Fernsehen, Film und elektronische Medien.* 60. Jahrgang (2006), Nr. 12 / 2006, S. 750–754

[Wie98] WIETING, R.: *Modellbildung und Simulation in hybriden höheren Netzen.* Aachen, Diss., 1998

[Wil04] WILKENS, Henning: Rundfunktechnik in zehn Jahren. In: *FKT – Fachzeitschrift für Fernsehen, Film und elektronische Medien.* 58. Jahrgang (2004), Nr. 6 / 2004, S. 277–279

[Win04] WINTER, Andreas: Software-Reengineering – Werkzeuge und Prozesse. In: *Workshop der GI-Fachgruppe Software-Wartung* (2004)

[Wip08] WIPPERSBERG, Julia: TV 3.0 – Journalistische und politische Herausforderungen des Fernsehens im digitalen Zeitalter. (2008)

[Wir06] WIRTZ, Bernd W.: *Medien- und Internetmanagement.* 5. Auflage. Wiesbaden : Gabler Verlag, 2006. – ISBN 978-3-8349-03721-3

[WLW04] WINDELER, Arnold ; LUTZ, Anja ; WIRTH, Carsten: Netzwerksteuerung durch Selektion – Die Produktion von Fernsehserien in Projektnetzwerken. In: SYDOW, Jörg (Hrsg.) ; WINDELER, Arnold (Hrsg.): *Organisation der Content-Produktion.* Wiesbaden : VS-Verlag, 2004, S. 77–102

[Woe05] WOESTMEYER, Stefan: Die Einführung von XDCAM bei Rundfunkanstalten am Beispiel des WDR. In: *FKT – Fachzeitschrift für Fernsehen, Film und elektronische Medien.* 61. Jahrgang (2005), Nr. 3 / 2005, S. 109–112

[Wol04] WOLDT, Runar: Interaktives Fernsehen: großes Potenzial, unklare Perspektiven – Internationale Erfahrungen mit dem „Fernsehen der Zukunft". In: *Media Perspektiven* (2004), Nr. 7 / 2004, S. 301–309

[WP06] WIRTZ, Bernd W. ; PELZ, Richard: Medienwirtschaft – Zielsysteme, Wertschöpfungsketen und -strukturen. In: SCHOLZ, Christian (Hrsg.): *Handbuch Medienmanagement.* Berlin Heidelberg : Springer Verlag, 2006, S. 263–277

[WR06] WEBER, Bernd ; RAGER, Günther: Medienunternehmen – Die Player auf den Medienmärkten. In: SCHOLZ, Christian (Hrsg.): *Handbuch Medienmanagement.* Berlin Heidelberg : Springer Verlag, 2006, S. 119–140

[WS03] WILKENS, Henning ; SAUTER, Dietrich: Informationstechnik in der Fernsehproduktion. In: *FKT – Fachzeitschrift für Fernsehen, Film und elektronische Medien.* 57. Jahrgang (2003), Nr. 8-9 / 2003, S. 386–394

[WS04] WINDELER, Arnold ; SYDOW, Jörg: Vernetzte Content-Produktion und die Vielfalt möglicher Organisationsformen. In: SYDOW, Jörg (Hrsg.) ; WINDELER, Arnold (Hrsg.): *Organisation der Content-Produktion.* Wiesbaden : VS-Verlag, 2004, S. 1–17

[ZDF04] ZDF MAINZ: *DPA Havariekonzept - V02/09.01.2004.* 2004

[Zie06] ZIEMANN, Andreas: Mediensoziologie. In: SCHOLZ, Christian (Hrsg.): *Handbuch Medienmanagment.* Berlin : Springer Verlag, 2006, S. 153–172

[Zim05] ZIMMERMANN, Stephan: *Prozessinnovation im öffentlich-rechtlichen Rundfunk – Die Bedeutung der Budgetierung für die Zukunft der öffentlich-rechtlichen Fernsehproduktion.* Berlin : Logos Verlag, 2005. – ISBN 978-3-8325-0866-1

[Zim08] ZIMMERMANN, Gert: eCenter bei Plazamedia. In: *FKT – Fachzeitschrift für Fernsehen, Film und elektronische Medien.* 62. Jahrgang (2008), Nr. 6 / 2008, S. 314–316

# Sachverzeichnis

SPRINGER NATURE

# GPSR Compliance

*The European Union's (EU) General Product Safety Regulation (GPSR) is a set of rules that requires consumer products to be safe and our obligations to ensure this.*

*If you have any concerns about our products, you can contact us on ProductSafety@springernature.com*

In case Publisher is established outside the EU, the EU authorized representative is:

Springer Nature Customer Service Center GmbH
Europaplatz 3
69115 Heidelberg, Germany

Zeitfracht Medien GmbH
Ferdinand-Jühlke-Straße 7
99095 Erfurt, Deutschland
produktsicherheit@kolibri360.de